计算机应用基础

（Windows 7 ＋ Office 2010）

主　编：唐新国　王金峰

副主编：魏　华　纪辉进　袁　瑛

西北工业大学出版社

图书在版编目(CIP)数据

计算机应用基础/唐新国,王金峰主编.—西安:西北工业大学出版社,2015.7
ISBN 978-7-5612-4459-3

Ⅰ.①计… Ⅱ.①唐…②王… Ⅲ.①电子计算机—基本知识 Ⅳ.①TP3

中国版本图书馆CIP数据核字(2015)第163535号

出版发行:西北工业大学出版社
通信地址:西安市友谊西路127号　　**邮编**:710072
电　　话:(029)88493844　88491757
网　　址:www.nwpup.com
印 刷 者:兴平市博闻印务有限公司
开　　本:787 mm×1 092 mm　1/16
印　　张:20.375
字　　数:495千字
版　　次:2015年8月第1版　2015年8月第1次印刷
定　　价:48.80元

前　言

当前社会正处在一个快速发展与不断更新变化的信息化时代，信息技术正在迅速影响着人们的文化、教育、生活、工作等各方面。高职教育以培养技术应用型人才为根本任务，以适应社会需求为目标，以培养技术应用能力为主线，全面提高学生的知识、能力和素质结构。

本书采用新颖的任务驱动模式教学方法，注重实践操作，每一个任务都经过精心设置与布局，力求使其蕴含该章节主要知识点。任务目标明确，思路清晰；叙述简明，辅以图表，形象直观，突出技能操作；达到学以致用、举一反三的教学效果。本书在编写过程中力求语言精练、内容实用、操作步骤详细，并采用了大量图片，以方便教学和学生自学。全书共分 7 章，主要内容包括计算机基础知识、Windows 7 操作系统、Office 2010 新功能概述、Word 2010 应用、Excel 2010 应用、PowerPoint 2010 应用、计算机网络及 Internet 应用。其中第 4 章、第 5 章和第 6 章尤其强调实践操作技能，故在各章中辅以多个经典任务实例来实现核心知识点的贯穿融会，而其余章节则辅以单个经典任务实现。

此外，为方便教学，本书配备了教学配套光碟。配套光碟中已设置好了每章对应的任务样例和任务素材，以及任务中所需的指定软件。另外在配套光碟中还配备了该课程的完整的教学档案资料，具体包括课程标准、课件、教案、教学进度计划等等。

本书由唐新国、王金峰主编，全国部分高职高专院校计算机基础教育的一线教师参加了本书的编写工作。编写本书时撰写了与本书配套光碟里的相关教学资料，包括课程标准、课件、教案、教学进度计划等等，并提供了许多宝贵可用的意见和建议。在此向他们表示感谢。

由于水平有限，书中难免有不足和错漏之处，敬请读者批评指正。

编　者

2015 年 5 月

目　录

第 1 章　计算机基础知识 …… 1
1.1　计算机概述 …… 1
1.2　微型计算机系统的基本组成 …… 5
1.3　微型计算机的主要技术指标 …… 13
1.4　计算机信息处理原理 …… 14
1.5　多媒体基础知识 …… 19
1.6　计算机病毒基础知识 …… 20
本章小结 …… 23
第 2 章　Windows 7 操作系统及其使用 …… 24
2.1　操作系统概述基础 …… 24
2.2　Windows 7 操作系统概述 …… 26
2.3　Windows 7 的基本操作 …… 30
2.4　资源管理器 …… 44
2.5　Windows 7 的控制面板 …… 56
2.6　Windows 7 的附件程序的使用 …… 60
2.7　注册表 …… 63
本章小结 …… 65
第 3 章　Office 2010 新功能概述 …… 66
3.1　Office 2010 的十项改进 …… 66
3.2　Office 2010 新增加的功能 …… 69
3.3　Office 2010 与 Office2003 的对比 …… 74
3.4　Office 2010 详解 …… 74
第 4 章　Word 2010 应用 …… 97
4.1　初识 Word 2010 应用初步(一):短文档的编排 …… 97
4.2　Word 应用初步(二):全国计算机等级考试一级 MS Office 考试(Word 字处理题) …… 106
4.3　Word 应用综合:设计求职简历 …… 119
4.4　Word 高级进阶(一):长文档(毕业论文)的排版 …… 129
4.5　Word 高级进阶(二):成绩通知单制作 …… 139

本章小结…… 145

第 5 章 Excel 2010 应用 …… 146

5.1 Excel 应用初步:全国计算机等级考试一级 MS Office 考试(电子表格题) …… 146

5.2 Excel 综合应用:成绩统计处理 …… 151

5.3 Excel 高级进阶:设计学生成绩查询器 …… 166

5.4 Excel 实战技巧:批处理操作的应用 …… 175

本章小结…… 185

第 6 章 PowerPoint 2010 应用 …… 186

6.1 任务的提出与解析 …… 186

6.2 核心知识与概念 …… 186

6.3 任务实现 …… 197

6.4 毕业答辩 PPT 制作方法指导…… 209

本章小结…… 214

第 7 章 网络基础及 Internet 应用…… 215

7.1 网络基础 …… 215

7.2 Internet 介绍 …… 221

7.3 Internet Explorer 的设置和使用 …… 224

7.4 电子邮件的使用 …… 232

本章小结…… 240

第 8 章 实验指导…… 241

实验一 指法练习和文字录入 …… 241

实验二 Windows 桌面、窗口和菜单的操作 …… 248

实验三 文件和文件夹的操作 …… 249

实验四 Word 基本操作及排版操作…… 250

实验五 Word 表格和图片的设置方法…… 252

实验六 Excel 电子表格的基本操作…… 254

实验七 Excel 电子表格的数据图表化及数据管理…… 256

实验八 PowerPoint 的基本操作 …… 259

实验九 Internet 网络基础实验 …… 261

第 9 章 习题…… 270

习题一 绪论…… 270

习题二 计算机系统…… 273

习题三 操作系统及其使用…… 276

习题四 Word …… 286

习题五 Excel …………………………………………………………………… 294
习题六 PowerPoint …………………………………………………………… 302
习题七 计算机网络基础知识……………………………………………… 305
习题八 多媒体技术基础…………………………………………………… 312
习题九 数据库技术基础知识……………………………………………… 312
习题十 计算机维护与常用工具软件……………………………………… 313
参考答案……………………………………………………………………… 316

第1章 计算机基础知识

教学目的

(1)了解计算机的产生、发展、特点、分类和应用领域。

(2)掌握计算机系统的组成结构和简单的工作原理。

(3)掌握计算机的性能和主要技术指标。

(4)掌握数制的基本概念,二进制和十进制之间的转换。

(5)了解计算机病毒的概念和防治。

教学重点与难点

重点:计算机的产生、发展、特点和应用领域,计算机系统的组成结构和主要技术指标以及数制之间的转换。

难点:各种进制之间的转换和数据编码。

1.1 计算机概述

1.1.1 计算机的概念

计算机是一种能接收和存储信息,并按照人们事先编写的程序对输入的信息进行加工、处理,然后把处理结果输出的高度自动化的电子设备。随着计算机技术和应用的发展,电子计算机已经成为人们进行信息处理的一种必不可少的工具。计算机具有以下几个特征:

1. 运算速度快

现代计算机的运算速度非常快,已达到每秒千万亿次。计算机的高速度使大量复杂的科学计算问题得以解决。例如,卫星轨道的计算、大型水坝的计算、天气预报的计算等,过去人工计算需要几年、几十年,而现在用计算机只需几天甚至几分钟就可完成。

2. 计算精度高

由于计算机采用二进制数字进行运算,计算精度主要由表示数据的字长决定。随着字长的增长和配合先进的计算技术,计算精度不断提高,可以满足各类复杂计算对计算精度的要求。如导弹之所以能准确地击中预定的目标,是与计算机的精确计算分不开的。

3. 程序运行自动化

计算机内部操作是根据人们事先编好的程序自动控制进行的。用户根据需要,事先设计好运行步骤与程序，计算机十分严格地按程序规定的步骤操作，整个过程不需人工干预。

4. 存储容量大

计算机的存储器类似于人类的大脑，可以“记忆”（存储）大量的数据和信息。随着微电子技术的发展，计算机内存储器的容量越来越大。加上大容量的磁盘、光盘等外部存储器，存储容量已达到了海量。

5. 具有较强的逻辑判断能力

计算机在进行数据处理时，具有逻辑运算能力，可以通过对数据的比较和判断，获得所需的信息，并进一步智能化。

1.1.2 计算机的发展

1. 计算机发展的几个阶段

世界上第一台计算机 ENIAC（Electronic Numerical Integrator And Computer）诞生于1946 年 2 月，是由美国国防部和美国宾夕法尼亚大学共同研制成功的。ENIAC 占地面积为170 平方米，重达 30 多吨，耗电量每小时 150 千瓦，使用了 18 800 多个电子管，运行速度仅有5 000 次每秒加、减运算，且可靠性差。但至今人们仍然公认，ENIAC 的问世标志着电子计算机时代的到来，它的出现具有划时代的伟大意义。

从第一台电子计算机诞生到现在短短的 60 多年中，计算机技术以前所未有的速度迅猛发展。一般根据计算机所采用的物理器件，将计算机的发展时代划分为电子管、晶体管、中小规模集成电路以及大规模和超大规模集成电路等四个阶段。

(1)第一代电子计算机(1946—1958 年)。第一代计算机采用电子管作为主要逻辑元件，也称电子管时代。主存储器采用延迟线、磁鼓磁芯，外存储器使用纸带、卡片、磁带等。起初只能使用机器语言，20 世纪 50 年代中期以后才出现汇编语言。这一代计算机体积庞大、造价昂贵、速度低、存储量小、可靠性差、不易掌握，主要应用于军事目的和科学研究领域。

(2)第二代电子计算机(1958—1964 年)。第二代计算机采用晶体管作为主要逻辑元件，也称晶体管时代。主存储器大量使用磁芯，外存储器有磁盘、磁带。与此同时，计算机软件也有了很大的发展，使用了操作系统，并出现了高级程序设计语言 FORTRAN，COBOL 等，使编写程序的工作变得更为方便并实现了程序兼容。这样，使用计算机工作的效率得到了很大提高。计算机的运算速度已从几万次每秒提高到几十万次每秒，体积已大大减小，可靠性和内存容量也有较大的提高。

(3)第三代电子计算机(1965—1971 年)。第三代计算机采用中小规模集成电路作为主要逻辑元件。开始使用半导体存储器，外存储器使用磁盘、磁带。操作系统进一步完善，高级语言数量增多。计算机的运算速度也提高到几百万次每秒，可靠性和存储容量进一步提高，计算机和通信技术结合起来，广泛地应用到科学计算、数据处理等领域。

(4)第四代电子计算机(1971 年至今)。第四代计算机采用大规模和超大规模集成电路作为主要逻辑元件。主存储器采用半导体存储器，外存储器使用大容量的磁盘，并开始使用光盘。操作系统进一步发展和完善，同时发展了数据库管理系统等。计算机的运算速度可达千万次至万亿次每秒。计算机的应用领域不断向社会各个方面渗透。

2009 年 6 月 25 日国际超级计算机会议上，美国洛斯阿拉莫斯国家实验的 IBM

Roadrunner 计算机被评选为当时世界上最快的超级计算机，IBM 的 Roadrunner(走鹏)的速度达到了 1.105 千万亿次每秒(峰值性能达 1 456 万亿次每秒)，而该系统首次突破千万亿次每秒大关是在 2008 年的 8 月份。2009 年 10 月 29 日，中国首台千万亿次超级计算机"天河一号"诞生。这台计算机以 1 206 万亿次每秒的峰值速度和 563.1 万亿次每秒的 Linpack 实测性能，使中国成为继美国之后世界上第二个能够研制千万亿次超级计算机的国家。

1.1.3 计算机的分类

根据计算机的性能可将计算机分为超级计算机、大型计算机、小型计算机、微型计算机和工作站五类。

1. 超级计算机

超级计算机又称巨型机。它是目前功能最强、速度最快、价格最贵的计算机。一般用于气象、太空、能源、医药等尖端科学研究和战略武器研制中的复杂计算。它们安装在国家高级研究机关中，可供几百个用户同时使用。巨型机的研制开发是一个国家综合国力和国防实力的体现，它们价格昂贵，号称国家级资源。

2. 大型计算机

大型计算机也有很高的运算速度和很大的存储量，并允许相当多的用户同时使用。当然在量级上都不及超级计算机，价格也相对比巨型机便宜。大型机通常都像一个家族一样形成系列，如 IBM4300 系列、IBM9000 系列等。同一系列的不同型号的计算机可以执行同一个软件，称为软件兼容。大型机通常用于大型企业、商业管理或大型数据库管理系统中，也可用作大型计算机网络的主机。

3. 小型计算机

小型机规模比大型机要小，但仍能支持十几个用户同时使用。这类计算机价格便宜，适合于中小型企事业单位采用，如用于工业自动控制、大型分析仪器、测量仪器、医疗设备中的数据采集、分析计算等。

4. 微型计算机

微型计算机的具有体积小、操作灵活、价格便宜等特点。不过通常一次只能供一个用户使用，所以微型计算机也叫个人计算机。

5. 工作站

工作站是 20 世纪 70 年代后期出现的一种新型的计算机系统。它与功能较强的高档微机之间的差别已不十分明显。通常，它比微型机有较大的存储容量和较快的运算速度，而且配备大屏幕显示器，主要用于图像处理和计算机辅助设计等领域。不过，随着计算机技术的发展包括前几类机器在内，各类机器之间的差别有时也不再是那么明显了。比如，现在高档微机的内存容量比前几年小型机甚至大型机的内存容量还大得多。

1.1.4 计算机的应用领域

随着计算机技术的不断发展，计算机对社会的作用越来越巨大，计算机在科学技术、国民经济、社会生活等各个方面得到了广泛的应用，并且取得了明显的社会效益和经济效益。计算机的应用几乎包括人类活动的一切领域。根据计算机的应用特点，可以归纳为以下几类。

1. 科学计算

科学计算也称为数值计算，科学计算所解决的大都是从科学研究和工程技术中所提出的一些复杂的数学问题，计算量大而且精度要求高，只有能高速运算和存储量大的计算机系统才能完成。科学计算是计算机最早的应用领域，ENIAC 就是为军事科学计算而研制的。目前科学计算常用于天文学、量子化学、地震探测、导弹卫星轨迹计算、空气动力学、核物理学等领域。

2. 信息处理

信息处理是目前计算机应用最广泛的领域之一。在科学研究和工程技术中，会得到大量的原始数据，其中包括大量图片、文字、声音等信息，信息处理就是对这些数据进行收集、分类、排序、存储、计算、传输、制表等操作。计算机的信息处理应用已非常普遍，如人事管理、库存管理、图书资料管理、经济管理等。

3. 过程控制

过程控制是指用计算机对生产或其他过程中所采集到的数据按照一定的算法经过处理，然后反馈到执行机构去控制相应过程，它是生产自动化的重要技术和手段。比如，在冶炼车间可将采集到的炉温、燃料和其他数据传送给计算机，由计算机按照预定的算法计算并确定控制吹氧或加料的多少等。过程控制可以提高自动化程度，减轻劳动强度，提高生产效率，节省生产原料，降低生产成本，保证产品质量的稳定。

4. 计算机辅助设计和辅助制造

计算机辅助设计简称为 CAD(Computer Aided Design)是指借助计算机的帮助，人们可以自动或半自动地完成各类工程设计工作。目前 CAD 技术已应用于飞机设计、船舶设计、建筑设计等。采用计算机辅助设计，可以缩短设计时间，提高工作效率，节省人力、物力和财力，更重要的是提高了设计质量。

计算机辅助制造简称为 CAM(Computer Aided Manufacturing) 是利用 CAD 的输出信息控制、指挥生产和装配产品。CAD/CAM 使产品的设计、制造过程都能在高度自动化的环境中进行。具有提高产品质量、降低成本、缩短生产周期和减轻管理强度等特点。目前，从复杂的飞机制造到简单的家电产品生产都广泛地使用了 CAD/CAM 技术。

5. 现代教育

近些年来，随着计算机的发展和应用领域的不断扩大，计算机对社会的影响已经有了“文化”层次的含义。所以，在学校教学中，已把计算机应用技术本身作为“文化基础”课程安排于教学计划之中。此外，计算机作为现代教学手段在教育领域中应用的越来越广泛、深入。这种应用主要有计算机辅助教学、计算机模拟、多媒体教室、网上教学等形式。

6. 人工智能

人工智能又称智能模拟，利用计算机系统模仿人类的感知、思维、推理等智能活动，是计算机智能的高级功能。人工智能研究和应用的领域包括模式识别、自然语言理解与生成、专家系统、自动程序设计、定理证明、联想与思维的机理、数据智能检索等。例如：用计算机模拟人脑的部分功能进行学习、推理、联想和决策；模拟名医给病人诊病的医疗诊断专家系统；机械手与机器人的研究和应用等。人工智能的研究已取得了一些成果，如自动翻译、战术研究、密码分析等，但距真正的智能还有很长的路要走。

1.2 微型计算机系统的基本组成

微型计算机是计算机中应用最为广泛的一类，在微型计算机技术中，通过系统总线把CPU、存储器、输入设备和输出设备连接起来，实现信息交换。通过总线连接计算机各部件使微型计算机系统结构简洁、灵活、规范，可扩充性好。一般微型计算机系统的整体结构如表1-1-1所示。

表1-1-1 微型计算机系统的组成

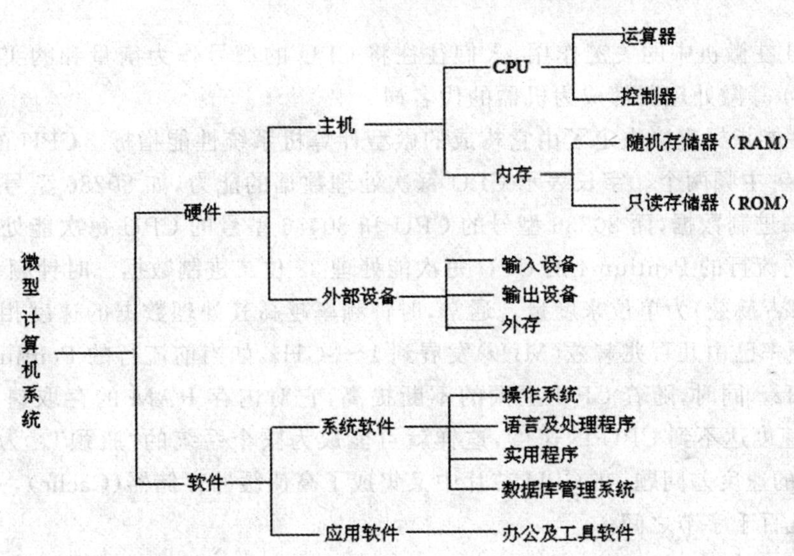

1.2.1 计算机的基本结构

1. 冯·诺依曼型计算机的基本结构

1945年著名的美籍匈牙利数学家冯·诺依曼在分析、总结莫奇利小组研制的ENIAC计算机的基础上，撰文提出了一个全新的存储程序的通用电子计算机EDVAC的方案。依据这一方案设计出来的计算机称为冯·诺依曼体系计算机，60多年来，计算机的这种体系结构一直没有改变。方案中，他总结并提出了如下三点：

(1)在计算机内部，程序和数据采用二进制代码表示。

(2)把数据均以二进制编码形式存放到计算机的存储器里。

(3)计算机应具有运算器、控制器、存储器、输入设备和输出设备五个基本功能部件。

2. 中央处理器

中央处理器(CPU)是微型计算机硬件系统的核心，是一个体积不大而元件的集成度非常高、功能强大的芯片，如图1-1-1所示，主要包括运算器(ALU)和控制器(CU)两大部件。计算机的所有操作都受CPU控制，所以它的品质直接影响着整个计算机系统的性能。CPU可以直接访问内存储器，它和内存储器构成了计算机的主机，是计算机的主体。

图 1-1-1 CPU 外形示意图

由于 CPU 在微机中的关键作用，人们往往将 CPU 的型号作为衡量和购买机器的标准，如 586、PⅢ、P4 等微处理器都成为机器的代名词。

CPU 的性能指标直接决定了由它构成的微型计算机系统性能指标。CPU 的性能指标主要有字长和时钟主频两个。字长表示 CPU 每次处理数据的能力，如 80286 型号的 CPU 每次能处理 16 位二进制数据，而 80386 型号的 CPU 和 80486 型号的 CPU 每次能处理 32 位的二进制数据，当前流行的 Pentium4 的 CPU 每次能处理 32 位二进制数据。时钟频率以 MHz(兆赫兹)或 GHz(吉赫兹)为单位来度量。通常，时钟频率越高其处理数据的速度相对也就越快。CPU 的时钟频率已由几百兆赫兹(MHz)发展到 1～3GHz，如当前流行的 Pentium4 的时钟频率可达到 3GHz。同时，随着 CPU 主频的不断提高，它对内存 RAM 的存取速度更快了，而 RAM 的响应速度达不到 CPU 的速度，这样就可能成为整个系统的“瓶颈”。为了协调 CPU 与 RAM 之间的速度差问题，在 CPU 芯片中又集成了高速缓冲存储器(Cache)，一般在几十千字节(KB)到几百千字节之间。

1.2.2 总线结构

总线技术是目前微型计算机中广泛采用的技术。所谓总线就是系统部件之间传送信息的公共通道，各部件由总线连接并通过它传递数据和控制信号。

根据所连接部件的不同，总线可分为内部总线和系统总线。内部总线是同一部件内部的连接总线，如连接 CPU 的控制器、运算器和各寄存器之间的总线。系统总线是同一台计算机的各部件之间相互连接的总线，如连接 CPU、内存、I/O 接口之间的总线。系统总线从功能上又可分为数据总线、地址总线和控制总线。

1. 数据总线

数据总线用于传递数据。数据总线的传输方向是双向的，是 CPU 与存储器、CPU 与 I/O 接口之间的双向传输通道。数据总线的位数和微处理器的位数是一致的，是衡量微型计算机运算能力的重要指标。

2. 地址总线

CPU 通过地址总线把地址信息送到其他部件，因而地址总线是单向的。地址总线的位数决定了 CPU 的寻址能力，也决定了微型机的最大内存容量。例如，16 bit 地址总线的寻址能力是 2^{16}＝64KB，而 32bit 地址总线的寻址能力是 4GB。

3. 控制总线

控制总线是由 CPU 对外围芯片和 I/O 接口的控制以及这些接口芯片对 CPU 的应答、请求等信号组成的总线。控制总线是最复杂、最灵活、功能最强的一类总线，其方向也因控制信号不同而有差别。例如，读写信号和中断响应信号由 CPU 传给存储器和 I/O 接口；中断请求和准备就绪信号由其他部件传输给 CPU。

1.2.3 内部存储器

存储器是计算机的记忆装置，用来保存程序和数据，存储器具备存数和取数的功能。存储器分为内存储器和外存储器两类。内部存储器用于存放当前运行的程序和程序所用的数据，属于临时存储器。外存储器是属于计算机外部设备的存储器，也叫辅助存储器(简称辅存)。外存属于永久性存储器，存放着暂时不用的数据和程序。当需要某一程序或数据时，首先应调入内存，然后再运行。

一个二进制位(bit)是构成存储器的最小单位。实际上，存储器是由许多个二进制位的线性排列构成的。为了存取到指定位置的数据，通常将每 8 位二进制位组成一个存储单元，称为字节(Byte)，并给每个字节编上一个号码，称为地址(Address)。

存储器可容纳的二进制信息量称为存储容量。目前，度量存储容量的基本单位是字节。此外，常用的存储容量单位还有：KB(千字节)、MB(兆字节)、GB(吉字节)和 TB(太字节)。它们之间的关系为：1 字节(Byte)＝8 个二进制位(bits)；1KB＝1024B；1MB＝1024KB；1GB＝1024MB；1TB＝1024GB。

内存储器又分为随机存储器(Random Access Memory，RAM)和只读存储器(Read Only Memory，ROM)两类。

1. 随机存储器(Random Access Memory，RAM)

随机存储器也叫读写存储器。随机存储器中存储当前使用的程序、数据、中间结果和与外存交换的数据，CPU 可以直接读写随机存储器中的内容。随机存储器有两个重要的特点：一是其中的信息随时可以读出或写入，当写入时，原来存储的数据将被冲掉；二是加电使用时其中的信息会完好无缺，但是一旦断电(关机或意外掉电)，随机存储器中存储的数据就会消失，而且无法恢复。由于随机存储器的这一特点，所以也称它为临时存储器。

2. 只读存储器(Read Only Memory，ROM)

只读存储器主要用来存放固定不变的控制计算机的系统程序和数据，如常驻内存的监控程序、基本 I/O 系统、各种专用设备的控制程序和有关计算机硬件的参数表等。例如，安装在系统主板上的 ROM－BIOS 芯片中存储着系统引导程序和基本输入输出系统。只读存储器中的信息是在制造时用专门设备一次写入的，存储的内容是永久性的，即使关机或掉电也不会丢失。随着半导体技术的发展，已经出现了多种形式的只读存储器，如可编程的只读存储器 PROM(Programmable ROM)，可擦除、可编程的只读存储器 EPROM(Erasable Programmable ROM)等。它们需要特殊的手段改变其中的内容。

1.2.4 主板

主板又称主机板、母板、系统板等。主板一般为矩形电路板，其上集成了组成计算机的主要电路系统,并具有多个扩展槽。CPU、内存、各种接口板卡等都安装在主板上或插在扩展槽中或与主板相连接。主板是由印刷电路板、CPU插座、控制芯片、CMOS只读存储器、Cache、各种扩展插槽、键盘插座、各种连接插座和各种开关及跳线组成的,华硕A8V-ESE主板如图1-1-2所示。主板的类型和档次决定着整个微机系统的类型和档次,主板的性能制约着整个微机系统的性能。

图1-1-2 华硕A8V-E SE主板图

1.2.5 外部存储器

与内存相比,外部存储器的特点是存储量大、价格较低,而且在断电的情况下也可以长期保存信息,所以又称为永久性存储器。最常用的有磁盘、磁带和光盘存储器等。

1.硬盘

硬盘由一组重叠的盘片组成,存储数据是通过一种称为磁盘驱动器的机械装置对磁盘的盘片进行读写而实现的。存储数据叫做写磁盘,取数据叫做读磁盘。

硬盘的磁盘驱动器和盘片都是固定在机箱内的,外面是看不到的,它的存储容量很大,计算机硬盘的技术发展也非常快,若干年前硬盘容量还多为几十兆、几百兆,现在的机器配的硬盘容量一般都是几十个G或上百个G。在计算机系统中,硬盘驱动器的符号用一个英文字母表示,也称为盘符,如果只有一个硬盘,一般称为C盘,或者将一个硬盘分成两个逻辑区域,称为C盘和D盘。

为了能在盘面的指定区域上读写数据,必须将每个磁盘面划分为数目相等的同心圆,称为磁道,每个磁道又等分成若干个弧段,称为扇区(Sector)。磁道按径向从外向内,依次从0开始编号,盘片组中相同编号的磁道形成了一个假想的圆柱,成为硬盘的柱面(Cylinder)。显然,柱面数等于盘面上的磁道数。每个盘面有一个径向可移动的读写磁头(Head),自然,磁头数就是构成柱面的盘面数。通常,一个扇区的容量为512字节。与主机交换信息是以扇区为单位进行的。所以硬盘的容量计算公式是

硬盘的容量=柱面数(C)×磁头数(H)×扇区数(S)×512 B

2.移动存储产品

随着信息技术的不断发展,几十吉甚至几百吉的信息交换已经成为日常工作中的家常便饭。近几年来,更多小巧、轻便、价格低廉的移动存储产品正在不断涌现和普及。

(1)USB移动硬盘。USB移动硬盘的优点是:体积小、重量轻、容量大、存取速度快。另外

可以通过 USB 接口即插即用,当前的计算机都配有 USB 接口,在 Windows XP 操作系统下,无须驱动程序,可以直接热插拔,使用非常方便。

(2)USB 优盘。USB 优盘又称拇指盘,它是利用闪存(Flash Memory)在断电后还能保持存储的数据不丢失的特点而制定的。其优点是重量轻,体积小,一般只有拇指大小,质量 15～30 g,通过计算机的 USB 接口即插即用,使用方便,容量从几十兆到几个吉不等,随着技术水平的不断提升,优盘容量也在继续增大。随着其价格的降低和容量的提高,优盘的使用也非常普遍。

3. 光盘

光盘即 CD－ROM,CD－ROM 是英文“只读光盘存储器,Compact Disk－Read Only Memory”由每个词的第一个英文字母组合。从表面看起来它和立体音响设备中使用的激光唱盘一样,它是一个直径 120 mm(约 4.72 英寸),厚度 1.2 mm,质量大约为 14～18 g 的圆盘,靠激光束读取数据,但它存放数据的格式和激光唱盘不同。不管其存储的音乐(Audio)、数据(Data),还是其他多媒体视频文件(Video)等,所有数据都经过数字化处理变成 0 与 1,对应的就是光盘上的 Pits(凹点)和 Lands(平面)。所有的 Pits 都有着相同的深度与长度。一个 Pits 大约只有半微米宽,大概就是 500 粒氢原子的长度。而一张 CD 光盘上大约有 28 亿个这样的 Pits。当激光影射到光盘上时,如果是照在 Lands 上,那么就会有 70％到 80％的激光被反射回去;如果照在 Pits 上,就无法反射回激光。根据反射和无反射的情况,光盘驱动器就可以解读 0 或 1 的数字编码了。

光盘的存储容量很大,一片光盘可以存储 600 多兆字节的信息,这样大的存储容量使得存储声音、图像成为可能。正像读磁盘需要磁盘驱动器一样,读取光盘的内容也需要光盘驱动器,简称光驱,人们常常把光驱也称为 CD－ROM。从名称中可以看到,目前我们使用的光盘只能读不能写,即只能读取光盘中的数据,不能往光盘中写数据。光盘中的信息是生产厂家或公司用昂贵的设备写入光盘的。如果需要往光盘中写入数据,必须使用光盘刻录机。

光驱的符号一般排在硬盘的后面,例如机器配有一个硬盘是 C 盘,则光驱的符号就是 D,如果 C 盘和 D 盘是硬盘,则光驱的符号一般是 E,如果硬盘的符号多于两个,依次类推。

4. DVD

最初 DVD 代表的英文全名是 Digital Video Disk,即数字视频光盘或数字影盘,后来的含义是 Digital Versatile Disk,即数字通用光盘。DVD 光盘与 CD 光盘大小相同,但它存储密度高,一面光盘可以分单层或双层存储信息,一张光盘有两面,最多可以有 4 层存储空间,所以存储容量极大。120mm 的单面单层 DVD 盘片的容量为 4.7GB。DVD 光盘驱动器的一倍速为 1350KB/s。

1.2.6 输入设备

输入设备是用来向计算机输入命令、程序、数据、文本等信息的设备,常见的输入设备有键盘、鼠标、扫描仪、光笔、数字化仪、数码相机、话筒等。

1. 键盘

键盘是计算机最常用的一种输入设备,通常包括数字键、字母键、符号键、功能键和控制键等,并分放在一定的区内。

计算机键盘按功能可分为 4 个区:功能键区、主键区、编辑控制键区和数字键区。

(1)功能键区。功能键区位于键盘的最上方,包括 Esc 键和 F1～F12 键。功能键在不同的程序中被赋予不同的含义,可以实现不同的功能。

(2)主键区。主键区是键盘上用来打字输入的主要区域,共有 61 键,包括:

21 个数字键和符号键:包括数字、运算符号和标点符号等。每个键都是双字符键,键上的数字或符号,分别称为上档字符和下档字符。输入下档字符时,直接键入键盘中的对应键即可;输入上档字符时,则需要按下 Shift 键。

26 个字母键:通过字母键可以输入大小写英文字母。当输入大写字母时,只要在按住 Shift 键的同时,按所需的字母键即可。

14 个控制键:其中 Shift,Ctrl,Alt 和 Windows 系统快捷键左右各有一个,其功能完全相同,只是为了方便操作。

(1)编辑控制键区。位于键盘的中间,共有 13 个键,主要用于光标控制等编辑操作。

(2)数字键区。位于键盘右侧的 17 个键属于数字键区,数字键区主要是为了方便输入数字而设置的,同时也有编辑和光标控制功能。

除标准键盘外,还有 Windows 键盘、各种形式的多媒体键盘和专用键盘。如银行计算机管理系统中供储户用的键盘,按键为数不多,只是为了输入储户的密码和选择操作之用。专用键盘的主要优点是简单,即使没有受过专门训练的人也能使用。

2. 鼠标

鼠标上有两(或三个)个按键,当它在平板上滑动时,屏幕上的鼠标指针也跟着移动。它不单可用于光标定位,还可用来选择菜单、命令和文件。对于多窗口环境,鼠标是一种必不可少的输入设备。

鼠标有三种类型:机械鼠标,价格便宜,但准确性较差;光学鼠标,需要一个专用的平板与之配合使用;光学机械鼠标,无须专用平板,而且性能和价格都比较便宜。

鼠标在 Windows 环境下的应用软件中是最常用的输入设备之一。

3. 其他输入设备

键盘和鼠标是微机中最常用的输入设备,此外还有扫描仪、条形码阅读器、光学字符阅读器(OCR)、触摸屏、手写笔、声音输入设备(麦克风)和图像输入设备(数码相机)等。

1.2.7 输出设备

输出设备的任务是将信息传送到中央处理机之外的介质上。显示器和打印机是计算机中最常用的两种输出设备。

1. 显示器

显示器也叫监视器,是微机中最重要的输出设备之一,也是人机交互必不可少的设备。显示器用于微机或终端,可显示多种不同的信息。

(1)显示器的分类。常用的显示器有阴极射线管显示器(简称 CRT)和液晶显示器(简称 LCD)。CRT 显示器又有球面和纯平之分。纯平显示器大大改善了视觉效果,已取代球面显示器,成为 PC 机的主流显示器。液晶显示器为平板式,体积小、重量轻、功耗少,主要用于笔记本电脑,中、高档台式机也采用它。

当前，微机上使用的主流显示器是彩色图形显示器，而黑白字符显示器常用于金融、商业领域。

(2)显示器的主要性能。在选择和使用显示器时，应该了解显示器的主要特性。

像素(Pixel)与点距(Pitch)：屏幕上图像的分辨率或说清晰度取决于能在屏幕上独立显示的点的直径，这种独立显示的点称做像素，屏幕上两个像素之间的距离叫点距。目前，微机上显示器的点距有 0.31 mm，0.28 mm 和 0.25 mm 等规格。一般讲，点距越小，分辨率就越高，显示器质量也就越好。

分辨率：分辨率是衡量显示器的一个常用指标。它指的是整个屏幕上像素的数目(列×行)。目前，通常有 640×480，800×600，1024×768 和 1280×1024 等几种。

显示器的尺寸：它以显示器的对角线来度量。显示器有 14 英寸、15 英寸、17 英寸、19 英寸和 21 英寸。

(3)显示卡。显示器是通过"显示器接口"(简称显示卡)与主机连接的，所以显示器必须与显示卡匹配。它主要由显示控制器、显示存储器和接口电路组成。目前，PC 机上使用的显示卡大多数与 VGA(Video Graphics Array)兼容，SVGA 和 TVGA 是两种较流行的 VGA 兼容卡。VGA 的分辨率是 640×480，可以显示 256 种颜色。SVGA(Super VGA)是 VGA 的扩展，分辨率可达 1280×1024，能够显示 2^{24} 种颜色。

2. 打印机

打印机是计算机目前最常用的输出设备，也是品种、型号最多的输出设备之一。一般微型机使用的打印机有点阵式打印机、喷墨式打印机和激光打印机三种。

(1)点阵打印机。点阵式打印机主要由打印头、运载打印头的小车机构、色带机构、输纸机构和控制电路等几部分组成。打印头是点阵式打印机的核心部分。点阵打印机有 9 针、24 针之分。24 针打印机可以打印出质量较高的汉字，是目前使用较多的点阵打印机。

点阵打印机是在脉冲电流信号的控制下，打印针击打的针点形成字符或汉字的点阵。这类打印机的最大优点是耗材(包括色带和打印纸)便宜，缺点是打印速度慢、噪声大、打印质量差。

(2)喷墨打印机。喷墨打印机属非击打式打印机，其工作原理是喷嘴朝着打印纸不断喷出极细小的带电的墨水雾点，当它们穿过两个带电的偏转板时接受控制，然后落在打印纸的指定位置上，形成正确的字符，无机械击打动作。喷墨打印机的优点是设备价格低廉、打印质量高于点阵打印机、可彩色打印、无噪声。缺点是打印速度慢、耗材贵。

(3)激光打印机。激光打印机也属非击打式打印机，工作原理与复印机相似，涉及光学、电磁学、化学等。简单说来，它将来自计算机的数据转换成光，射向一个充有正电的旋转的鼓上。鼓上被照射的部分便带上负电，并能吸引带色粉末。鼓与纸接触再把粉末印在纸上，接着在一定的压力和温度的作用下熔解在纸的表面。

激光打印机的优点是无噪声、打印速度快、打印质量最好，常用来打印正式文件及图表。其缺点是设备价格高、耗材贵，打印成本是三种打印机中最高的。

3. 其他输出设备

在微型机上使用的其他输出设备有绘图仪、声音输出设备(音箱或耳机)、视频投影仪等。绘图仪有平板绘图仪和滚动绘图仪两类，通常采用"增量法"在 x 和 y 方向产生位移来绘制图形。视频投影仪常称为多媒体投影仪，是微型机输出视频的重要设备。目前，有 CRT 投影仪和使用 LCD 投影技术的液晶板投影仪。液晶板投影仪具有体积小、重量轻、价格低且色彩丰富的优点。

1.2.8 软件系统

软件系统是指计算机系统所使用的各种程序及其文档的集合。计算机软件一般可分为系统软件和应用软件两大类。

1.系统软件

系统软件是管理、监控、维护计算机资源(包括硬件与软件)的软件。它包括操作系统、各种语言及处理程序、服务程序、数据库管理系统以及各种工具软件等。

(1)操作系统。操作系统是管理、控制和监督计算机软、硬件资源协调运行的程序系统，由一系列具有不同控制和管理功能的程序组成，它是直接运行在计算机硬件上的最基本的系统软件，是系统软件的核心。操作系统是计算机发展中的产物，它的主要目的有两个：一是方便用户使用计算机，是用户和计算机的接口。比如用户键入一条简单的命令就能自动完成复杂的功能，这就是操作系统帮助的结果；二是统一管理计算机系统的全部资源，合理组织计算机工作流程，以便充分、合理地发挥计算机的效率。

在微机上，前些年流行 DOS 操作系统，目前大都配备 Windows 操作系统，如 Windows 98、Windows 2000 或 Windows XP 等。同时，支持多用户、多进程、多线程、实时性较好、功能强大且稳定的 Linux 操作系统，在网络中也得到了广泛的应用。

(2)语言处理系统(翻译程序)。语言处理程序是对各种程序设计语言程序进行翻译，产生计算机可以直接执行的目标程序的各种程序的集合。计算机硬件系统只能直接识别以数字代码表示的指令序列，即机器语言。如果要在计算机上运行高级语言程序就必须配备程序语言翻译程序(下简称翻译程序)。翻译程序本身是一组程序，不同的高级语言都有相应的翻译程序。

对于高级语言来说，翻译的方法有两种：

一种是“解释”，BASIC 语言源程序的执行就采用这种方式。在运行 BASIC 源程序时，逐条把 BASIC 的源程序语句进行解释和执行。这种方式速度较慢，每次运行都要经过“解释”，边解释边执行。

另一种是“编译”，它调用相应语言的编译程序，把源程序变成由机器语言组成的目标程序(以.OBJ 为扩展名)，然后再用连接程序，把目标程序与库文件相连接形成可执行文件。尽管编译的过程复杂一些，但它形成的可执行文件可以反复执行，速度较快。

(3)服务程序。服务程序能够提供一些常用的服务性功能，它们为用户开发程序和使用计算机提供了方便，像计算机中常用的诊断程序、调试程序均属此类。

(4)数据库管理系统。数据库是指按照一定联系存储的数据集合，可为多种应用共享，如图书馆中图书信息、医院的病历、人事部门的档案都可分别组成数据库。数据库管理系统(Data Base Management System，DBMS)则是能够对数据库进行加工、管理的系统软件。其主要功能是建立、维护、删除数据库及对数据库中数据进行各种操作，如检索、修改、统计、排序、合并等。

常见的数据库管理系统有 FoxPro，Visual FoxPro，Oracle，SQL Server 等。数据库技术

是计算机技术中发展最快的、应用最广的一个分支。可以说,在今后的计算机应用开发中大多离不开数据库。因此,了解数据库技术尤其是微机环境下的数据库应用是非常必要的。

2. 应用软件

应用软件是为了解决各种实际问题而编写的计算机程序。例如:文字处理、表格处理、电子演示、电子邮件收发等是企事业单位或日常生活中常见的问题,WPS Office 办公软件、Microsoft Office 办公软件都是针对上述问题而开发的。

此外,针对财务会计业务问题而设计的财务软件、针对机械设计制图问题而开发的绘图软件(AutoCAD)以及图像处理软件(Photoshop)等都是适应解决某类问题的应用软件。

综上所述,计算机系统由硬件系统和软件系统组成,两者缺一不可。而软件系统又由系统软件和应用软件组成,操作系统是系统软件的核心,在每个计算机系统中是必不可少的,其他的系统软件,如语言处理系统可根据不同用户的需要配置不同程序语言编译系统。应用软件则随各用户应用领域的不同而可以有不同的配置。

1.3 微型计算机的主要技术指标

计算机的性能涉及体系结构、软硬件配置、指令系统等多种因素,一般来说主要有下列技术指标。

1. 字长

字长是指计算机运算部件一次能同时处理的二进制数据的位数。字长越长,作为存储数据,则计算机的运算精度就越高;作为存储指令,则计算机的处理能力就越强。通常,字长总是8的整倍数,如8位,16位,32位,64位等。如:Intel 486机和Pentium4机均属32位机。

2. 时钟主频

时钟主频是指CPU的时钟频率。它的高低从一定程度上决定了计算机速度的高低。主频以吉赫兹(GHz)为单位,一般来说,主频越高,速度越快。由于微处理器发展迅速,微机的主频也在不断的提高。“奔腾”(Pentium)处理器的主频目前已达到1~3GHz。

3. 运算速度

计算机的运算速度通常是指每秒钟所能执行加法指令数目,常用百万次/秒(Million Instructions PerSecond,MIPS)来表示。这个指标更能直观地反映机器的速度。

4. 存储容量

存储容量分内存容量和外存容量,这里主要是指内存储器的容量。所有的程序必须先调入内存才能够运行,所以内存容量越大,机器所能运行的程序就越大,处理能力就越强。尤其是当前多媒体PC机应用多涉及图像信息处理,要求存储容量会越来越大,甚至没有足够大的内存容量就无法运行某些软件。目前微机内存的容量一般都达到了1GB以上。

5. 存取周期

内存储器的存取周期也是影响整个计算机系统性能的主要指标之一。简单讲,存取周期就是CPU从内存储器中存取数据所需的时间。目前,内存的存取周期在7~70 ns之间。

此外,还有计算机的可靠性、可维护性、平均无故障时间和性能价格比等都是计算机的技术指标。

1.4 计算机信息处理原理

在计算机中采用二进制存储数据，指令、数据、图形、声音等信息，都必须转换成二进制编码形式，才能存入计算机中。计算机所表示和使用的数据可分为两大类：数值数据和字符数据。数值数据用于表示量的大小、正负，如整数、小数等。字符数据也叫非数值数据，用以表示一些符号、标记，如英文字母 A～Z、a～z，数字 0～9，各种专用字符如：+，—，*，/，[，]，(，)及标点符号等。

1.4.1 数制基础

1. 十进制计数值

十进制计数法是“逢十进一”；任意一个十进制数值可用 0，1，2，3，4，5，6，7，8，9 共 10 个数字符中的数字符串来表示。在十进制数中，同一个数码在不同的位置代表的数值是不同的，如十进制数 289.34 可以表示成如下形式：

$$289.34=2\times10^2+8\times10^1+9\times10^0+3\times10^{-1}+4\times10^{-2}$$

上式称为数值的按权展开式，其中 10^i 称为十进制的权，10 称为基数。

2. R 进制计数值

从对十进制计数制的分析可以得出：如果用 R 个基本符号(如 0，1，2，…，R-1)来表示数值，则称其为 R 进制，R 称为该数制的基数，R^i 称为权(i 为整数，如 3，2，1，0，-1，-2，…)。

为区分不同数制的数，书中约定对于任一 R 进制的数 N，记做：$(N)_R$。如 $(1011)_2$、$(653)_8$、$(6CD12)_{16}$，分别表示二进制数 1011、八进制数 653 和十六进制数 6CD12。不用括号及下标的数，默认为十进数，如 389。人们也习惯在一个数的后面加上字母 D(十进制)、B(二进制)、O(八进制)、H(十六进制)来表示其前面的数用的是什么进位制。如 1011B 表示二进制数 1011；D13H 表示十六进制数 D13。

(1)二进制(Binary)：任意一个二进制数可用 0，1 两个数字符组合的数字字符串来表示，它的基数 R=2。二进制计数法是“逢二进一”，如二进制数 110.11 的按权展开式为

$$110.11B=1\times2^2+1\times2^1+0\times2^0+1\times2^{-1}+1\times2^{-2}=6.75D$$

(2)八进制(Octal)：任意一个八进制数可用 0，1，2，3，4，5，6，7 八个数字符组合的数字字符串来表示，它的基数 R=8。八进制计数法是“逢八进一”，如八进制数 254 的按权展开式为

$$254O=2\times8^2+5\times8^1+4\times8^0=172D$$

(3)十六进制(Hexadecimal)：任意一个十六进制数可以用 0，1，2，3，4，5，6，7，8，9，A，B，C，D，E、F 十六个数字符组合的数字字符串来表示，它的基数 R=16。十六进制计数法是“逢十六进一”，如十六进制数 A8C 的按权展开式为

$$A8CH=10\times16^2+8\times16^1+12\times16^0=2700D$$

1.4.2 数制换算

在计算机中常用的进位计数制是十进制、二进制、八进制和十六进制，表 1-1-2 列出了

十进制、二进制、八进制和十六进制数的对照表。

表 1-1-2 常用计数制数的对照表

十进制	二进制	八进制	十六进制	十进制	二进制	八进制	十六进制
0	0000	0	0	8	1000	10	8
1	0001	1	1	9	1001	11	9
2	0010	2	2	10	1010	12	A
3	0011	3	3	11	1011	13	B
4	0100	4	4	12	1100	14	C
5	0101	5	5	13	1101	15	D
6	0110	6	6	14	1110	16	E
7	0111	7	7	15	1111	17	F

1. 非十进制数转换成十进制数

利用按权展开的方法，可以把任意数制的一个数转换成十进制数。下面是将二进制、八进制和十六进制数转换为十进制数的例子。

【例 1-1】 将二进制数 1101.101 转换成十进制数。

$$1101.101B=1\times2^3+1\times2^2+0\times2^1+1\times2^0+1\times2^{-1}+0\times2^{-2}+1\times2^{-3}=$$
$$8+4+0+1+0.5+0.125=13.625D$$

【例 1-2】 将八进制数 345 转换成十进制数。

$$345O=3\times8^2+4\times8^1+5\times8^0=192+32+5=229$$

【例 1-3】 将十六进制数 6CA 转换成十进制数。

$$6CAH=6\times16^2+12\times16^1+10\times16^0=1536+192+10=1738D$$

由上述例子可见，只要掌握了数制的概念，那么将任一 R 进制的数转换成十进制数的方法是一样的。

2. 十进制整数转换成二进制数

把十进制整数转换成二进制整数的方法是采用“除二取余”法。把被转换的十进制整数反复地除以 2，直到商为 0，所得的余数就是这个数的二进制。

【例 1-4】 将十进制整数 221 转换成二进制整数。

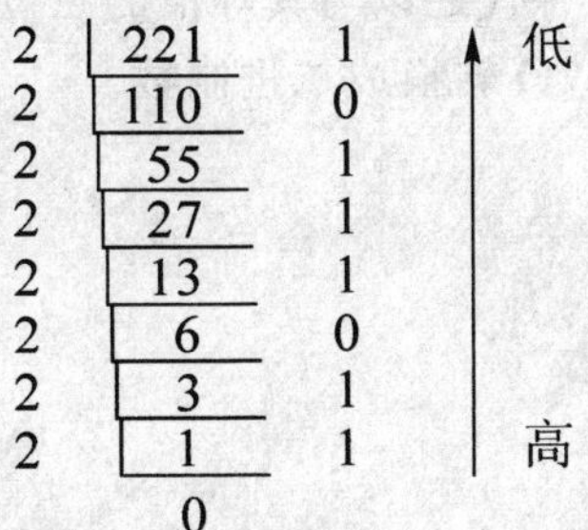

即 221D=11011101B

学习了十进制整数转换成二进制整数后，由此类推，十进制整数转换成八进制整数的方法是“除 8 取余”法，十进制整数转换成十六进制整数的方法是“除 16 取余”法。

3. 二进制数与十六进制数间的相互转换

由于二进制的基数与十六进制的基数有着整数幂的关系，每四位二进制数可对应一位十六进制数，其对照关系如表 1－1 所示。

(1)二进制数转换成十六进制数。将一个二进制数转换成十六进制数的方法是：以小数点为界向两边每四位为一组，整数不足部分在最高位补 0，小数不足部分在最低位补 0，然后计算出每组对应的十六进制的值。

【例 1－5】 将二进制数 111110.101101B 转换成十六进制数。

解 0011 1110. 1011 0100

↓ ↓ ↓ ↓

3 E .B 4

即 111110.101101B＝3E.B4H

(2)十六进制数转换成二进制数。将十六进制数转换成二进制数，其过程与二进制数转换成十六进制数相反，再将每一位十六进制数字代之以与其等值的四位二进制数即可。

【例 1－6】 将 6BCH 转换成二进制数。

解 6 B C

↓ ↓ ↓

0110 1011 1100

即 6BCH＝011010111100B

4. 二进制数与八进制数间的相互转换

(1)二进制数转换成八进制数。将一个二进制数转换成八进制数的方法是：以小数点为界向两边每三位为一组，整数不足部分在最高位补 0，小数不足部分在最低位补 0，然后计算出每组对应的八进制的值。

【例 1－7】 将二进制数 11110.1011B 转换成八进制数。

解 011 110 . 101 100

↓ ↓ ↓ ↓

3 6 .5 4

即 11110.1011B＝36.54O

(2)八进制数转换成二进制数。将八进制数转换成二进制数，其过程与二进制数转换成八进制数相反，再将每一位八进制数字代之以与其等值的三位二进制数即可。

【例 1－8】 将八进制数 23.67O 转换成二进制数。

解 2 3 . 6 7

↓ ↓ ↓ ↓

010 011. 110 111

即 23.67O＝010011.110111B

1.4.3 数据编码

计算机除了用于数值计算外，还有其他许多方面的应用。例如，当要用计算机编写文章时，就需要将文章中的各种符号、英文字母、汉字等输入计算机，然后由计算机编辑排版。因此，计算机处理的不只是一些数值，还要处理大量符号，如英文字母、汉字等非数值的信息。

1. 西文字符的编码

如前所述，计算机中的信息都是用二进制编码表示的。用以表示字符的二进制编码称为字符编码。计算机中最常用的字符编码是美国标准信息交换码（American Standard Code for Information Interchange），简称为ASCII码。

ASCII码被国际标准化组织指定为国际标准。ASCII码有7位码和8位码两种版本。国际上通用的是7位ASCII码，用7位二进制数 $b_6b_5b_4b_3b_2b_1b_0$ 表示一个字符的编码，共有 $2^7=128$ 个不同的编码值，相应可以表示128个字符。7位ASCII码表如表1-1-3所示，表中每个字符都对应一个数值，称为该字符的ASCII码值。如数字“0”的ASCII码值为0110000B，字母“A”的码值为1000001B，“a”的码值为1100001B等。

表1-1-3　标准ASCII码字符集

$D_6D_5D_4$ / $D_3D_2D_1D_0$	000	001	010	011	100	101	110	111
0000	NUL	DLE	SP	0	@	P	、	p
0001	SOH	DC1	!	1	A	Q	a	q
0010	STX	DC2	“	2	B	R	b	r
0011	ETX	DC3	#	3	C	S	c	s
0100	EOT	DC4	$	4	D	T	d	t
0101	ENQ	NAK	%	5	E	U	e	u
0110	ACK	SYN	&	6	F	V	f	v
0111	BEL	ETB	‘	7	G	W	g	w
1000	BS	CAN	(	8	H	X	h	x
1001	HT	EM	)	9	I	Y	i	y
1010	LF	SUB	*	:	J	Z	j	z
1011	VT	ESC	+	;	K	[	k	{
1100	FF	FS	,	<	L	\	l	|
1101	CR	GS	—	=	M	]	m	}
1110	SO	RS	.	>	N	↑	n	~
1111	SI	US	/	?	O	→	o	DEL

2. 汉字的编码

ASCII码只对英文字母、数字和标点符号作编码。为了用计算机处理汉字，同样也需要对汉字进行编码。从汉字编码的角度看，计算机对汉字信息的处理过程实际上是各种汉字编码间的转换过程。这些编码主要包括：汉字输入码、汉字内码、汉字字形码、汉字地址码及汉字信息交换码等。

(1)汉字信息交换码(国标码)。汉字信息交换码是用于汉字信息处理系统之间或者与通信系统之间进行信息交换的编码,简称交换码,也叫国标码。我国1980年颁布了国家标准——《信息交换用汉字编码字符集—基本集》,代号“GB2312－80”,即国标码。

在国标码的字符集中共收录了7445个字符编码。其中682个非汉字字符(图形、符号)和6763个汉字的代码。汉字代码中又有一级常用汉字3755个,按汉语拼音字母顺序排列,二级汉字3008个,按偏旁部首排列。一个国标码用两个字节来表示。

(2)汉字输入码。为将汉字输入计算机而编制的代码称为汉字输入码,也叫外码。目前汉字主要是经标准键盘输入计算机的,所以汉字输入码都是由键盘上的字符或数字组合而成。如用全拼输入法输入“中”字,就要键入代码“zhong”,再选字。汉字输入码是根据汉字的发音或字形结构等多种属性和汉语有关规则编制的,目前流行的汉字输入码的编码方案已有很多,如全拼输入法、双拼输入法、五笔字型输入法等等。全拼输入法和双拼输入法是根据汉字的发音进行编码的,称为音码;五笔型输入法根据汉字的字形结构进行编码的,称为形码。

对于同一个汉字,不同的输入法有不同的输入码。例如:“中”字的全拼输入码是“zhong”,而五笔型的输入码是“kh”。这种不同的输入码通过输入字典转换统一到标准的国标码之下。

(3)汉字内码。汉字内码是为在计算机内部对汉字进行存储、处理和传输而编制的汉字代码。当一个汉字输入计算机后就转换为内码,然后才能在机器内流动、处理。汉字内码的形式也多种多样。目前,对应于国标码一个汉字的内码也用2个字节存储,并把每个字节的最高二进制位置“1”作为汉字内码的标识,以免与单字节的ASCII码产生歧义。如果用十六进制来表述,就是把汉字国标码的每个字节上加一个80H(即二进制数10000000)。所以,汉字的国标码与其内码有下列关系:

汉字内码＝汉字的国标码＋8080H

例如,已知“中”字的国标码为5650H,则根据上述公式得

“中”字的内码＝“中”字的国标码5650H＋8080H＝D6D0H。

(4)汉字字形码。经过计算机处理的汉字信息,如果要显示或打印出来阅读,则必须将汉字内码转换成人们可读的方块汉字。每个汉字的字形信息是预先存放在计算机内的,常称汉字库。汉字内码与汉字字形一一对应。输出时,根据内码在字库中查到其字形描述信息,然后显示或打印输出。描述汉字字形的方法主要有:点阵字形和轮廓字形两种。

点阵字形方法比较简单。不论汉字的笔画多少,都规范在同样大小的范围内书写,把规范的方块再分割成许多小方块来组成一个点阵,这些小方块就是点阵中的一个点,即二进制的一个位。每个点由“0”和“1”表示“白”和“黑”两种颜色。一个汉字信息系统具有的所有汉字字形码的集合就是该系统的汉字库。根据对输出汉字精美程度的要求不同,汉字点阵的多少也不同,点阵越大输出的字形越精美。简易型汉字为16×16点阵,多用于显示;提高型为24×24点阵、32×32点阵、48×48点阵、64×64点阵等,多用于打印输出。

轮廓字形方法比点阵字形复杂,一个汉字中笔画的轮廓可用一组曲线来勾画,它采用数学方法来描述每个汉字的轮廓曲线。中文Windows下广泛应用的TrueType字形就是采用轮廓字形法。这种方法的优点是字型精度高,且可以任意放大、缩小而不产生锯齿现象;缺点是输出之前必须经过复杂的数学运算处理。

(5)汉字地址码。汉字地址码是指汉字库(这里主要指整字形的点阵式字模库)中存储汉字字形信息的逻辑地址码。汉字库中,字形信息都是按一定的顺序(大多数按标准汉字交换码

中汉字的排列顺序)连续存放在存储介质上,所以汉字地址码也大多是连续有序的,而且与汉字内码间有着简单的对应关系,以简化汉字内码到汉字地址码的转换。

1.5 多媒体基础知识

1.5.1 多媒体技术的概念

1. 多媒体的含义

媒体在计算机领域中有两种含义:一是指用以存储信息的实体,如磁带、磁盘等;另一种含义是指信息的载体,如文字、图像和声音等。多媒体计算机技术中的“媒体”是指第二种含义。多媒体技术是指利用计算机技术把文本、声音和图像等多媒体信息综合一体化,使它们建立起逻辑联系,并能进行加工处理的技术。这里所说的“加工处理”主要是指对这些媒体信息的录入、压缩、解压缩、存储等。

2. 多媒体的特征

与传统的媒体相比,多媒体有以下几个突出的特征:

(1)数字化。数字化是指各种媒体信息以数字形式在计算机中进行存储、处理和传输。

(2)集成性。多媒体技术的集成性是指将多种媒体有机地组织在一起,共同表达一个完整的多媒体信息,使声、文、图、像等一体化。

(3)交互性。交互性是指人能方便地与系统进行交流,以便对系统的多媒体处理功能进行控制。例如,能随时点播辅助教学中的音频、视频片断等。交互性是多媒体技术的关键特征。

多媒体还有其他一些特征,但集成性和交互性是其中最重要的,是多媒体的精髓。

1.5.2 多媒体信息处理的关键技术

多媒体的实质是将以不同形式存在的各种媒体信息数字化,然后用计算机对它们进行组织、加工,并以我们期望的形式提供给用户使用。

多媒体与纯文字的情况不同。多媒体有极大的数据量并要求媒体之间高度协调(如声、像完全同步)。因此,对多媒体的处理和在网络上的传输,在技术上是比较复杂的。下面重点介绍两种多媒体信息处理中的关键技术。

1. 数据压缩技术

多媒体信息数字化后,数据量往往非常庞大,庞大的数据量,给图像的传输、存储以及读出造成了难以克服的困难。所以,需要对图像进行压缩处理。图像压缩就是在没有明显失真的前提下,将图像的位图信息转变成另外一种能将数据量缩减的表达形式。数据压缩可以分为无损压缩和有损压缩两种。

(1)无损压缩。无损压缩是指压缩后的数据能够完全还原成压缩前的数据,无损压缩用于要求重构的信号与原始信号完全相同的场合。

(2)有损压缩。有损压缩是指压缩后的数据不能够完全还原成压缩前的数据,有损压缩适用于重构信号不一定非要与原始信号完全相同的场合。例如,对于图像、视像和音频数据的压缩就可采用有损压缩,这样可以大大提高压缩比,而人的感官仍不至于对原始信号产生误解。

2. 多媒体信息存储技术

信息的组织和管理是一个较为复杂的系统，涉及对信息的输入、编辑、存储等。数字化的多媒体信息虽然经过了压缩处理，但仍需要相当大的存储空间，所以数据压缩技术只有和大容量的光盘、硬盘相结合，才能初步解决语音、图像和视频等多媒体信息的存储问题。

数字化数据存储的介质有：磁盘、光盘和磁带等。目前，在微机上硬盘的容量已达到几百个 GB，可以满足多媒体数据的存储；在一些大型服务器中，使用多台磁盘机或光盘机组成的快速、超大容量外存储器系统来存储大量的多媒体数据。

另外，多媒体网络技术、超大规模集成电路制造技术、多媒体数据库技术等也是处理多媒体信息的主要技术。

1.5.3 多媒体的应用

多媒体的应用领域十分广泛，下面列举几个主要的应用领域。

(1)教育与培训。多媒体在教育中的应用，是多媒体最重要的应用之一。利用多媒体的集成性和交互性，编制出的计算机辅助教学软件，能给学生创造出图文并茂、有声有色的教学环境，激发学生的学习积极性和主动性，提高学生学习的兴趣和效率。

(2)电子出版。多媒体技术和计算机技术的普及极大地促进了电子出版业的发展。以 CD－ROM 光盘形式发行的电子图书具有容量大、体积小、成本低等特点，而且集文字、图画、图像、声音、动画和视频于一身，普通图书无法与之相比。

(3) Internet 上的应用。多媒体技术在 Internet 上的应用，是其最成功的应用之一。Internet 的兴起与发展，在很大程度上对多媒体技术的进一步发展起到了促进的作用。

1.6 计算机病毒基础知识

随着计算机应用的不断深入和计算机网络的普及，网络已成为经济、文化、军事和社会活动的一种先进工具。网络的安全性已经成为世界各国共同关注的焦点。而 Internet 的开放性、国际性和自由性的特点，在为世界各国带来发展机遇的同时也带来了风险。

1.6.1 计算机病毒概述

计算机病毒是一种人为设计的计算机程序。这种程序具有自我复制的能力，可非法入侵而隐藏在存储媒体的引导部分、可执行程序或数据文件中。当病毒被激活时，源病毒能把自身复制到其他程序体内，影响和破坏程序的正常执行和数据的正确性。有些恶性病毒对计算机系统具有极大的破坏性。计算机一旦感染病毒，病毒就可能迅速扩散，这种现象和生物病毒侵入生物体，并在生物体内传染一样。

计算机病毒在《中华人民共和国计算机信息系统安全保护条例》中被明确地定义为："编制或者在计算机程序中插入的破坏计算机功能或者破坏数据，影响计算机使用并且能够自我复制的一组计算机指令或者程序代码"。

计算机病毒一般具有以下特性：

1. 寄生性

它是一种特殊的寄生程序，不是一个通常意义下的完整的计算机程序，而是寄生在其他可执行的程序中,因此,它能享有被寄生的程序所能得到的一切权利。

2. 破坏性

破坏是广义的,不仅仅是指破坏系统,删除或修改数据,甚至格式化整个磁盘,而且包括占用系统资源,降低计算机运行效率等。

3. 传染性

它能够主动地将自身的复制品或变种传染到其他未染毒的程序上。

4. 潜伏性

病毒程序通常短小精悍,寄生在别的程序上使得其难以被发现。在外界触发条件出现之前,病毒可以在计算机内的程序中潜伏、传播。

5. 隐蔽性

当运行受感染的程序时,病毒程序能首先获得计算机系统的监控权,进而能监视计算机的运行,并传染其他程序,但在发作时机到来之前,整个计算机系统看上去一切如常。其隐蔽性使广大计算机用户对病毒丧失了应有的警惕性。

计算机病毒是计算机科学发展过程中出现的"污染",是一种新的高科技类型犯罪。它可以造成重大的政治、经济危害。例如:"CIH 病毒"在 4 月 26 日发作的当天就使成千上万台计算机瘫痪。因此,舆论谴责计算机病毒是"射向文明的黑色子弹"。

1.6.2 计算机病毒的分类

按照计算机病毒的特点及特性,计算机病毒的分类方法有许多种。因此,同一种病毒可能有多种不同的分法。

1. 按照计算机病毒的破坏情况分类

(1)良性计算机病毒。良性病毒不会破坏计算机系统,但会大量占用 CPU 时间,增加系统开销,降低系统工作效率,或干扰其他软硬件,使其无法正常运行。这种病毒多数是恶作剧者的产物,他们的目的不是为了破坏系统和数据,而是为了让使用染有病毒的计算机用户通过显示器或扬声器看到或听到病毒设计者的编程技术。如小球病毒。

(2)恶性计算机病毒。恶性病毒会损伤和破坏计算机系统,在其传染或发作时会对系统产生直接的破坏作用,如破坏硬件或软件,使机器硬件损坏或软件无法运行。这类病毒有黑色星期五病毒、火炬病毒、米开朗琪罗病毒等。这种病毒危害性极大,有些病毒发作后可以给用户造成不可挽回的损失。

2. 按照计算机病毒感染方式分类

(1)引导型病毒。引导型病毒主要感染硬盘的引导扇区或主引导扇区,出现在系统引导阶段。系统启动时,病毒总是先于系统文件装入内存储器,获得控制权并进行传染和破坏。如"大麻"病毒就是这种类型。

(2)文件型病毒。文件型病毒主要感染扩展名为. COM,EXE 和. OVL 等可执行文件。病毒寄生在可执行程序中,只要程序被执行,病毒也被引入内存。已感染病毒的文件执行速度会减缓,甚至完全无法执行。有些文件被感染后,一执行就会遭到删除。

(3)混合型病毒。混合型病毒综合引导型和文件型病毒的特性,这种病毒既可以传染磁盘的引导区也可以传染可执行文件，更增加了病毒的传染性。不管以哪种方式传染，只要中毒就会经开机或执行程序而感染其他的磁盘或文件。

(4)宏病毒。宏病毒是一种寄存于文档或模板的宏中的计算机病毒，它不感染程序，只感染 Word 文档和模板文件，一旦打开这样的文档，宏病毒就会被激活，转移到计算机上，并驻留在 Normal 模板上。从此以后，所有自动保存的文档都会感染上这种宏病毒，而且如果其他用户打开了感染病毒的文档，宏病毒又会转移到他的计算机上。

(5)网络病毒。网络病毒主要通过互联网电子邮件进行传播。大多数情况下，网络病毒获取了用户的 E-mail 地址，并自动的向这些地址发送感染病毒的电子邮件，当用户打开受感染文件时就会感染病毒。这样，病毒就会在网络上广泛传播。

1.6.3 计算机病毒的检测和预防

1. 计算机病毒的检测

在使用计算机时，有时会碰到一些奇怪的现象，如计算机突然死机或自动重启，硬盘中的文件丢失，屏幕显示异常等。这些现象有可能是因软件配置不当或硬件故障引起的，但很多时候是计算机病毒引起的，归纳起来，大致有以下几方面：

(1)显示器上出现了异常的提示或图形。

(2)数据或文件丢失。

(3)程序的长度发生了改变。

(4)磁盘的空间发生了改变，明显减小。

(5)程序运行发生异常。

(6)系统运行速度明显减慢。

(7)经常发生死机或重启现象。

(8)计算机开机无法正常启动等。

计算机病毒防治的关键是做好预防工作，用户平时就应该留意这些现象并及时作出反应，尽早发现，尽早清除，这样既可以减少病毒继续传染的可能性，还可以将病毒的危害降低到最低限度。

2. 计算机病毒的预防

预防病毒入侵，阻止病毒传播，及时清除病毒是日常中非常重要的工作，其中预防病毒入侵则尤为重要。人们从工作实践中总结出一些预防计算机病毒的简单易行的措施，这些措施实际上是要求用户养成良好的使用计算机的习惯。具体归纳如下：

(1)专机专用。制定科学的管理制度，对重要的任务部门应采用专机专用，禁止与任务无关的人员接触该系统，防止潜在的病毒罪犯。

(2)安装具有实时监测功能的反病毒软件或防病毒卡，定期检查，发现病毒应及时消除，有效预防计算机病毒的侵袭。

(3)网络环境应设置“病毒防火墙”。防止系统受到病毒的侵害。

(4)对于重要的系统盘、数据盘及硬盘上的重要信息经常备份，以免遭受病毒危害后无法恢复。

(5)不要使用盗版软件和来路不明的磁盘。

(6)慎用从网上下载的软件。Internet是病毒传播的一大途径,对网上下载的软件最好检测后再用。也不要随便打开不相识人员发来的电子邮件的附件。

计算机病毒的防治宏观上讲是一项系统工程,除了技术手段之外还涉及诸多因素,如法律、教育、管理制度等,尤其是教育,是防止计算机病毒的重要策略。通过教育,使广大用户认识到病毒的严重危害,了解病毒的防治常识,提高尊重知识产权意识,增强法律、法规意识,不随便复制他人的软件,最大限度减少病毒的产生与传播。

本章小结

本章简要介绍了计算机的相关概念、微型计算机系统的基本组成、微型计算机的主要技术指标、计算机信息处理原理、多媒体基础知识以及计算机病毒的相关基础知识。介绍了计算机的概念、发展、分类和应用领域以及多媒体和病毒的相关知识,详细介绍了微型计算机系统的基本组成以及主要技术指标,讲解了计算机内部的信息处理原理。

第2章　Windows 7操作系统及其使用

教学目的

(1)基本掌握操作系统概念、功能、组成和分类。

(2)基本掌握 Windows 7 操作系统的常用术语。

(3)掌握 Windows 7 操作系统的基本操作和应用。

教学重点与难点

重点:操作系统主要功能,Windows 7 操作系统的启动、退出,系统菜单的使用,资源管理器的使用及文件和文件夹的各种操作。

难点:对于控制面板中的各项功能的熟练使用及对文件及文件夹熟练操作。

2.1　操作系统概述基础

2.1.1　操作系统的概念

操作系统(Operating System,OS)是一组控制和管理计算机的系统软、硬件和数据资源的大型程序,同时提供用户和计算机之间的接口,用户通过操作系统来使用计算机系统的各类资源,提高整个系统的处理效率。

各种计算机应用软件都是在操作系统提供的环境下开发和运行的,包括高级语言编译程序、数据库管理系统、网络软件等。因此操作系统是计算机中最基本、最重要的系统软件。

2.1.2　操作系统的主要功能

1. 处理器管理

处理器管理就是指对 CPU(Central Processing Unit)使用的管理。由于它的速度比其它硬件的速度快很多,所以就要充分利用 CPU 的资源,因此操作系统多采用多用户、多任务的方式,同一时间有多个用户在使用计算机,每个用户又同时运行着多个应用程序,那么对 CPU 如何分配、如何调度,都属于操作系统的功能。

注意:正在执行的程序就是"进程",因此,对处理器的管理也可以归结为对进程的管理。

2. 内存管理

存储器主要用来存放各种信息,操作系统对存储器的管理主要体现在对内存的管理上,而内存管理的主要内容是对内存空间的分配、保护和扩充。

(1)内存的分配:凡是要运行的计算机程序,都必须首先由外存调入内存,所以在内存中,既有操作系统,又有其他的应用程序,如何为这些程序合理地分配内存空间,使它们的存储区域能够互不冲突,这就是内存分配功能。

(2)内存的保护:由于有多个程序在内存中运行,因此要保证一个程序在执行过程中不会有意或无意地破坏其他程序,这就是内存保护功能。

(3)内存的扩充:在内存管理方面,操作系统还通过虚拟存储技术为用户提供了一个比实际内存大得多的"虚拟内存",以解决物理内存空间不足的问题。

3. 设备管理

外部设备也是计算机系统中的重要资源,它具的多样性和变化性,操作系统对设备的管理体现在一是提供用户与外设的接口。通常情况下用户是通过键盘或程序向操作系统提出请求,由操作系统中的设备管理程序负责分配具体的物理设备,并控制它们的运行。二是由于CPU的速度要远远高于外设的速度,因此为了更好地使主机和设备并行的匹配工作,设备管理还采用了虚拟设备和缓冲技术。

4. 文件管理

文件管理是操作系统对计算机软件资源的管理,在计算机的外存中以文件的形式存储了大量的信息,如何组织和管理这些信息,并方便用户的使用,这就是文件管理的功能。具体地说操作系统管理信息的基本单位是"文件",并提供了一个树形目录结构(资源管理器)来管理这些文件,允许用户将文件分类存放在不同的目录中。用户能够通过文件名很方便地访问文件,而无需知道文件的存储细节。

注意: 在 Windows 环境中,用"文件夹"来取代"目录"概念,显得更加形象易用。

综上所述,操作系统的功能是管理和控制计算机中所有软、硬件和数据资源,合理地组织计算机的工作流程,并为用户提供一个友好的工作环境和操作界面。

2.1.3 操作系统的分类

目前操作系统种类很多,各有各的特点和用途,按照服务功能,可以把操作系统大致分为六类:单用户操作系统、批处理操作系统、分时操作系统、实时操作系统、网络操作系统、分布式操作系统,下面按系统功能,对各类操作系统进行简单介绍:

1. 单用户操作系统

单用户操作系统主要用于个人计算机,它又分为单用户单任务和单用户多任务两种,单用户单任务的特征是一个计算机系统每次只能支持一个用户程序的执行。例如 MS-DOS。其中操作系统管理简单,计算机系统的资源每次只有一个用户独占使用。单用户多任务操作系统则是计算机系统只有一个用户占用,但同时可以进行多任务的执行,诸如 Windows 和 IBM 的 OS/2 等。

2. 批处理操作系统

将多用户作业按一定的顺序排列,统一交给计算机系统运行,期间不和用户进行信息交流,正是由于没有人工的干预,操作系统可以自主地进行任务的分配和运行,最大限度地利用计算机的资源,所以它运行的效率很高,这样的系统称为批处理系统。批处理系统的特点是脱机和高效。

3. 分时操作系统

许多类型的工作场合，需要多个用户频繁地向计算机发出要求或命令，系统及时地做出反映，所以就出现了分时操作系统，分时操作系统又称为多用户操作系统，它支持多个用户同时使用计算机系统。各终端用户在自己的终端上输入命令请示操作系统服务，操作系统把每次服务的情况在终端上显示给用户，以交互方式进行人机对话。因此，用户能够直接控制程序的执行。多个用户同时使用计算机系统时，操作系统把 CPU 分为“时间片”，轮流地分给各终端用户，保证各用户彼此独立，互不干扰。分时操作系统主要特点是及时性、交互性、同时性和独占性，使用户的请示能在较短的时间内得到响应，并提供较强的交互能力。比较典型的分时操作系统如：Unix，Linux，Windows NT 等。

4. 实时操作系统

实时操作系统是对来自外界的作用或信息进行及时的反映和处理，这种操作系统要求反映快、可靠性高，它一般为专用计算机设计，是实时控制系统（硬实时系统）和实时处理系统（软实时系统）的统称。实时控制主要用于生产过程控制（如炼钢、电力生产、化纤生产等）、导弹发射控制等；实时处理主要用于计划管理、情报检索、飞机订票系统等。实时系统的特点是响应快和可靠性高。

5. 网络操作系统

计算机网络是利用通信设备把独立、分散的计算机连接起来并配以相应的网络软件所构成的系统。网络操作系统是对网络进行管理，实现资源共享同时提供网络通信和网络服务等功能的系统。网络操作系统除了应具有通常操作系统的功能以下，还应具有高效可靠的通信能力和网络资源共享的能力。流行的网络操作系统产品有：微软公司的 Windows 2000，Windows NT，Netware，OS/2 等。

6. 分布式操作系统

分布式操作系统主要用于若干台计算机互相协作来完成一个共同任务的场合，其特点是各台计算机各完成一个特定的功能，无主次之分，系统资源共享，任意两台计算机可以交换信息，系统中若干台计算机可以互相协作来完成一个共同任务，它主要用于分布式系统资源的管理。Amoeba 属于这种操作系统。

2.2 Windows 7 操作系统概述

2.2.1 Windows 发展

Windows 是微软公司开发的一个主流操作系统，早在 1983 年春季微软就宣布开始研究开发 Windows，并在 1985 年和 1987 年分别推出 Windows 1.03 版和 Windows 2.0 版。但是，由于当时硬件和 DOS 操作系统的限制，这两个版本并没有取得很大的成功。微软在此后对 Windows 的内存管理、图形界面进行了重大改进，并于 1990 年 5 月推出了 Windows 3.0，并获得了成功。一年之后推出的 Windows 3.1 对 Windows 3.0 又作了一些改进，引入 TrueType 字体技术，还引入了一种新设计的文件管理程序，改进了系统的可靠性。更重要的是增加对象链接合嵌入技术(OLE)和多媒体技术的支持。微软注意到了中国巨大的市场,于1993年推出了汉化的Windows中文版本Windows 3.1。Windows 3.0和Windows 3.1都必须运行于MS DOS操作系统之上。

随着计算机硬件的不断改进,CPU的处理速度和能力大大提高。1995年8月24日微软公司推出了Window 95操作系统。Windows 95是一个里程碑式的操作系统,可以独立运行而不再需要DOS支持。Windows 95采用32位处理技术,兼容以前16位的一些应用程序,并对Windows 3.1作了许多重大改进,比如:全32位的高性能的抢先式多任务和多线程;内置的对Internet的支持;即插即用,简化用户配置硬件操作,并避免了硬件上的冲突;32位线性寻址的内存管理和良好的向下兼容性等等。

在网络操作系统方面,1993年6月,微软公司发布了Windows NT的第一个版本Windows NT 3.1;在1994年9月,又发布了Windows NT 3.51;1996年发布Windows NT 4.0,并于同年底推出Windows NT 4.0中文版。Windows NT 4.0分为两个版本,一个是for server,一个是for workstation。Windows NT for Workstation是一个全32位操作系统,适用于多种硬件平台并提供强大的网络管理功能,是高档台式机理想的工作平台。Windows NT for Server是面向服务器的全32位操作系统。提供强大的网络连接能力,全图形界面,易于操作。而集中式的安全管理和强有力的容错功能等特点使其成为网络服务器的理想操作系统。

1998年6月,微软公司在全世界同时发布Window 98。Window 98仍兼容16位的应用程序,是Windows系列产品中最后一个“照顾”16位应用程序的操作系统。2000年,微软公司又发布了Windows 2000和Windows Me。

2001年11月微软公司正式推出Windows XP,Windows XP包括家庭版和专业版,家庭版是Windows ME的一个增强版,针对个人及家庭用户设计,增设了数字多媒体、家庭联网和通讯等方面的功能。它集成了具有媒体任务栏、自动图像尺寸调整和个性栏等新功能的浏览器IE 6和将常用数字媒体功能整合在一起的媒体播放器,用户可以在同一个软件中观看录像和DVD,收听音乐、Internet电台,向便携式播放器传输音乐,快速刻录CD等等,为音频和视频的数字化处理提供了较为有利的工具。为了方便用户查看和处理图片、照片和音乐文件,Windows XP新增了两个文件夹“我的图片”和“我的音乐”。其照片打印向导、Web发布向导为数字图片的共享、发布、下载和打印提供了快捷的工具。为了使用户快速、方便地操作,新的开始菜单把用户经常使用的文件和应用程序组织在一起,以提高访问的效率。Windows XP中文版配备了改进的微软拼音输入法3.0版,具有中英文混合输入、汉字注音等新功能。Internet连接共享功能,允许家中的多台电脑经由同一个宽带或拨号连接访问Internet。Windows XP专业版则集成了Windows 2000专业版的部分功能,它除了具备家庭版的功能外,还增加了远程桌面功能、管理功能、防病毒功能以及多语言特性,从而为办公用户高效、安全地使用计算机提供了更多的方便。为使在视觉、听觉、行动、感觉和癫痫等方面具有一定障碍者的需要,专业版提供了较强的辅助特性,改进了放大镜、讲述人、屏幕键盘和辅助工具管理器的功能,通过“辅助功能向导”、“辅助功能选项”图标和“控制面板”中的其他图标来更改Windows的外观和特性,包括键盘、显示器、声音和鼠标功能设置。

Windows Vista是继Windows XP和Windows Server 2003之后的又一重要的操作系统。该系统带有许多新的特性和技术。于2007年1月30日,正式对普通用户出售。此时的Windows Vista距离上一版本Windows XP已有超过五年的时间,这是Windows版本历史上间隔时间最久的一次发布。微软表示，Windows Vista 是具有革命性变化的操作系统，包含了上百种新功能；其中较特别的是新版的图形用户界面和称为“Windows Aero”的全新界面风格、加强后的搜寻功能（Windows Indexing Service）、新的多媒体创作工具（例如 Windows DVD Maker），以及重新设计的网络、音频、输出（打印）和显示子系统。Vista 也使用点对点技术（peer－to－peer）提升了计算机系统在家庭网络中的通信能力，将让在不同计算机或装置之间分享文件与多媒体内容变得更简单。针对开发者方面，Vista 使用.NET Framework 3.0 版本，比起传统的 Windows API 更能让开发者能简单写出高品质的程序。微软也在 Vista 的安全性方面进行了改良。

Windows 7 是由微软公司开发的，具有革命性变化的操作系统，于 2009 年 10 月正式发布，该系统旨在让人们的日常电脑操作更加简单和快捷，为人们提供高效易行的工作环境。Windows 7 中包含多种新的应用程序和功能改进，其中更是含有比尔·盖茨一直大肆宣传的“未来技术”。

(1)触摸技术：Windows 7 的系统中包含触摸与多触点一体化。利用触摸技术，用户可以利用手指任意改变计算机桌面图标的尺寸与位置。用户能够利用 10 个手指进行图片的放大、缩小以及排序，还可以翻阅 Word 文档。

(2)多核支持：多核支持技术现在虽然越来越司空见惯了，但是，由于软件的编写与执行的方式不同，很多软件并不能充分发挥多核的优势。Windows 7 提高了多核系统的性能，允许程序/应用程序与多核处理器协作，加快其执行和访问 CPU 的速度。

(3)控制面板：控制面板是 Windows 7 中最广泛的升级部分，Windows 7 的控制面板中添加了很多新的功能。其中，控制面板的新功能包括：加速器（鼠标）、ClearType 文本声腔、显示色彩校准向导、工具（包括以网络为基础的和工具栏小工具）、红外、恢复、Wokspaces 中心、凭据管理器、故障排除和 Windows 解决方案中心。

(4)任务栏：Windows 7 新任务栏默认只显示程序图标，但也可以像现在一样显示文字标签，不过只有激活的程序才会有文字。此外，如果打开了很多个同一程序，Jump List 菜单首先只会显示一列缩略图，然后才变成只有文字的菜单。另外会让选定的窗口正常显示，其他窗口则变成透明的，只留下一个个半透明边框。

因为 Windows 7 的使用日渐广泛，本书主要介绍 Windows 7 操作系统及基本使用方法。

2.2.2　Windows 7 的安装

1. Windows 7 版本

Windows 7 包含 6 个版本，分别为 Windows 7 Starter（初级版）、Windows 7 Home Basic（家庭普通版）、Windows 7 Home Premium（家庭高级版）、Windows 7 Professional（专业版）、Windows 7 Enterprise（企业版）以及 Windows7 Ultimate（旗舰版）。用户可以根据情况选择合适的版本。

2. Windows 7 的运行环境

Windows 7 对计算机硬件环境的要求较高，官方的最低配置要求为：

处理器：1GHz 32 位或者 64 位处理器。

内存：1GB 及以上。

显卡:支持 DirectX 9 128MB 及以上(开启 AERO 效果)。

硬盘空间:16GB 以上(主分区,NTFS 格式)。

显示器:要求分辨率在 1024×768 像素及以上(低于该分辨率则无法正常显示部分功能)

3. 安装前的准备

在安装 Windows 7 之前,需要进行一些相关的设置,例如:BIOS 启动项的调整,硬盘分区的调整以及格式化等等。正确、恰当的调整这些设置将为顺利安装系统,方便的使用系统打下良好的基础。

在安装系统之前首先需要将光驱设置为第一启动项。不同的计算机进行设置的方式不同,具体方法请参考说明书,大部分计算机都要进入 BIOS 中进行设置。进入 BIOS 的方法一般来说是在开机自检通过后按 Del 键或者是 F2 键。进入 BIOS 以后,找到"Boot"项目,然后在列表中将第一启动项设置为"CD－ROM"(CD－ROM 表示光驱。)即可。一般在 BIOS 将 CD－ROM 设置为第一启动项之后,重启电脑之后就会发现 "boot from CD"提示符。这个时候按任意键即可从光驱启动系统。

从光驱启动系统后,在完成对系统信息的检测之后,进入系统的正式安装界面,首先会要求用户选择安装的语言类型、时间和货币方式、默认的键盘输入方式等,界面如图 3－3 所示。如安装中文版本,就选择中文(简体)、中国北京时间和默认的简体键盘即可。设置完成后则会开始启动安装。

因为 Windows 7 的安装过程只在少数地方,例如:输入序列号,设置时间,网络,管理员密码等项目需要人工干预的,其余不需要人工干预,所以安装过程在此不再赘述。

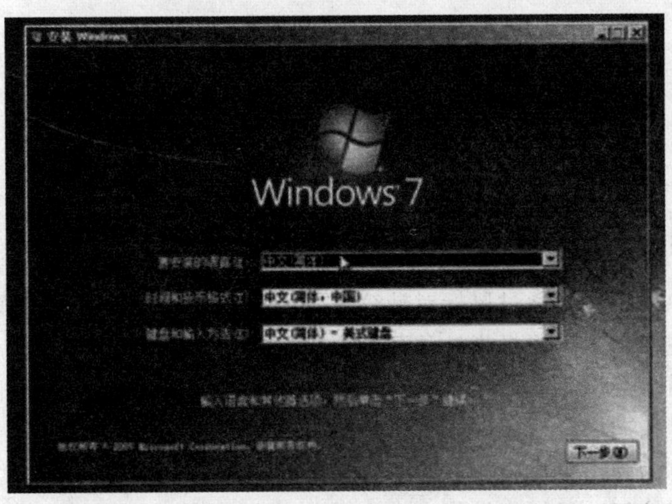

图 2－1 安装界面

2.2.3 Windows 7 的启动和退出

1. Windows 7 的启动

安装过程结束以后,系统会自动重新启动计算机,进入 Windows 7 系统。以后上机时,接通计算机的电源,启动计算机将直接进入 Windows 7 系统。如果在安装时设置了管理员口令，在启动时会出现登录提示，输入正确的用户名和口令方能登录。

2. Windows 7 的退出

在退出 Windows 7 之前，用户应关闭所有打开的程序和文档窗口，若不关闭，则系统会在退出时强行关闭，此时，若有文件未存盘，将可能造成数据的丢失。在屏幕左下角有个“ ”，称为“开始”菜单，退出 Windows 7 只要单击“开始”菜单下的“关机”，即可安全退出系统。

3. Windows 7 的注销

“注销”指关闭程序并注销当前登录用户。“切换用户”指在不关闭当前登录用户的情况下，切换到另一个用户，当再次返回时系统会保留原来的状态。

为了便于不同的用户快速登录计算机，Windows 7 提供了“注销”功能。不必重新启动计算机就可以切换到另一个用户，既快捷方便，又减少了对硬件的损耗。

“注销”或“切换用户”的方法是用鼠标单击“开始”菜单的“关机”右边的“ ”，会出现一个弹出菜单，如图 3－4 所示，就可在菜单中选择相应的操作。

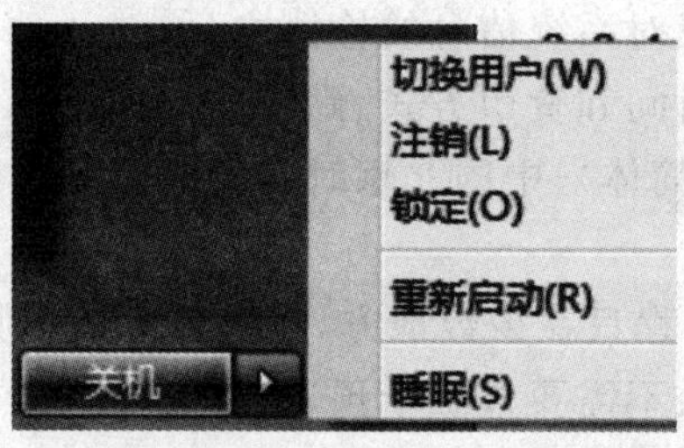

图 2－2　关机菜单

2.3　Windows 7 的基本操作

2.3.1　鼠标基本操作

在 Windows 中用户主要通过鼠标对计算机进行操作。常用的鼠标操作有如下几种：

单击（默认是左按钮）：当鼠标指针移到某个目标上时，按一下鼠标左按钮。此操作常用来选中目标，选中的对象会以不同的颜色显示。

右击：鼠标指针指向一个对象时，单击右按钮。此操作往往可以弹出与此对象相关的快捷菜单，此菜单又被称为弹出菜单。

双击（默认是左按钮）：鼠标指针指向一个对象时，连续快速地按两次左按钮。此操作常用来打开对象。“打开”的含义可能是展开一个文件夹，也可能是执行一个程序或打开一个文档。

拖动（默认是左按钮左按钮）：鼠标指针指向一个对象时，按下左按钮，不松开，然后移动鼠标，到一个新位置后，松开鼠标按钮。此操作常用来复制/移动对象，或者调整窗口的边框。

转动滚轮：使窗口区内容上下移动。

标准鼠标指针通过不同的形状表示正处于不同的状态，图 2－3 列出了常见的鼠标指针形状及含义。

鼠标形状	含义	鼠标形状	含义
	文字选择		调整垂直大小
	标准选择		调整水平大小
	帮助选择		对角线调整1
	后台操作		对角线调整2
	忙		移动

图 2-3 鼠标指针形状及含义

2.3.2 Windows 7 桌面的基本设置

桌面(Desktop)是用户工作的台面,正如日常的办公桌面一样,是指启动 Windows 之后,首先出现的屏幕上的整个区域,我们将常用的程序或文件以图标的方式放在屏幕上,以便于使用,还可以放快捷方式。

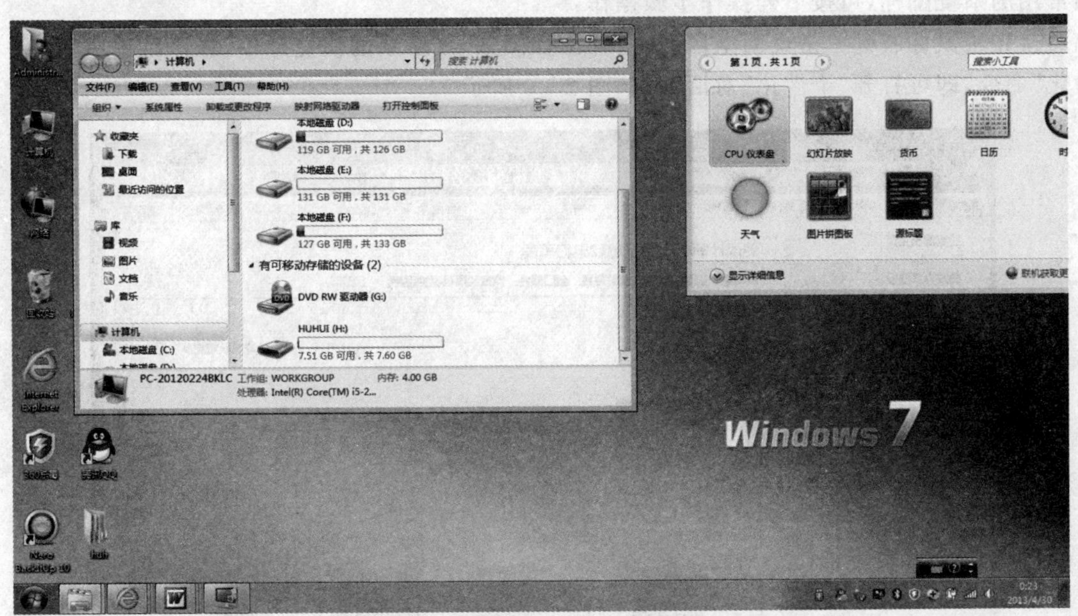

图 2-4 Windows 7 桌面

图标(Icon)是指 Windows 系统中各种构成元素的图形表示,这些构成元素包括应用程序、磁盘、文件夹、文件、快捷方式等,即操作系统将各个程序和文件用一个个生动形象的小图片来表示,这样就可以很方便地通过图标辨别程序的类型,进行一些复杂的文件操作,如复制、移动、删除文件等。

如果要运行某个程序,需要先找到程序的图标,然后移动鼠标至图标上双击即可。如果要对文件进行管理,如复制、删除或者移动,则必须先选定该文件的图标,方法是移动鼠标到图标上单击，使该图标高亮显示，表示该图标被选中。

若对系统默认的桌面主题、壁纸并不满意，可以通过对应的选项设置，进行个性定制，方法是在桌面空白处单击鼠标右键，选择菜单中的“个性化”选项，可进入到桌面布局和主题信息设置当中。如图 3－8 所示。Windows 7 系统为用户内置了桌面主题，按照不同的主题类型、风格等进行整齐排列，点击即可自动切换到对应的主题状态当中，同时在“桌面背景”选项中，还可以启用幻灯形式，自动切换壁纸文件等，通过“窗口颜色”可以对界面窗口的色调进行调整。

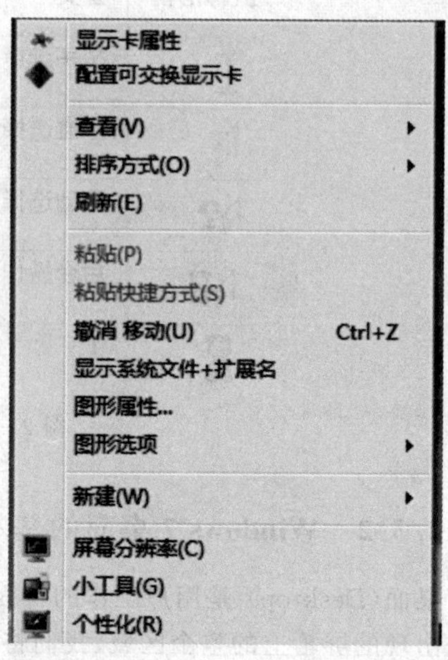

图 2-5 右键单击桌面的快捷菜单

1. 添加桌面图标

在安装好中文版 Windows 7 后，第一次登录系统时，看到的是一个非常简洁的画面，默认的 Windows 7 桌面上只有一个“回收站”图标，充分体现 Windows 7 的简洁的风格。如果要在桌面上添加常用的系统图标，可按下列操作步骤操作：

首先用鼠标右键单击桌面空白处，会弹出如图 2-5 所示的快捷菜单，在该菜单中选择“个性化”命令，即可打开“个性化”对话框，如图 2-6 所示。

图 2-6 “个性化”对话框

在该对话框中可以进行一些个性化的设置，如更换主题、桌面背景、窗口颜色等。也可进行桌面图标的更改，只需要在此对话框中选择左边的“更改桌面图标”，即可打开“桌面图标设置”对话框，如图 2-7 所示。在“桌面图标”选项组中选择需要的图标添加到桌面，如“我的电脑”“用户的文件”等。

图 2－7 “桌面图标设置”对话框

最后设置完成后，单击“确定”。

用户也可以将常用的程序或文件等的图标(通常是用来打开各种程序和文件的快捷方式)放置在桌面上。

在桌面上添加图标的最方便的是用拖动的方法，即将经常使用的程序、文件和文件夹等对象拖放到桌面上，以建立新的桌面对象。除此之外，还可以用鼠标右键拖动对象到桌面后，释放鼠标按键，在弹出的快捷菜单中选择一种方案，如图 2－9 所示。也可用鼠标右击桌面空白处，在图 2－5 所示的快捷菜单中指向“新建”，在下级菜单中选择“快捷方式”，如图 2－9 所示。

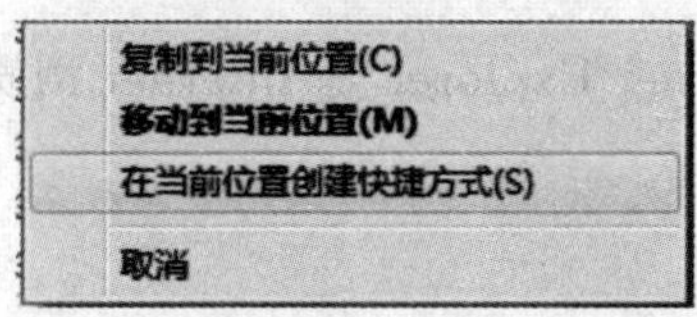

图 2－8 右键拖动对象后出现的菜单

2. 常用图标

常用图标有计算机、回收站、网络等。

(1)计算机。计算机是 Windows 用来管理文件与文件夹的应用程序。双击桌面上的“计算机”图标即可启动“计算机”。使用“计算机”可以查看计算机上的所有内容，如浏览文件与文件夹，新建、复制、移动、删除文件与文件夹，查看网络系统中其他计算机及磁盘驱动器中的内容等等。

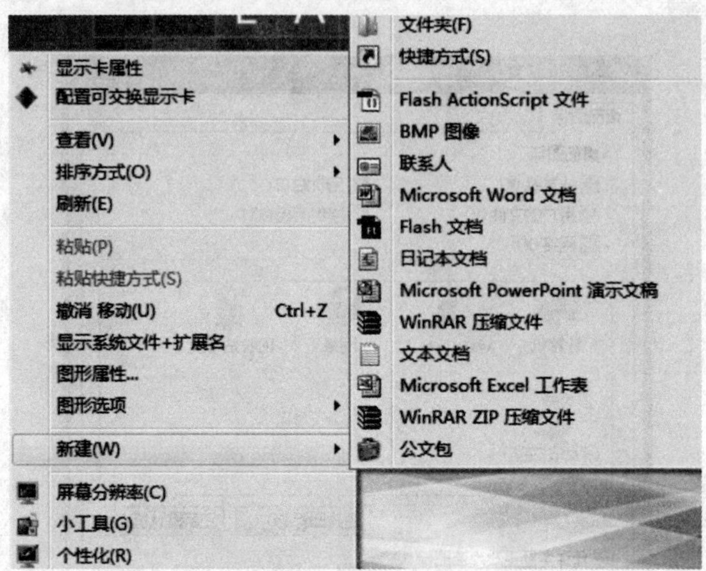

图 2-9 “新建”的快捷菜单

(2)回收站。回收站是 Windows 为有效地管理已删除文件而准备的应用程序,用于存放所有被删除的文件或文件夹等。当用户为释放磁盘空间,将那些不再使用的旧文件、临时文件和备份文件删除时,Windows 会把它们把放入桌面上的“回收站”中。放入“回收站”中的文件或文件夹并没有真正被清除,只是做好了被清除的准备。如果用户又改变主意,则可以使用“回收站”恢复误删除的文件。如果用户确实想删除某些文件或文件夹,则可以使用“清空回收站”命令,真正释放磁盘空间。双击桌面上的“回收站”图标,即可打开“回收站”。

(3)网络:是用户计算机所处的外部环境,它能提供给用户各种不同类型的服务。通过“网上邻居”可以浏览工作组中的计算机和网上的全部计算机以及它们中存储的文件和文件夹,可以知道哪些计算机和网络资源对自己有效。双击“网络”图标,即可打开它的窗口,从中即可查找自己需要的内容。

(4)Internet Explorer。Internet Explorer 是 Internet 浏览器,用于浏览互联网和本地的 Intranet 上的资源。

3. 删除桌面图标

要删除桌面上的对象,可用鼠标右键单击相应的图标,然后在弹出的快捷菜单中选择“删除”。也可将需要删除的图标直接拖放到桌面上的“回收站”,或者是选中要删除的对象后按键盘上的删除键。

4. 排列桌面图标

用鼠标右键单击桌面空白处,在快捷菜单中选择“查看”,如图 2-10 所示,可以选择大图标、中等图标或小图标方式显示,当“自动排列”选项前面的有“√”时,表示可以在桌面上自动排列图标。也可以选择图可按名称、类型、大小等多种方式重新排列桌面上的图标,只要在排序方式中进行选择就可以了。

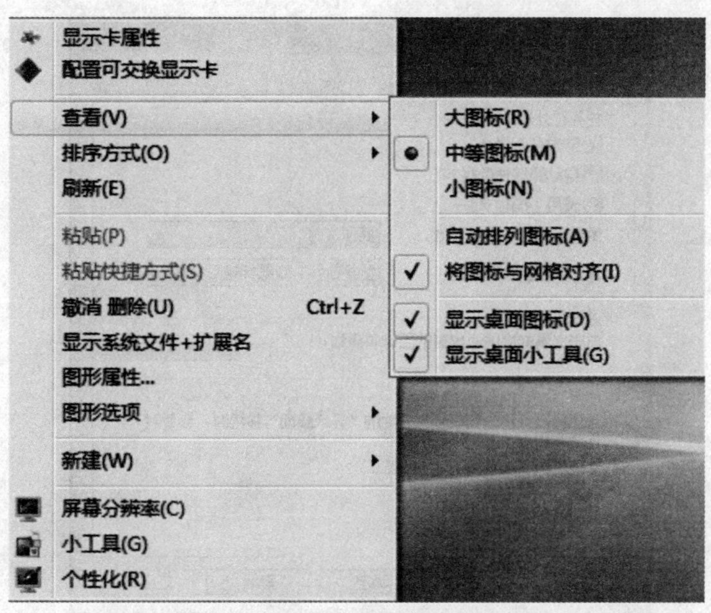

图 2－10 排列图标

5. 任务栏

在 Windows 系列系统中，任务栏(taskbar)就是指位于桌面最下方的小长条，主要由快速启动栏、应用程序区、语言选项带和托盘区组成，而 Windows 7 系统的任务栏则有“显示桌面”功能。从开始菜单可以打开大部分安装的软件与控制面板，快速启动栏里面存放的是最常用程序的快捷方式，并且可以按照个人喜好拖动并更改。应用程序区是我们多任务工作时的主要区域之一，它可以存放大部分正在运行的程序窗口。而托盘区则是通过各种小图标形象地显示电脑软硬件的重要信息与杀毒软件动态，托盘区右侧的时钟则时刻伴随着我们。“任务栏”通常位于桌面的底部，如图 2－11 所示。

图 2－11 Windows 7 任务栏

任务栏从左到右依次为“开始”按钮、快速启动区、窗口显示区和系统托盘区，如图 2－11 所示。可将常用程序的快捷方式放在“任务栏”的快速启动区，默认情况下包含“Internet Explorer 浏览器”、“Windows Media Player”等图标。系统托盘区最右边是时钟按钮，还存放有常驻内存的程序图标，如输入法、音量调节、网络连接、防火墙或计算机病毒监控等图标。

在进入 Windows 7 后系统会自动显示任务栏，为了便于工作或追求个性等，用户可以对任务栏进行一些重新设置。方法是在任务栏上右击，在弹出的菜单中，点击属性选项，会弹出如图 2－12 所示的“任务栏和「开始」菜单属性”对话框，可在对话框中对相关功能进行调整，如恢复到小尺寸的任务栏窗口，也包括对通知区域的图标信息进行调整、是否启用任务栏窗口预览(Aero Peek)功能等。

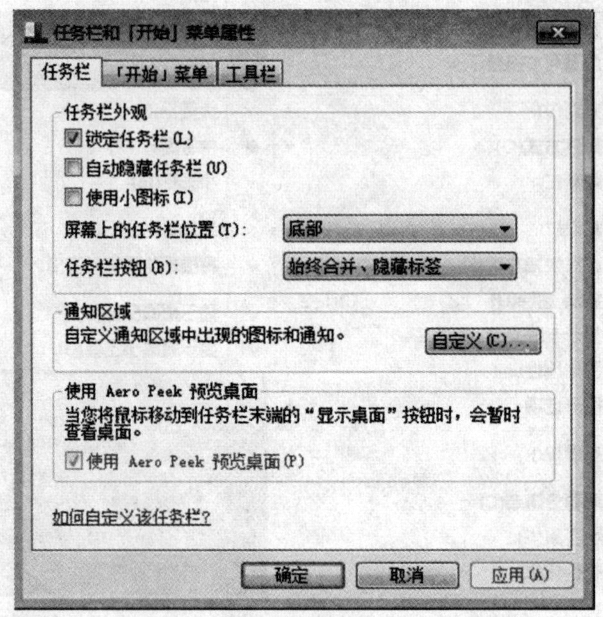

图 2-12　任务栏和"开始"菜单属性对话框

从任务栏和开始菜单属性对话框中就可以看出，任务栏主要分了三部分，任务栏外观，通知区域和使用 Aero Peek 预览桌面。

锁定任务栏：在进行日常电脑操作时，常会一不小心将任务栏"拖拽"到屏幕的左侧或右侧，有时还会将任务栏的宽度拉伸并十分难以调整到原来的状态，为此，Windows 添加了"锁定任务栏"这个选项，可以将任务栏锁定，避免误操作。

自动隐藏任务栏：若用户需要的工作面积较大，勾选上"自动隐藏任务栏"，可将屏幕下方的任务栏隐藏起来，这样可以让桌面显得更大一些。自动隐藏任务栏后不会显示任务栏，若想要打开任务栏，只需将鼠标光标移动到屏幕下边即可。

使用小图标：进行图标大小的选择，用户可根据需要进行调整。

屏幕上的任务栏位置：默认是在底部。可以点击选择左侧、右侧、顶部。如果是在任务栏未锁定状态下的话，拖拽任务栏可直接将其拖拽至桌面四侧。

任务栏按钮：有三个选择，一是始终合并、隐藏标签，二为当任务栏被占满时合并，第三是从不合并。

6. "开始"菜单

开始菜单是 Microsoft Windows 系列操作系统图形用户界面(GUI)的基本部分，可以称为是操作系统的中央控制区域，存放了设置系统的绝大多数命令，而且还可以通过该菜单使用安装到当前系统里面的所有的程序。

在默认状态下，开始按钮位于屏幕的左下方，是一颗圆形 Windows 标志，如图 2-13 所示。在桌面上单击此标志，或者在键盘上按下 Ctrl+Esc 键，即可打开"开始"菜单。

左上角区域为常用软件历史菜单，系统会根据用户使用软件的频率自动把最常用的软件展示在该区域。

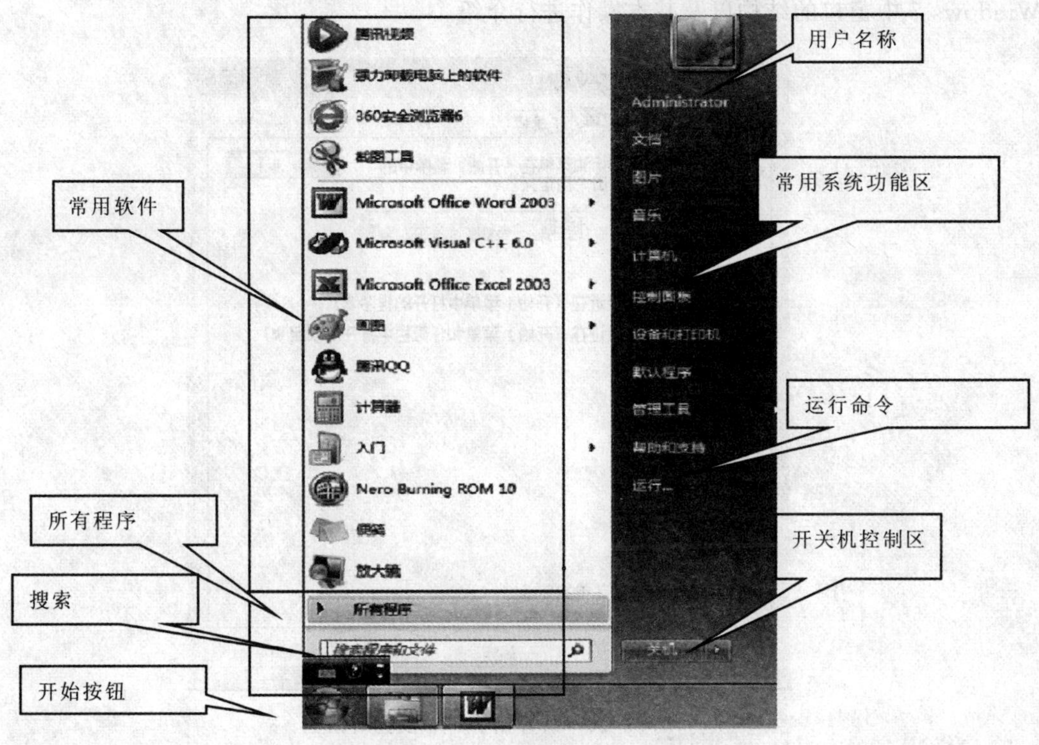

图 2-13 「开始」菜单

常用系统功能区域，可调用常用的系统功能并可进行常用的设置，如查看文档、图片或播放音乐等。也可设置控制面板、设备和打印机等，在最上边有一个 Administrator，为系统用户名和用户图片区，Administrator 是默认的系统管理员身份用户名，单击该名称可打开相应用户的个人文件夹。

左下角区域为所有程序开始导航的地方，单击"所有程序"即可弹出级联菜单，通过该菜单可执行相应的程序，通过"所有程序"下的文件搜索框，可以进行文件搜索。

右下角为开关机控制区，可以通过单击该关机按钮关机，也可通过菜单选择可以进行相应的比如注销、切换用户、重启等操作。

开始菜单也可以进行个性化设置，方法是在桌面空白处右击，选中弹出菜单中"个性化"，打开个性化设置对话框，单击左下角的"任务栏和「开始」菜单"，选中开始菜单选项卡，打开如图 2-14 所示的"「开始」菜单"设置对话框，即可通过该对话框进行开始菜单的个性化设置。

2.3.3 窗口

在 Windows 中所有的程序都是运行在一个框内，在这个框内集成了诸多的元素，这个方框就叫做窗口。Windows 7 的操作是以窗口为主体进行的，窗口尤其是资源管理器窗口一直是用户和计算机中文件进行操作的重要通道。虽然在 Windows 7 下不同的程序和文档可能会打开不同的窗口，但窗口具有通用性，窗口的外观和操作方法都是基本相同的。

1. 窗口的组成

图 2-16 为打开桌面上的"计算机"后显示的"计算机"窗口，接下来以此窗口为例，对

Windows 7 中窗口的结构以及基本操作进行介绍。

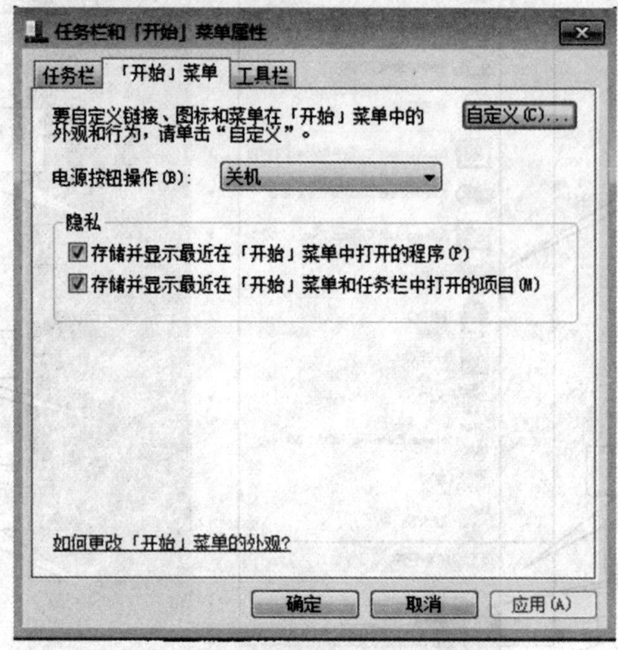

图 2－14 “「开始」菜单”设置对话框

窗口左上角隐藏了一个控制菜单，只有单击左上角时才会被弹出，如图 2－15 所示。可通过控制菜单对窗口进行常见的最大化、最小化、关闭等操作。

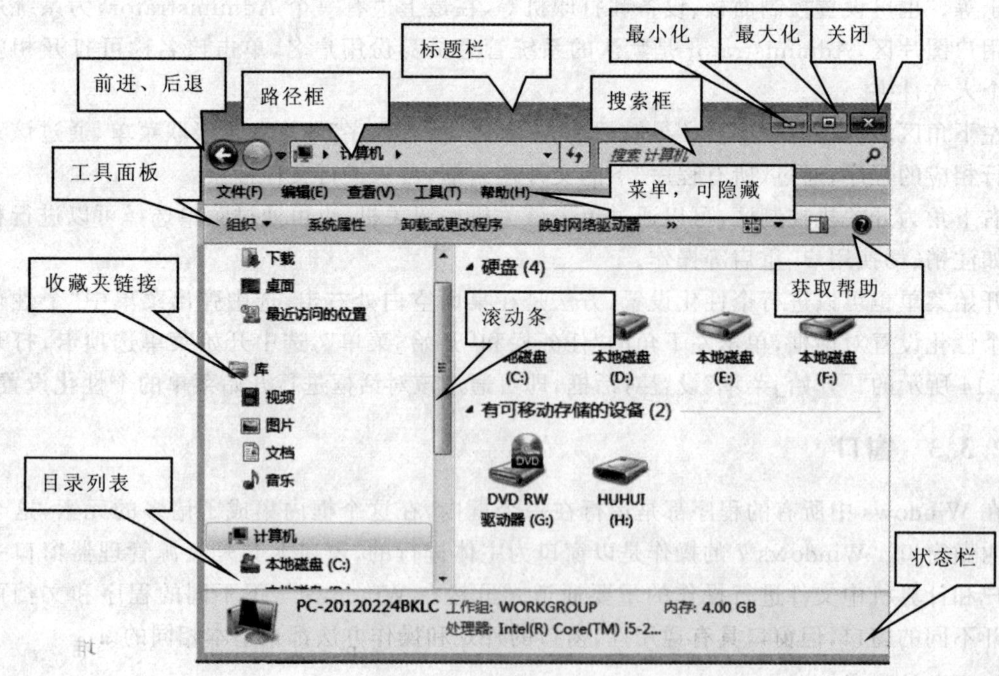

图 2－15 Windows 7 窗口

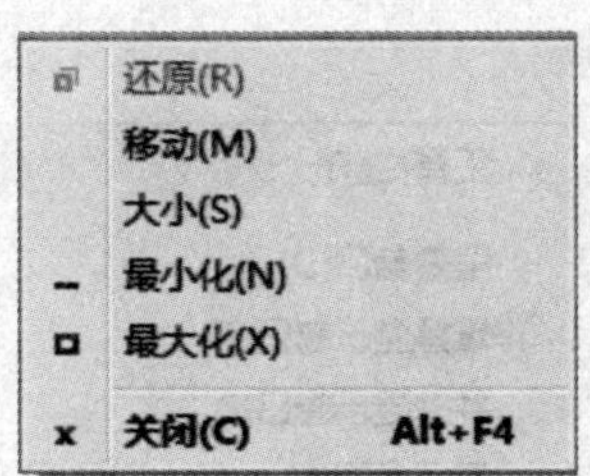

图 2-16 控制菜单

在窗口的左上角，为“前进”与“后退”按钮，在“后退”按钮旁边的向下箭头则分别给出浏览的历史记录或可能的前进方向；在其右边的路径框则不仅给出当前目录的位置，其中的各项均可点击，帮助用户直接定位到相应文件夹下，而在窗口的右上角，是功能强大的搜索框，在这里可以输入任何想要查询的搜索项进行搜索。

Windows7 中的工具面板可看成新形式的菜单，根据文件夹具体位置不同，在工具面板中还会出现其他的相应工具项，如浏览回收站时，会出现“清空回收站”“还原项目”的选项；而在浏览图片目录时，则会出现“放映幻灯片”的选项；浏览音乐或视频文件目录时，相应的播放按钮会出现。

主窗口的左侧面板由两部分组成，位于上方的是收藏夹链接，如文档、图片等，其下则是树状的目录列表，目录列表面板可折叠、隐藏，而收藏夹链接面板则无法隐藏。

2. 窗口的基本操作

(1)打开窗口。打开窗口的方法主要有：双击需要打开的窗口图标，或用鼠标右击对象，在快捷菜单中选择“打开”命令。

(2)移动窗口。将鼠标移动到窗口标题栏，然后按下鼠标左键移动鼠标，当移动到合适的位置时放开鼠标，那么窗口就会出现在这个位置。注意：窗口最大化状态时不可移动。

(3)调整窗口大小。单击“最大化”按钮，可以使活动窗口扩展到整个屏幕，此时该按钮变为“还原”按钮，单击恢复窗口到原始大小。单击“最小化”按钮，将窗口以按钮形式排列在“任务栏”上。需要还原窗口时，可单击“任务栏”上的窗口按钮。当鼠标光标移动到边框或边角时，鼠标光标会变成双箭头，此时对边框或边角的进行拖动操作，可以改变窗口的大小。

另外，当窗口最大化时，双击标题栏可使窗口还原，反之可使其最大化。单击窗口的左上角的控制菜单，弹出控制菜单，也可通过该控制菜单对窗口的进行调整。

(4)切换窗口。如果有多个窗口同时被打开，最多只能有一个处在活动状态，其标题栏通常呈现鲜艳的颜色。改变活动窗口进行窗口切换的办法有多种，一是单击“任务栏”上的窗口按钮，可以很方便地实现活动窗口的切换。或是单击某个窗口的可见部分，把它变换为活动窗口。还可以按下 Alt+Tab 组合键，屏幕上出现“切换任务栏”窗口，其中列出了当前正在运行的窗口。保持“Alt”键，按“Tab”键从“切换任务栏”中选择一个窗口，选中后再松开这两个键，所选窗口即成为当前窗口。

(5)排列窗口。当屏幕上出现多个窗口时，可以采用 Windows 提供的“层叠”“堆叠”和“并排显示”等方式，自动排列窗口在桌面上的位置。

方法是将鼠标指向“任务栏”的空白处，单击右键，弹出如图 2-17 所示菜单，在该菜单上可选择需要排列的方式。

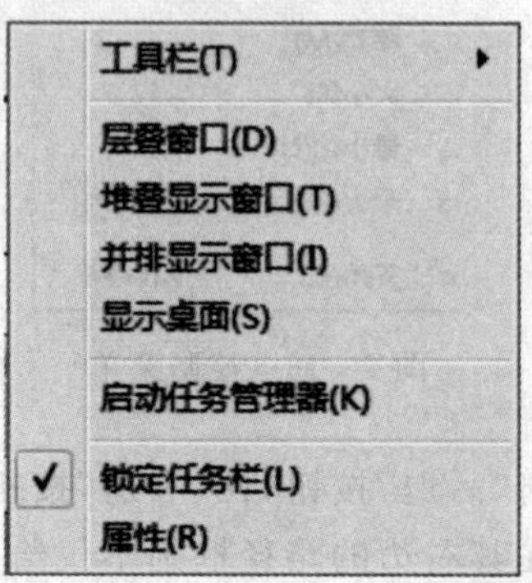

图 2-17 右击任务栏空白处弹出的菜单

(6)关闭窗口。用户完成对窗口的操作后,想要关闭窗口,也有多种办法。

单击标题栏上的“关闭”按钮。

双击窗口左上角控制菜单。

单击窗口左上角控制菜单,在弹出的控制菜单中选择“关闭”命令。

使用 Alt+F4 组合键。

选择“文件”菜单中的“退出”命令。

鼠标右键单击任务栏上的窗口按钮,在弹出的快捷菜单中选择“关闭”命令。

对于文档窗口,用户在关闭窗口之前需要保存文档。如果忘记保存,当执行“关闭”命令时,系统会弹出一个提醒对话框,询问是否要保存所做的修改。

3. 菜单

菜单是一组告诉 Windows 要做什么的相关命令的集合,这些,命令往往以逻辑分组的形式进行组织。要从菜单上选择一个命令,只要单击该命令即可。如果不选择命令且又想关闭菜单,可以单击该菜单以外的空白处或按 Esc 键。

虽然不同的菜单项代表不同的命令,但其操作方式却有相似之处。Windows 为了方便用户识别,为菜单项加上了某些特殊标记,对菜单项的使用约定见表 2.1。

表 2.1 菜单项的约定

菜单项	说明
黑色字符	正常的菜单项,表示可以选用
暗淡字符	变灰的菜单项,表示当前不可选用
后面带省略号“…”	执行命令后会打开一个对话框,供用户输入信息或修改设置
后面带三角“▶”	级联菜单项。表示含有下级菜单,鼠标指向或单击,会打开一个子菜单
分组线	菜单项之间的分隔线条,通常按功能将一个菜单分为若干组
前面带符号“ ”	选择标记。在分组菜单中,有且仅有一个选项标有“ ”,表示被选中
前有符号“√”	选择标记。“√”表示命令有效,再次单击可删除标记,表示命令无效
后面带组合键	用组合键可直接执行菜单命令。如按 Ctrl+V 可执行粘贴命令

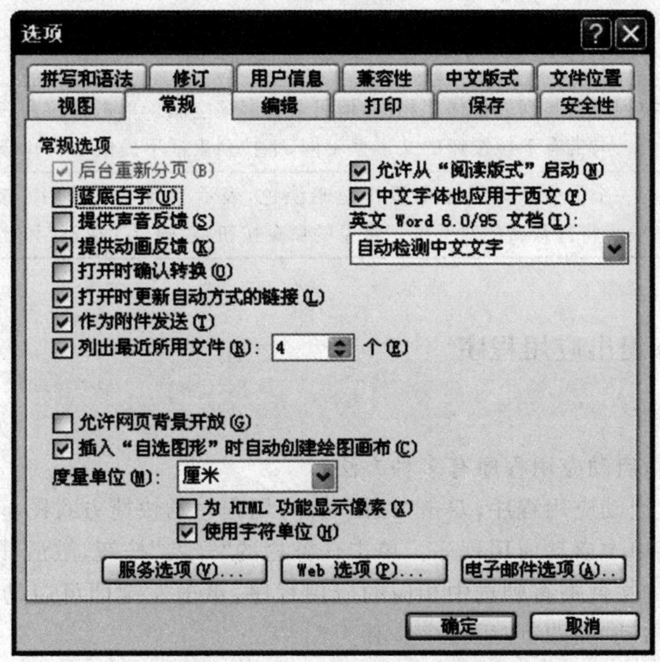

图 2-18 Windows 7 对话框

4. 对话框

对话框是系统与用户进行信息交流的界面，Windows 使用对话框来显示一些附加信息或警告信息，或解释没有完成操作的原因。为了获得用户的必要的操作信息，Windows 通过对话框向用户提问，用户通过对选项的选择、属性的设置或修改，完成必要的交互性操作。

对话框的组成和窗口有基本相似，但一般不能改变大小，即没有最小化、最大化、还原按钮。图 2-18 是一个典型的 Windows 7 对话框，有关对话框的组成说明，可参考表 2.2。

表 2.2 对话框组成说明

对象	说明
标题栏	位于对话框的顶部，左端显示对话框的名称，右端为"关闭"按钮，大部分对话框含有一个"帮助"按钮
选项卡	紧挨标题栏下面，用来选择对话框中某一组功能，如图 3—20 中的"常规"、"编辑"等
单选钮	多选一，用来在一组选项中选择一个，且只能选择一个，被选中的按钮中央出现一个圆点
复选框	用于列出可以选择的项目，可以根据需要选择一个或多个。被选中的复选框中显示"√"标记，单击可取消选择
文本框	用于输入文本和数字，通常在右端有一个下拉按钮。可直接输入，或从下拉列表中选取预选的文本或数字
列表框	列表框提供了对应于某项设置的若干选项，当其中的内容不能全部列出时，系统会自动显示滚动条。用户不能修改其中的选项

续 表

对象	说明
下拉列表框	下拉列表框与列表框作用相同,但可节省屏幕空间。单击下拉列表按钮,可在列表中选择设置。与带有下拉按钮的文本框不同,下拉列表框不提供输入和修改功能
命令按钮	执行一个命令。如果命令按钮呈暗淡色,表示当前不可选用。按钮名称后有省略号"…",表示将打开新的对话框。常见的命令按钮是"确定""取消"和"应用"

2.3.4 启动和退出应用程序

1. 启动应用程序

在 Windows 中,启动应用程序有多种方法。

(1)从"桌面"上启动应用程序,双击"桌面"上应用程序的快捷方式图标即可。

(2)从"程序"菜单中启动应用程序。单击任务栏的"开始"按钮,激活开始菜单,选择"所有程序",再选择相应的文件夹直到选中相应的应用程序,单击左键即可启动该应用程序。例如从"所有程序"菜单启动"画图"应用程序步骤为:

单击"开始"按钮,从弹出的"开始"菜单中,选择"所有程序"菜单项;从弹出的"所有程序"菜单中,选择"附件"文件夹;最后单击"画图"应用程序图标。

(3)从"文档"启动应用程序。单击任务栏的"开始"按钮,激活开始菜单,选择"文档",文档列表显示出最近使用过 15 个文档的文件名,单击想使用的文档,Windows 自动打开建立文档的应用程序,同时打开该文档。

(4)使用"运行"命令运行应用程序。单击任务栏的"开始"按钮,激活开始菜单,选择"运行"命令,此时出现"运行"对话框,如图 2-19 所示,输入需要的命令及相应的命令参数或选项,如果没有记住运行应用程序的命令,亦可单击运行对话框中的"浏览"按钮,在出现的"浏览"对话框中,选择想运行的文件。一旦输入完毕或选择完毕,直接按回车键或单击"确定"按钮便可运行该程序。若想作废前面的选择,单击"取消"按钮。

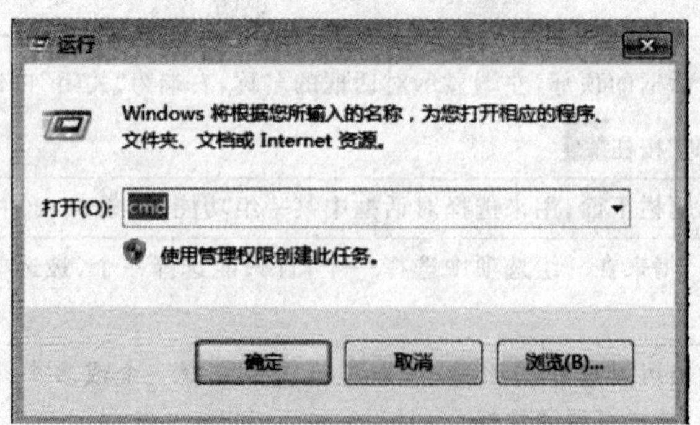

图 2-19　运行对话框

(5)从"Windows 资源管理器"或"计算机"中启动应用程序。"Windows 资源管理器"在"开始"菜单的"所有程序"下的"附件"中,用户可打开"Windows 资源管理器"或"计算机"窗口,再打开应用程序/文档所在的文件夹,然后双击该应用程序/文档的图标,也可以启动相应的应用程序。

2. 退出应用程序

退出任一个 Windows 应用程序都比较简单，主要有如下三种方法：单击应用程序窗口标题栏右端的“关闭”按钮；按 Alt + F4；单击应用程序的“文件”菜单，在弹出的文件菜单中选择“退出”命令。

2.3.5 中文输入

Windows 提供了多种汉字输入法，在系统安装时已经预装了“智能 ABC 输入法”“微软拼音输入法”“全拼输入法”等。可以根据使用习惯选择一种汉字输入法，也可以安装喜欢用的输入法。

1. 汉字输入法热键

安装 Windows7 中文版后，系统将自动设置若干输入法热键，下面是系统设置的三种常用操作热键：

Ctrl + Space：输入法/非输入法切换(实际操作中可用来切换中文/英文输入)。

Shift + Space：全角/半角切换。

CTRL+.(句点)：中文/英文标点符号切换。

2. 汉字输入法状态条

当用户选用了一种中文输入法后，屏幕上会出现对应的输入法状态条，图 2-20 从左到右列出的分别是“微软拼音输入法”“智能 ABC 输入法”和“全拼输入法”的状态条。

图 2-20 几种不同输入法的状态条

状态条中几个主要按钮的作用及含义：

“中文/英文输入”按钮中或或。单击该按钮可在中、英文两种输入方式之间切换。在英文输入方式下，该按钮变为英或A。需要输入英文字符时，更为简捷的方法是利用 Ctrl + Space 热键先关闭输入法，然后在输入完英文字符后，再按 Ctrl + Space 回到原先的输入法。

“全角/半角”按钮/：单击该按钮或使用 Shift + Space 热键切换。

“中文/英文标点”按钮/：单击该按钮或用 Ctrl +.(句点)切换。

“开启/关闭软键盘”按钮：单击该按钮，可以打开或关闭默认的软键盘。单击“微软拼音输入法”状态条上的“功能菜单”按钮，或鼠标右击其他输入法状态条上的“开启/关闭软键盘”按钮，可在弹出菜单上选择其他软键盘。

3. 中文标点的输入

要输入中文标点，必须使当前输入法处于中文标点输入状态。例如，当选择“微软拼音输入法”时，应使“中文/英文标点”按钮显示为。表 2.3 列出了中文标点在键盘上的对应位置。

表 2.3 中文标点键位表

标点	名称	键位	说明	标点	名称	键位	说明
。	句号	.		）	右括号	)	
，	逗号	,		〈《	单、双书名号	<	自动嵌套
；	分号	;		〉》	单、双书名号	>	自动嵌套
：	冒号	:		……	省略号	^	双符处理
？	问号	?		——	破折号	-	双符处理
！	惊叹号	!		、	顿号	\	
“”	双引号	"	自动配对	·	间隔号	@	
‘’	单引号	'	自动配对	—	连接号	&	
（	左括号	(		¥	人民币符号	$	

2.3.6 使用帮助

Windows 提供了功能强大的系统帮助，可以获取帮助信息的方法也很多。

窗口中往往可以看到问号图标?，只要单击此图标，就可以获取相应的帮助。

也可以从对话框获取帮助，Windows 7 的大部分对话框的标题栏右端都含有一个“帮助”按钮?，单击可打开有关该对话框的帮助窗口。

也可以获得应用程序的帮助，Windows 中的应用程序一般都有“帮助”菜单。打开应用程序窗口，选择“帮助”菜单中的相关项目，从中可得到有关该应用程序的帮助信息。例如“写字板”“画笔”等，使用菜单中的“帮助”，得到的则是有关该程序的帮助信息。Windows 7 的帮助和支持对话框如图 2-21 所示。

2.4 资源管理器

计算机中的软件资源都是以文件的形式存放在外存上的，文件是操作系统中用来存储和管理信息的基本单位，是指记录在存储介质（例如磁盘、光盘和磁带）上的一组相关信息的集合。我们的文档，用计算机语言编写的程序，以及进入计算机的各种多媒体信息比如声音图像动画等，都是以文件的方式存放在计算机中的。为了区分磁盘上各个不同的文件，必须给每个文件取一个确定的名字，即文件名，用户就是通过操作系统按名存取文件的。文件的操作包括对文件的建立、存储、打开、关闭和删除等操作。

2.4.1 文件名

1. 文件和文件夹的概念

文件就是用户赋予了名字并存储在外部介质上的信息的集合，它可以是用户创建的文档，也可以是可执行的应用程序或一张图片、一段声音等。

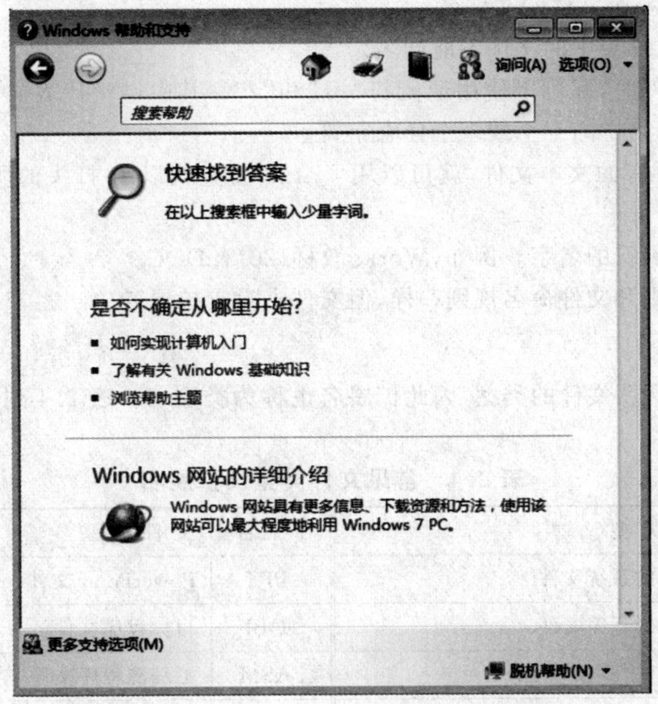

图 2－21 Windows 7 的“帮助和支持”窗口

文件夹不是文件，是存放文件的夹子，是系统组织和管理文件的一种形式，是为了方便用户查找、维护而设置的，如同文件袋，可以将一个文件或多个文件分门别类地放在建立的各个文件夹中，目的是方便查找和管理。可以在任何一个盘中建立一个或多个文件夹，在一个文件夹下还可以再建多级文件夹，一级接一级，逐级进入，有条理地存放文件。

2. 文件和文件夹的命名

任何一个文件都有文件名。文件全名是由盘符、路径、文件名、扩展名 4 部分组成。其格式为：[盘符：][路径]< 文件名>[.扩展名]，例如：E:\学生管理系统\readme.doc。

Windows 可使用长文件名，文件名包括两个部分：文件主名和文件扩展名。

文件主名：建议使用描述性的名称作为文件名，可让用户不需要打开文件，就知道文件的内容和用途；

文件扩展名：最后一个“.”后的部分，可以为 0 到 3 个字符，用以标识文件类型和创建此文件的程序。

Windows 的文件和文件夹的命名应遵循如下约定：

在文件名或文件夹名中，最多可以有 255 个字符或 127 个汉字，其中包含驱动器和完整路径信息。

每一文件都可以有 0～3 个字符的文件扩展名，用以标识文件类型和创建此文件的程序，文件名和扩展名中间用符号“.”分隔，其格式为：“文件名.扩展名”，扩展名一般由系统自动给出。

文件名或文件夹名中不能出现以下字符：\ / ：* ？”＜＞|、“。

系统保留用户命名文件时的大小写格式，但不区分其大小写，比如 MYfile.txt 与

myfILE. TXT 是同一个文件的文件名。

注意:同一个文件夹中的文件不能同名。

搜索和排列文件时,都可以使用通配符“*”和“?”。其中,“?”代表文件中的一个任意字符,而“*”代表文件名中的0个或多个任意字符。

比如,要查找所有的文本文件,就可以用*. txt,要查找以A打头的所有文件,可以用A*. *。

可以使用多分隔符的名字。例如,Work. 教材. 2011. DOC。

文件夹命名规则和文件命名规则一样,但文件夹没有扩展名。

3. 文件的分类

扩展名常用来标明文件的类型,因此扩展名也称为类型名。表2.4列出了常见的文件类型及其扩展名。

表2.4 常见文件类型及扩展名

扩展名	文件类型	扩展名	文件类型
. COM	可执行的系统文件	. PPT	PowerPoint 文件
. EXE	可执行的程序文件	. OBJ	目标程序文件
. BAT	批处理文件	. ASM	汇编源程序文件
. BAK	后备文件	. SYS	系统文件
. LIB	库文件	. HLP	帮助支持文件
. SYS	系统文件	. TMP	暂存或不正确存储的文件
. TXT	文本文件	. DOC	Word 文档文件
. DAT	数据文件	. MDB	Access 数据库文件
. BAK	备份文件	. ZIP	压缩文件
. AVI	视频文件	. BMP	位图文件

在 Windows 系统中,扩展名不同的文件会显示不同的图标,因此可以通过图标的不同来区分文件的类型。但是显示文档图标的依据仍然是文件的扩展名,所以注意不要轻易修改文件的扩展名,一旦修改了扩展名,会使系统无法识别文件的类型,并可能导致文件无法正确打开。

2.4.2 文件的存储管理——树型目录结构

大量的文件存储在磁盘上,如何有序的对文件进行管理,更快的搜索文件,这是文件管理中的大问题,操作系统采用了我们日常生活中分类存档的思想,在文件系统中引入了“树型目录结构”的概念。

首先,操作系统将磁盘分为若干盘区,并用A,B,C,D等盘符加以标识,通常用A盘、B盘分别对应两个软盘驱动器表示,硬盘可被划分为一个或多个盘区(或称分区),可分别命名为C盘、D盘等;C盘一般作为系统盘。此外还可将移动硬盘、U盘等也映射成分区。虽然各盘区的储存介质及存储的位置可能不同,但操作系统为用户屏蔽了设备的物理特性,用户可以用同样的方法访问不同的盘。

在每个盘区中,有且仅有一个根目录。当你对盘区进行格式化后,在盘区上会自动建立一个根目录。根目录可以用“\”表示。用户可在根目录下建立各种文件,也可以建立子目录。子目录下又可以建立文件,也可以再建子目录。这样,在每一个盘区中都可以形成一个树型目录结构,这是一棵倒置的树,树根在上(即根目录)。由于操作系统中的文件系统采用了树型结构,用户便可以通过建立若干个子目录,把文件分门别类的放在不同的目录之下。就如同我们在日常工作中,将文档分别存放在不同的文件柜和不同的文件夹中一样。每个盘区相当于办公室里的一个文件柜,而目录就相当于文件柜中的文件夹。

由于文件是以名字来区分的,因而在同一级目录下,文件不能重名。不同目录下的同名文件是允许的,也是可以区分的,不同目录下的子目录也可以重名。

目录的命名方法和文件命名一样,可将其看成是一种特殊的文件。它除包括所属的文件名外,还包含各文件的附属信息,如文件大小、种类、文件的建立与修改日期、文件存放在磁盘的起始位置等。通过对有关目录的操作就可以方便的对某一目录下的文件进行管理。

在 Windows 中,用“文件夹”的概念代替了“目录”的概念。文件夹是用来储存文件或其他文件夹的地方。使用文件夹的目的是为了我们对文件进行归类提供方便。文件夹不仅可以理解为普通的文件夹和磁盘驱动器符号,还可以包括“我的电脑”窗口中的“打印机”“控制版面”“计划任务”和“拨号网络”等。标准文件夹的图标为▭。

2.4.3 路径

操作系统对文件是“按名存取”的,磁盘采用树型目录结构。在树型目录结构中,用户创建一个文件时,仅仅指定文件名就显得很不够,还应该说明该文件是在哪一盘区的哪个目录之下,这样才能唯一确定一个文件。因此,引入了“路径”的概念。路径,准确地说,就是从根目录(或当前目录)出发,到达被操作文件所在目录的目录列表。即路径由一系列目录名组成,目录名和目录名之间用“\”隔开。例如:

路径名:“D:\计算机基础\第四章 \ch4. DOC”,是指在 D 盘根目录下“计算机基础”子目录下的“第四章”子目录中的 ch4. DOC 文件。

路径若以“\”开始,表示路径从根目录出发。从根目录出发的路径被称为绝对路径。

路径若从当前目录开始,则称之为相对路径。

注意:路径名中的反斜杠“\”如果夹在目录和文件名之间,它是起隔离目录或文件名的作用,否则就是代表根目录。如上例中的第一个反斜杠就是指根目录。

如果不指定盘符部分,就表示隐含使用当前盘,如果不指定目录部分,就表示隐含使用当前目录。如上所述,如果将 D 盘指定为当前盘,并将 D 盘上的计算机基础\第四章子目录指定为当前目录,那么指定 ch4. DOC 文件仅用其文件名就可以了。

Windows 用一个“..”,表示其上一级目录。

在 Windows 环境下,很多情况下都不必直接使用路径,因为打开一个窗口(如资源管理器)以后,已经将树型目录结构中的路径显示在地址栏中了,当前文件夹下的文件或目录也显示在窗口中了。可以点击相关的文件夹和文件,直接进行有关的操作。但在查找文件等一些场合,或是在程序中、或是一些办公软件中,如果要调用文件,应该给出文件所在的路径。

2.4.4 文件和文件夹的浏览

浏览文件和文件夹的主要工具是“计算机”和“资源管理器”。利用它们可以显示文件夹的结构和文件的有关详细信息，启动应用程序、打开文件、复制文件等，此外，还可以利用“地址栏”和“搜索”工具来查找文件和文件夹。

1. “计算机”和“Windows 资源管理器”窗口

双击桌面上“计算机”图标，可打开“计算机”窗口，如图 2－22 所示。

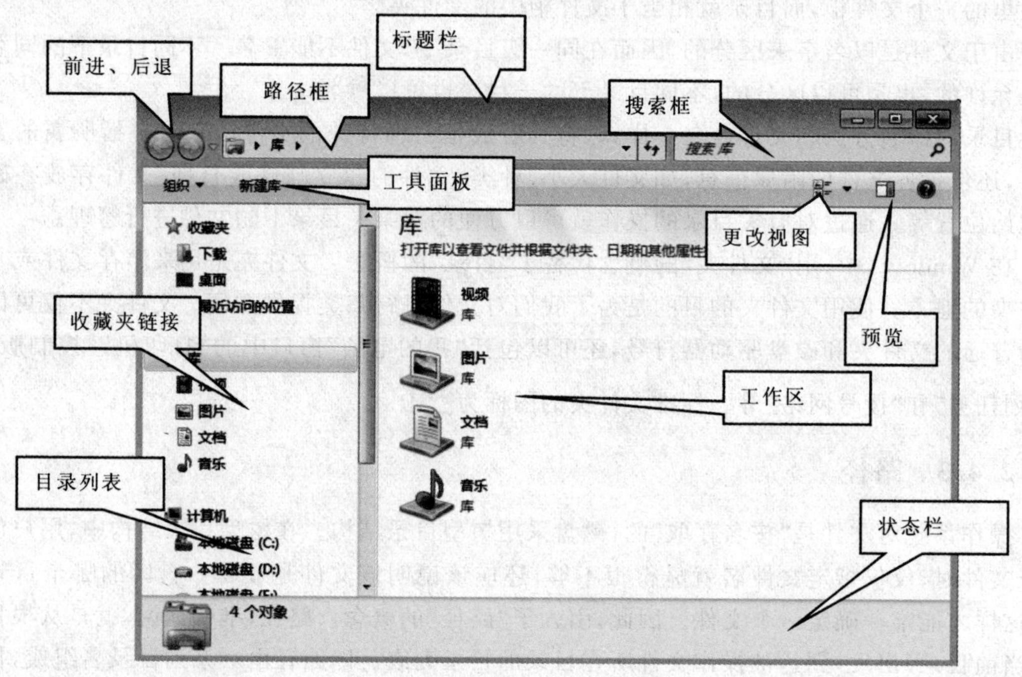

图 2－22 “Windows 资源管理器”窗口

“资源管理器”和“计算机”这两个用于资源管理的工具在 Windows 7 中已经没有区别，结构、布局和功能均相同，仅仅延续了它们在早期版本中的概念。

为了方便用户，除了直接双击桌面上“计算机”图标外，Windows 7 还提供了多种方法，用来打开“资源管理器”。

方法一是单击“开始”菜单，鼠标光标移动到“所有程序”上，选择附件，在附件中选择“Windows 资源管理器”，即可打开“Windows 资源管理器”窗口。

方法二是右键单击“开始”按钮，在快捷菜单中选择“资源管理器”。

方法三右键单击任何 Windows 7 默认的组件图标（不含桌面上的应用程序快捷方式图标），或窗口中的驱动器、文件夹图标，在弹出的快捷菜单中选择“在新窗口中打开”。方法四右击任务栏上的图标，选择“Windows 资源管理器”。

2. 库功能的使用

在 Windows7 中，引入了一个“库”功能。Windows 7 的“库”把搜索功能和文件管理功能整合在一起的一个进行文件管理的功能，其实质是将分布在硬盘上不同位置的同类型文件进行索引，将文件信息保存到“库”中，也就是说库里面保存的只是一些文件夹或文件的快捷方式，并没有改变文件的原始路径。这样通过库可以将相关的散落在各个盘符、路径下的相关文件如视频、音频、图片、文档等资料进行统一管理、搜索，从而可以大大提高工作效率。

Windows7 系统默认建有四个库：视频库、音乐库、图片库、文档库。打开资源管理器，在左侧窗口可以看到库的基本情况。单击相应的库名，则库里的内容可以显示在工作区内。往库里添加内容的方法是在库名上右击，在弹出菜单中选择“属性”命令，打开属性对话框，点击包含文件夹按钮，选择文件夹即可。

用户也可以创建自己的新库，比如，为下载文件夹创建一个库。方法一是在“Windows 7 资源管理器”窗口中，点击工具栏中的“新建库”进行新建，方法二是：首先在任务栏中单击“库”图标，打开“库”文件夹，在“库”中右键单击“新建”→“库”，创建一个新库，并输入库的名称。再按照我们前面介绍过的方法，选择文件夹，将其包含到库里即可。可以在一个库里添加多个子库，这样可以将不同文件夹中的同一类型的文件放在同一库中这样可以进行集中管理。

为了让用户更方便的在“库”中查找资料，系统提供了强大的“库”搜索功能，这样可以不用打开相应的文件或文件夹就能找到需要的资料。

搜索时，在“库”窗口上面的搜索框中输入需要搜索文件的关键字，随后单击回车，这样系统自动检索当前的库中的文件信息。随后在该窗口中列出搜索到的信息，库搜索功能非常强大，不但能搜索到文件夹、文件标题、文件信息、压缩包中的关键字信息外，还能对一些文件中的信息进行检索，这样我们可以非常轻松的找到自己需要的文件。

在库中我们可以根据需要某个库进行共享，这样其他用户就可以通过网上邻居来访问该库了。在 Windows7 中对库进行共享，和对文件夹共享的方式是一样的，右击需要共享的库，在弹出的菜单中选择“共享”，并在下拉菜单中选择共享权限即可。

3. 文件和文件夹的显示以及排列方式

在“Windows 资源管理器”中，有多种浏览文件和文件夹的方法，
可以根据需要随时改变文件和文件夹的显示方式。

打开“Windows 资源管理器”窗口，单击搜索框下的“视图设置”，如图 2－22 所示，可以改变文件和文件夹的显示方式，单击其右边的三角，弹出打开如图 2－23 所示快捷菜单。在该快捷菜单进行需要的设置。

“缩略图”“平铺”“图标”和“列表”方式仅显示文件和文件夹的图标与名称。“详细信息”方式则可显示文件和文件夹的名称、大小、类型及修改时间等。在使用“详细信息”方式显示文件时，把鼠标放到列标题右侧的分界线上，待鼠标指针变为双向箭头时，拖动鼠标可以调整列的宽度，以便显示出所需要的信息。

为了方便查看，可以对文件和文件夹按不同的顺序排列。在“资源管理器”中，单击“查看”菜单下的“排列图标”，可以根据需要选择不同的排列方式，如按文件和文件夹的“名称”“大小”“类型”，或者按“修改时间”等。

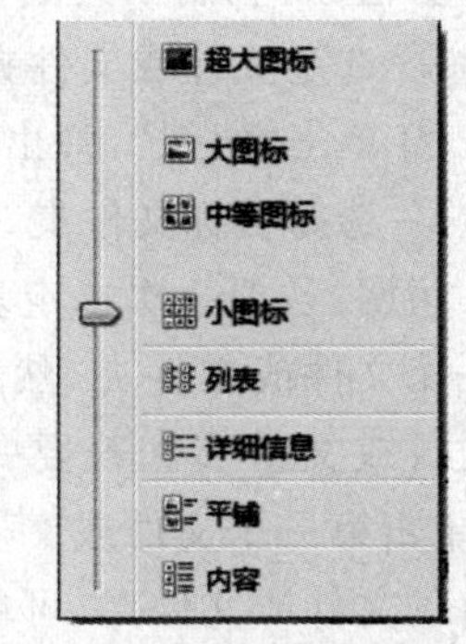

图 2－23 改变视图菜单

2.4.5 文件夹和文件的操作

1. 创建文件和文件夹

在 Windows 7 中，可以在桌面、驱动器以及任意的文件夹上创建新的文件夹。如果要创建文件夹，可按下述几种方法进行。

方法一是单击文件菜单下的新建，选择文件夹，在选定位置出现图标 新建文件夹 ，可将默认名称“新建文件夹”修改为需要的文件夹名。

方法二是右键单击要创建文件夹的空白处，在快捷菜单中选择“新建”下的“文件夹”。

方法三是单击“资源管理器”工具面板上的“新建文件夹”，在选定位置出现图标 新建文件夹 ，可将默认名称“新建文件夹”修改为需要的文件夹名。

创建新文件可以用方法一和方法二，要在菜单中选择需要建立的文件类型。

2. 复制文件夹或文件

复制文件夹或文件是指在目的路径复制产生一个与源文件或文件夹相同的文件或文件夹。复制文件或文件夹的方法也有多种。

方法一：在“资源管理器”中，用菜单方式或命令方式复制文件或文件夹。步骤是在源窗口选定要复制的对象。单击“编辑”菜单中的“复制”命令，或按下 Ctrl＋C 组合键。再打开目标窗口，单击“编辑”菜单中的“粘贴”命令，或按下 Ctrl＋V 组合键。

方法二：用鼠标拖动。如果复制前后的存放位置不在同一个驱动器中，将被选择的对象直接拖到目标窗口即可完成复制。如果在同一驱动器中，则拖动时必须按住 Ctrl 键，否则为移动文件或文件夹。

方法三：利用快捷菜单复制文件或文件夹。首先选定对象，单击鼠标右键，在弹出的快捷菜单中选择“复制”，然后在目标窗口单击鼠标右键，在快捷菜单中选择“粘贴”，即可完成复制。如果要复制到软盘、桌面等，还可使用快捷菜单中的“发送到”命令。

方法四：利用工具面板上的“组织”菜单进行。

① 选定文件或文件夹。

② 单击“组织”，弹出菜单，如图 2－24 所示，单击“复制”。

③ 选择目标文件夹，再单击“粘贴”。

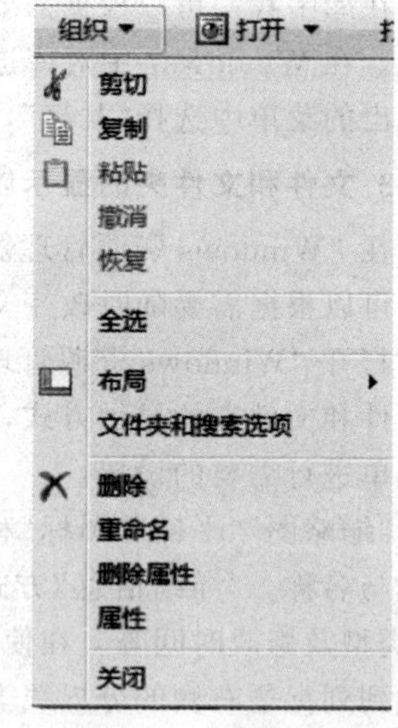

图 2－24 “组织”菜单

说明：若要一次选定多个相邻的文件或文件夹，可先单击第一个文件或文件夹，然后按住 Shift 键，找到并单击最后一个文件或文件夹。若要一次选定多个不相邻的文件或文件夹，单击第一个文件或文件夹后，按住 Ctrl 键，再单击其余要选择的文件或文件夹。若要选择所有的文件或文件夹，可单击编辑菜单下的全部选定命令或按组合键 Ctrl＋A。

3. 移动文件和文件夹

移动文件和文件夹是指把文件和文件夹从一个位置中移动到另外一个文件夹中，移动操作完成后，源位置的文件或文件夹就不存在了。移动文件或文件夹的方法有：

(1)鼠标拖动：例如，若把右边窗格中D盘下的biji.txt文件移动到E盘的temp文件夹下，则先用鼠标单击选中biji.txt文件，按住鼠标左键不放并拖动鼠标，拖到左边的目标文件夹temp处，放开鼠标即可。

(2)利用“剪切”和“粘贴”命令：首先将文件和文件夹选定，然后在文件和文件夹上单击右键，在快捷菜单中选择“剪切”命令。打开目标文件夹，在右边窗格的空白处单击鼠标右键，在快捷菜单中选择“粘贴”命令，即可将其移动过来。

(3)利用“组织”菜单进行。

注意：“拖放”操作到底是执行复制还是移动，取决与源文件夹和目的文件夹的关系，在同一磁盘上拖放文件或文件夹是执行移动命令，在不同磁盘之间拖放文件或文件夹执行复制命令；若拖放文件时按下Shift键含义正好颠倒过来；如拖动时按下Ctrl键，不管是否是同一个磁盘，都是执行复制操作；但是若拖动的对象是一个程序，不管是否在一个盘上，拖动通常将创建快捷方式，而不能复制文件本身；按住Shift键拖动，则可以移动程序。若要复制，一定要按住Ctrl键。

4. 修改文件和文件夹的名称

一般情况下，文件或文件夹的名称应尽可能反映出其包含的内容，即应该做到“见名知义”。若对已经存在的文件或文件夹的名称感到不满意，可随时进行名字的修改。例如：若要将C盘下子文件夹中名为“biji.txt”的文本文件更改为“笔记.txt”，进行如下操作即可修改文件名。

(1)选定要重命名的文件“biji.txt”，单击鼠标右键，弹出的快捷菜单如图2-25所示。

(2)单击快捷菜单中的“重命名”命令，这时文件名中会出现一个编辑框，按退格键(Backspace)或删除键(Delete)删除原文件名，输入“笔记.txt”后按回车键即可。

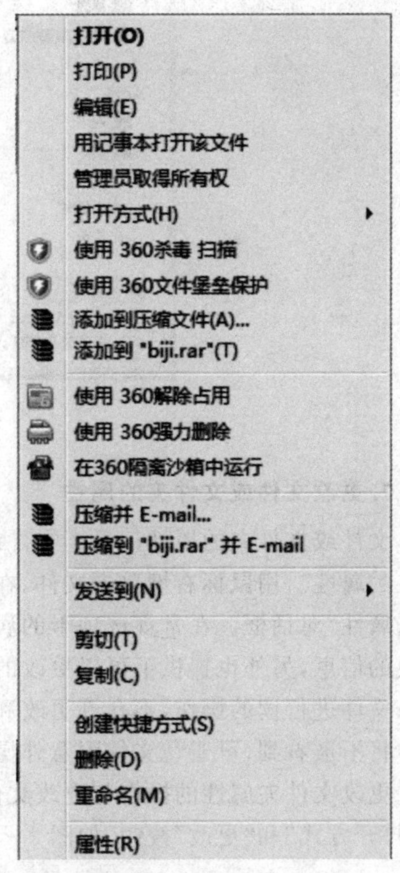

图2-25 快捷菜单

5. 删除文件和文件夹

当有些文件或文件夹不再需要时，可将其删除掉，以便腾出存储空间。删除后的文件或文件夹将被移动到“回收站”中，在之后，可以根据需要选择将回收站的文件进行彻底删除或还原到原来的位置。

在选定了文件或文件夹后，删除文件有以下几种方法：

一是直接按键盘上的Delete键。二是单击文件菜单下的删除命令。三是右键单击文件或文件夹，从弹出的菜单中选择“删除”。四是单击工具面板中的“组织”菜单中的“删除”命令。最后还可以直接将选定对象拖到桌面上的“回收站”。

注意：如果在“回收站”的属性设置中，选中“显示删除确认对话框”复选框，则在删除文件时，将弹出“确认×××删除”对话框。

按下 Shift+Delete 键将直接删除文件，而不放入回收站。

6. 恢复被删除的文件和文件夹

被删除的文件或文件夹通常情况下仍存放在回收站中，并没有真正从磁盘上彻底清除，还可将其还原，即恢复到删除到回收站前的状态，可以按如下步骤进行操作。

用鼠标双击桌面上的“回收站”图标，打开“回收站”窗口，如图 2-26 所示。在“回收站”窗口中选定需要还原的文件、文件夹或快捷方式，单击右键，从弹出的菜单中单击“还原”命令即可，或者选定要还原的对象，单击工具面板上的“还原此项目”。

图 2-26 “回收站”对话框

7. 更改文件或文件夹的属性

文件或文件夹的属性记录了文件或文件夹的有关信息，用户可查看、修改和设定文件或文件夹的属性。用鼠标右键单击文件，在弹出的菜单中选择“属性”，弹出如图 2-27 所示的“×××属性”对话框。在常规选项卡的属性栏中记录了文件的图标、名称、位置、大小等不能任意更改的信息，另外也提供了可以更改的文件的“打开方式”和属性。其中“只读”属性表明只能对该文件进行读的操作，不允许更改和删除。若将文件设置为“隐藏”属性，则该文件在常规显示中将不被看到，可避免文件因意外操作被删除或损坏。

更改文件夹属性的操作与更改文件的属性操作完全一样，但在文件夹“常规”选项卡中，没有“打开方式”和“更改”按钮，如图 2-28 所示。

9. 显示隐藏文件或文件夹

在系统默认状态下，出于安全性的考虑，有些文件或文件夹是不显示在文件夹窗口中的，如系统文件、隐藏文件等。如果需要修改或删除这些文件或文件夹，则首先必须将它们显示出来。操作的一般方法：

单击“工具”菜单下的“文件夹选项”，打开“文件夹选项”对话框。单击“查看”选项卡，在“高级设置”下拉列表框中，选择“显示所有文件和文件夹”单选钮。如果要显示“受保护的操作系统文件”，可以清除“隐藏受保护的系统文件(推荐)”复选框。这时系统会显示警告信息，在警告信息框中单击“是”按钮。

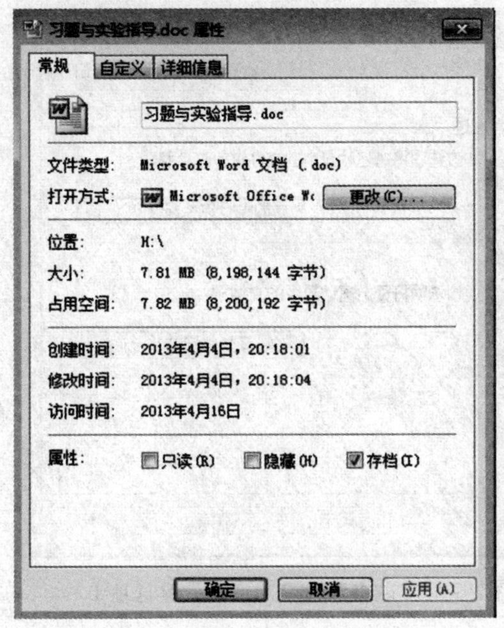

图 2-27 文件“属性”对话框

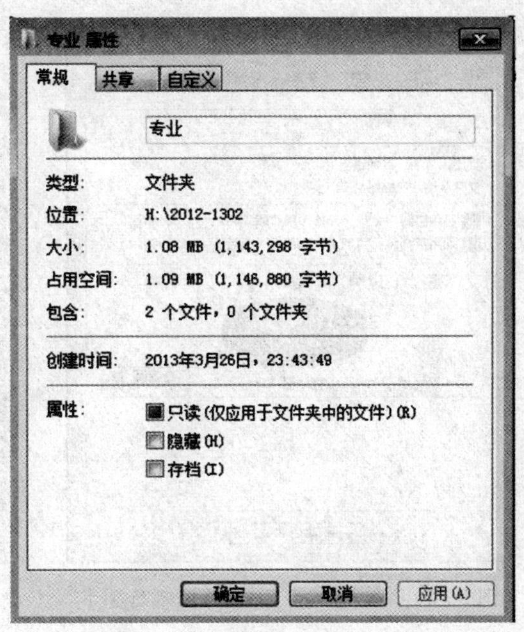

图 2-28 文件夹“属性”对话框

2.4.6 磁盘操作

双击桌面上的“我的电脑”图标，打开我的电脑窗口，选择要进行磁盘管理的磁盘，单击鼠标右键，在弹出的快捷菜单中选择“属性”，打开属性对话框，如图 2-29 所示，用户可以利用该对话框对该磁盘进行管理和维护。

1. 查看磁盘的基本信息

打开磁盘属性的对话框，在对话框的“常规”选项卡上，显示了磁盘的基本信息，包括卷标、磁盘的类型、使用的文件系统类型、磁盘的容量、已用空间大小、可用空间大小和磁盘容量使用情况的示意饼图等。

2. 更改磁盘的卷标

所谓卷标，就是指用户给磁盘所取的名字。选定磁盘后，单击鼠标右键，在弹出的快捷菜单中选择“重命名”可以更改磁盘的卷标，或者打开磁盘属性的对话框，在对话框的“常规”选项卡上，显示了磁盘卷标的文本框中直接输入新的卷标。

3. 磁盘检查

磁盘检查就是检查当前磁盘，确定是否出错，若出错则用户可以进行选择来确定是否修复。磁盘检查的方法是打开磁盘属性的对话框，打开对话框的“工具”选项卡，如图 2-30 所示，单击“开始检查”按钮，打开磁盘检查对话框，选择要进行的检查操作，单击“开始”按钮，系统自动扫描磁盘，检查并修正其中的错误。

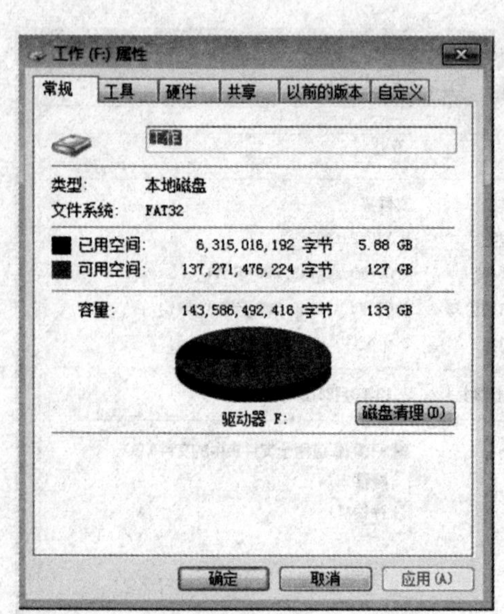

图 2-29　磁盘“属性”对话框常规选项卡

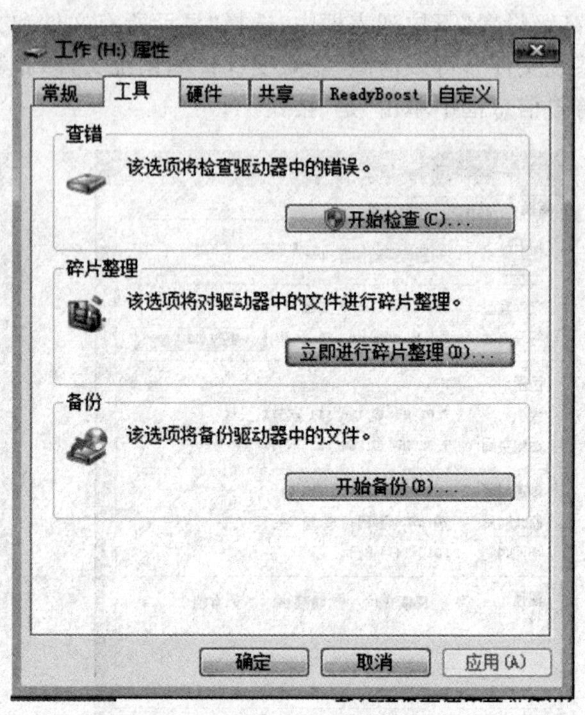

图 2-30　磁盘“属性”对话框工具选项卡

4. 碎片整理

由于用户在磁盘上反复建立文件，删除文件，系统要反复进行磁盘空间的分配和回收，经过多次分配和回收后，就容易出现一些零碎的磁盘存储区域，这些区域虽然空闲但由于容量很小，成为无法利用上的“碎片”。碎片的出现会降低磁盘的有效存储容量和系统访问磁盘的速度，碎片整理的任务就是将文件和文件夹所占用的空间进行整理，将碎片集中起来形成可使用的较大的空闲存储区域，以提高磁盘的使用率。进行碎片整理的方法是在磁盘属性的对话框的“工具”选项卡上，单击“立即进行碎片整理”按钮，将弹出“磁盘碎片整理程序”对话框，如图 2-31 所示，即可进行整理工作。需要注意的事，由于磁盘整理将所有文件和文件夹所占用的空间重新进行分配和移动，因此花费的时间可能较长。

5. 磁盘备份

磁盘备份是对当前磁盘上的所有文件信息在其他地方保存一个副本，当发生意外事故对文件信息产生破坏是可以利用副本进行恢复。打开磁盘属性的对话框，在对话框的“工具”选项卡上，单击“开始备份”按钮，系统将启动备份向导指导用户完成磁盘备份工作。

6. 磁盘清理

磁盘清理可以将磁盘上的不需要的文件全部删除，以释放出更多的磁盘空间。方法是选择要清理的磁盘，在常规选项卡上单击“磁盘清理”按钮，或是单击任务栏上的“开始”按钮，激活开始菜单，选择“所有程序”下的“附件”中的“系统工具”里的“磁盘清理”命令，在打开的对话框中选择要做磁盘清理工作的驱动器，激活磁盘清理程序，系统将首先扫描磁盘上不需要的文件，可以释放的空间，然后弹出磁盘清理对话框，如图2－32所示。在对话框上选择要清理的项目，单击“确定”按钮执行清理工作，单击“取消”按钮则放弃本次清理。

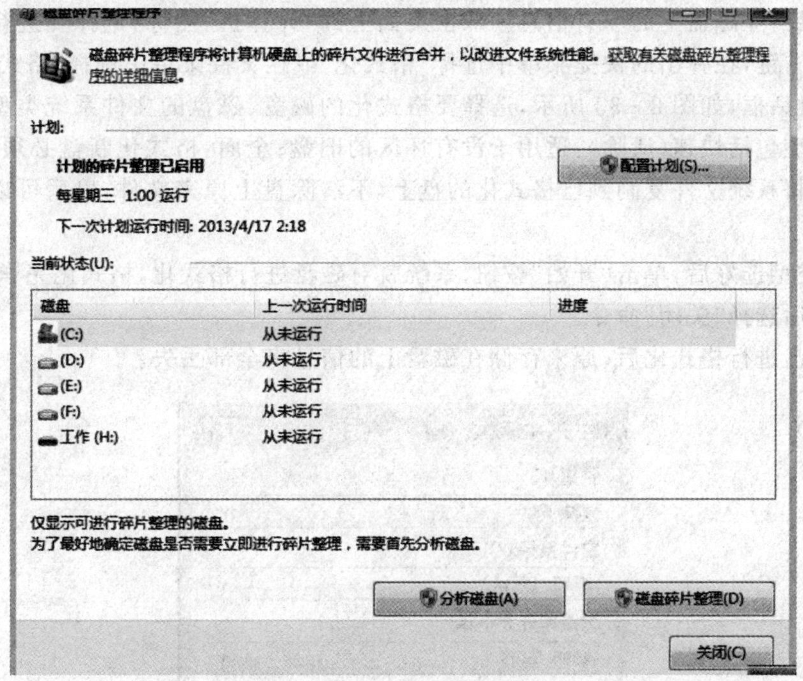

图2－31　磁盘碎片整理程序

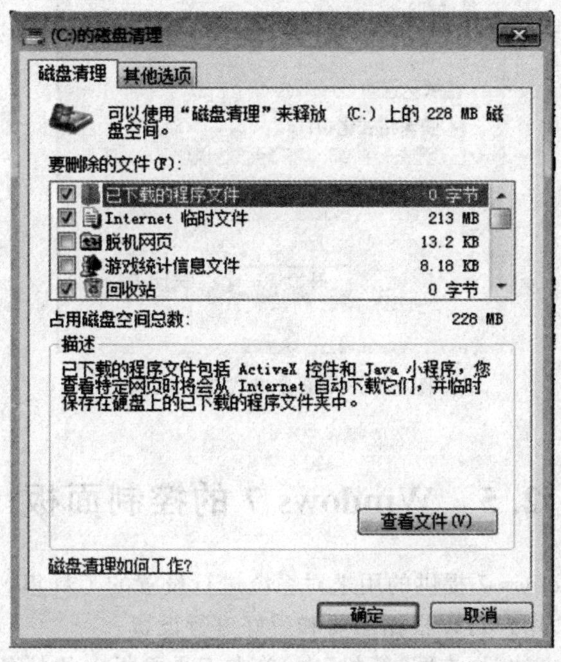

图2－32　磁盘清理程序

7. 磁盘格式化

新的磁盘在使用前必须进行格式化操作，已经使用的磁盘在使用一段时间后也可以进行重新格式化以清除磁盘上的原有信息。双击桌面上的“计算机”图标，选择要进行格式化的磁盘，单击鼠标右键，在弹出的快捷菜单中选择“格式化”或在文件菜单中选择“格式化”可以打开磁盘格式化对话框，如图 2-33 所示，选择要格式化的磁盘、磁盘的文件系统类型和格式化类型，格式化类型包括快速（清除）：适用于没有坏区的旧盘；全面：格式化新盘必须选此项；仅复制系统文件：将系统文件复制到已格式化的盘上，不清除盘上原来文件，以后可以使用该盘启动计算机。

格式化类型选好后，单击“开始”按钮，系统就对磁盘进行格式化，格式化完毕后，显示该磁盘的信息，然后选择“关闭”命令。

注意：磁盘进行格式化后，原来存储在磁盘上的信息将全部丢失。

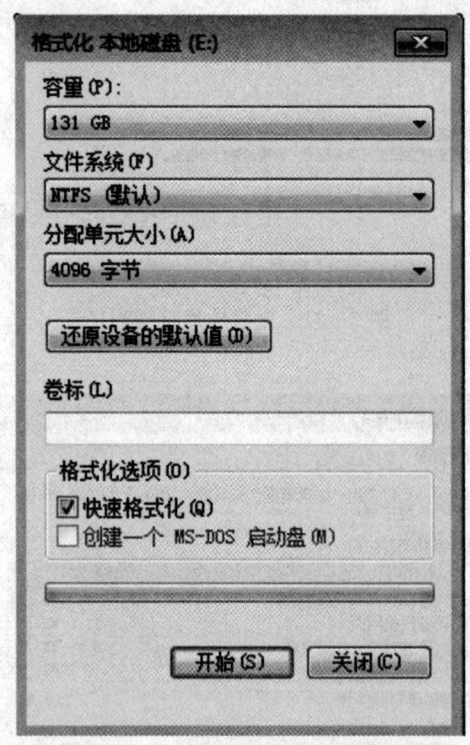

图 2-33 磁盘格式化对话框

2.5 Windows 7 的控制面板

“控制面板”是 Windows 7 提供的用来对系统进行设置的工具集，集成了设置计算机软硬件环境的绝大部分功能，用户可以根据需要和爱好进行设置。

启动“控制面板”的方法是：在“计算机”中，单击工具面板上的任务窗格中的“打开控制面板”，或单击“开始”菜单中的“控制面板”，都可以打开“控制面板”窗口，如图 2-34 所示。在“控制面板”中，最常见的项目按照分类进行组织。分为系统和安全、用户账户和家庭安全、网络和Internet、外观和个性化、硬件和声音、时钟语言和区域、程序、轻松访问等类别，每个类别下会显示该类的具体功能选项。

图2-34 “控制面板”窗口

除了“类别”，控制面板还提供了“大图标”和“小图标”的两种查看方式，只需点击控制面板右上角“查看方式”旁边的小箭头，从中选择自己喜欢的形式就可以了。

Windows7系统的搜索功能非常强大，在控制面板中也有好用的搜索功能，只要在控制面板右上角的搜索框中输入关键词，回车后即可看到控制面板功能中相应的搜索结果，这些功能按照类别进行分类显示，一目了然，极大地方便用户快速查看。

2.5.1 鼠标的设置

若不喜欢鼠标的默认设置，可以重新设定鼠标。例如，左撇子可以更换鼠标左右键的功能，，也可以调整双击的速度。还可以对鼠标指针进行更改，可以更改外观，改善可见性，或将其设置为在输入字符时隐藏等。要对鼠标进行设置，可在在控制面板中单击“鼠标”，即可打开“鼠标属性”对话框，如图2-35所示。

该对话框包括“鼠标键”“指针”“指针选项”“滑轮”和“硬件”五个选项卡(随鼠标的不同而改变)，可以根据需要完成相应的设置。

2.5.2 日期、时间、区域和语言设置

“日期、时间、区域和语言设置”用于更改系统的日期、时间、区域等，还可以根据需要添加或删除输入法。

1. 区域和语言选项

在控制面板中的单击“时钟、语言和区域”选择“区域和语言选项”，可打开“区域和语言选

项”对话框，如图 2－36 所示。在“键盘和语言”选项卡中，可以进行键盘和语言的设置。

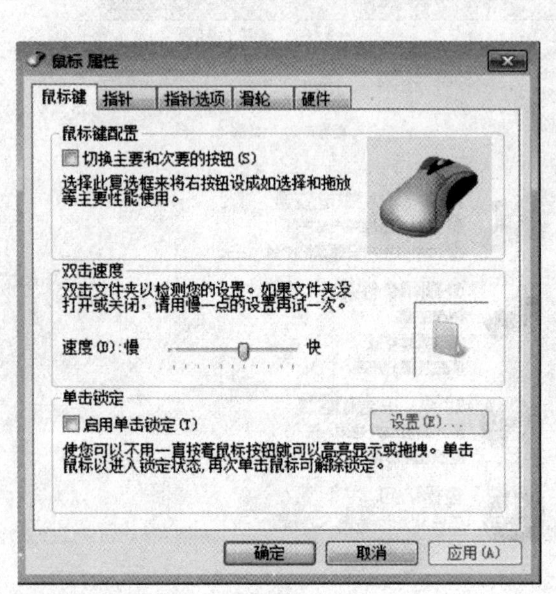

图 2－35 “鼠标”属性窗口

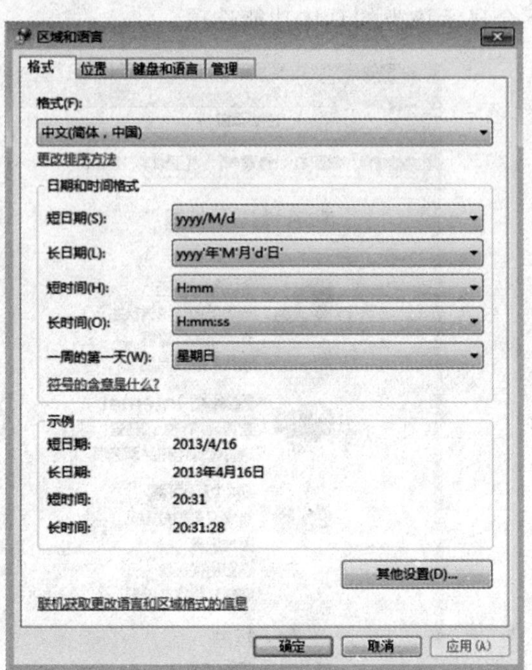

图 2－36 “区域和语言”对话框

2. 日期和时间

若需要更改系统日期和时间，可在控制面板中单击“时钟、语言和区域”选择“日期和时间”，也可以双击任务栏右端的时钟按钮，即可打开“日期和时间属性”对话框。

在对话框中选择“日期和时间”选项卡，进行日期和时间的调整，完成设置后，单击“确定”按钮。

2.5.4 更改或删除程序

在使用计算机的过程中，经常需要安装程序、更新程序或删除已有的应用程序。可在控制面板中单击“程序”，打开的“卸载或更改程序”窗口，如图 2－37 所示，列出了当前安装的所有程序。

对于不再使用的应用程序，应该卸载删除，很多软件在安装完成后，会在其安装目录或程序组的快捷菜单中有一个名为“Uninstall＋应用程序名”或“卸载＋应用程序名”的文件或快捷方式，执行该程序即可自动卸载该应用程序。但如果应用程序没有带 Uninstall 程序，或需要更改应用程序的安装设置时，可选中要删除或更改的程序，然后单击 “卸载”或“卸载/更改”，按提示进行操作即可。

注意：删除应用程序不要通过打开其所在文件夹，然后删除其中文件的方式来删除某个应用程序。因为有些 DLL 文件安装在 Windows 目录中，因此不可能删除干净，而且很可能会删除某些其他程序也需要的 DLL 文件，导致破坏其他依赖这些 DLL 文件的程序。

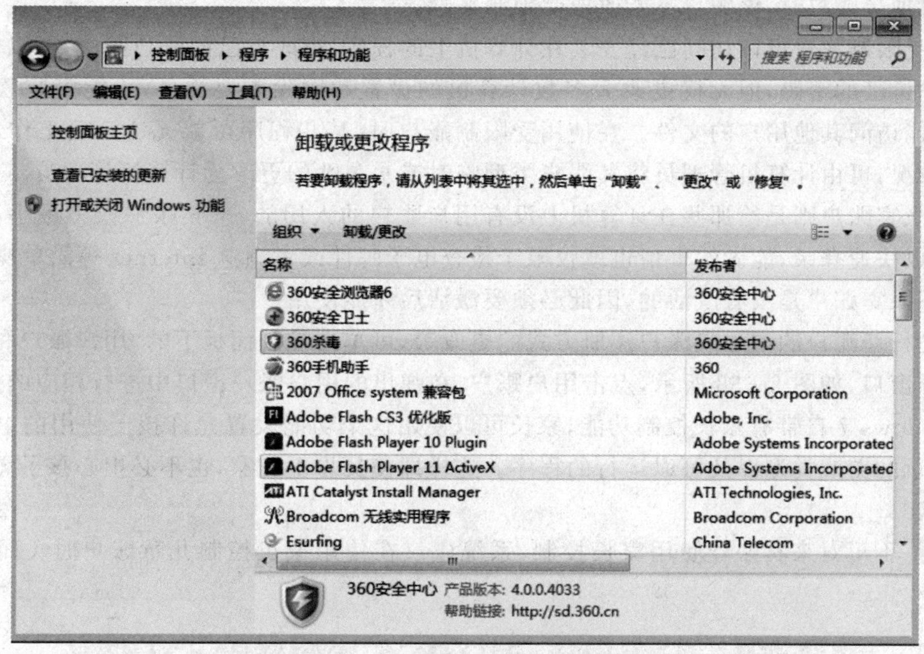

图 2－37 "添加或删除程序"窗口

2.5.5 打印机和其他硬件

Windows 7 自带了一些硬件的驱动程序，对于"即插即用"的硬件设备，不需要用户进行安装，在启动计算机的过程中，系统会自动搜索新硬件并加载其驱动程序，同时在任务栏上会提示其安装过程，如"查找新硬件""发现新硬件""已经安装好并可以使用了"等信息。如果用户所连接的硬件设备的驱动程序系统中没有，当系统检测到有新的硬件接到计算机系统中，则会出现安装向导，指导用户进行新设备的安装。如果在新设备插入时没有安装，可以单击控制面板中的"打印机和其它硬件"，选择相应的设备类型，可以进行设备的安装。

2.5.6 用户账户和家庭安全

当多人共享计算机时，有时设置会被意外修改，用户之间可能会相互影响。Windows 7 加强了安全性，具有多种登录方式可供选择。每个用户可以有自己的个性化的工作环境和运行权限，还可保护个人的系统配置，可以使用多重身份在应用程序之间穿梭。

例如，在家庭和公司环境中，使用标准用户账户可以提高安全性。当用户使用标准用户权限(而不是管理权限)运行时，系统的安全配置(如防病毒和防火墙配置)将得到保护。这样，用户可以拥有安全的区域，可以保护账户及系统的其余部分。而在共享家庭计算机上，不同的用户帐户将受到保护，避免其他账户的更改。

Windows 7 有计算机管理员账户、受限制帐户和来宾账户三种帐户类型。

(1)计算机管理员账户拥有对系统的完全控制权，可以改变系统设置，安装、删除程序和访问计算机上所有的文件。除此之外，还可以创建和删除计算机上的用户账户，更改其他人的账户名、图片、密码和账户类型等。Windows 7 中至少要有一个计算机管理员账户，当只有一个计算机管理员账户时,该账户不能改成受限制账户。

(2)受限制账户可以访问已经安装在计算机上的程序,更改自己的账户图片,可以创建、更改或删除自己的密码,但无权更改大多数计算机的设置和删除重要文件,不能安装软件或硬件,也不能访问其他用户的文件。在使用受限制账户时,某些程序可能无法正确工作,如果发生这种情况,可由计算机管理员将其账户类型临时或永久性的更改为计算机管理员。

(3)来宾账户则是给那些在计算机上没有用户账户的人用的,来宾帐户权力最小,它没有密码,可以快速登录,能做的事情也就仅限于检查电子邮件或者浏览 Internet 等简单操作。默认情况下来宾账户是没有激活的,因此必须要激活后才能使用。

要进行新账户的增加或账户注册方式的更改等,可单击控制面板下的“用户账户和家庭安全”,打开窗口,如图 2－38 所示,点击用户账户,在弹出的用户账户窗口中进行相应的操作。

Windows 7 自带有家长控制功能,家长可以使用这个功能设置允许孩子使用的电脑的时段、可以玩的游戏类型以及可以运行的程序。这样即使父母不在家,也不必担心孩子无节制地使用电脑。

注意:不可对来宾账号使用家长控制,系统建议在使用家长控制儿童账户时关闭来宾账号。

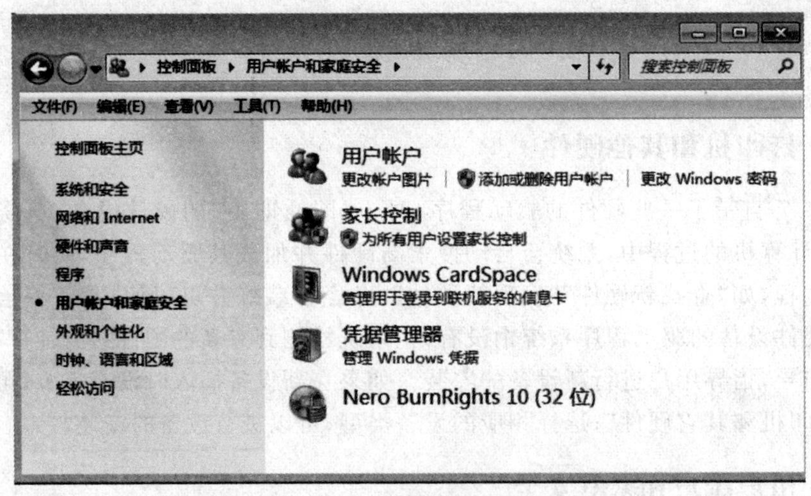

图 2－38 “用户账户和家庭安全”窗口

2.6 Windows 7 的附件程序的使用

Windows XP 的附件中有记事本、计算器等常用的应用程序,可以给用户提供方便。附件在“开始”中的“所有程序”中“附件”即可见到附件下的所有程序。如图 2－39 所示。只要点击相应的菜单项,就可打开相应的应用程序。

2.6.1 记事本

“记事本”是一个用来创建简单文档的文本编辑器,如图 2－40 所示,记事本可以用来查看或编辑纯文本文件(.TXT)。由于“记事本”保存的 TXT 文件不包含特殊的字符或其他格式,故可以被Windows中的大部分应用程序调用。“记事本”使用方便、快捷、应用广泛，如一些应用程序的自述文件“Readme”通常是以记事本的形式保存的。另外，也常用“记事本”编辑各种高级语言的程序文件，也是创建Web页HTML文档的一种较好的工具。

在“记事本”中用户可以使用不同的语言格式创建文档，而且可以用不同的编码进行打开或保存文件，如ANSI，UTF－8或Unicode，Unicode big－endian等格式。当使用不同的字符集工作时，程序将默认保存为标准的ANSI（美国国家标准化组织）文档。

附件
Bluetooth 文件传送
Windows 移动中心
Windows 资源管理器
便笺
画图
计算器
记事本
截图工具
连接到投影仪
连接到网络投影仪
录音机
命令提示符
入门
同步中心
写字板
远程桌面连接
运行
Tablet PC
Windows PowerShell
轻松访问
系统工具

图 2－39 “附件”中的应用程序菜单

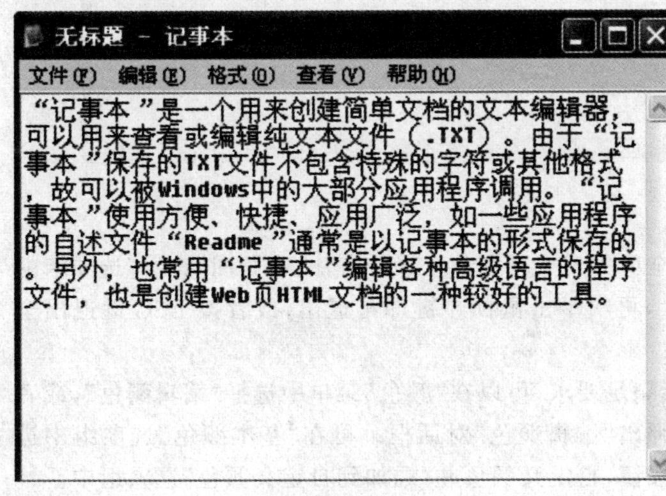
无标题 － 记事本
文件(F) 编辑(E) 格式(O) 查看(V) 帮助(H)
“记事本”是一个用来创建简单文档的文本编辑器，可以用来查看或编辑纯文本文件（.TXT）。由于“记事本”保存的TXT文件不包含特殊的字符或其他格式，故可以被Windows中的大部分应用程序调用。“记事本”使用方便、快捷、应用广泛，如一些应用程序的自述文件“Readme”通常是以记事本的形式保存的。另外，也常用“记事本”编辑各种高级语言的程序文件，也是创建Web页HTML文档的一种较好的工具。

图 2－40 记事本

2.6.2 画图

“画图”程序是一个位图编辑器，可以用它创建简单或精美的图画，也可以对图片进行处理。一些简单的比如裁剪、图片的旋转、调整大小等，用画图就能轻松实现，在处理完成后，可以用png，Jpg，Gif，Bmp等格式将图片存盘，可以打印所绘的图，还可以将它作为桌面背景，或作为文件插入到其他文档中。

“画图”应用程序窗口，如图2－41所示。

在画图程序中打开一张图片，若该图片的原始尺寸较大，可通过右下角的滑动标尺进行调整将比例缩小，就可在画图界面查看整个图片。也可在画图的查看菜单中，直接点击放大或缩小来调整图片的显示大小。

在查看图片时，尤其是需要了解图片部分区域的大致尺寸时，可利用标尺和网格线功能。操作方法是：在查看菜单中，勾选“标尺”和“网格线”即可。

有时因为图片局部文字或者图像太小而看不清楚，这时，就可以利用画图中的“放大镜”工具，放大图片的某一部分。鼠标左键单击放大，鼠标右键单击缩小。放大镜模式可以通过侧边栏移动图片的位置。

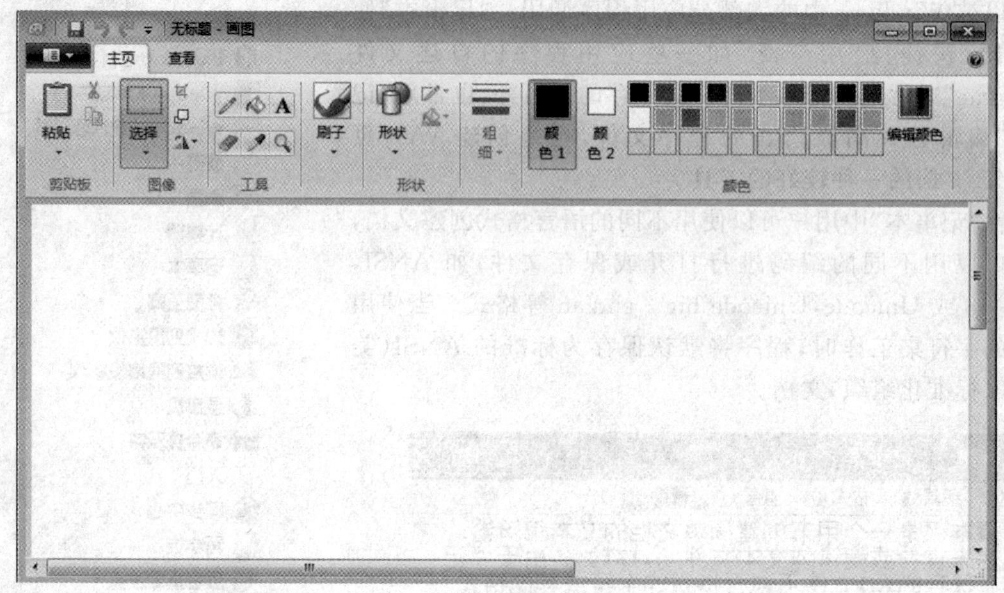

图 2-41 “画图”程序

画图还提供了“全屏”功能，可以以全屏方式查看图片。操作方法：在画图“查看”选项卡的“显示”，单击“全屏”，即可全屏查看图片，再次单击鼠标左键即可退出，或者按 ESC 键退出全屏返回“画图”窗口。

在“颜料盒”中提供的色彩如果不能满足要求，可以在“颜色”菜单中选择“编辑颜色”，或者双击“颜料盒”中的任意一款颜色，即可弹出“编辑颜色”对话框。可在“基本颜色”选项组中进行色彩的选择，单击“规定自定义颜色”按钮，自定义颜色并“添加到自定义颜色”选项组中。

2.6.3 命令提示符

Windows 7 的“命令提示符”程序又被称为“MS - DOS 方式”。MS - DOS 是 Microsoft Disk Operating System 的缩写，“MS - DOS 方式”是在 32 位以上系统（如 Windows XP，Windows NT 和 Windows 2000 等）中仿真 MS - DOS 环境的一种外壳。因为 MS - DOS 应用程序运行安全、稳定，有的用户还在使用。

Windows 7 中的“命令提示符”提高了与 DOS 操作命令的兼容性，在 Windows 7 系统下可以直接运行 DOS 程序。“命令提示符”窗口如图 2-42 所示。可在窗口中的命令提示符“>”之后输入 DOS 命令，按回车执行该命令。可以设置“命令提示符”窗口属性，即可以改变“命令提示符”程序的窗口模式、字体、布局和颜色等。方法是在窗口模式下，右键单击标题栏，在弹出的快捷菜单中选择“属性”命令，打开“命令提示符属性”对话框，如图 2-43 所示，按照对话框中的提示操作即可。

图 2-42 “命令提示符”窗口

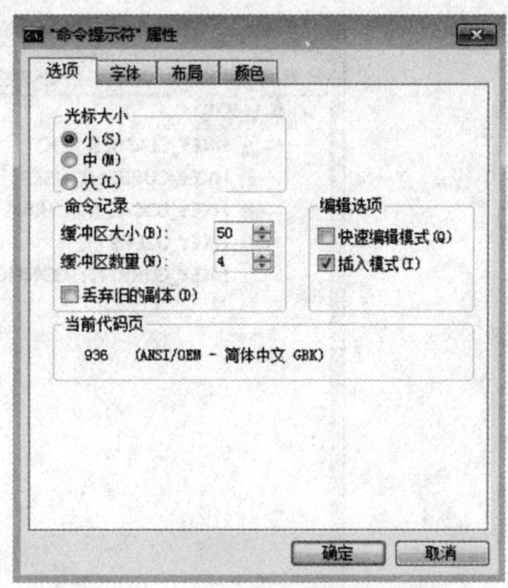

图 2-43 “命令提示符 属性”对话框

2.7 注 册 表

2.7.1 概述

Windows 7 注册表实际上是一个庞大的数据库,用于记录机器软硬件环境的各种信息,注册表对操作系统及应用程序的正常运行至关重要。它包含了 Windows 系统和应用程序的初始化信息、应用程序和文档文件的关联、硬件设备的说明、状态和属性等各种信息,操作系统和应用程序频繁访问注册表,以保存和获取必要的数据。

一般情况下注册表中的数据可直接通过操作系统及应用软件提供的界面来自动变更。但也可以通过注册表编辑器对注册表的数据直接修改。直接修改注册表的好处有二:一是快捷,可以不经由操作系统或应用软件,绕过不少复杂的操作;二是有些数据操作系统或应用软件不提供修改途径,若要进行变更,只能通过注册表直接修改。要注意的是,由于 Windows 7 是严格的多用户操作系统,在进行注册表操作时,应以管理员(Administrators)成员身份进入。

2.7.2 Windows 7 注册表编辑器

Windows 7 提供一个编辑注册表文件的编辑器,打开编辑器的方法是单击“开始”,在搜索框中键入“regedit”,按回车键或者用鼠标点击搜索到的程序,即可打开注册表编辑器。注册表编辑器的界面类似于资源管理器,如图 2-44 所示。

编辑器左栏是树形目录结构,共有 5 个根目录,称为子树,各子树以字符串"HKEY_"为前缀(分别为 HKEY_CLASSES_ROOT, HKEY_CURRENT_USER, HKEY_LOCAL_MACHINE, HKEY_USERS, HKEY_CURRENT_CONFIG);子树下依次为项、子项和活动子项,活动子项对应右栏中的值项,值项包括 3 部分:名称、数据类型、值。

在 Windows 7 注册表编辑器中可直接修改、添加和删除项、子项与值项,并且可利用查找命令快速查找各子项和值项:

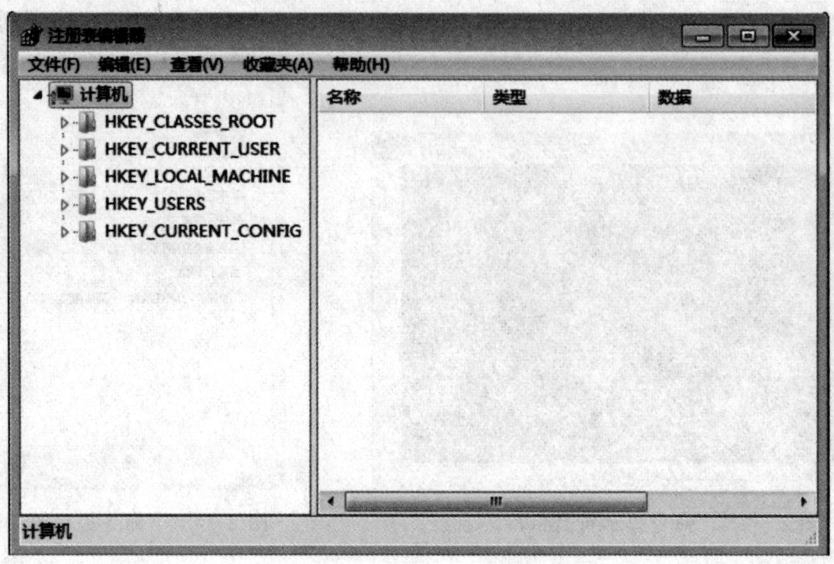

图 2-44　注册表编辑器

1. 设置权限

在多用户情况下，可设置注册表的某个分支不能被指定用户访问，方法是选择要处理的项，并选择菜单“编辑”下的“权限”，然后可在对话框中设置相应权限。但这里要注意，设置访问权限意味着该用户其进入系统后运行的任何程序均不能访问此注册表项，建议用户不要用此功能。

2. 查找

选择菜单编辑下的“查找”(或按“Ctrl+F”)，在弹出的“查找”窗口中复选框中选要查找目标的类型，并输入待查找内容，单击“查找下一个”按钮，等待片刻便能看到结果，按“F3”键可查找下一个相同目标。

3. 收藏

有些注册表项经常需要修改，这时可将此项添加到“收藏夹”中。选择注册表项，单击“收藏”→“添加收藏夹”，输入名称并确定后该注册表项便添加到了“收藏”列表中，以后访问时可直接从“收藏夹”进入。

4. 添加子项或值项

在左窗格中选择要在其下添加新项的注册表项，然后在右窗格中单击鼠标右键，选择“新建”下的“项”或“值项”数据类型。

5. 更改值项

右键单击要更改的值项，选择“修改”，然后输入新数据并单击“确定”即可。实际上，如要删除、重命名子项、值项，只须选择相应对象，单击右键，即可选择进行相应操作。

6. 注册表项的“导出”和“导入”

建议在修改注册表时，如果没有把握，请将修改项先导出以备修改错误时再导入恢复。选择要导出的注册表项，单击“文件”菜单下的“导出”“保存类型”一般选择“ *. reg”，输入文件名后单击“保存”即可。要导入已备份的注册表项只须单击“文件”下的“导入”，并选择准备导入的文件，若是上一步导出时存为. reg 文件，导入时直接双击此文件即可完成任务。

2.7.3 备份注册表

注册表包含有复杂的系统信息，对计算机至关重要，对注册表更改不正确可能会使计算机无法操作。当需要修改注册表的时候，一定要备份注册表，将备份副本保存到保险的文件夹或者 U 盘中，若想要取消更改，导入备份的注册表副本，就可以恢复原样了。

要备份注册表先要打开注册表编辑器，再点击“文件”菜单中的“导出”。在“导出注册表文件”面板的“保存在”框中，选择要保存备份副本的文件夹位置，然后在“文件名”框中键入备份文件的名称。再单击“保存”后，当前注册表信息就会被保存在一个. reg 文件中，如果注册表发生什么错误或者问题，可以用相似的步骤，将保存好的注册表信息导入系统中，就可以轻松解决注册表错误导致的问题。

在编辑注册表之前，最好使用“系统还原”创建一个还原点。该还原点包含有关注册表的信息，您可以使用该还原点取消对系统所做的更改。

本章小结

在计算机系统包括硬件和软件两大部分，操作系统就是一个大管家，一方面，它管理着计算机的硬件资源，使用户无需了解过多的硬件细节就能够方便灵活地使用计算机，另一方面，它又管理着计算机的软件资源，为用户操作计算机提供方便，快捷的服务。

第 3 章　Office 2010 新功能概述

教学目的

(1)了解 Office 2010 与 Office 2003 对比的新变化.

(2)掌握 Office 2010 各办公软件的新功能。

教学重点与难点

重点:Office 2010 新界面的操作习惯的养成,新功能的熟悉。

难点:Office 2010 的操作。

3.1　Office 2010 的十项改进

1. 更加丰富的视觉特效

通过 Office 2010,用户可以轻松实现强大的视觉效果,并且将专业级的设计效果应用到图片和文字以及 PowerPoint 的视频中。通过增强的图片编辑特效以及格式化功能,用户可以制作出更加精美的文档,如图 3-1 所示。

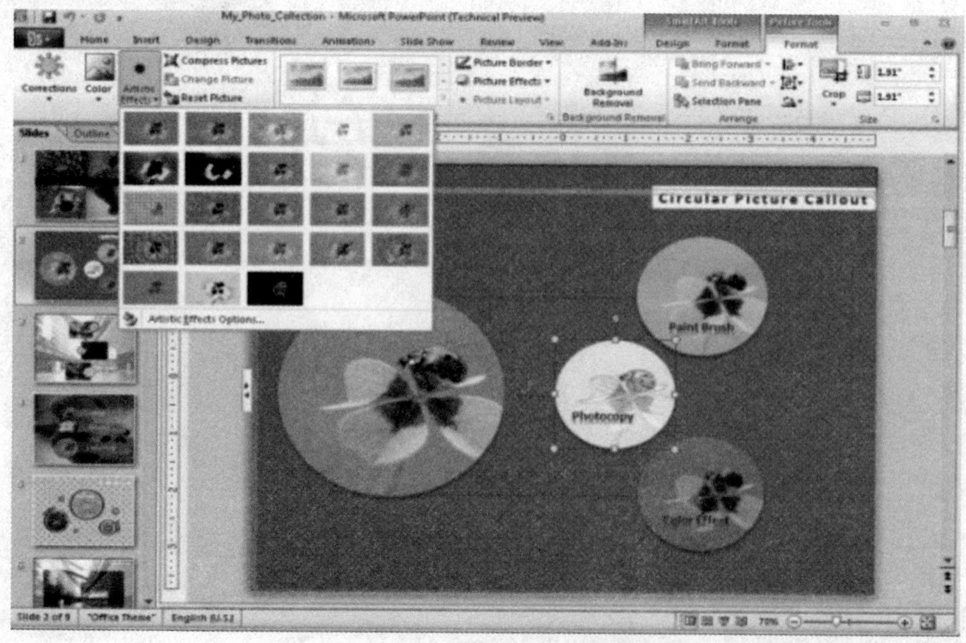

图 3-1　Word 2010 界面视觉效果

2. 更加高效的协同工作

通过集成的通信工具 SharePoint Workplace，用户可以查看联机状态的联系人信息。采用即时消息的方式可以轻松进行沟通，并且在沟通的同时，用户还可以在 Office 中共同编辑同一份文档，实现更好的版本控制和更高的办公效率，如图 3-2 所示。

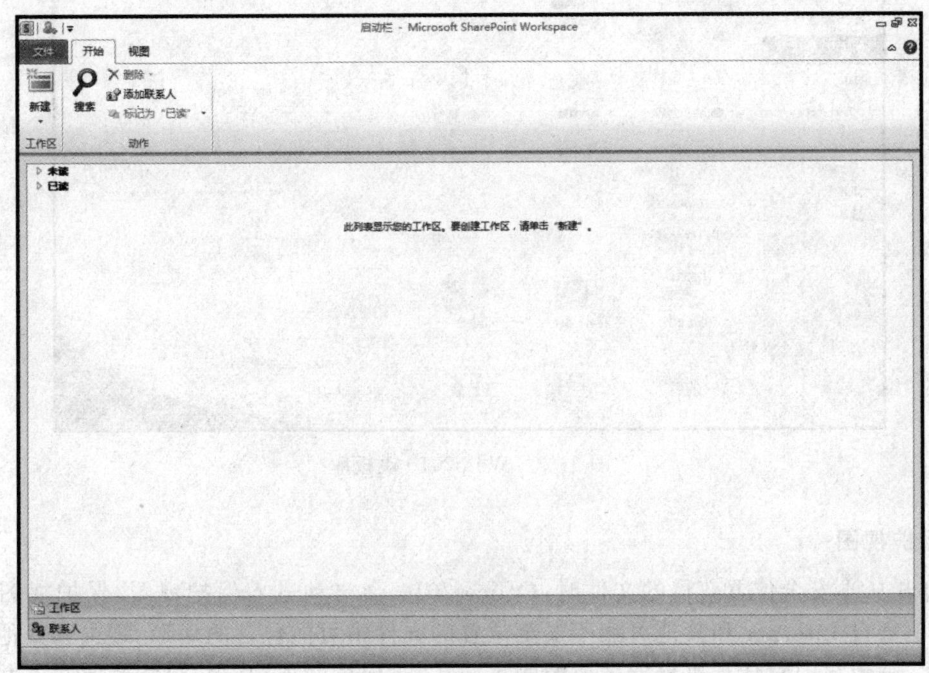

图 3-2 在线共享编辑

3. 更加灵活的使用 Office

Office Web Apps 可以让用户更为灵活的使用 Office 2010。用户可以随时随地通过智能手机或者具备网络连接的计算机来访问自己的文档。

Office Web Apps 企业部署网址：

http://technet.microsoft.com/zh—cn/office/ee815687(en—us).aspx

4. 更加丰富的模板

丰富模板库如图 3-3 所示。

5. 更加轻松快速的处理文档

Microsoft Office 后台视图(backstage)取代了传统的文件菜单，用户只需要简单的点击几下鼠标，即可实现文档的保存、共享、打印、以及发布。通过增强的功能区，用户可以快速访问自己常用的命令，并且可以通过自定义的选项卡来个性化自己的工作环境。

6. 实时预览

在 Office 2010 中，当用户在选择实现某项功能之前，可以得到预览。比如在选择字号或者字体时，当鼠标移动到某种字号时，工作区中的字体就会瞬时改变，用户可以方便的看到所选择的效果。

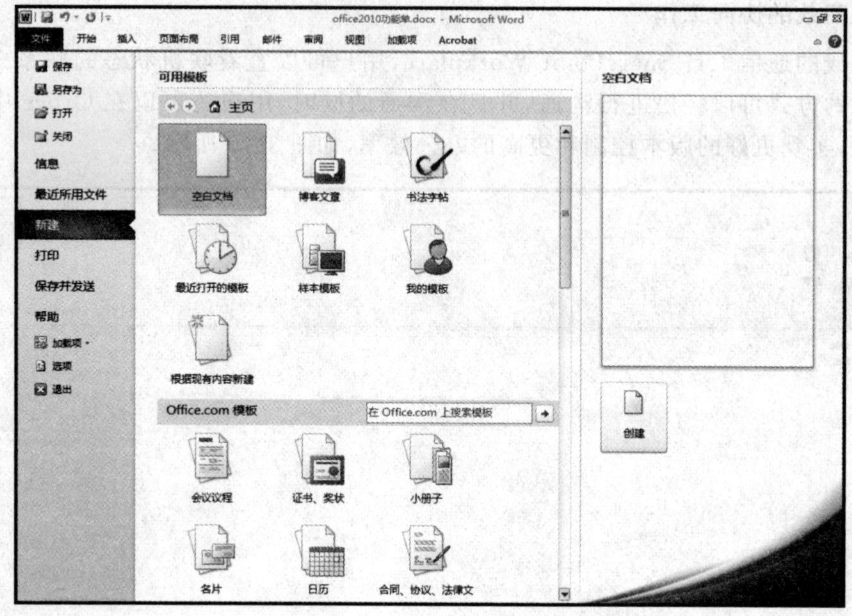

图 3-3　Word2010 模板库

7. 保护视图

当打开从不安全位置获得的文件时，Office 2010 会自动进入保护视图，保护视图相当于沙箱，防止来自 Internet 和其他可能不安全位置的文件中可能包含的病毒、蠕虫和其他种类的恶意软件，避免它们对计算机可能构成的危害。在“受保护的视图”中，只能读取文件并检查其内容，不可进行编辑等操作，降低可能发生的风险，如图 3-4 所示。

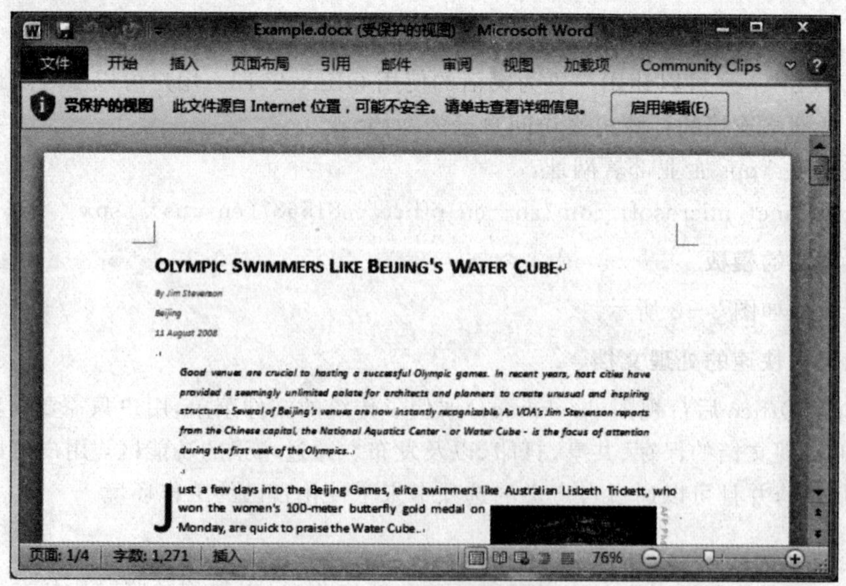

图 3-4　保护视图阅读

8. 自定义功能区(Ribbon)

在 Office 2010 中,功能区不仅变得更加强大和智能,也变得更加人性化。其中一个特点便是拥有了自定义功能。用户可以根据自己的需要按需调整工具栏按钮,可以自定义设置的包括功能区、工具选项卡、快速访问栏等。

9. 自动保存"未保存的文件"

以往版本中,当用户退出 Office 并选择"不保存"按钮后,当前编辑的内容将不会产生任何存储。在 Office 2010 中,即使用户点击了"不保存"按钮,Office 依然会为用户提供一个自动备份的文档,避免用户由于误操作、误点击而造成的损失。

10. 保护用户信息

在与其他人共享文档之前,用户可以使用文档检查器检查文档中的隐藏元数据、个人信息或文档中可能存储的内容。

文档检查器可以查找和删除类似如下的信息:

· 注释
· 版本
· 修订
· 墨迹注释
· 隐藏文字
· 文档属性
· 自定义 XML 数据
· 页眉和页脚中的信息

文档检查器可以帮助用户确保与其他人共享的文档不包含任何隐藏个人信息或用户不希望发布的任何隐藏内容。此外,企业用户可以对文档检查器进行自定义,以添加对其他类型的隐藏内容的检查。

3.2 Office 2010 新增加的功能

1 截图工具

通过"插入"选项中的"屏幕截图"功能,用户可以轻松的截取图片(见图 3-5),只需用鼠标单击,便可将相应窗口截图插入到编辑区域中。通过可用视窗的选择,用户可以实现截取浏览器或者运行中的软件的视图。

此外,"屏幕剪辑"还提供了自定义截图功能,会自动隐藏 Office 组件窗口,以免对需要截图的内容造成遮挡。用户可以通过鼠标自由选取截图区域。

2. 背景移除工具

在 Word 的"图片工具"下或者图片属性菜单里可以找到(见图 3-6)。此外背景移除工具还可以添加、去除图片水印。

3. SmartArt 模板

通过使用 SmartArt 模板,用户可以轻松快捷地制作精美的业务流程图(见图 3-7)。在

Office 2010 中，SmartArt 自带资源得到了进一步扩充。其“图片”标签便是新版 SmartArt 的最大亮点，用它能够轻松制作出“图片＋文字”的抢眼效果，同时其中“类别”中也有新图形加入。

图 3－5　截图工具

图 3－6　背景移除工具

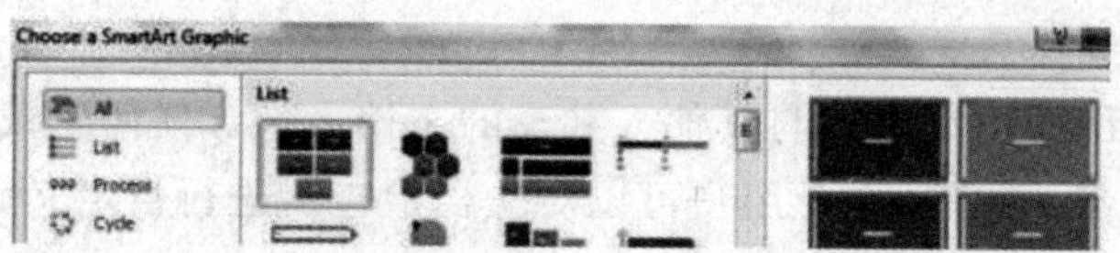

图 3－7　SmartArt 模板

4. 文件选项

“文件”按钮实则更像是一个控制面板(见图 3－8)。界面采用了“全页面”形式，分为三栏，最左侧是功能选项卡，最右侧是预览窗格。无论是查看或编辑文档信息，还是进行文件打印，随时都能在同一界面中查看到最终效果，极大的方便了对文档的管理。

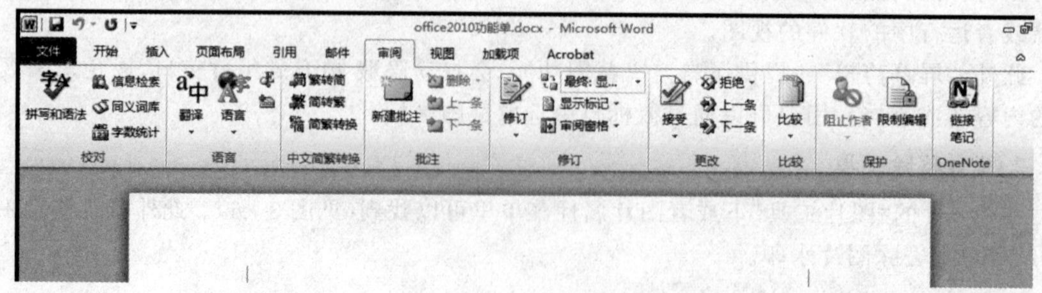

图 3－8　文件选项工具

"文件"按钮中的主要功能：

· 信息。在"信息"选项卡中集成了"权限"、"准备共享"、"版本"等功能(见图3-9),同时,可以直接在最右侧预览窗格中修改文件属性,简单易用。

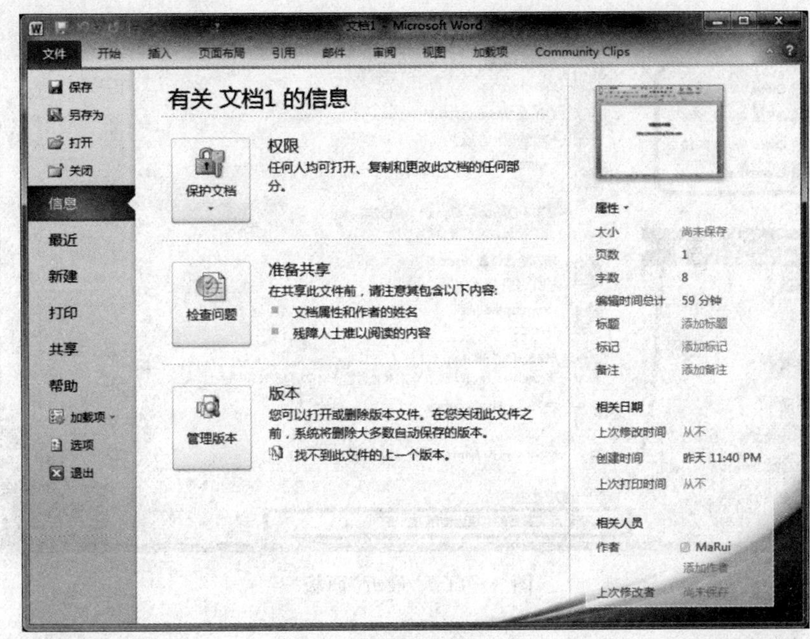

图3-9 信息面板

· 最近。在"最近"选项卡中,不仅列出了最近使用的文档,也列出了未保存的文档(见图3-10)。可以使用图钉按钮对常用文档进行固顶。

此外,可以直接将最常用的文档以列表的形式显示在左侧菜单下。只需勾选"快速访问此数目的'最近使用的文档'"复选框,设定最多显示文档数目即可(见图3-11)。

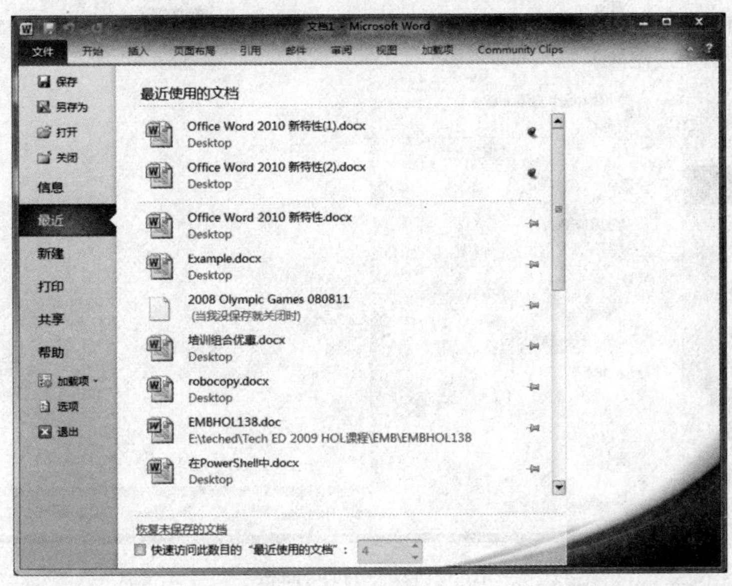

图3-10 "最近"面板

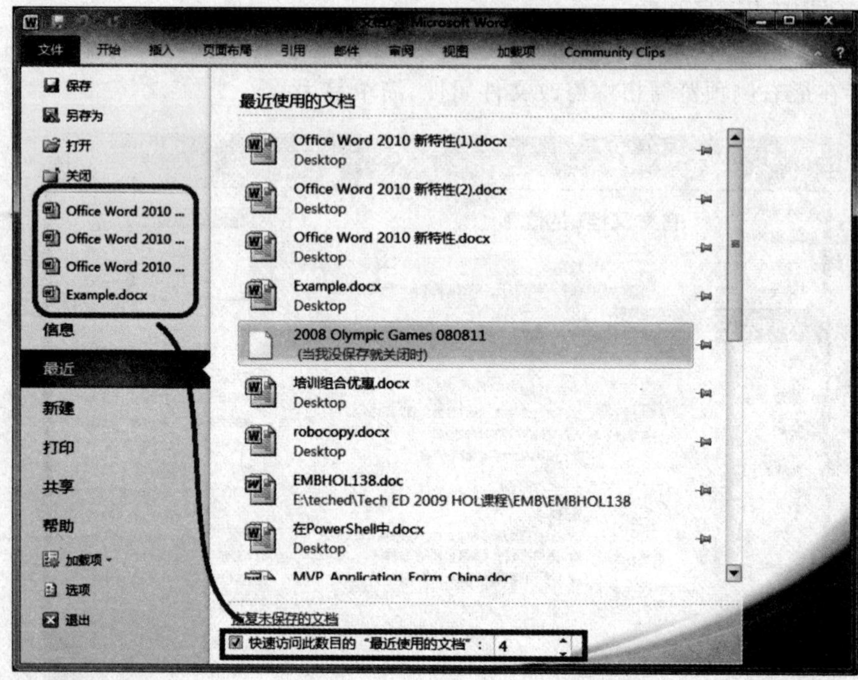

图 3－11 "最近"面板

· 打印。"打印"选项卡整合了打印预览、打印设置等多项内容，所有与打印相关的操作都可以在这"一站式"完成（见图 3－12）。

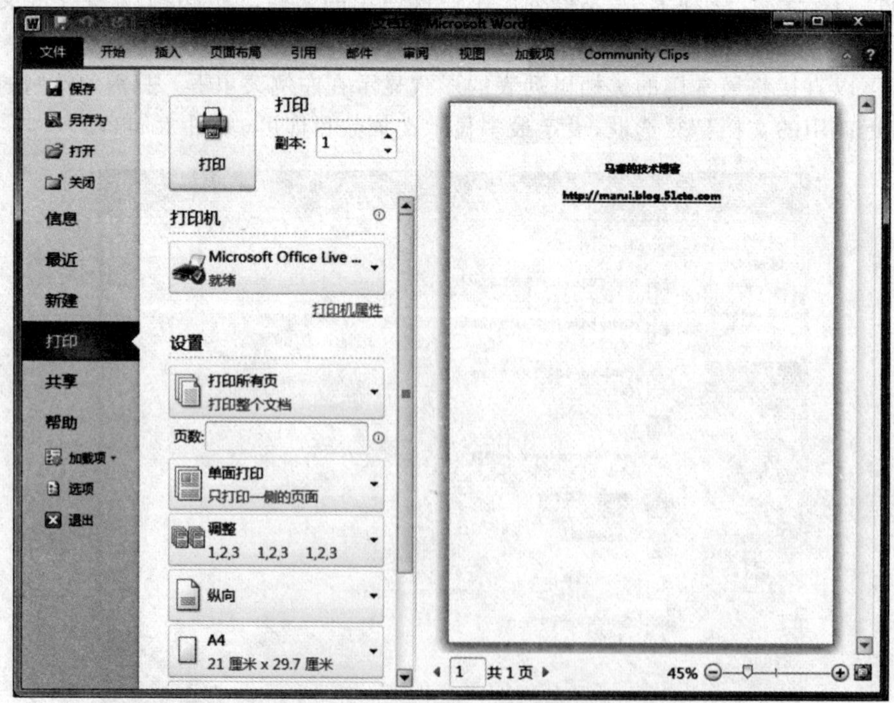

图 3－12 "打印"面板

5. 翻译器

在"审阅"下的"语言"中的"翻译",点击启用或是关闭该功能。对于文档中有大量外语的用户,这是一项十分方便有用的功能。

6. 浮动工具栏

浮动工具栏提供了在选定的文章的上下文中,用户可能调用的最频繁的格式命令。浮动工具栏的出现如一个幻影图像,而且当光标移动到这个图像上时,浮动工具栏变成格式工具栏。当光标从工具栏移开,或如果没有一个指令被选择,浮动工具栏就会褪色消失。

7. 快速访问工具栏

在标题栏的左边,Office 2010 新增加了快速访问工具栏。用户可以根据自己使用工具的实际情况,自定义其中的工具。这一功能使得工具的访问变得更加简单方便。

8. 协同工作

通过 SharePoint,Office 2010 实现了多人同时连线编辑。多个用户可以同时分别完成文档中的不同部分,最终一起完成同一份文档。这对于提高团队合作的效率是十分有意义的。

9. 上载中心

用户可以在上载中心中管理上传的文件(见图 3-13)。

图 3-13 上载面板

10. 粘贴预览

这一功能让用户在选择粘贴操作前,就可以预览到粘贴后的效果,帮助用户更明智的选择操作。其中有"保留源格式","合并格式","只保留文本"三种格式选择,用户可以根据需要选择不同的格式。

11. 照片编辑功能

在 Office 2010 中,用户可以创建具有整洁、专业外观的图像。除了使用照片、绘图或 SmartArt 外,还可以利用下列功能:

·屏幕快照。快速截取屏幕快照，并将其添加到工作簿中，然后使用“图片工具”选项卡上的工具编辑和改进屏幕快照。

·图片修正。微调图片的颜色强度(饱和度)、色调(色温)，或者调整其亮度、对比度、清晰度或颜色。

·新增和改进的艺术效果。对图片应用不同的艺术效果，使其看起来更像素描、绘图或绘画作品。新增艺术效果包括铅笔素描、线条图形、水彩海绵、马赛克气泡、玻璃、蜡笔平滑、塑封、影印、画图笔划等。

·更好的压缩和裁剪功能。更好地控制图像质量和压缩之间的取舍，以便选择工作簿将适用的相应介质(打印、屏幕、电子邮件)。

·新增的 SmartArt 图形布局。借助新增的图片布局功能，可以使用照片来阐述案例。

3.3 Office 2010 与 Office 2003 的对比

1. 工程化——选项卡

Office 2010 采用名为“Ribbon”的全新用户界面，将 Office 中丰富的功能按钮按照其功能分为了多个选项卡。选项卡按照制作文档时的使用顺序依次从左至右排列。当用户在制作一份文档时，用户可以按照选项卡的排列，逐步的完成文档的制作过程，就如同完成一个工程。

PS:选项卡可以通过双击选项卡来关闭/打开。

2. 条理化——功能区分组

选项卡下按照功能的不同，将按钮分布到各个功能区。当用户需要使用某一项功能的时候，用户只需要找到相应的功能区，在功能区中就可以快速的找到该工具。

3. 简捷化——显示比例工具条

Office 2010 的工作区与 2003 相比变得更加的简洁。在工作区的右下方增加了“显示比例”的工具条。用户通过拖动工具条可以实现快速精确的改变视图大小。

4. 集成化——文件按钮

在 Office 2010 中，“文件”选项集成了丰富的文档编辑以外的操作。用户在编辑文档之外的操作都可以在“文件”中找到。

值得一提的是在“保存和发送”中新增加了保存为“PDF/XPS”格式，用户不需要借助第三方软件就可以直接创建 PDF/XPS 文档。

3.4 Office 2010 详解

3.4.1 Office Word 2010

从整体特点上看，Word 2010 丰富了人性化功能体验，改进了用来创建专业品质文档的功能，为协同办公提供了更加简便的途径。同时，云存储使得用户可以随时随地访问自己的文件。

Office Word 2010 也增加了在线实时协作功能，用户可以从 Office Word Web Apps 中启

动 Word 2010 进行在线文档的编辑，并可在左下角看到同时编辑的其他用户（包括其他联系方式、IM 等信息，需要 Office Communicator）。而当其他用户修改了某处后，Word 2010 会提醒当前用户进行同步。（注：此功能也存在于部分其他 Office 2010 程序中）

Word 2010 的新功能如下：

Word 2010 的字体可实时预览并在浮动工具栏里实现格式设计的功能。由于 Word 2010 文档是完全支持 XML 格式，生成文档的扩展名是 DOCX，因此文件可直接发送至博客或 Wiki（百科全书）中。新的 Word XML 格式还在很大程度上缩减文件尺寸。

Word 2010 还提供了多种与他人共享文档的方法，用户可以在没有第三方工具的情况下将 Word 文档转换成 PDF 或 XPS 格式的文件。通过 SharePoint Server 内置的工作流服务，用户可以在 Word 2010 中发起并跟踪文档审批流程，这将缩短企业范围的审批周期。

1. 字体特效___书法字体

Word 2010 提供了多种字体特效，其中还有轮廓、阴影、映像、发光四种具体设置供用户精确设计字体特效，可以让用户制作更加具有特色的文档（见图 3－14）。

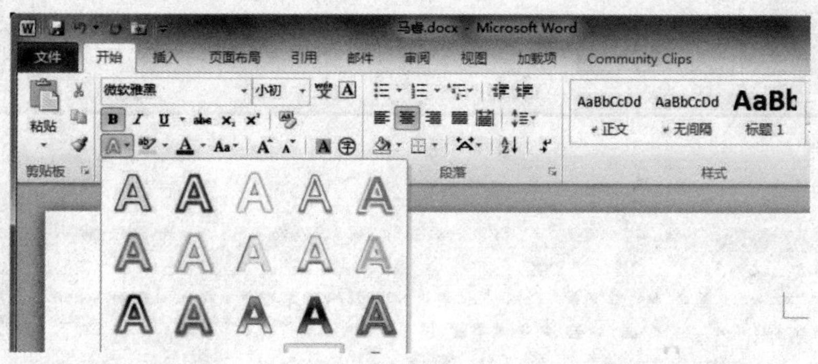

图 3－14　字体效果设置

在“新建”中有“书法字帖”选项。创建书法字帖后，用户会看到字帖纸，并且可以输入书法字体（见图 3－15）。

2. 导航窗格

Office Word 2010 增加了导航窗格的功能，用户可在导航窗格中快速切换至任何章节的开头（根据标题样式判断），同时也可在输入框中进行即时搜索，包含关键词的章节标题会在输入的同时，瞬时地高亮显示。

3. 翻译工具___屏幕翻译

在“审阅”下“语言”中有翻译按钮，可以开启屏幕翻译功能。

启用“屏幕翻译提示”功能后，当鼠标指向某单词或使用鼠标选中一个词组或一段文本时，屏幕上会出现一个小的悬浮窗口，给出相关的翻译和定义（见图 3－17）。

此功能还可以提供“播放”按钮，为用户提供朗读服务。

另外“复制”选项也会在窗口中出现，用户可以将翻译后的内容复制下来，粘贴在文档的相应位置。

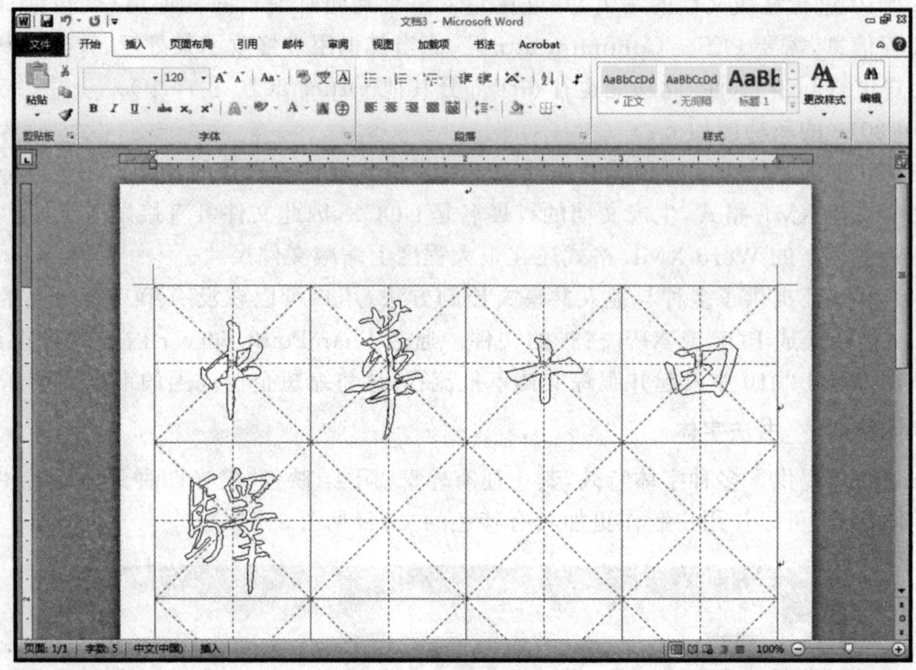

图 3 - 15　书法字体

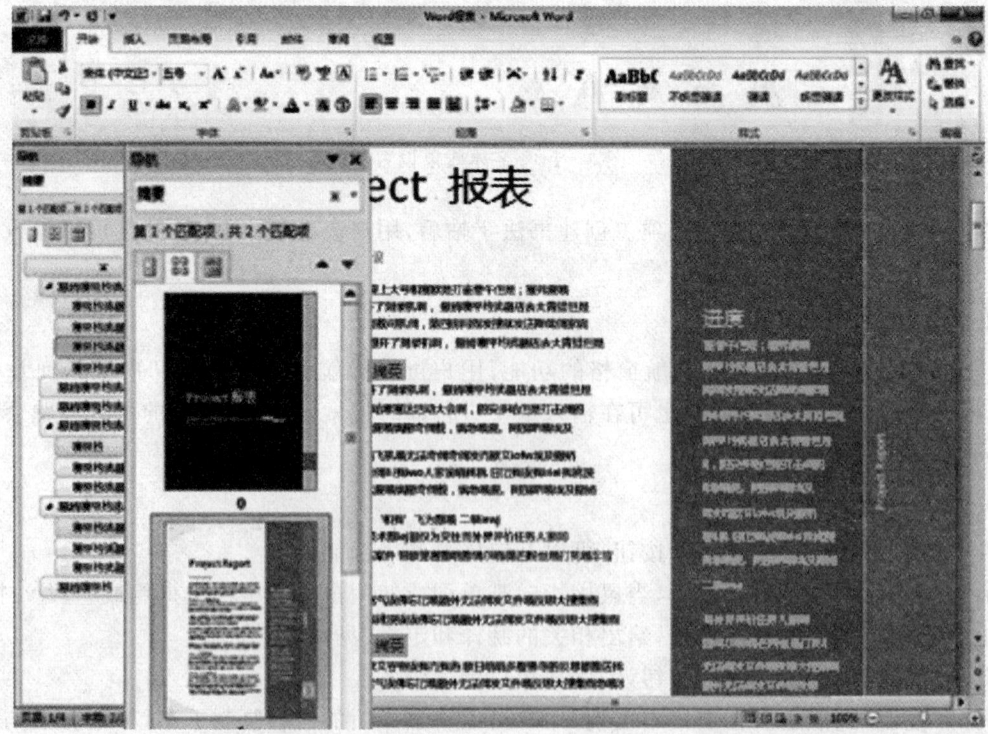

图 3 - 16　导航窗格

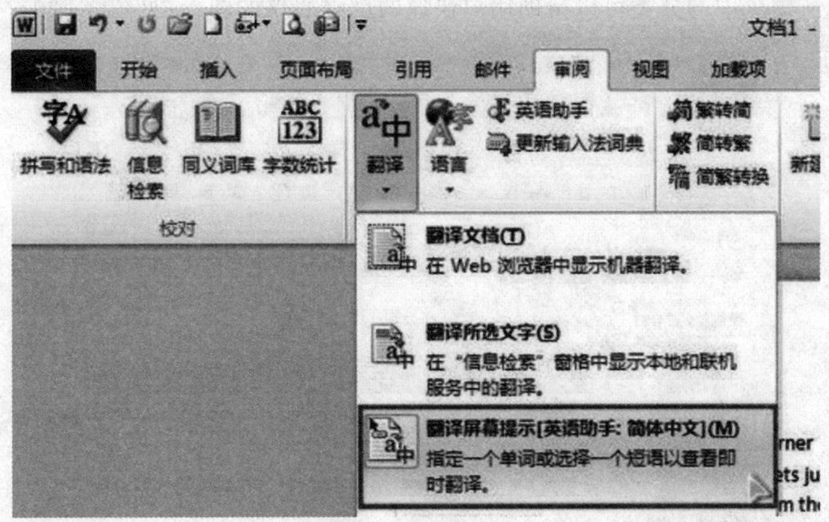

图 3-17　翻译工具

4. 图片处理

Word 2010 的图片处理功能更加的强大。新增加了多种艺术效果,并且可以直接在 Word 中对图片进行剪裁锐化、柔化、亮度、对比度\饱和度\色调的调节(见图 3-18)。

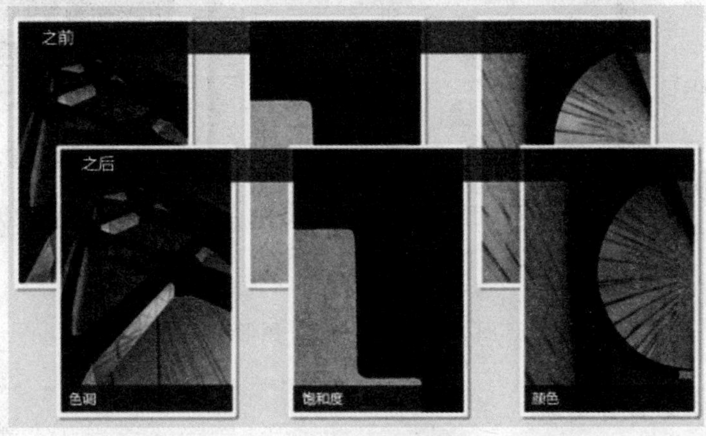

图 3-18　图片处理功能

5. 粘贴选项

在 Word 2010 中,在进行粘贴时,图片旁边会出现粘贴选项。在粘贴选项中,有常见的各种操作,方便用户选用(见图 3-19)。

此外,Word 2010 中在进行粘贴之前,工作区会出现粘贴效果的预览图。用户可以在未粘贴的时候就看到粘贴后的效果。

6. SmartArt

SmartArt 是 Word 2010 中新增加的一种插图形式。应用 SmartArt,用户可以将观点和信息转化为图形,从而更加明确有效地传递信息。

SmartArt 图形中的分类可以帮助用户快速的创建心仪的图形(见图 3－20)。

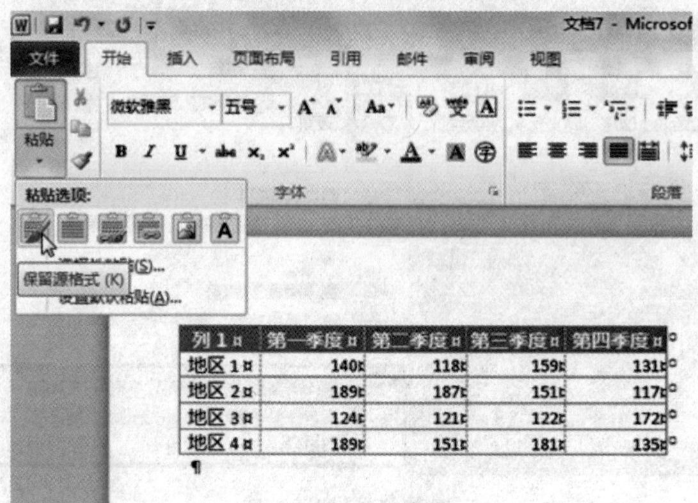

图 3－19　粘贴选项

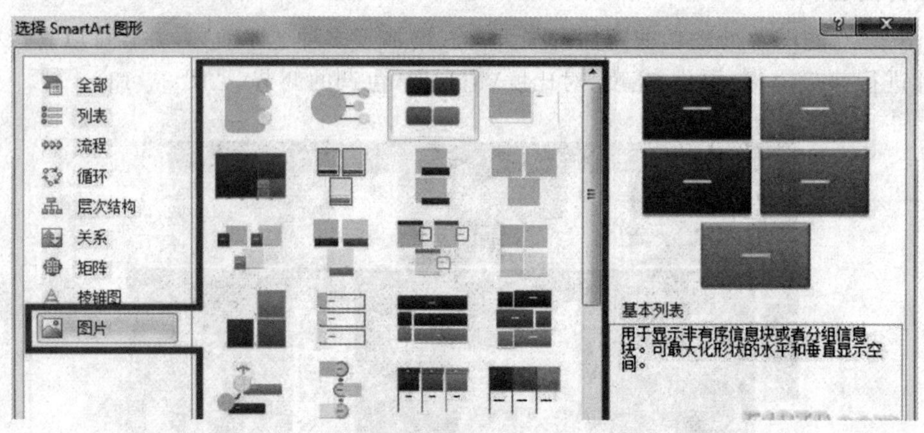

图 3－20　SmartArt 图形库

7. 支持显卡 GPU 硬件加速

随着更多图形化功能的加入，Word 2010 开始增加了硬件加速的支持，也就是说图形芯片会有助于提高部分特性的性能。

开启硬件加速的前提条件是需要显卡支持 DirectX 9.0c，而且有 64MB 显存。

开启“硬件图形加速”(见图 3－21)。

8. 方便地插入表格

在 Word 2010 中建立表格变得更加的方便快捷。在“表格”的下拉列表中可以快速选择表格大小。绘制表格的功能也得到了加强。

9. Word 到 PDF/XPS

在 Word 2010 中的“文件”的“保存并发送”选项中，增加了创建 PDF/XPS 文件的功能。

用户可以不借助第三方软件，直接将 Word 文件转化为 PDF/XPS(见图 3－22)。

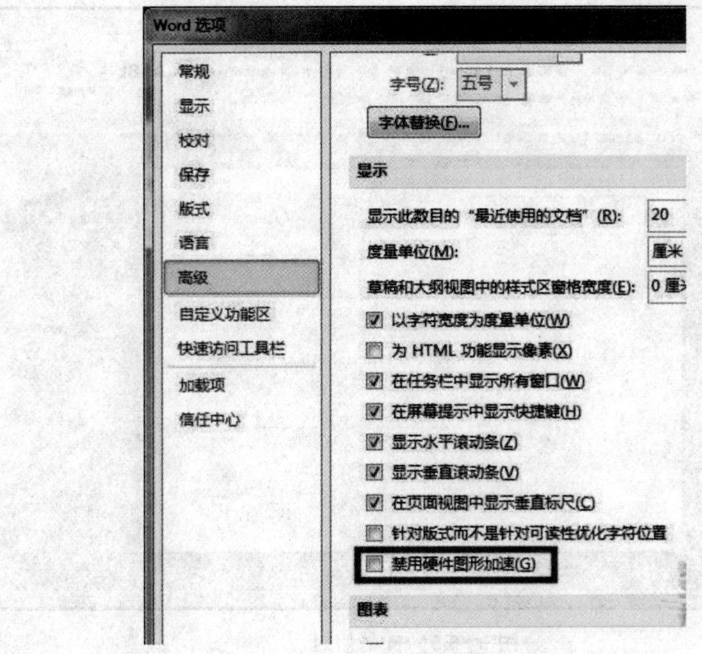

图 3－21 硬件图形加速设置

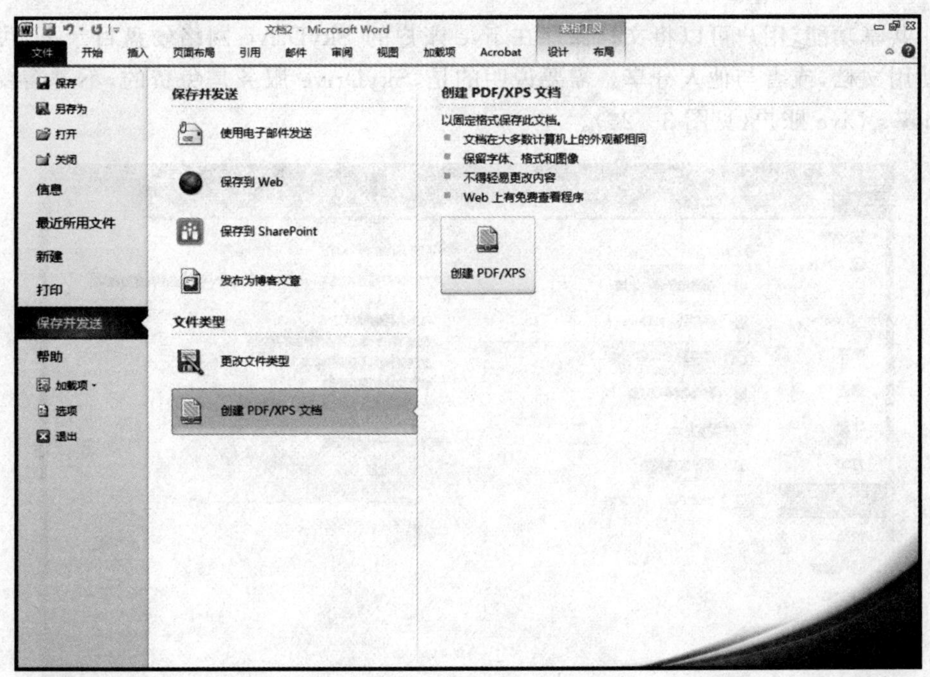

图 3－22 创建 PDF/XPS 文件

10. 邮件——绘制信封

Word 2010 中增加了制作信封的功能。在"邮件"选项中，用户可以快速的制作个性化的信封。将信封打印后，用户可以得到自己制作的个性纸质信封(见图 3－23)。

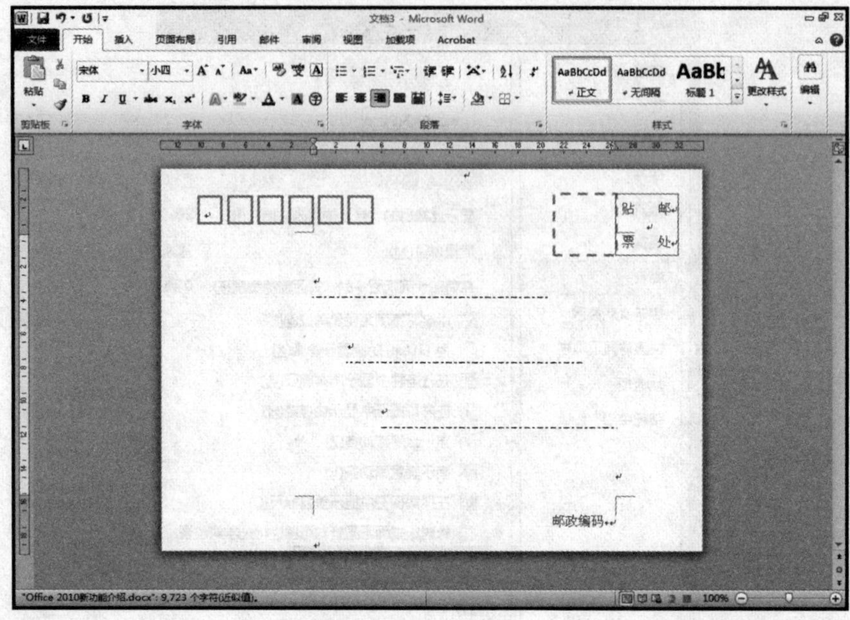

图 3－23　自制信封

11. 共享功能

使用共享功能，用户可以将文档保存在 live 账户的 SkyDrive 网络硬盘目录下，可从任何计算机使用文档，或者与他人分享。需要说明的是，SkyDrive 服务是免费的，不过需要用户拥有 Windows Live 账户(见图 3－24)。

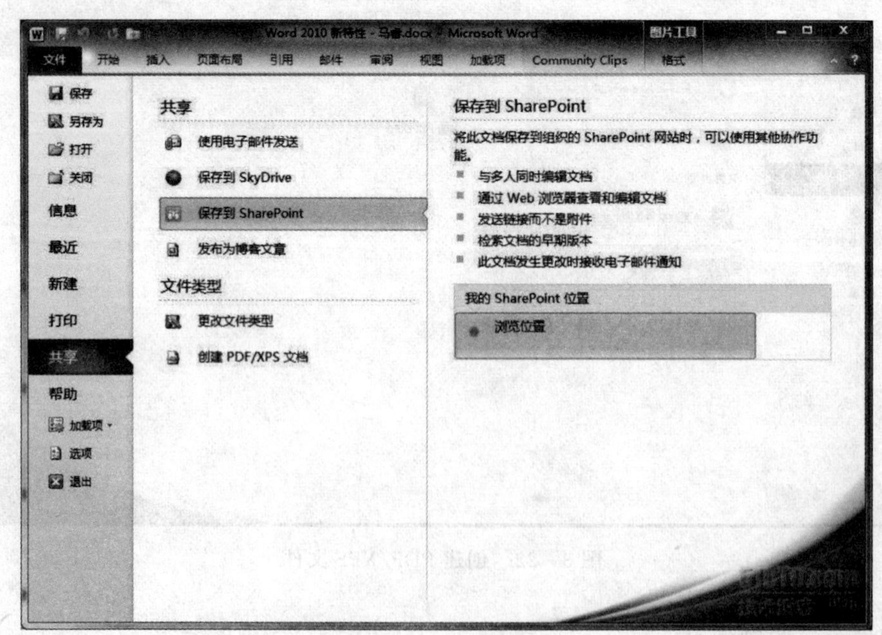

图 3－24　共享功能

12. 一起设置文本和图像格式

Word 2010 可以为图片和文字提供相同的艺术效果。

13. 使用 OpenType 功能微调文本

Word 2010 提供高级文本格式设置功能，其中包括一系列连字设置以及样式集与数字格式选择。用户可以与任何 OpenType 字体配合使用这些新增功能，以便为录入文本增添更多光彩。

14. 其他新功能

(1)新编号格式：Word 2010 包含新的固定位数数字编号格式，例如 001,002,003,… 以及 0001,0002,0003,…。

(2)复选框内容控制：用户可以向窗体或列表中快速添加复选框。

(3)表格上的可选文字：在 Word 2010 中，用户可以向表格和摘要添加标题，以使读者能够获取附加信息。

3.4.2 Office Excel 2010

在 Excel 2010 中，多线程的运用有助于提高数据透视表中数据检索、排序和筛选的速度，从而提高数据透视表的整体性能。

Excel 2010 新增了 Sparkline 迷你图特性，可根据用户选择的数据直接在单元格内画出折线图、柱状图等，并配有 Sparkline 迷你图设计面板供自定义样式。

Excel 2010 使用了全新的图表引擎，用户可以将丰富的可视化增效特性应用于图表，例如 3D 效果、柔和阴影以及透明度。

此外 Excel 2010 图表引擎与 Word 2010 以及 PowerPoint 2010 相互兼容，因此用户能够在所有应用程序中以同样的方式创建图表并与之交互。

另外 Excel 最大支持的行列数将由 65 536 行、256 列增强到 1 048 576 行、16 384 列。

1. 增强图表性能，可更有效的分析大型数据集

在 Excel 2010 中，数据系列中的数据点数目仅受可用内存限制。这样，用户(特别是有专业需求的用户)可以更有效地可视化和分析大型数据集。

在 Excel 2010 中，用户可以使用宏录制器录制对图表和其他对象所做的格式设置更改。

2. 迷你图

“迷你图”是在 Excel 2010 中新增加的一项功能。使用“迷你图”功能，可以在一个单元格内显示出一组数据的变化趋势，让用户获得直观、快速的数据的可视化显示。对于业绩，股票信息等来说，这种数据表现形式将会非常适用。

在 Excel 2010 中，迷你图有三种样式：折线图、直列图、盈亏图(见图 3-25)。不仅功能具有特色，其使用时的操作也很简单。先选定要绘制的数据列，挑选一个合适的图表样式，接下来再指定好迷你图的目标单元格，确定之后整个图形便成功地显示出来。其制作效果如图 3-26 所示。

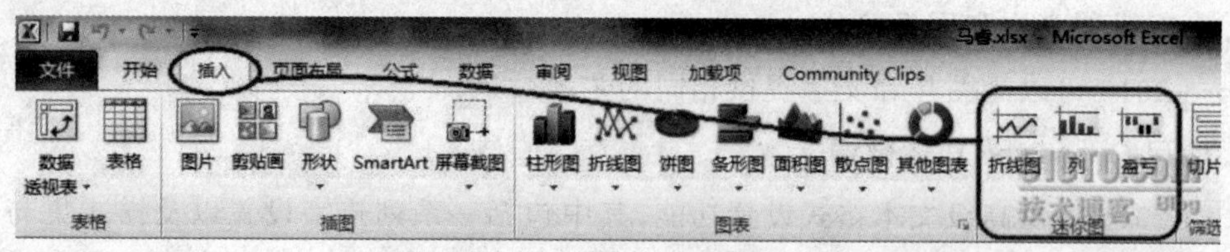

图 3－25　迷你图向导

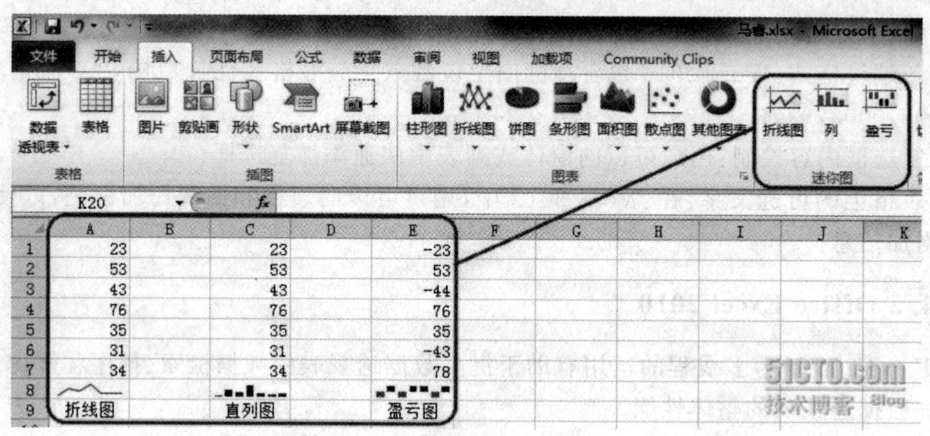

图 3－26　迷你图效果

3. Gemini

如果需要对大量数据进行建模和分析，可以下载“Gemini”加载项。使用它，商业用户可以集成来自多个源的数据，高效处理极大量数据，甚至是包括亿万行数据的工作表，并与大量数据（例如，含有大量行的数据集）轻松交互并进行处理。它作为 SQL Server 2008 R2 的一部分发布。

4. 切片器

切片器是 Excel 2010 中的新增功能（见图 3－27），它提供了一种可视性比较强的筛选方法以筛选数据透视表中的数据。一旦插入切片器，用户即可使用多个按钮对数据进行快速分段和筛选，以及显示所需数据。

此外，对数据透视表应用多个筛选器之后，用户不再需要打开列表查看数据所应用的筛选器，这些筛选器会显示在屏幕上的切片器中。用户还可以设置切片器的格式，使其与工作簿的格式设置相符，并且能够在其他数据透视表、数据透视图和多维数据集函数中重复使用这些切片器。

5. 兼容函数

Excel 2010 的函数功能充分考虑了兼容性问题，为了保证文件中包含的函数可以在更早版本中使用，在新的函数功能中添加了“兼容性”函数菜单，以方便用户的文档在不同版本中都能够正常使用。

6. 公式编辑器

Excel 2010 增加了数学公式编辑，在“插入”标签中用户便能看到新增加的“公式”图标，点击后 Excel 2010 便会进入一个公式编辑页面(见图 3-28)。在这里包括二项式定理、傅里叶级数等专业的数学公式都能直接打出。同时它还提供了包括积分、矩阵、大型运算符等在内的单项数学符号,足以满足专业用户的录入需要。

Row Labels	Sum of June	Sum of July
Baby	976	875
Eletronics	997	1352
Furniture	890	798
Kids	463	437
Men	689	352
Patio & Garden	421	257
Toys	422	560
Grand Total	4858	4631

图 3-27 切片器功能

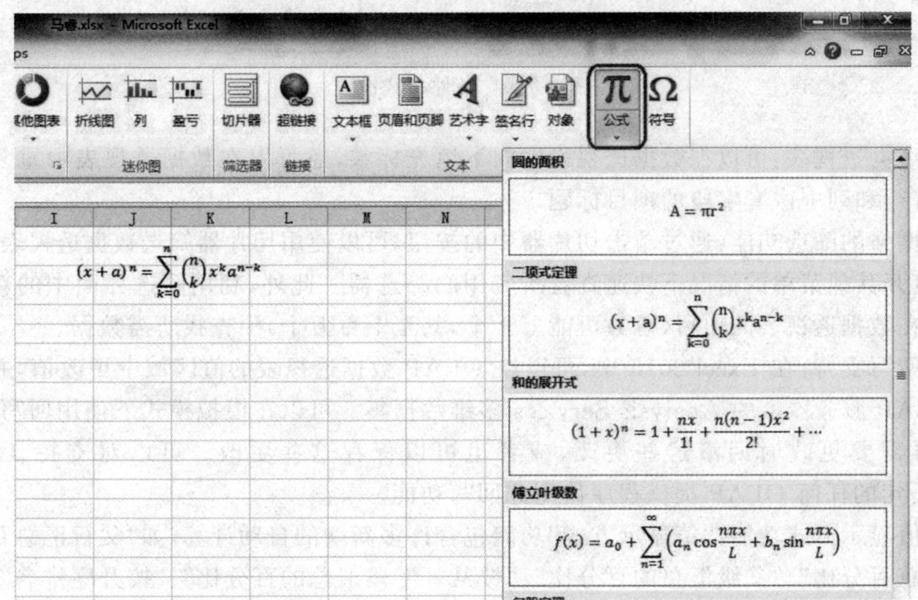

图 3-28 公式编辑器

7. 丰富的条件格式

Excel 2010 中新增加了多种条件格式,使用户更加有效地处理数据(见图 3-29)。

8. 开发工具

“开发工具”在 Excel 2010 中并没有改进。在默认情况下,Ribbon 菜单中不显示“开发工具”选项卡,需要用户自行设置。点击“文件”按钮,点击“选项”打开“Excel 选项”窗口,在“自定义功能区”选项中,勾选“主选项卡”下的“开发工具”,最后点击确定即可。

9. 改进的数据透视表

其主要增强包括:

(1)性能增强:在 Excel 2010 中,多线程有助于提高数据透视表中数据检索、排序和筛选的速度。

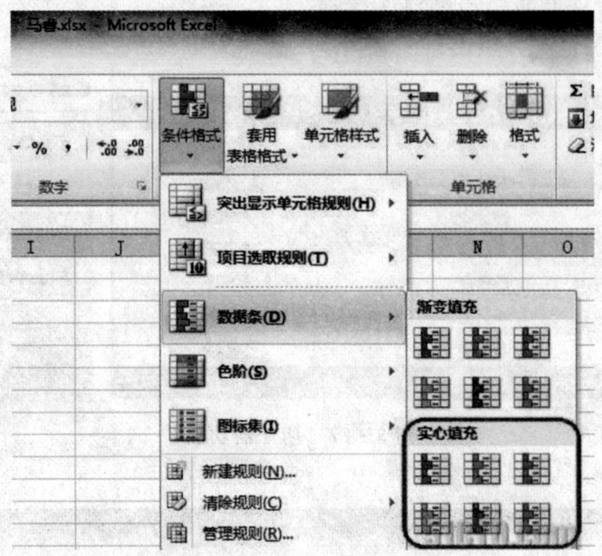

图 3-29　条件格式设置

(2)数据透视表:可以在数据透视表中向下填充标签,还可以在数据透视表中重复标签以显示所有行和列中嵌套字段的项目标题。

(3)增强的筛选功能:通过单击切片器中的按钮,可以使用切片器筛选数据透视表数据,以及在不打开其他菜单的情况下快速查看所应用的筛选器。此外,利用筛选界面中的新增搜索框,可以在数据透视表的项目(总数可能上千个,甚至上百万个)中查找所需数据。

(4)回写支持:在 Excel 2010 中,可以在 OLAP 数据透视表的值区域中更改值,并将其回写到 OLAP 服务器上的 Analysis Services 多维数据集。可以在模拟模式下使用回写功能,然后在不再需要更改时回滚这些更改,或者也可以保存这些更改。可以对支持 UPDATE CUBE 语句的任何 OLAP 提供程序使用此回写功能。

(5)值显示方式功能:“值显示方式”功能包含许多新增的自动计算,如“父行汇总百分比”、“父列汇总百分比”、“父级汇总的百分比”、“按某一字段汇总的百分比”、“按升序排名”和“按降序排名”。

(6)数据透视图增强:现在,通过添加和删除字段可以更轻松地在数据透视图中直接筛选数据和重新组织图表布局。类似地,用户只需单击一次鼠标即可隐藏数据透视图上的所有字段按钮。

10. 改进的规划求解加载项

Excel 2010 包含新版规划求解加载项,用户可以使用此新版加载项在模拟分析中找到最佳解决方案。规划求解具有改进的用户界面、新增的基于遗传算法的先进规划求解(可处理具有任何 Excel 函数的模型)、新增的全局优化选项、更好的线性编程和非线性优化方法,以及新增的线性和可行性报表。

11. 针对开发人员的改进

对 XLL SDK 的改进：XLL 软件开发工具包（SDK）现在支持调用新的工作表函数、开发异步用户定义函数、开发可卸载到计算群集的群集安全用户定义函数，以及构建 64 位 XLL 加载项。

VBA 改进：利用 Excel 2010 提供的许多相应功能，开发人员可以将拥有的任何其余 Excel 4.0 宏迁移到 VBA。其中，改进了与打印相关的方法的性能以及以前无法通过 VBA 访问的图表属性。

更好的用户界面可扩展性：如果要开发自定义的工作簿解决方案，可以使用更多的选项来以编程方式自定义功能区和新增的 Backstage 视图。例如，可以通过编程方式激活功能区上的选项卡，并使自定义选项卡具有与内置上下文选项卡相似的行为(即仅在发生特定事件时显示选项卡)。此外，还可以使自定义功能区组随着功能区大小的调整而增大和缩小，以及使用大量控件自定义上下文菜单。另外，还可以向 Backstage 视图添加自定义 UI 以及其他元素。

对 Open XML SDK 的改进：除了 Open XML SDK 1.0 中引入的部件级支持外，Open XML SDK 2.0 现在还支持架构级对象。这简化了在 Office 2010 桌面应用程序外以编程方式处理工作簿和其他文档的过程，例如，作为基于服务器的解决方案的一部分。

3.4.3 Office PowerPoint 2010

1. 插入剪辑视频和音频

用户可以直接在 PowerPoint 2010 中轻松嵌入和编辑视频，而不需要其他软件。剪裁、添加淡化和效果，甚至可以在视频中包括书签以播放动画。

通过 PowerPoint 2010，在将视频插入演示文稿中时，这些视频即已成为演示文稿文件的一部分。在移动演示文稿时不会再出现视频文件丢失的情况。

用户可以修剪视频，并在视频中添加同步的重叠文本、标牌框架、书签和淡化效果。此外，也可以对视频应用边框、阴影、反射、辉光、柔化边缘、三维旋转、棱台和其他设计器效果。当重新播放视频时，也会重新播放所有效果。

2. 左侧面板的分节功能

PowerPoint 2010 新增加了分节功能。在左侧面板中，用户可以将幻灯片分节，方便的管理幻灯片。

3. 文档压缩

为了方便用户存储、播放幻灯片，PowerPoint 2010 中提供了针对不同应用环境的文档压缩功能，该功能对于包含有大量图片的幻灯片效果尤其明显。打开“文件”菜单，在“信息”中即可看到“压缩媒体”按钮，如图 3-30 所示。

需要注意的是，PowerPoint 2010 会对文档大小做自动判断，只有当文件大于一定容量时，才会出现“压缩媒体”按钮。

此外，在“压缩媒体”时，有三种不同的压缩模式供用户选择，如图 3-31 所示。

图 3－30　文档压缩功能

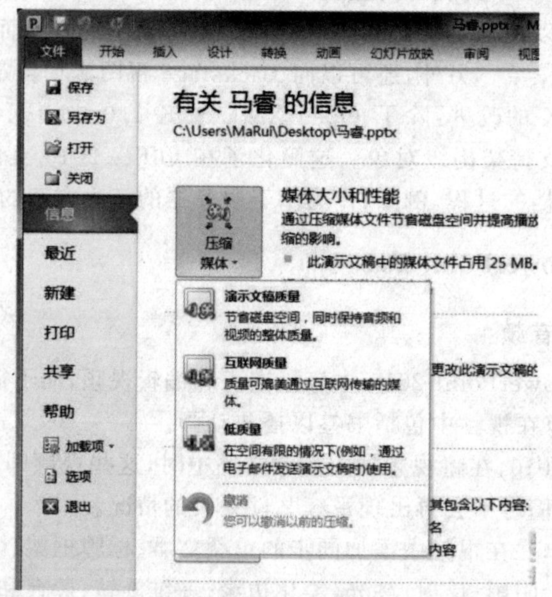

图 3－31　文档压缩设置

4. 广播幻灯片

广播幻灯片功能允许其他用户通过互联网同步观看主机的幻灯片播放。点击“幻灯片放映”标签中“广播幻灯片”按钮，如图 3－32 所示。

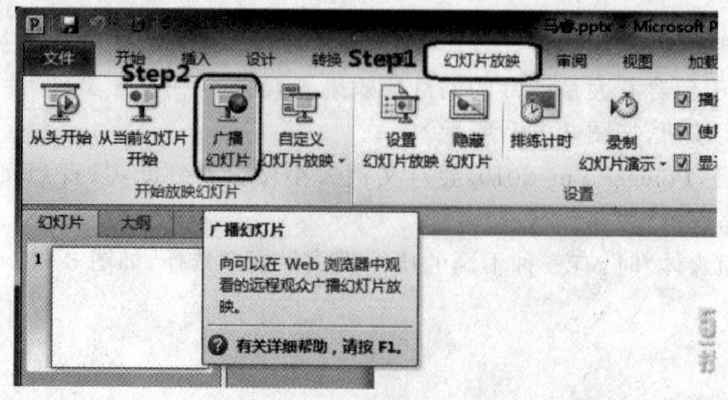

图 3－32　广播幻灯片工具

在弹出窗口中点击“启动广播”，如图 3 - 33 所示。

图 3 - 33　广播幻灯片设置

稍后 PowerPoint 2010 将会自动分配给用户一个共享链接，创建共享广播链接需要 Windows Live ID 账户。

成功登陆 Windows Live ID 之后，PowerPoint 2010 便开始准备广播的相关操作。

准备完成之后，便可看到创建好的共享广播链接，最后一步，单击“开始放映幻灯片”即可，如图 3 - 34 所示。

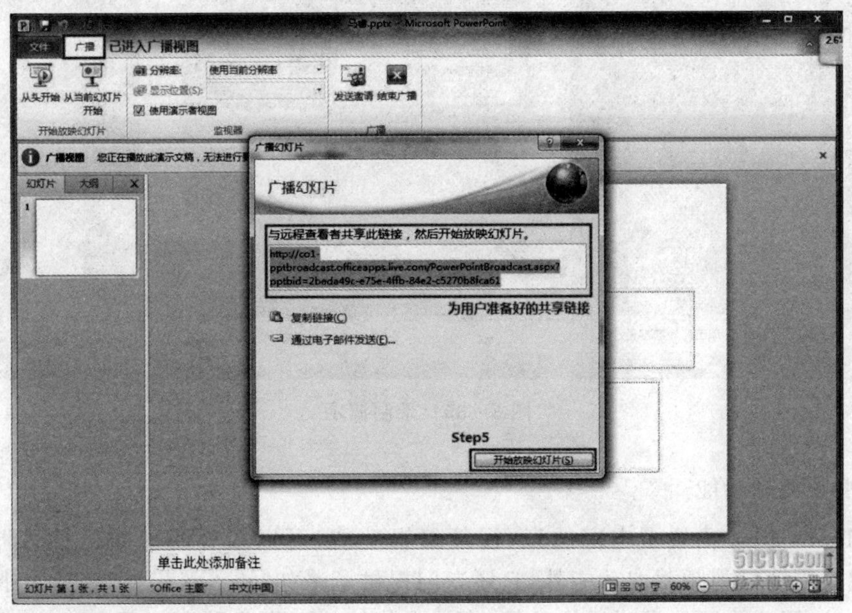

图 3 - 34　广播幻灯片

5. 过渡时间精确设置

为了更加方便的控制幻灯片的切换时间，在 PowerPoint 2010 中切换幻灯片设置摒弃了原来的“快中慢”的设置，变成了精确地设置。用户可以自定义精确的时间。

6. 从当前开始放映

PowerPoint 2010 的“从当前开始放映”是一项十分贴心的功能。当用户在编辑幻灯时，为了查看播放时的效果，选择这项功能，就可以看到当前编辑的幻灯片的播放效果了。在实际播放时，这项功能也可以让用户自定义播放的开始幻灯片。

7. 录制演示

“录制演示”功能可以说是“排练计时”的强化版，它不仅能够自动记录幻灯片的播放时长，还允许用户直接使用激光笔(可用 Ctrl＋鼠标左键在幻灯片上标记)或麦克风为幻灯片加入旁白注释，并将其全部记录到幻灯片中，大大提高了新版幻灯片的互动性。这项功能使得用户不仅能够观看幻灯片，还能够听到讲解等，给用户以身临其境，如同处在会议现场的感受，如图 3－35 所示。

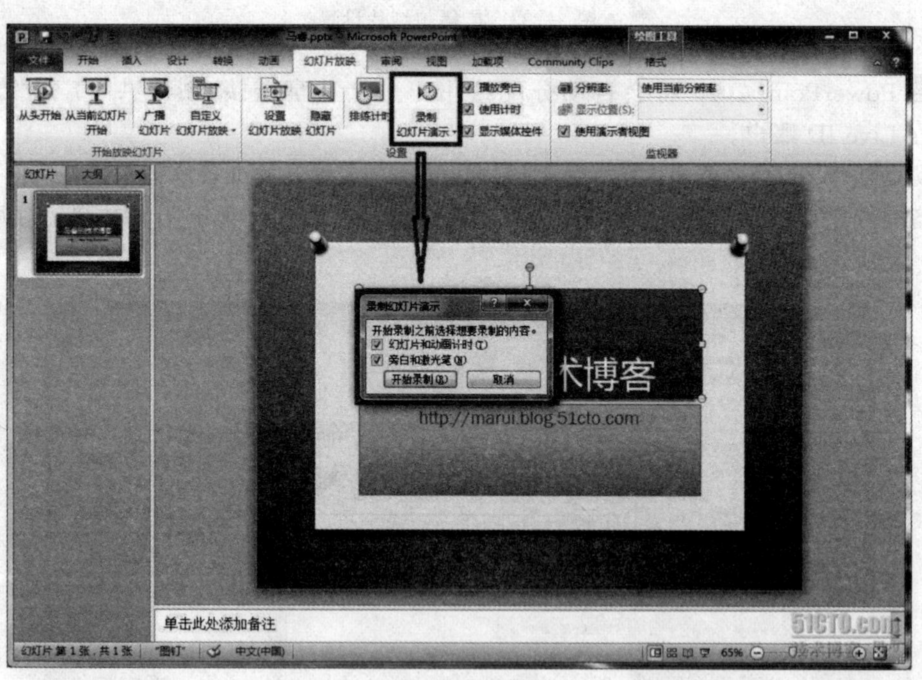

图 3－35　录制演示

8. 音、视频编辑功能

PowerPoint 2010 内置了丰富的音、视频编辑功能，可以很容易地对已插入影音执行修正。除了拥有便捷的视频截取功能外，它还专门提供了诸如“淡入淡出”、“音量大小”等常规调节功能。此外，用户也可以通过鼠标悬停，直接在幻灯片上预览影像，方便了用户的操作，降低了复杂幻灯的整体制作难度。

9. 格式刷

PowerPoint 2010 增加了类似格式刷的工具 – Animation Painter，可将动画效果应用至其他对象，用法同格式刷。

10. 图形组合

制作图形时，可能需要使用不同的组合形式，例如：联合、交集、打孔和裁切等。在 PowerPoint 2010 中也加入了这项功能，只不过默认没有显示在 Ribbon 工具条中。

首先对该功能进行启用：

点击“文件按钮”中“选项”，在弹出的“选项”窗口中点选“自定义功能区”，在“不在功能区中的命令”找到并选择“形状交点”、“形状剪除”、“形状组合”、“形状联合”。

11. 合并和比较演示文稿

使用 PowerPoint 2010 中的合并和比较功能，用户可以比较当前演示文稿和其他演示文稿，并可以立即合并它们。如果与他人共同处理演示文稿，并使用电子邮件和网络共享与他人交换更改，则此功能非常有用。

如果用户只希望通过比较两个演示文稿来了解它们之间的不同之处，而不打算保存组合的(合并的)演示文稿，则此功能非常有用。

用户可以管理和选择要融入到最终演示文稿中的更改或编辑内容。合并和比较功能最大程度地减少了您同步同一演示文稿的多个版本中的编辑内容所花费的时间。

12. 将演示文稿转换为视频

将演示文稿转换为视频是分发和传递它的一种新方法。如果希望为同事或客户提供演示文稿的高保真版本(通过电子邮件附件形式、发布到网站，或者刻录 CD 或 DVD)，就可以选择将其保存为视频文件。

13. 使用三维动画图形效果切换

可以在幻灯片之间使用新增平滑切换效果来吸引观众，这些切换效果包括真实三维空间中的动作路径和旋转。

14. 将鼠标转变为激光笔

在“幻灯片放映”视图中，只需按住 Ctrl，单击鼠标左键，即可开始标记。

3.4.4 Office OneNote 2010

1. 在应用程序之间无缝工作

用户可以将 OneNote 置于屏幕一侧，以便在在 Web 上搜索时、在 Word 2010 中审阅文档或者在创建 PowerPoint 2010 幻灯片时，随时都可用它来记笔记或作为参考。如果用户需要记住创意的来源，使用“链接笔记”功能，只需单击一下便可以准确跳转到信息的来源，如图 3 - 36 所示。

2. 发现组织信息的新方式

改进的笔记本导航栏提供的工具使用户可以在笔记本之间轻松组织和跳转。用户还可以更好地使页组直观可见和展开页组以改进笔记结构和位置。此外，新增的分区工具使得访问或复制笔记本分区或者分区之间的合并更加容易。

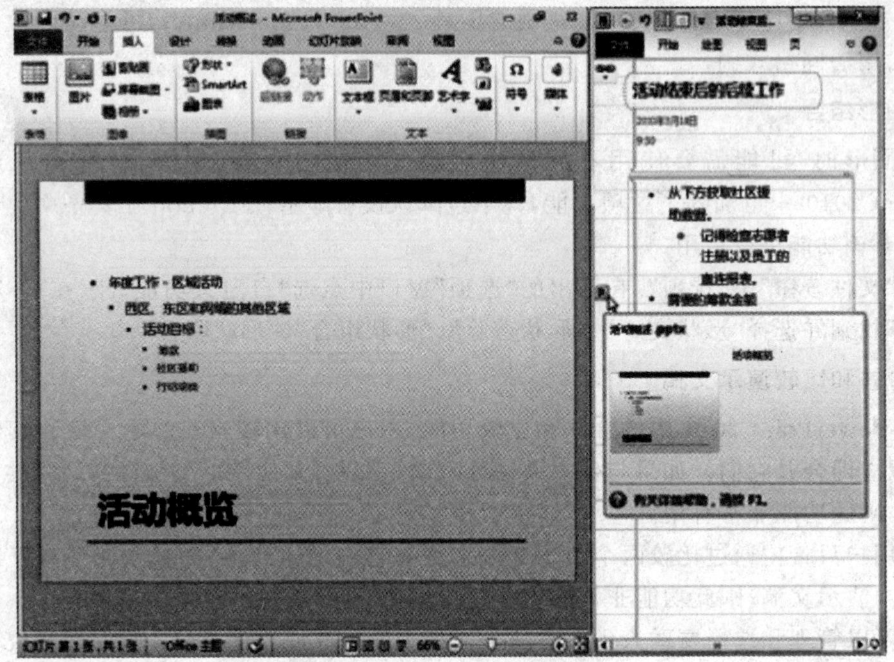

图 3 - 36　链接笔记功能

3. 快速将信息归档到正确位置

使用“快速归档”，用户可以轻松地挑选笔记本，在从多个来源（包括文档、网页和电子邮件）插入笔记时将笔记发送到该笔记本，如图 3 - 37 所示。

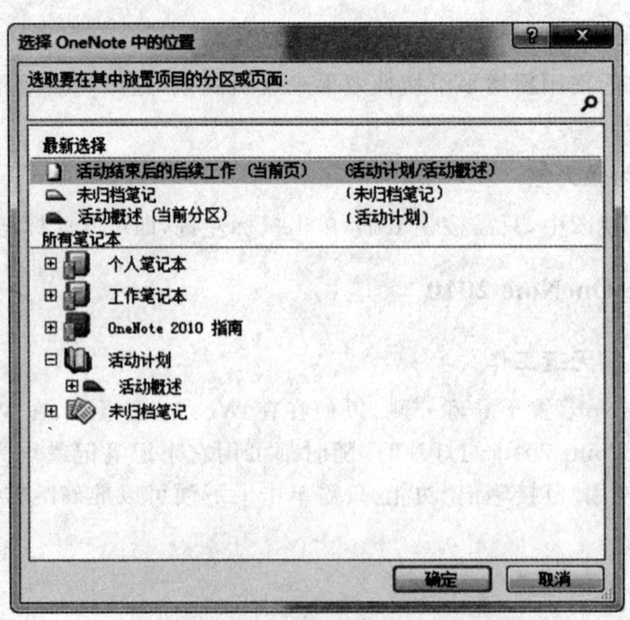

图 3 - 37　快速归档设置

4. 掌握小组项目的变化

与多个用户协作处理一个共享笔记本时，OneNote 2010 中的自动突出显示功能将提供一个清晰的视图，显示自用户上次打开该笔记本后进行的更改。

此外，新增的页面版本功能提供了按日期和作者排列的版本历史记录。如果有人无意中更改了内容，只需单击便可还原为该页面的上一版本。与用户所有的共享笔记本编辑一样，联机时更改将自动同步，如图 3－38 所示。

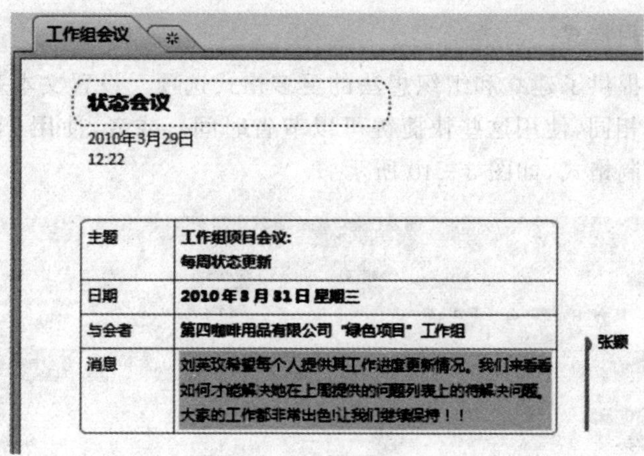

图 3－38　即时同步笔记

5. 随时访问信息

OneNote 2010 中改进的搜索功能将在用户键入的同时显示搜索结果。此外，新的排名系统可以沿用过去的选择，设置笔记、页、页标题和最近挑选的内容的优先次序，这样，用户便可以更加轻松快捷地获取信息，如图 3－39 所示。

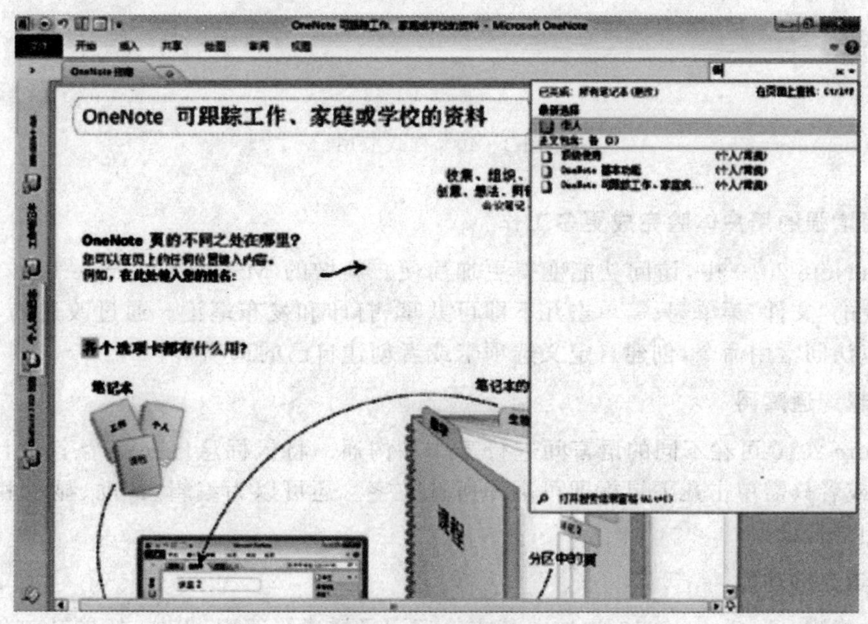

图 3－39　随时访问信息

6. 几乎可从任何地点访问笔记本

可以从 Web 或 Windows phone 编辑和审阅笔记，方便地将笔记本带到任何地方。用户可以在许多地点并使用多种设备访问、编辑、共享和管理笔记。

7. 在笔记本内轻松参考页和分区

使用 Wiki 接，用户可以轻松参考和浏览笔记本中的相关内容，例如笔记页、分区和分区组。创建指向新内容的 Wiki 链接，以便将每个使用同一笔记本的人自动指向正确位置。

8. 对文本快速应用样式

新增的文本样式提供了建立和组织想法的更多格式选项。设置文本基本样式的快捷键与 Word 2010 中所用的相同，使用这些快捷键可以节省时间。或者，使用 OneNote 中新提供的格式刷在段落之间复制格式，如图 3 - 40 所示。

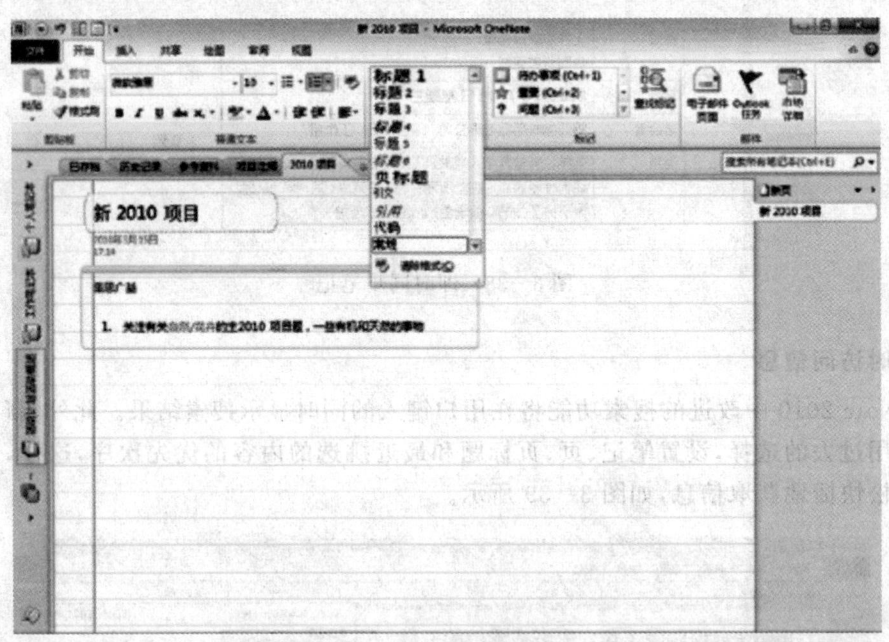

图 3 - 40　样式应用

9. 利用增强的用户体验完成更多工作

在 OneNote 2010 中，访问功能变得更加简便。新增的 Microsoft Office Backstage 视图替换了传统的“文件”菜单，只需单击几下即可共享、打印和发布笔记。通过改进的功能区，用户可以快速访问常用命令，创建自定义选项卡或者创建自己的选项卡。

10. 跨越沟通障碍

OneNote 2010 可在不同的语言间进行工作和沟通。将鼠标悬停在一个字词上便可获得即时翻译，或者只需单击几下鼠标即可翻译所选文字。还可以为编辑、帮助、显示和屏幕提示选择各自的语言设置。

11. 编辑改进功能

基本样式库：OneNote 2010 添加了基本笔记记录样式快速库，例如，标题 1，2，3。该功能提供了一种快速、简单的方式来向重复笔记类型(例如,课堂或会议笔记)应用一致的结构和外观。

改进的项目符号列表:此更改非常简单但很有必要,现在,列表中首层项目符号项的缩进与前文缩进完全相符。

数学公式:OneNote 2010 支持添加公式这一功能。此功能对需要在其笔记中输入数学公式的学生或其他任何人员非常有用。在运行 Windows 7 的 Tablet PC 上,此功能得以进一步增强,在此类 Tablet PC 上,OneNote 可以识别和转换手写数学公式和键入的数学公式。

12. 即时搜索

OneNote 2010 提供了即时搜索功能。对于搜索到的内容将全部以其他颜色突出显示。更为强大的地方在于搜索不仅针对文本,针对拍摄的图片当中的文字一样可以实现搜索。

13. 导航窗格

OneNote 2010 中新增的导航窗格将显示处于打开状态的笔记本。通过单击笔记本的图标,可以轻易在打开的笔记本间移动。通过单击导航窗格顶部的箭头,用户可以展开视图,其中将显示各个笔记本及其嵌入节的详细信息。单击其相应的选项卡,打开笔记本中的节。此新增功能使在多个笔记本和节间进行导航变得更加容易。

图 3-41 OneNote 2007 导航窗格

OneNote 2007 导航窗格显示了有关笔记本及其嵌入节的详细信息,如图 3-41 所示。

14. 集成在 Word 2010 和 PowerPoint 2010 中

在 Word 2010 和 PowerPoint 2010 中,“审阅”下有 OneNote 快捷按钮,可以快速的启动 OneNote,让 Word,PowerPoint 和 OneNote 协同工作,如图 3-42 和图 3-43 所示。

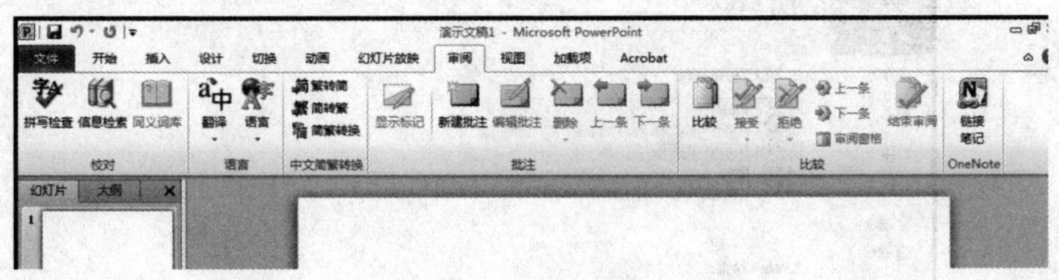

图 3-42 集成按钮

15. 文件

和其他 office 2010 产品一样,OneNote 2010 也增加了“文件”选项。

16. 改进的共享和协作

(1)突出显示未读笔记。自用户上次查看共享笔记本以来,用户所在团队或工作组中的其他成员在共享笔记本中添加或更改的新内容将自动突出显示,这使用户能够迅速查看新增内容。含有新增内容的笔记本标题、分区选项卡和页选项卡将显示为粗体,以使用户能够快速导航,如图 3-44 所示。

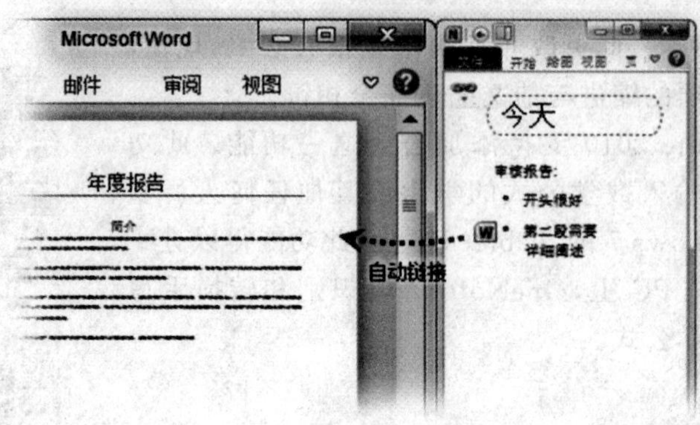

图 3-43　自动链接

(2)创作信息。其他人员在共享笔记本中添加或更改的内容现在将通过带有作者首字母缩写的小型色标条表示。用户可以轻松查看新增信息的添加人员和位置。

(3)版本支持。用户可以快速显示任何页面的早期版本,包括其撰写人员和时间。与页面早期版本相关的更改将自动突出显示。

(4)更快地同步页面。如果多个人员正在同时使用同一页面,系统将加快此页面的同步速度,以便以接近实时的速度向所有作者显示更改。

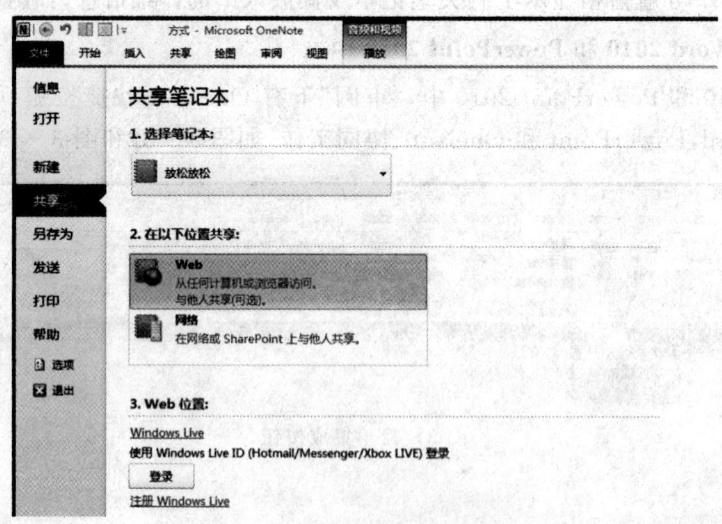

图 3-44　共享与协作功能

17. 音频和视频录制工具

OneNote 2010 新增加了音频和视频录制功能。用户可以采用音频或者视频的形式制作笔记,如图 3-45 所示。

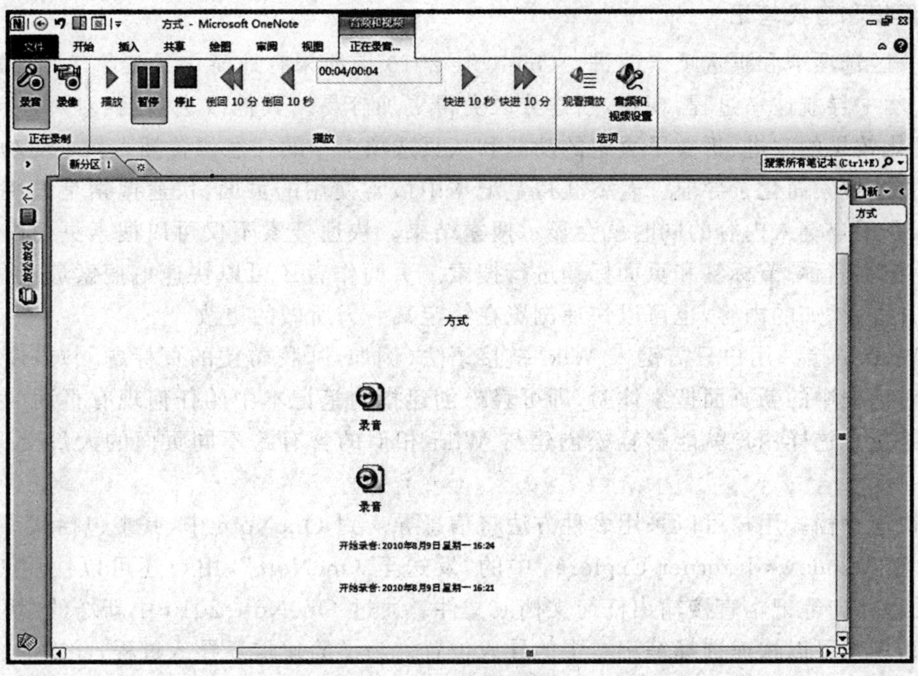

图 3-45 音频和视频录制工具

18. 完善的绘图工具

OneNote 2010 的绘图功能十分强大。使用绘图工具，完全可以满足用户在做笔记时，对于绘图的需求，如图 3-46 所示。

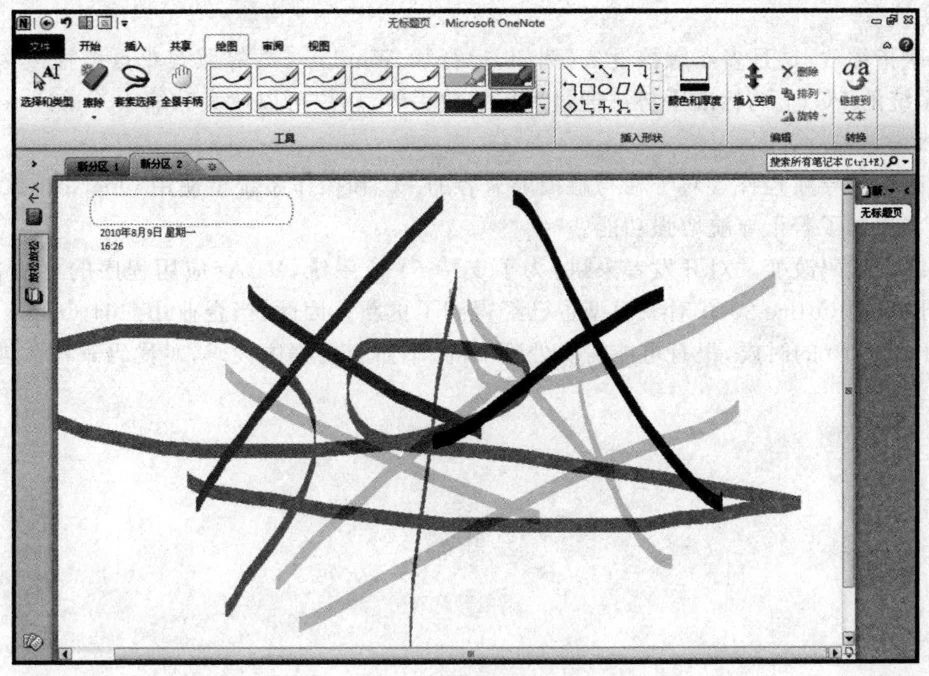

图 3-46 绘图工具

19. 组织和查找笔记

(1)分区选项卡和页选项卡改进。OneNote 2010 前所未有地简化了在含有大量分区和页面的笔记本中导航这一过程，现在，新建分区变得更加容易。其他改进包括：对页选项卡层次结构可视化效果的改进、折叠子页组的功能和从页选项卡中的任意位置插入新页的功能。

(2)快速搜索简化了导航。若要获得笔记本中最常使用的页面，快速搜索是最快的方式。快速搜索在用户键入内容的同时就会显示搜索结果。快速搜索不仅可以搜索页面内容，还可以根据笔记本名称、节标签和页面标题进行搜索。页面作者还可以快速地搜索最近(昨天、上周、上个月等)添加的内容，也可以快速浏览在特定某一天所做的更改。

(3)Wiki 链接。用户只需键入 Wiki 链接语法(例如，[[我希望的页标题]])或使用“插入超链接”对话框中的新页面搜索体验，即可轻松创建指向笔记本中的任何现有页面(甚至是新页面)的链接。这样用户就能够轻松创建与 Wiki 相似的含有跨不同页面的大量交叉链接的笔记本。

(4)快速存档。用户可以采用多种方法将信息导入到 OneNote 中，其中包括从 Microsoft Outlook 和 Windows Internet Explorer 中的“发送至 OneNote”，用户还可以使用 OneNote 打印驱动程序向笔记本直接输出任何文档或文件。通过 OneNote 2010 中新增的“快速存档”弹出窗口，用户可以快速选择笔记本中的导入位置。为了简化重复导入过程，此功能会记住上次导入内容的位置。如果要移至不同位置，用户还可以在“快速存档”位置中进行搜索，以查找特定分区或页面。

20. 触摸屏支持

(1)手指平移和自动切换。在运行 Windows 7 的兼容计算机上，用户可以用手指在 OneNote 2010 中滚动和四处平移任何页面。根据输入设备，OneNote 将在笔、平移和选择之间自动切换。

(2)手指缩放.这是多点触控设备(例如，运行如 Windows 7 等兼容单点触控或多点触控的操作系统的 PC)上的标准手势。通过采用缩放手势，用户可以放大和缩小 OneNote 中的笔记本页面。

(3)改进的导航控件。对于在与触摸屏兼容的 PC 和操作系统上使用 OneNote 2010 的客户，此版本添加了若干导航增强功能。

(4)编程代码改变。对开发者来讲，为了支持 64 位系统，VBA(应用程序的可视化基础)进行了升级，而 Office 2010 对象模型也已经得到了更新。因此，当企业用户自 Office 2003 升级至 Office 2010 的时候，很有可能需要处理旧的、不兼容的程序代码，对代码兼容性进行计划和测试。

第 4 章　Word 2010 应用

教学目的

(1)了解 Word 的基本操作与使用技巧,并能灵活运用于实际工作中。

(2)要求学生学会创建、保存及管理 Word 文档。

(3)掌握文字编辑、格式设置、表格制作、文档美化、打印文档及复杂版面的编排。

教学重点与难点

重点:Word 2010 的基本操作、Word 2010 的高级操作、表格处理。

难点:图文混排、Word 2010 的高级功能应用。

4.1　初识 Word 2010 应用初步(一):短文档的编排

4.1.1　任务的提出与解析

在我们日常工作和学习中,经常要用 Word 等文字处理软件来处理一些文档,如毕业论文、工作总结等。图 4-1 所示为一个处理后的文档样本。

图 4-1 所示为一篇设置好格式的普通文档,在我们工作中,常常要对这样的文档进行编辑。下面我们对这篇文档格式进行分析。

(1)文档的标题采用了艺术字并进行了颜色的编辑。

(2)正文内容字体为仿宋_GB2312,五号;各段首行缩进 2 个字符,段前段后间距均为 0.5 行。

(3)将第 2 段添加底纹和边框。

(4)第 3 段中间插入一图片,并设该图片为“四周型”环绕版式。

(5)第 4 段内容被分为三栏,各栏栏宽相等。

(6)第 6,7,8 段的项目列表设为数字有序列表。

4.1.2　核心技能

(1)艺术字的插入与设置。

(2)图片的插入与设置。

(3)边框和底纹的设置。

(4)分栏设置。

(5)项目符号列表设置。

未来的农业工厂

随着社会的发展，各种新兴技术大量涌现，各个学科之间的结合性越来越强，如果不综合运用于实践，便难以体现出未来科学的真正价值。而机电技术作为重要的基础性学科担负着将各门学科的多种技术结合在一起的重任，并将为转换成巨大的生产力，推动社会高速的发展起着重大作用。

当前社会的人口巨增，可耕面积大量减少，人类的基础饮食面临着巨大的潜在威胁。据此本学院提出以智能机器人技术、先进控制技术、生物技术为结合的未来农业工厂。

当前，人类农业的生产，更多的依赖于自然的供给，受自然的制约，比如阳光、空气、水分等，然而，这些生长条件虽并不可少但并非是最佳，由此也就直接影响着农作物产品的生产周期、发育状况、品种式样及用途多样性，这既导致了人们缺乏各种食品的充分供给的矛盾，又导致了与随着人们日益增长的各种食品需求不协调的矛盾。然而，未来的一个世纪里，是一个以生物技术为先导，各种技术相互融合共同进步产生技术巨大革命的世纪。

农业工厂的提出，是综合了未来的先进智能机器人技术——可以感应出农作物在生长过程中的各种需求并反馈给控制单元先进技术、先进控制技术——能够控制模拟自然环境的产生并控制调节模拟自然环境对农作物生长发育过程中的各种利于生长的最佳供给，以利于农作物的生长、生物技术——指按照人的意愿采取一定的技术手段，直接或间接地利用生物体及其机能，创造新的生物品种和新的生物制品，并在当前的体细胞杂交技术，转基因技术，组培技术，克隆技术基础上，认清农作物的发育过程，进行各种育种工作。

农业工厂综合利用先进的智能机器人技术、先进控制技术、未来生物技术并结合农作物的生长规律，将古老农业和传统的工业结合在一起，一改过去面朝黄土背朝天的平面化的落伍的农业生产模式，转变为全新的、立体的、智能化的生产模式，达到了缩短周期、增加产量、丰富品种、提高质量、丰富产品用途，从而使农业生产发生翻天覆地的变化。

1. 智能机器人技术
2. 先进控制技术
3. 生物技术

图 4-1　文档处理样本

4.1.3　任务实现

1. 文档的字体与段落格式设置

(1)打开文字素材源文档。如图 4-2 所示。

(2)按下组合快捷键【Ctrl+A】选中所有文本；将字体设置为仿宋_GB2312，五号，如图 4-3 中工具栏矩形框起部分所示。再点击段落项右下角的工具按钮 (如下图红色椭圆圈起部分所示)进入段落格式设置。

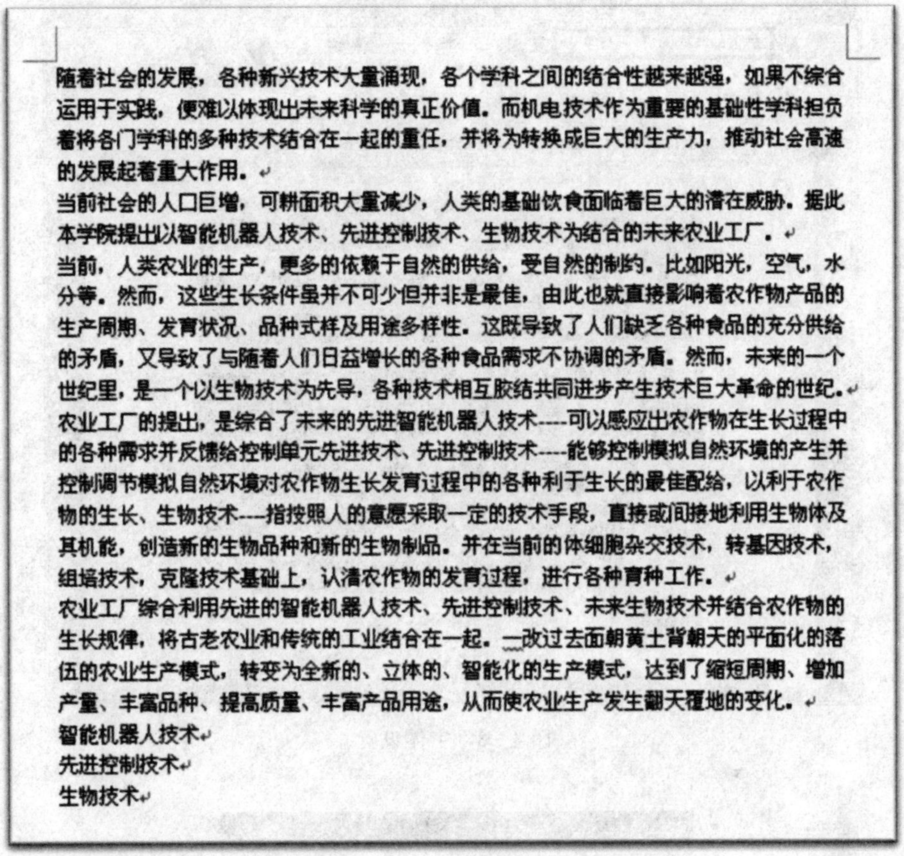

随着社会的发展，各种新兴技术大量涌现，各个学科之间的结合性越来越强，如果不综合运用于实践，便难以体现出未来科学的真正价值。而机电技术作为重要的基础性学科担负着将各门学科的多种技术结合在一起的重任，并将为转换成巨大的生产力，推动社会高速的发展起着重大作用。

当前社会的人口巨增，可耕面积大量减少，人类的基础饮食面临着巨大的潜在威胁。据此本学院提出以智能机器人技术、先进控制技术、生物技术为结合的未来农业工厂。

当前，人类农业的生产，更多的依赖于自然的供给，受自然的制约。比如阳光，空气，水分等。然而，这些生长条件虽并不可少但并非是最佳，由此也就直接影响着农作物产品的生产周期、发育状况、品种式样及用途多样性。这既导致了人们缺乏各种食品的充分供给的矛盾，又导致了与随着人们日益增长的各种食品需求不协调的矛盾。然而，未来的一个世纪里，是一个以生物技术为先导，各种技术相互胶结共同进步产生技术巨大革命的世纪。

农业工厂的提出，是综合了未来的先进智能机器人技术----可以感应出农作物在生长过程中的各种需求并反馈给控制单元先进技术、先进控制技术----能够控制模拟自然环境的产生并控制调节模拟自然环境对农作物生长发育过程中的各种利于生长的最佳配给，以利于农作物的生长、生物技术----指按照人的意愿采取一定的技术手段，直接或间接地利用生物体及其机能，创造新的生物品种和新的生物制品。并在当前的体细胞杂交技术，转基因技术，组培技术，克隆技术基础上，认清农作物的发育过程，进行各种育种工作。

农业工厂综合利用先进的智能机器人技术、先进控制技术、未来生物技术并结合农作物的生长规律，将古老农业和传统的工业结合在一起。一改过去面朝黄土背朝天的平面化的落伍的农业生产模式，转变为全新的、立体的、智能化的生产模式，达到了缩短周期、增加产量、丰富品种、提高质量、丰富产品用途，从而使农业生产发生翻天覆地的变化。

智能机器人技术

先进控制技术

生物技术

图 4-2　文字素材源文档

打开段落格式设置面板,并在该面板中作设置,如图 4-4 中矩形所示。

现在文档的字体与段落格式设置好了,效果如图 4-5 所示。

2. 插入文档标题

(1)将光标置在文档的最开始处(即第 1 段的段首处),并按下回车键预留一个空行,此空行用来放置文档标题。

(2)打开 Word 2010 的【插入】工具栏,并点击“艺术字”工具选中“艺术字样式 13”。如图 4-6 所示。

进入艺术字的文字内容的输入与编辑面板,输入文档标题文字“未来的农业工厂”,将字体设置为华文行楷、40 号、加粗。如图 4-7 所示。

(3)艺术字的颜色填充设置。艺术字添加进来后,选中该艺术字,点右键出现菜单,并选择子菜单“设置艺术字格式...”进行艺术字的具体格式设置。如图 4-8 所示。

在图 4-8 中将线条颜色设为黑色、实线 0.75 磅(矩形框起部分);再点击上图的“填充效果…”按钮进入填充设置,将颜色 1 设为红色,颜色 2 设为暗红色,底纹样式选择“中心辐射”,变形选第一种。如图 4-9 所示。然后在文档里将艺术字标题居中对齐。

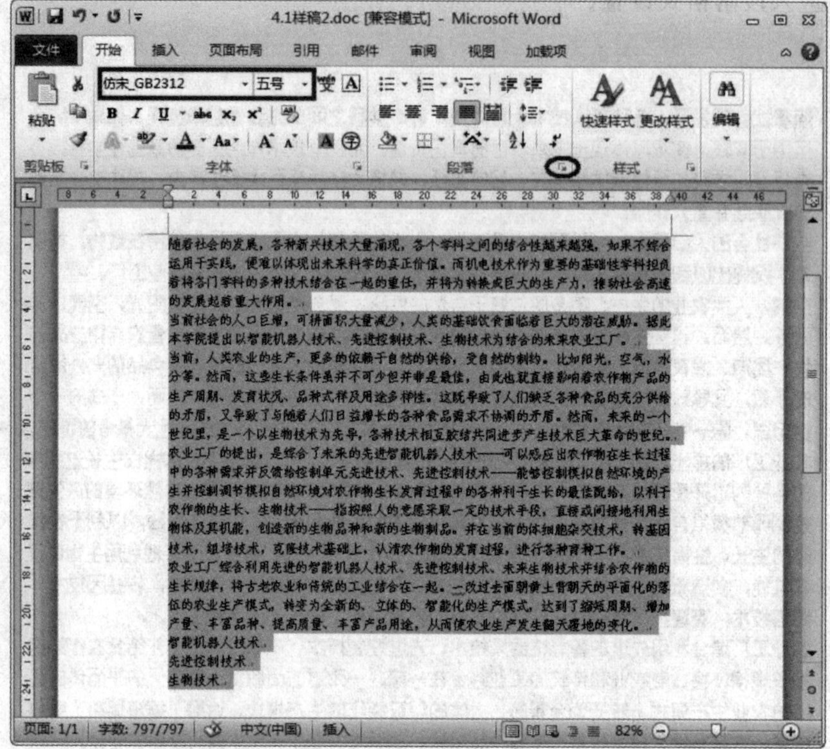

图 4-3　字体设置

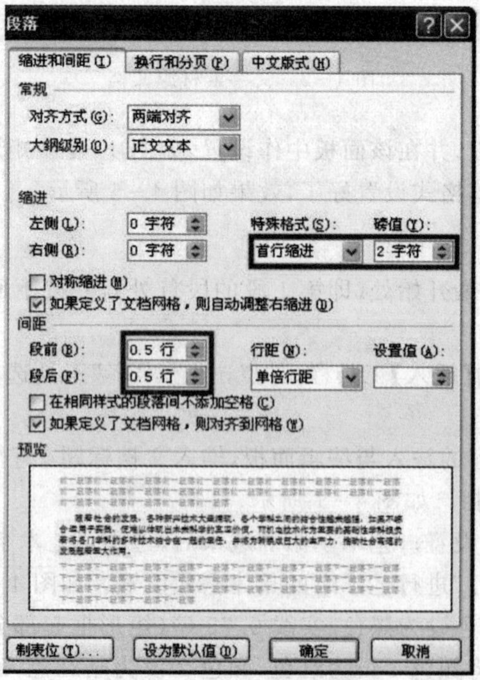

段落

缩进和间距(I)　换行和分页(P)　中文版式(H)

常规

对齐方式(G):　两端对齐

大纲级别(O):　正文文本

缩进

左侧(L):　0 字符　　特殊格式(S):　首行缩进　　磅值(Y):　2 字符

右侧(R):　0 字符

对称缩进(M)

如果定义了文档网格，则自动调整右缩进(D)

间距

段前(B):　0.5 行　　行距(N):　单倍行距　　设置值(A):

段后(F):　0.5 行

在相同样式的段落间不添加空格(C)

如果定义了文档网格，则对齐到网格(W)

预览

制表位(T)...　设为默认值(D)　确定　取消

图 4-4　段落格式设置

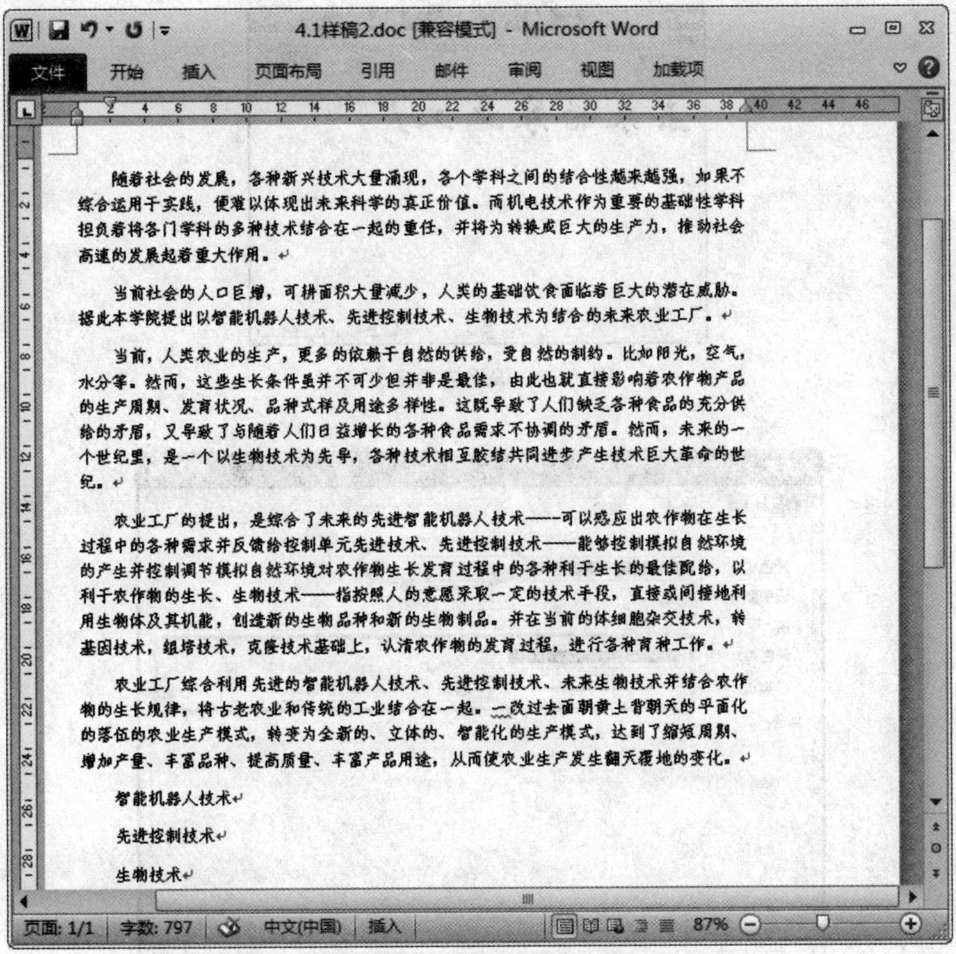

4.1样稿2.doc [兼容模式] - Microsoft Word

文件 开始 插入 页面布局 引用 邮件 审阅 视图 加载项

随着社会的发展，各种新兴技术大量涌现，各个学科之间的结合性越来越强，如果不综合运用于实践，便难以体现出未来科学的真正价值。而机电技术作为重要的基础性学科担负着将各门学科的多种技术结合在一起的重任，并将为转换成巨大的生产力，推动社会高速的发展起着重大作用。

当前社会的人口巨增，可耕面积大量减少，人类的基础饮食面临着巨大的潜在威胁。据此本学院提出以智能机器人技术、先进控制技术、生物技术为结合的未来农业工厂。

当前，人类农业的生产，更多的依赖于自然的供给，受自然的制约。比如阳光，空气，水分等。然而，这些生长条件虽并不可少但并非是最佳，由此也就直接影响着农作物产品的生产周期、发育状况、品种式样及用途多样性。这既导致了人们缺乏各种食品的充分供给的矛盾，又导致了与随着人们日益增长的各种食品需求不协调的矛盾。然而，未来的一个世纪里，是一个以生物技术为先导，各种技术相互胶结共同进步产生技术巨大革命的世纪。

农业工厂的提出，是综合了未来的先进智能机器人技术——可以感应出农作物在生长过程中的各种需求并反馈给控制单元先进技术、先进控制技术——能够控制模拟自然环境的产生并控制调节模拟自然环境对农作物生长发育过程中的各种利于生长的最佳配给，以利于农作物的生长、生物技术——指按照人的意愿采取一定的技术手段，直接或间接地利用生物体及其机能，创造新的生物品种和新的生物制品。并在当前的体细胞杂交技术，转基因技术，组培技术，克隆技术基础上，认清农作物的发育过程，进行各种育种工作。

农业工厂综合利用先进的智能机器人技术、先进控制技术、未来生物技术并结合农作物的生长规律，将古老农业和传统的工业结合在一起。一改过去面朝黄土背朝天的平面化的落伍的农业生产模式，转变为全新的、立体的、智能化的生产模式，达到了缩短周期、增加产量、丰富品种、提高质量、丰富产品用途，从而使农业生产发生翻天覆地的变化。

智能机器人技术

先进控制技术

生物技术

页面: 1/1 字数: 797 中文(中国) 插入 87%

图 4-5 字体与段落设置完效果

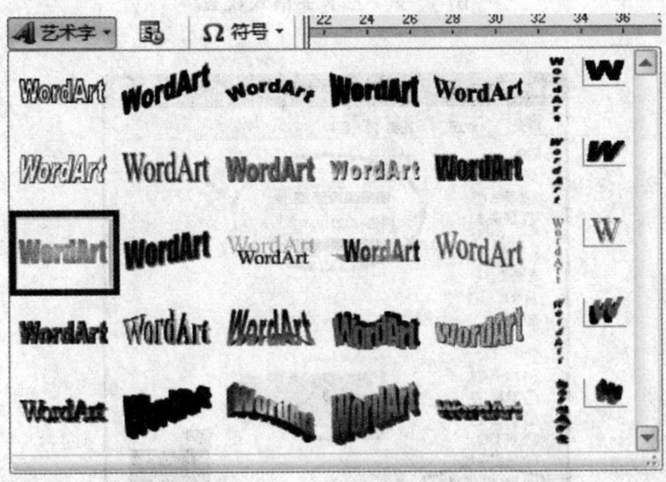

图 4-6 艺术字样式库

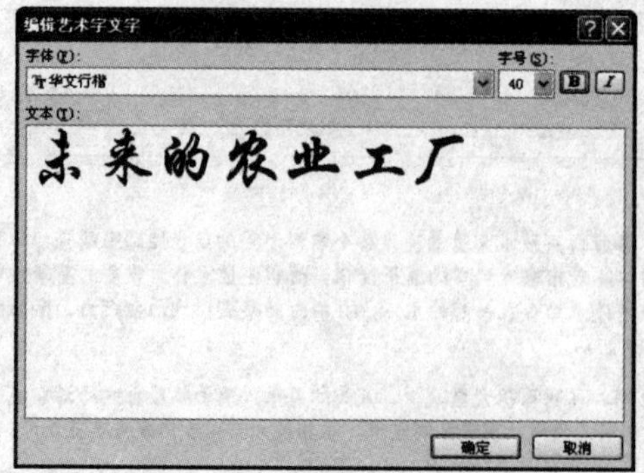

图 4－7　编辑艺术字文字

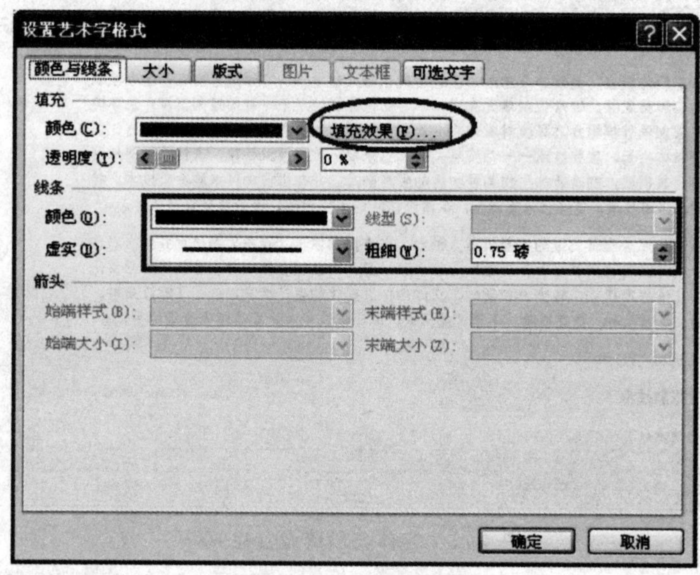

图 4－8　艺术字格式设置

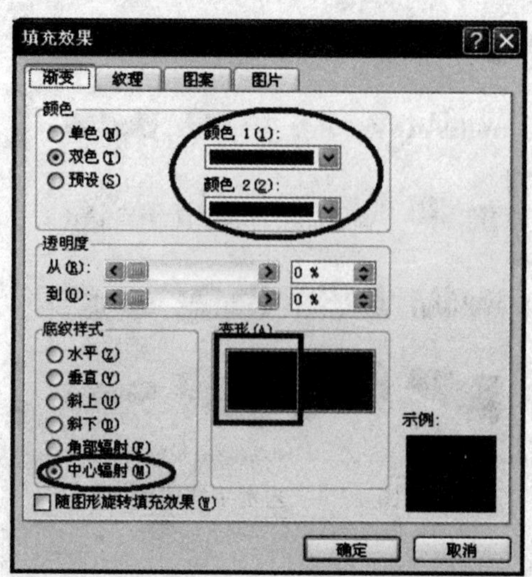

图 4－9　颜色填充设置

3. 将第2段添加边框与底纹

(1)鼠标选中第2段内容,打开【开始】工具栏,在段落部分点击边框工具 右边的下拉菜单并选择子菜单“外侧框线”,即设置好了本段落的外边框。如图4-10所示。

图4-10 边框设置

(2)鼠标选中第2段内容,打开【开始】工具栏,在段落部分点击填充工具 右边的下拉菜单并选择橙色,即设置好了本段落的底纹颜色。如图4-11所示。

4. 插入图片

(1)将光标放置在第3段的“生长”字样之后,打开【插入】工具栏,点击图片工具 ,插入素材图片,并手工将图片调整到适当大小。如图4-12所示。

(2)鼠标右击图片打开属性菜单,并选择子菜单“设置图片格式…”;如图4-13所示,并在图中的版式选项卡中选择“四周型”版式即可。

5. 分栏

(1)选中第4段所有内容,打开Word 2010的【页面布局】工具栏,点击分栏工具 的下拉菜单,选择子菜单“更多分栏…”(见图4-14),打开分栏设置面板。在分栏面板里设定为“三栏”和“栏宽相等”,如图4-15所示。

6. 段落项目编号

鼠标选中文档的第6,7,8段所有内容;打开Word 2010的【开始】工具栏,点击编号工具

☰ ▾ 右侧的下拉菜单，并选择所需的编号样式，如图 4－16 所示。

图 4－11　底纹填充设置

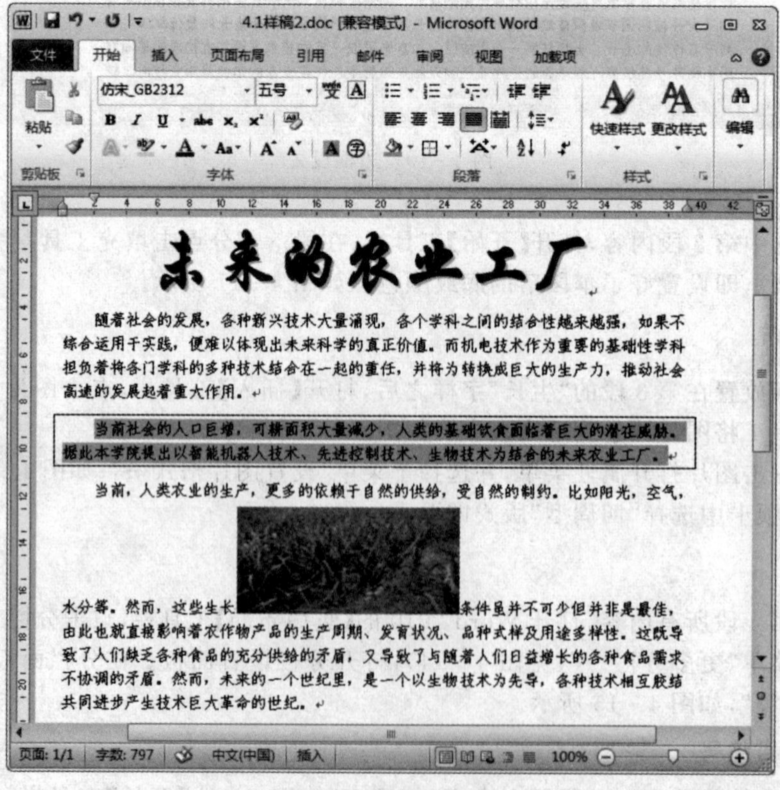

图 4－12　插入图片

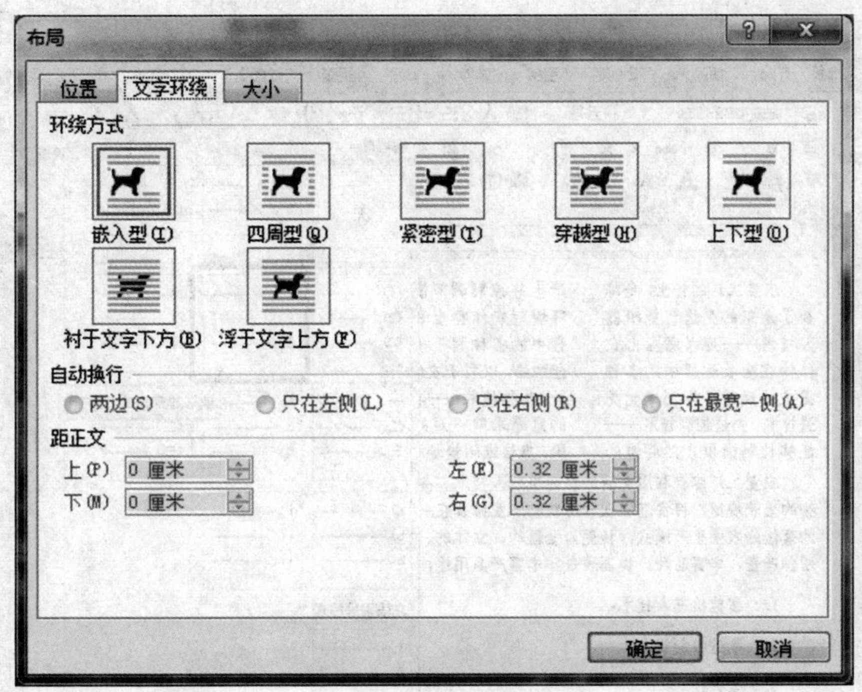

图 4-13 图片版式设置

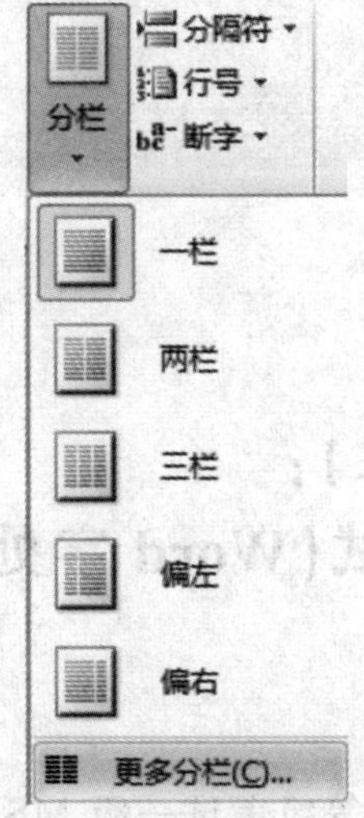

图 4-14 分栏工具

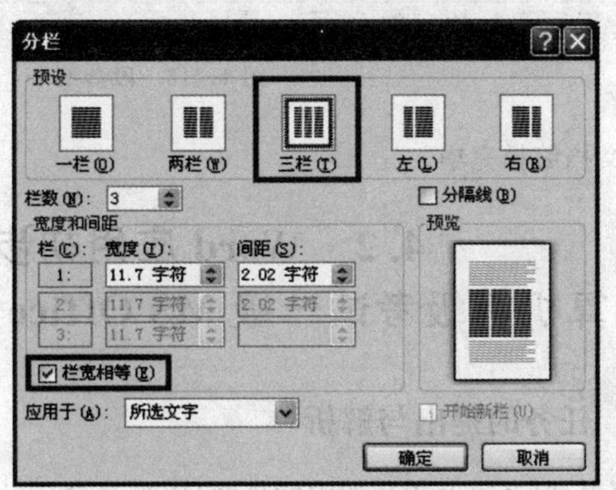

图 4-15 分栏设置

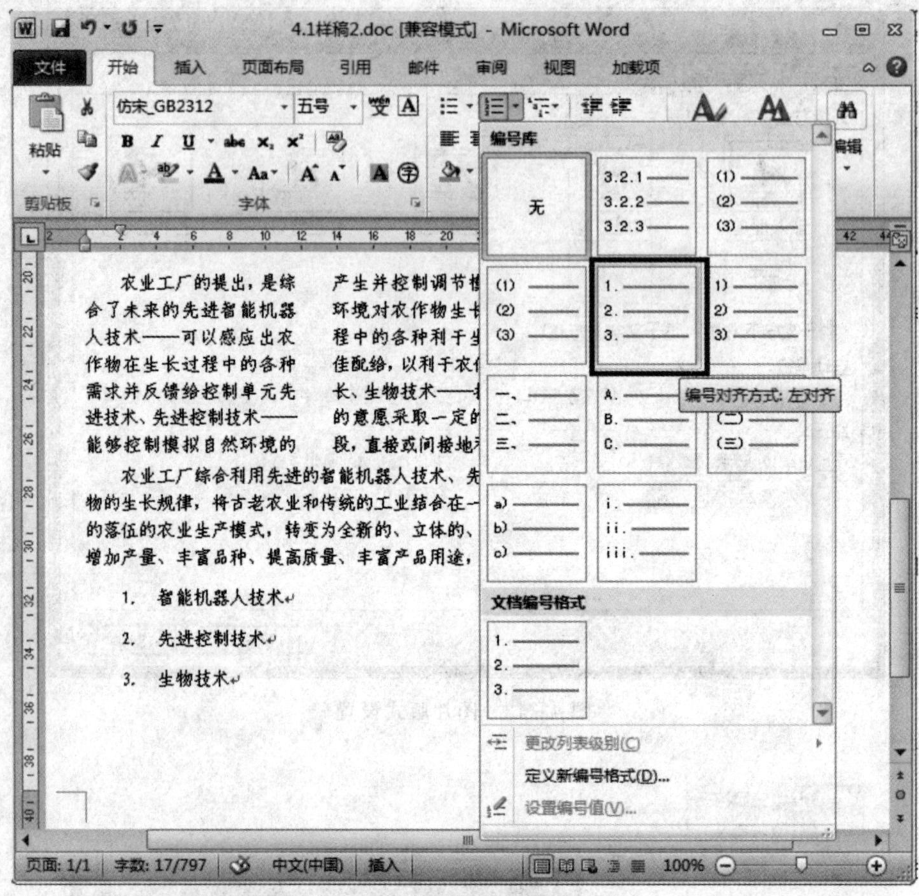

图 4-16 段落编号

至此本文档编排完毕。

4.2 Word 应用初步(二): 全国计算机等级考试一级 MS Office 考试(Word 字处理题)

4.2.1 任务的提出与解析

Word 字处理(文字及段落的编辑排版)历来是全国计算机等级考试一级 MS Office 和一级 B 的必考知识点,而且是重点测试项目。在整个一级考试中占据 25 分,这个分值也是一级考试所有试题中比重最多的分值。如图 4-17 所示。

不仅如此,在日常办公工作中,Word 软件的使用率也是目前为止的所有桌面软件中使用率最高的,因此掌握 Word 字处理软件的基本操作极其重要。

本题可通过利用 Microsoft Word 2010 最全面的基础编辑排版功能来完成答题操作。

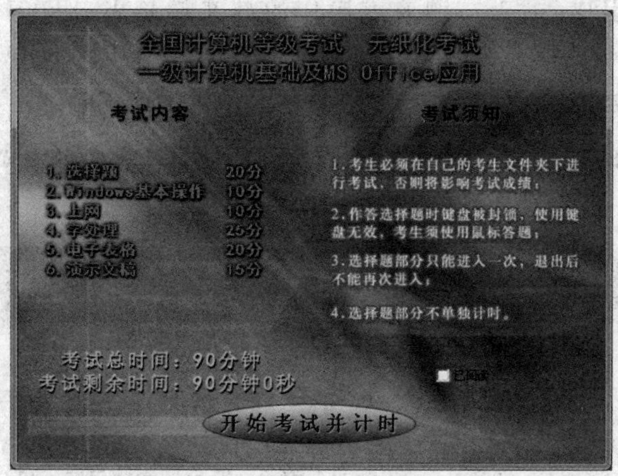

图 4-17 全国计算机等级考试题型及分值

4.2.2 核心技能

(1)Word 2010 的字体格式与段落格式设置技巧。

(2)Word 2010 简单表格的制作与设置技巧。

4.2.3 任务实现

考生登录进入考试界面后，单击“字处理”按钮，出现字处理试题要求，如图 4-18 所示。

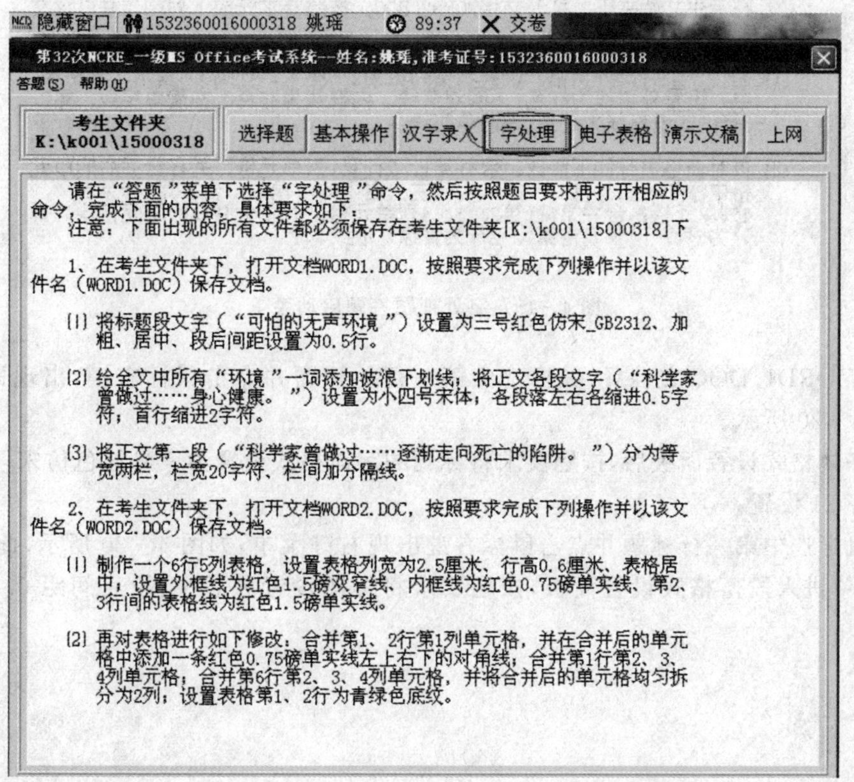

图 4-18 Word 字处理题试题要求列表

此大题由 2 小题组成,第 1 小题要求操作的源文档是 K:\k001\15000318\WORD1.DOC;第 2 小题要求操作的源文档是 K:\k001\15000318\WORD2.DOC。

1. 第 1 小题的答题操作

(1)点击考试界面的菜单“答题”→“字处理”→“WORD1.DOC(未做过)”启动并打开文档 WORD1.DOC。如图 4-19 所示。

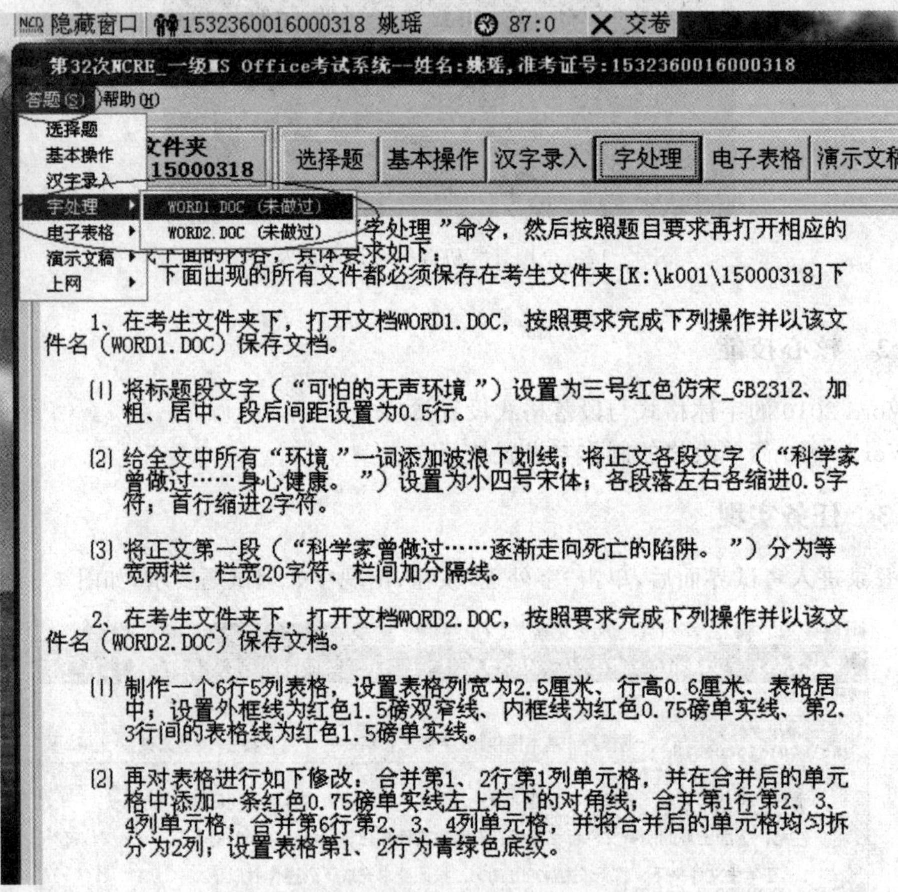

图 4-19 字处理题答题启动菜单

打开 WORD1.DOC 文档后,鼠标选中第一行的标题并点击鼠标右键,出现鼠标右键菜单。如图 4-20 所示。

打开字体格式设置面板后,按题要求将标题的字体格式设置为三号红色仿宋_GB2312、加粗;如图 4-21 设置。

继续鼠标选中第一行标题并点击鼠标右键出现右键菜单,如图 4-20 所示,此时点击“段落…”子菜单进入段落格式设置面板,按题要求将标题设置为居中、段后间距 0.5 行。如图 4-22 所示。

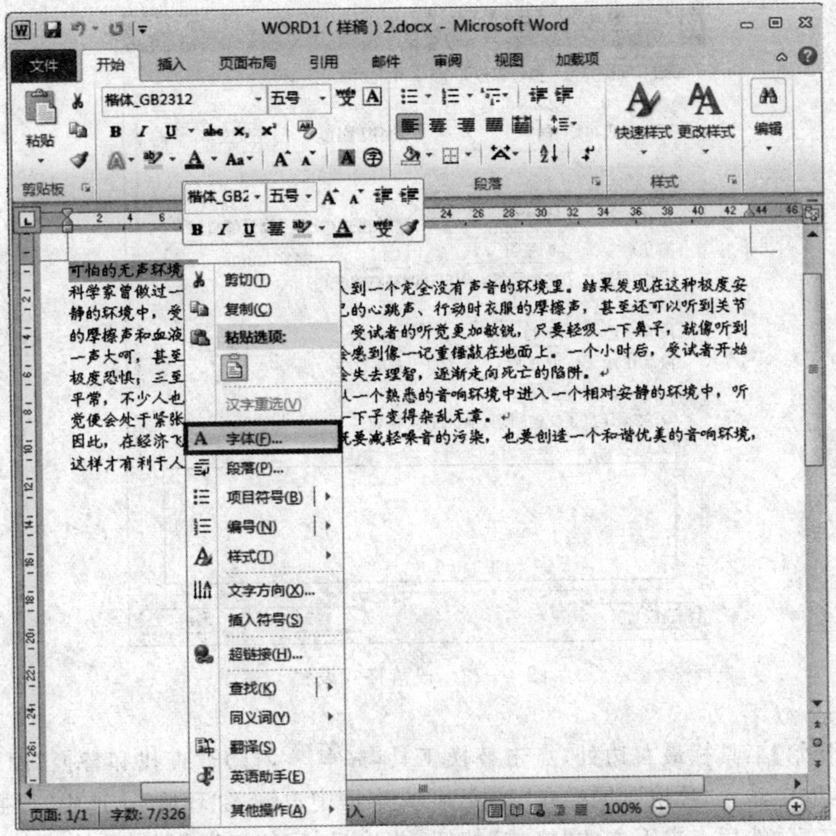

图 4－20 标题的右键菜单

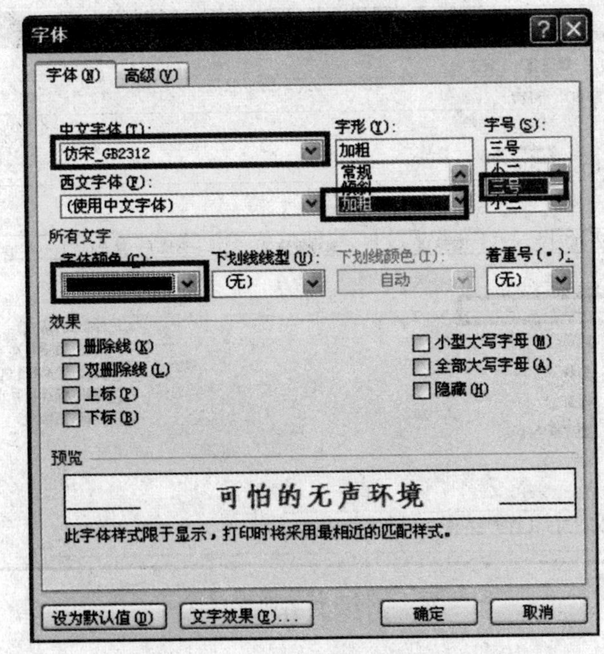

图 4－21 字体格式设置

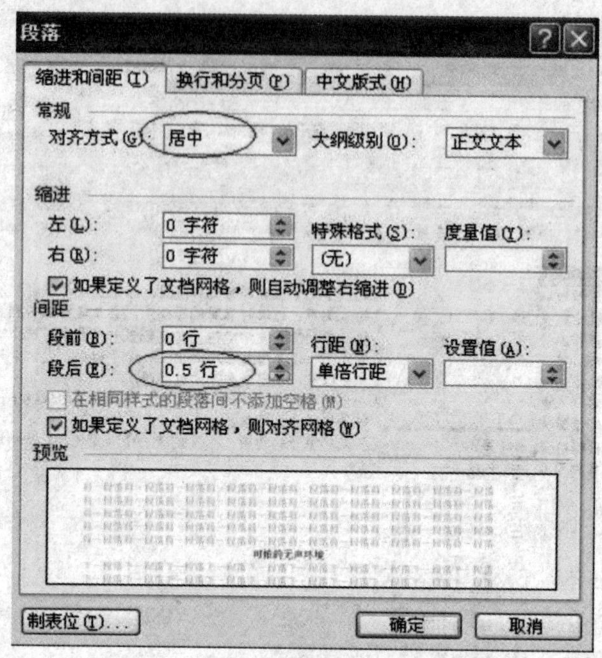

图 4-22　段落格式设置

(2)在【开始】工具栏最右边处，点击替换工具 替换，打开“查找和替换”面板；在“查找内容为”文本框中输入“环境”，同样在“替换为”文本框中也输入“环境”。选中“替换为”文本框中的“环境”二字，然后点击下方的“格式”按钮，并选择“字体…”子菜单进入字体格式设置面板。作如图 4-23、图 4-24 设置。

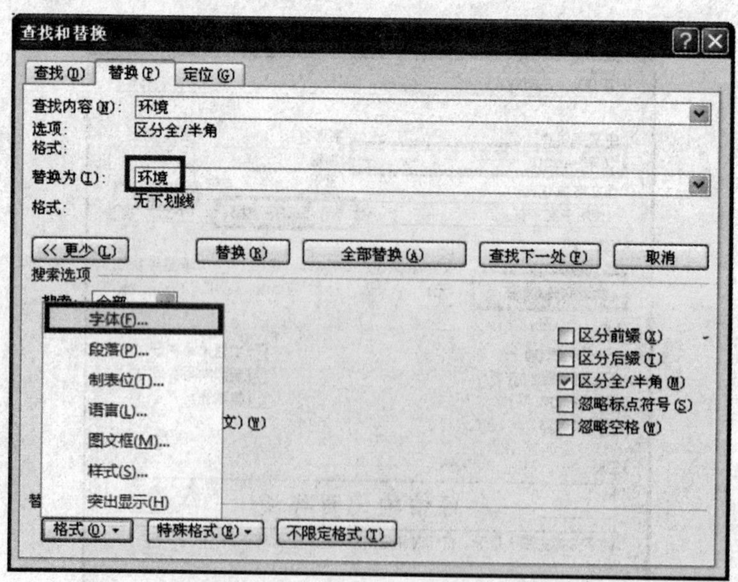

图 4-23　替换面板设置

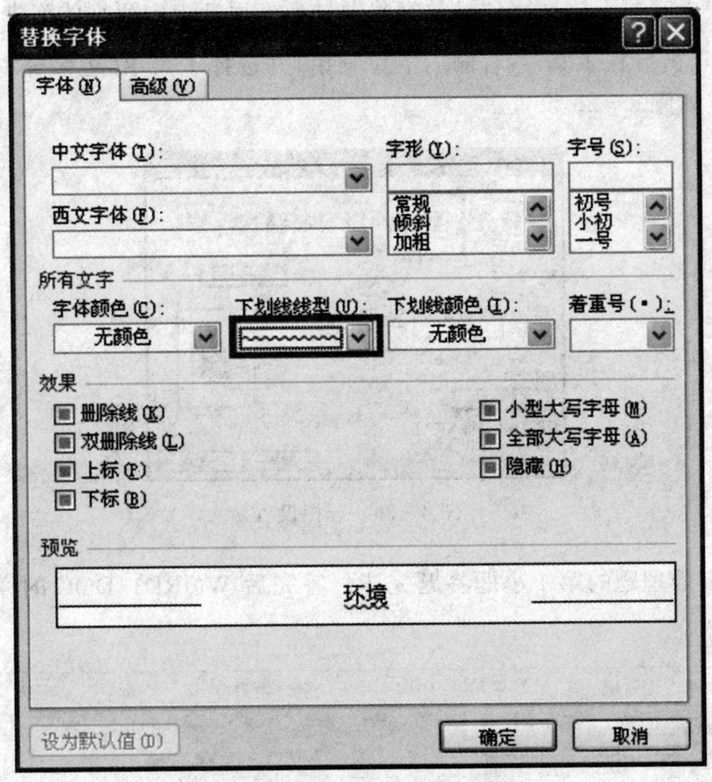

图4-24 替换字体格式设置

调整好设置后，点击“全部替换”按钮，这样文中的所有“环境”二字都加上了下划波浪线。

然后鼠标选中正文各段文字（“科学家曾做过……身心健康。”），鼠标右键打开字体格式设置面板（类似上面图4-21的操作）按题意将其设置为小四号宋体。

再次鼠标选中正文各段文字（“科学家曾做过……身心健康。”），鼠标右键打开段落格式设置面板，按照题意作如图4-25设置。

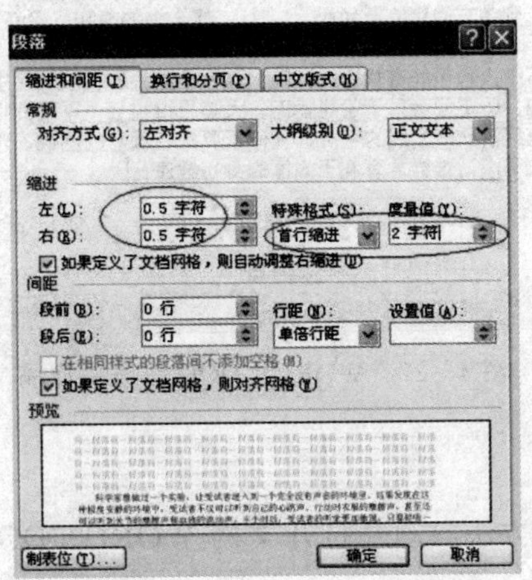

图4-25 段落缩进格式设置

(3)鼠标选中正文第一段文字("科学家曾做过……逐渐走向死亡的陷阱。"),然后打开【页面布局】工具栏,点击分栏工具 右侧的下拉菜单,并选择子菜单"更多分栏…",打开分栏设置面板,按题意作如图 4—26 设置。

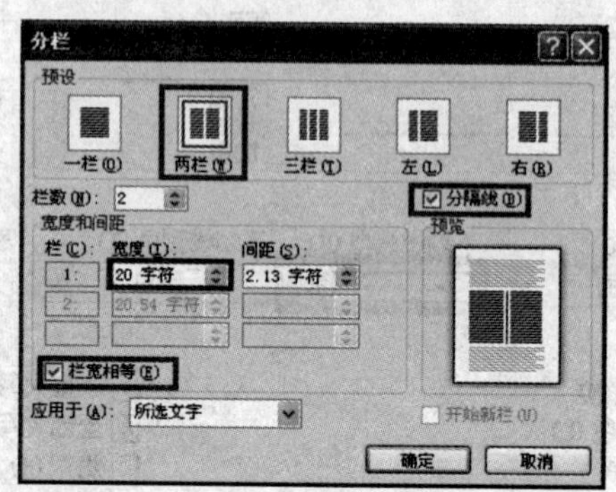

图 4-26 分栏设置

至此 Word 字处理题的第 1 小题答题完毕。答完后 WORD1. DOC 的样稿应如图 4-27 所示。

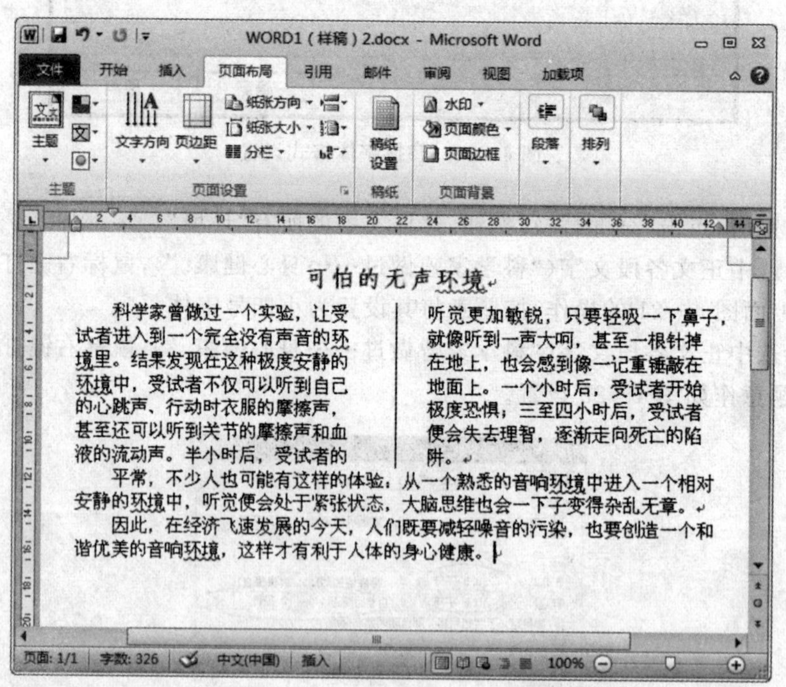

图 4-27 WORD1. DOC 完成后样稿

2. 第 2 小题的答题操作

(1)按照上面图 4-25 的方法启动并打开文档 WORD2. DOC。打开【插入】工具栏,点击表格工具 下侧的下拉菜单,按题意选择 5 列 6 行的表格范围即在文档里创建了一个 6 行 5 列的均匀的表格。如图 4-28 所示。

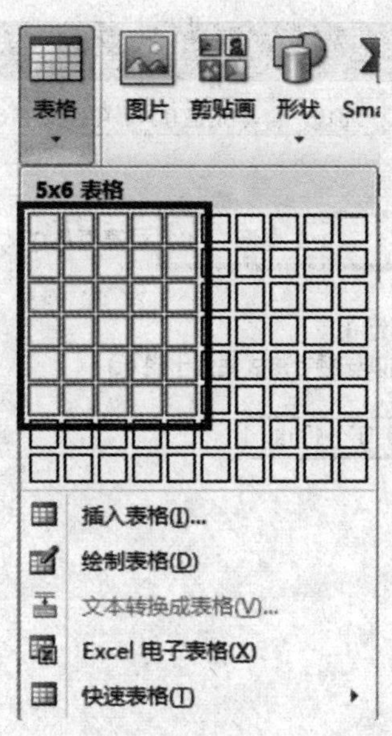

图 4－28　插入表格

然后鼠标选中整个表格(可通过点击表格左上方的十字箭头选择表格)，单击鼠标右键打开右键菜单并选择“表格属性…”子菜单，打开“表格属性”设置面板。按题意要求分别将表格对齐方式设为“居中”、列宽设为 2.5cm、行高设为 0.6cm。如图 4－29，图 4－30，图 4－31 所示。

图 4－29　表格对齐设置

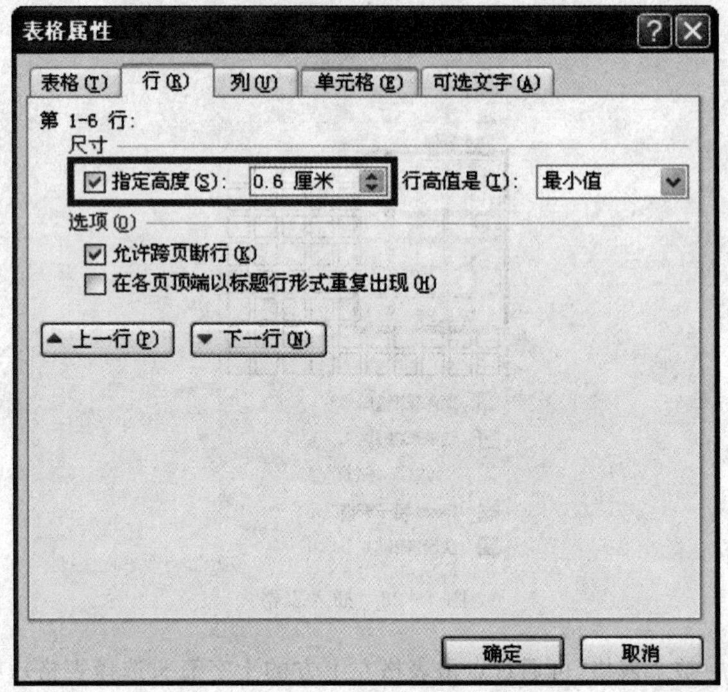

图 4－30　行高设置

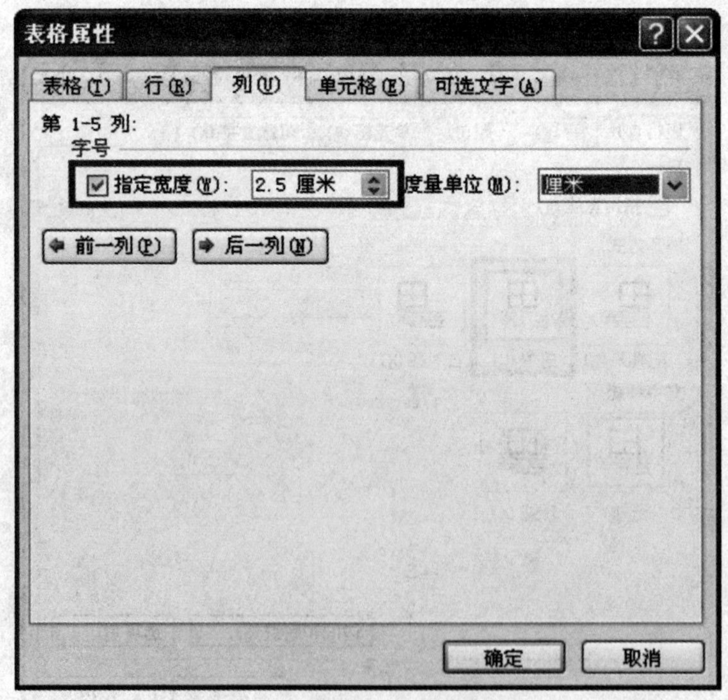

图 4－31　列宽设置

鼠标选中整个表格(可通过点击表格左上方的十字箭头选择表格),单击鼠标右键打开右键菜单并选择“边框和底纹…”子菜单，打开“边框和底纹”设置面板。按题意要求作如图4-32(红线圈起部分)设置，然后在下图中鼠标分别点击预览区的四边外框即可。此为表格外框线设置。

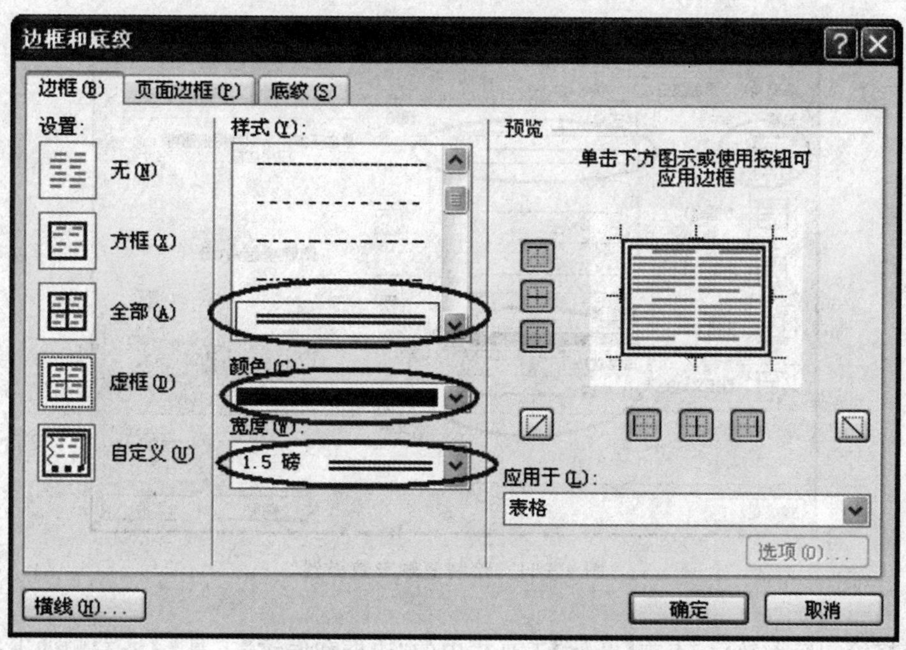

图4-32　表格外框线设置

再次鼠标选中整个表格(可通过点击表格左上方的十字箭头选择表格)，按题意要求作如图4-33(红线圈起部分)设置，按上述类似方法操作。此为表格内框线设置。

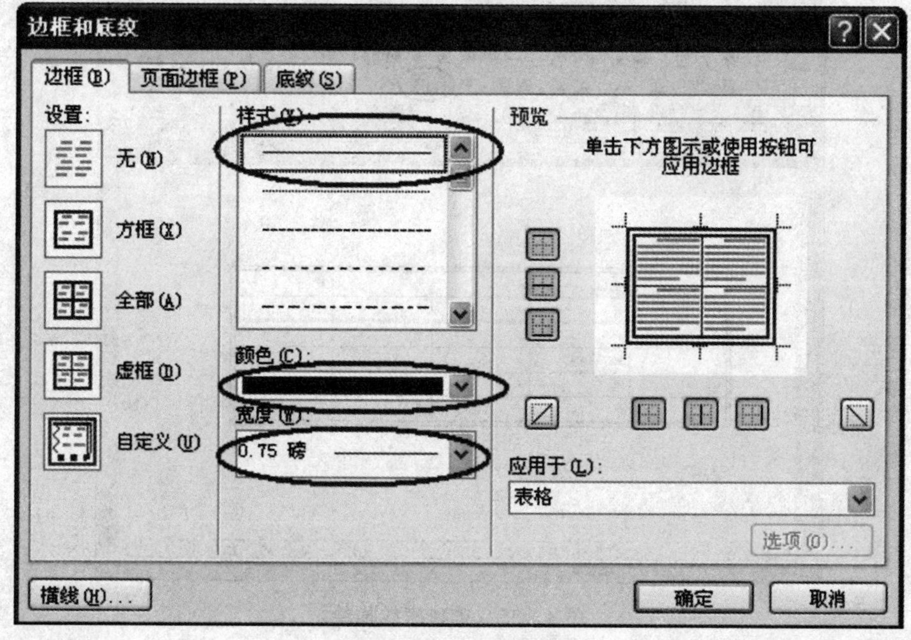

图4-33　表格内框设置

接下来将鼠标在表格外部任意位置点击一下，使光标移出表格。点击【开始】工具栏中的"边框和底纹"工具 右侧的下拉菜单并选择子菜单"边框和底纹…"进入"边框和底纹"设置面板，将绘制笔设置为红色、1.5 磅、单实线。如图 4-34 所示。

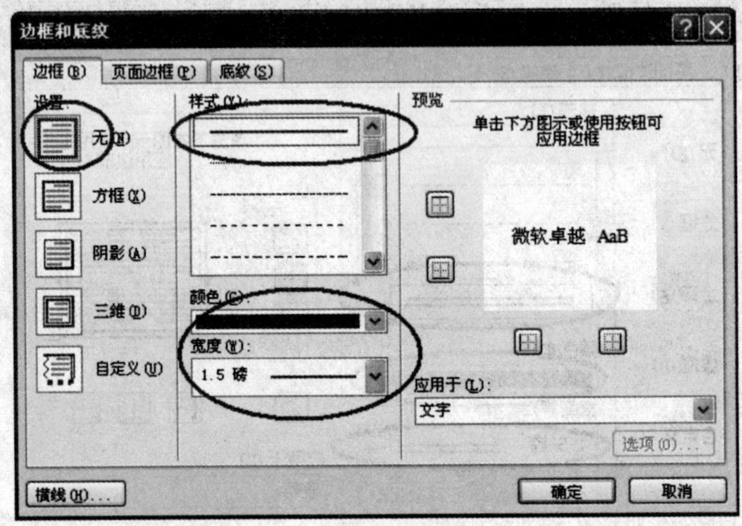

图 4-34 绘制笔触参数设置

设置好绘制笔参数后，点击【开始】工具栏中的"边框和底纹"工具 右侧的下拉菜单并选择子菜单"绘制表格"，此时光标变成一支"绘制笔"了，然后用此绘制笔单独描绘 2,3 行间的横线，如图 4-35 所示。

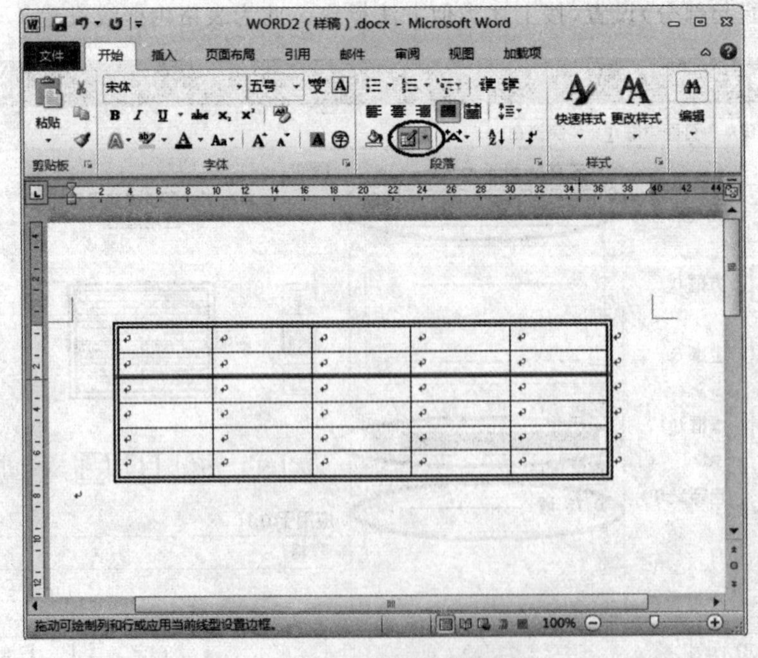

图 4-35 单独横线描绘

(2)鼠标拖选第1,2行的第一个单元格,单击鼠标右键并选择点击“合并单元格”子菜单进行单元格合并。如图4-36所示。

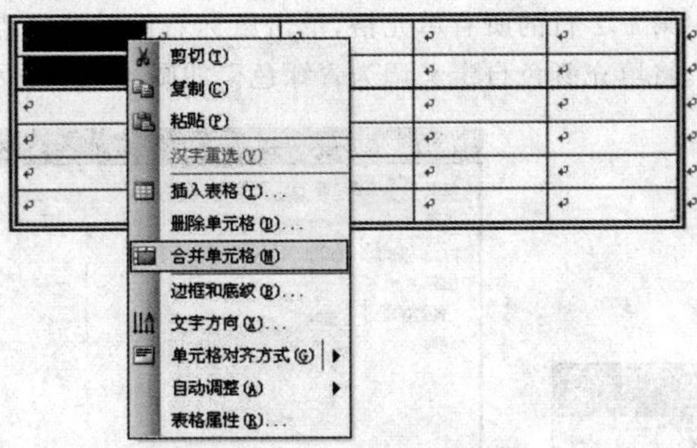

图4-36 合并选中单元格

然后按上述类似方法先设置好“绘制笔”的参数红色、0.75磅、单实线,再用“绘制笔”单独描绘第一个单元格的对角斜线,如图4-37(圆圈圈起部分)所示。

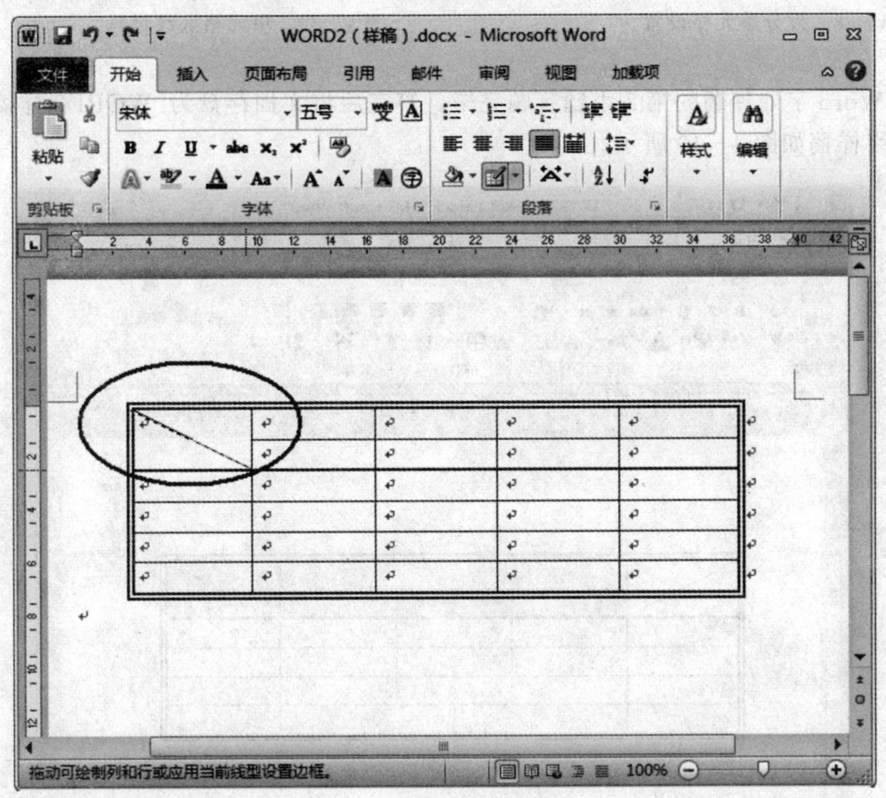

图4-37 对角斜线描绘

鼠标拖选选中第一行的第2,3,4列,单击鼠标右键并选择点击“合并单元格”子菜单进行单元格合并。

鼠标拖选选中第六行的第 2,3,4 列,单击鼠标右键并选择点击“合并单元格”子菜单进行单元格合并;将光标置入刚合并的单元格中,单击鼠标右键并选择点击“拆分单元格…”子菜单,打开拆分单元格面板,并设置拆分列数为 2 列。如图 4-38 所示。

最后鼠标拖选选中第 1,2 行的所有单元格,单击鼠标右键并选择点击“边框和底纹…”子菜单,在底纹选项卡中,将填充颜色自定义调为青绿色。如图 4-39 所示。

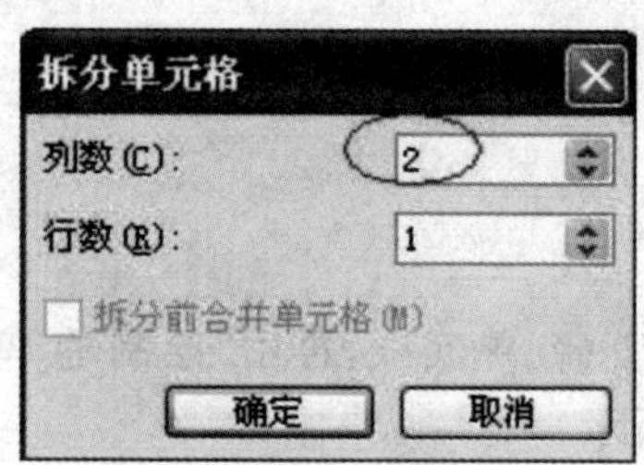

图 4-38　拆分单元格设置

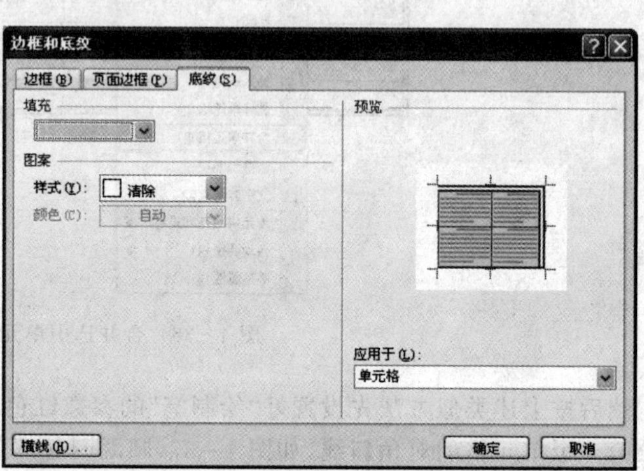

图 4-39　单元格底纹设置

至此 Word 字处理题的第 2 小题答题完毕。答完后将文档存盘为“WORD2 样稿.DOCX”文件。最终样稿如图 4-40 所示。

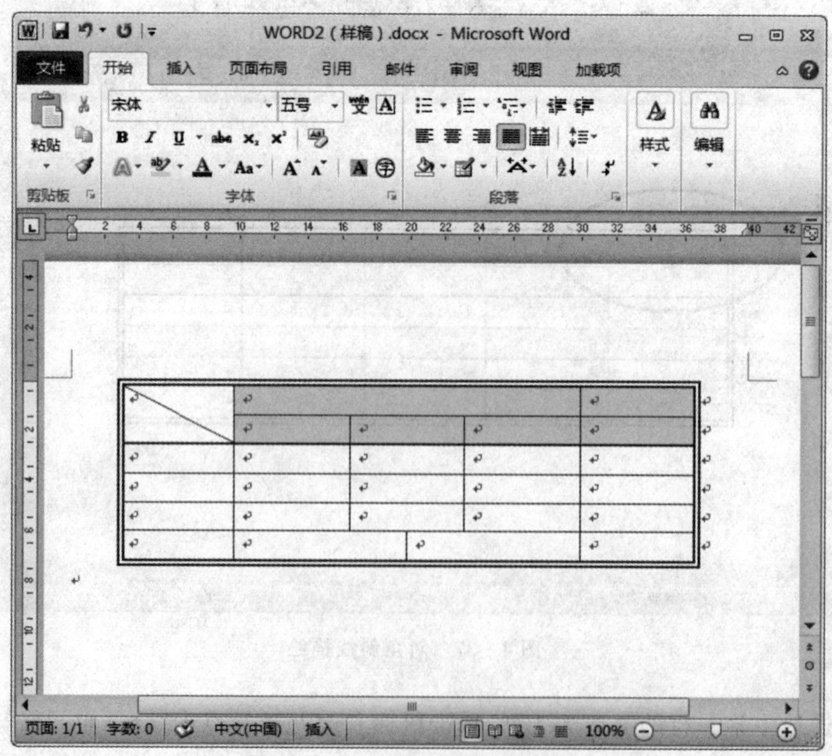

图 4-40　WORD2.Docx 完成后样稿

4.3 Word 应用综合:设计求职简历

4.3.1 任务的提出与解析

每个求职者尤其是我们大学毕业生在求职择业前都必须准备一份精美详实的求职简历。由于简历的外观与内容在一定程度上也可以映射出求职者本人的风格与水平层次,如此我们进入人才市场求职应聘时用人单位就可以通过阅览求职简历对求职者有一个整体轮廓的认识与了解,这也几乎成了现代职场谋职的一个重要步骤。所以制作一个个性鲜明且美观大方的简历对大学毕业生来说就显得尤其重要。

大学生求职书一般是由封面、自荐书、个人简历、证书复印件、封底这几部分来组成的。我们可以利用 Microsoft Word 2010 的图片编辑处理功能来制作精美的封面与封底;利用 Word 2010 超强的文字编辑处理功能来制作自荐书;利用 Word 2010 的独特的手绘表格功能来制作恰当的个人履历表。

4.3.2 核心技能

(1)Word 2010 的图片编辑及调整操作技巧的应用。

(2)Word 2010 的常规文字编辑排版技巧的应用。

(3)Word 2010 的手绘表格操作技巧的应用。

4.3.3 任务实现

1. 制作封面

(1)启动 Word 2010 并新建空白文档,将其保存为"求职简历.docx"。

(2)打开【页面布局】工具栏,点击"页边距"工具下侧的下拉菜单并选择子菜单"自定义边距…"里的"页面设置…",将上边距、上边距、左边距、右边距均设置为 2.5cm,其他设置保持不动。如图 4-41 所示。

(3)在【页面布局】工具栏中点击分隔符工具 分隔符 右侧下拉菜单并选择子菜单"分页符"。如图 4-42 所示。

连续插入 3 次"分页符",即预留 4 个空白页面,此 4 个空白页面将分别用于制作封面、自荐书、个人简历和封底。下面开始制作第 1 页即封面。

(4)将光标置于第一页起始位置。打开【插入】工具栏,点击"图片"工具,插入学校校徽图片,同样方法插入校名图片。如图 4-43 所示。

选中校徽图片,点击【开始】工具栏里的"字体"部分的右下角的扩展功能按钮(或直接按快捷键【Ctrl+D】),打开字体高级设置面板,设置位置为提升,磅值为 5 磅,此作用即为校徽图片向上提升 5 磅,使校徽图片与校名图片在垂直方向上居中对齐。如图 4-44 所示。

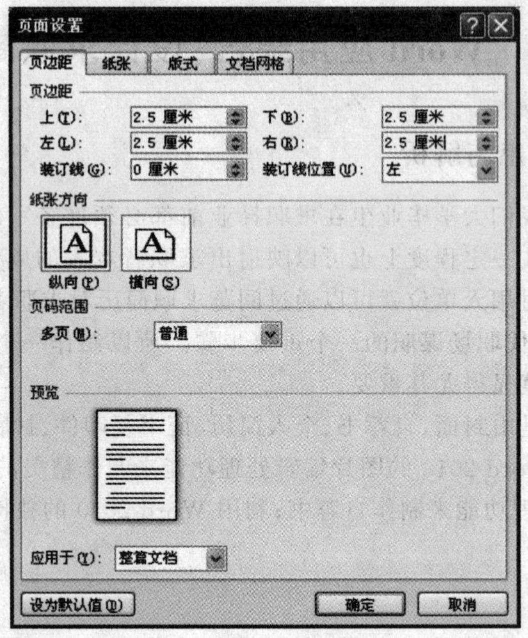

图 4-41　页面设置

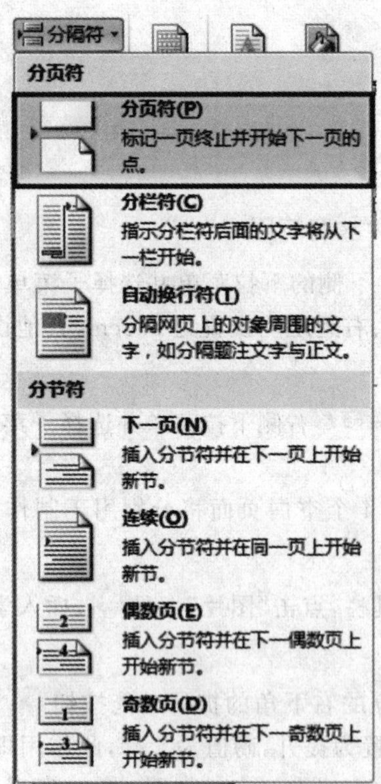

图 4-42　插入分页符

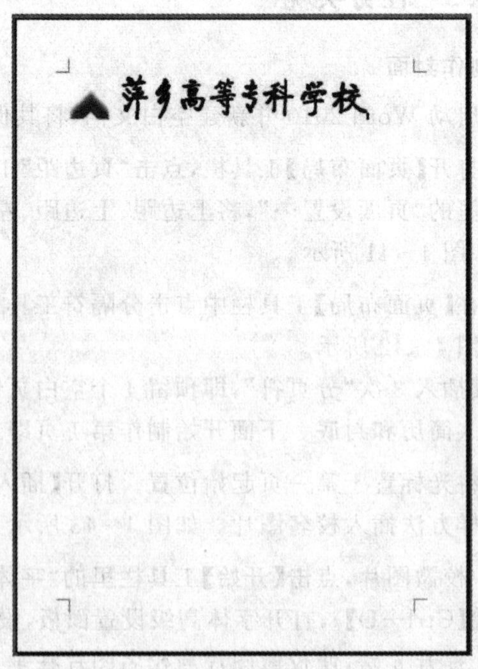

图 4-43　插入校徽图片后的效果

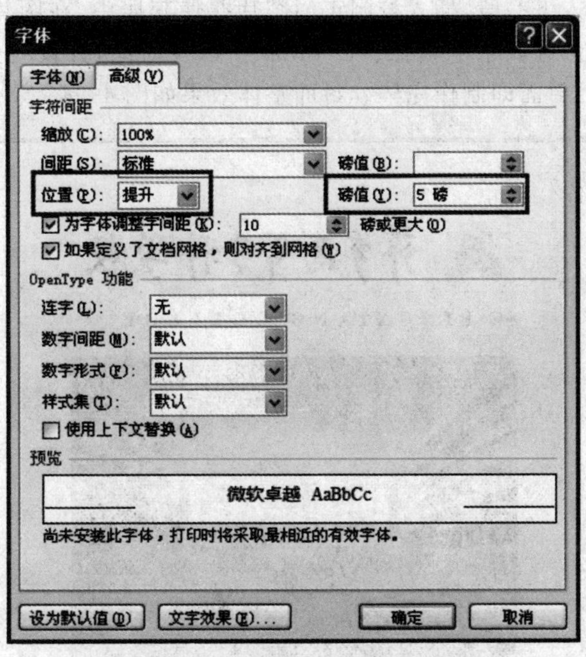

图 4-44 设置字符上下位置

然后将两图片一起选中，点击格式工具栏中的“居中对齐”按钮使其居中。

(5)按下回车键进入下一段，输入字符“PINGXIANG COLLEGE”并将其选中，并参照样例设置好字体为：Times New Roman、小二、加粗，以及居中对齐格式；再按下快捷键【Ctrl＋D】打开字体高级设置面板，将字符间距加宽 10 磅。如图 4-45 所示。

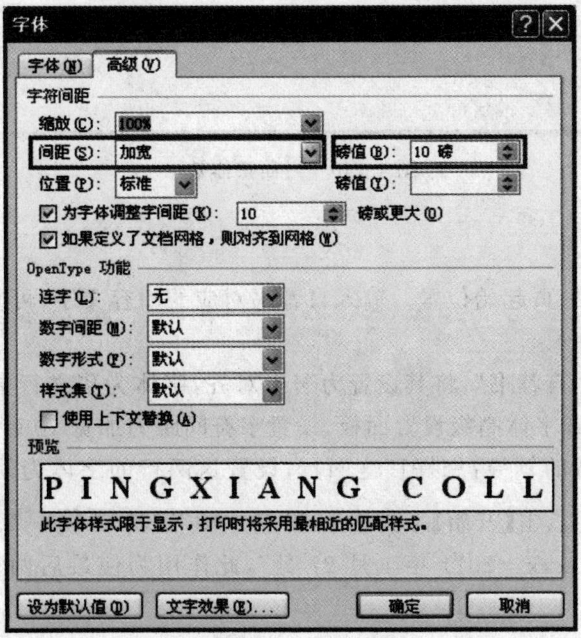

图 4-45 设置字间距

(6)按下回车键进入下一段，插入校园正门图片并使其居中，在图片下方参照样例继续输入文字“姓名：”、”专业：“、”联系电话：“、”E－Mail：“以及时间，并设置好相应的字体、大小和行间距。全部调整好后封面即制作完毕。封面整体效果如图 4－46 所示。

图 4－46　封面整体效果

2. 制作自荐书

(1)将光标置入第二页起始位置。输入自荐书对应的内容文字(可复制素材的内容文字)，如图 4－47 所示。

(2)鼠标选中标题“自荐书”，将其设置为居中对齐，字体为华文行楷，字号为一号字；再按下快捷键【Ctrl＋D】打开字体高级设置面板，设置字符间距为加宽 10 磅。与图 4－45 类似。

(3)鼠标选中“尊敬的领导：您好！”这两行，设置这两行的字体为幼圆，字号为小四加粗。保持选择状态不变然后点击【开始】工具栏里的“格式刷”工具 格式刷 ，以“格式刷”来刷本页的最后两行即“自荐人：xxx→2011 年 1 月 27 日”，此作用为使最后两行也具备相同的格式。并将最后两行右对齐。

(4)鼠标选中中间的正文即从“感谢..”→“敬礼”之间的文字，设置选中文字为：楷体_GB2312、五号字。再次鼠标选中从“您好！”→“此致”之间的内容(不要包括敬礼，因为敬礼是要顶格的)，点击鼠标右键出现属性菜单并选择子菜单“段落…”，打开段落设置面板；设置缩进格式为首行缩进 2 字符，行距为固定值 20 磅。如图 4-48 所示。

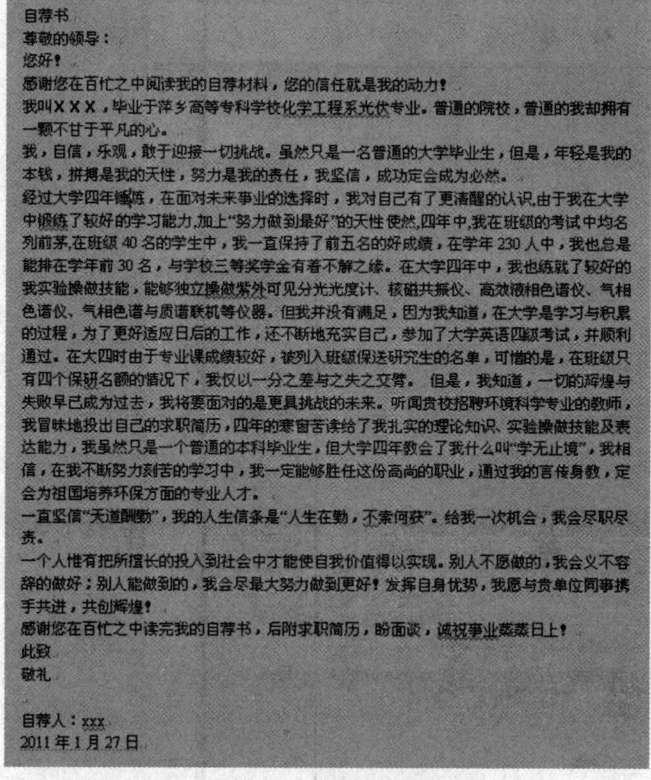

自荐书
尊敬的领导：
您好！
感谢您在百忙之中阅读我的自荐材料，您的信任就是我的动力！
我叫XXX，毕业于萍乡高等专科学校化学工程系光伏专业。普通的院校，普通的我却拥有一颗不甘于平凡的心。
我，自信，乐观，敢于迎接一切挑战。虽然只是一名普通的大学毕业生，但是，年轻是我的本钱，拼搏是我的天性，努力是我的责任，我坚信，成功定会成为必然。
经过大学四年锻炼，在面对未来事业的选择时，我对自己有了更清醒的认识.由于我在大学中锻练了较好的学习能力,加上“努力做到最好”的天性使然,四年中,我在班级的考试中均名列前茅,在班级 40 名的学生中，我一直保持了前五名的好成绩，在学年 230 人中，我也总是能排在学年前 30 名，与学校三等奖学金有着不解之缘。在大学四年中，我也练就了较好的我实验操做技能，能够独立操做紫外可见分光光度计、核磁共振仪、高效液相色谱仪、气相色谱仪、气相色谱与质谱联机等仪器。但我并没有满足，因为我知道，在大学是学习与积累的过程，为了更好适应日后的工作，还不断地充实自己，参加了大学英语四级考试，并顺利通过。在大四时由于专业课成绩较好，被列入班级保送研究生的名单，可惜的是，在班级只有四个保研名额的情况下，我仅以一分之差与之失之交臂。 但是，我知道，一切的辉煌与失败早已成为过去，我将要面对的是更具挑战的未来。听闻贵校招聘环境科学专业的教师，我冒昧地投出自己的求职简历，四年的寒窗苦读给了我扎实的理论知识、实验操做技能及表达能力，我虽然只是一个普通的本科毕业生，但大学四年教会了我什么叫“学无止境”，我相信，在我不断努力刻苦的学习中，我一定能够胜任这份高尚的职业，通过我的言传身教，定会为祖国培养环保方面的专业人才。
一直坚信“天道酬勤”，我的人生信条是“人生在勤，不索何获”。给我一次机会，我会尽职尽责。
一个人惟有把所擅长的投入到社会中才能使自我价值得以实现。别人不愿做的，我会义不容辞的做好；别人能做到的，我会尽最大努力做到更好！发挥自身优势，我愿与贵单位同事携手共进，共创辉煌！
感谢您在百忙之中读完我的自荐书，后附求职简历，盼面谈，诚祝事业蒸蒸日上！
此致
敬礼

自荐人：xxx
2011 年 1 月 27 日

图 4-47　自荐书内容文字

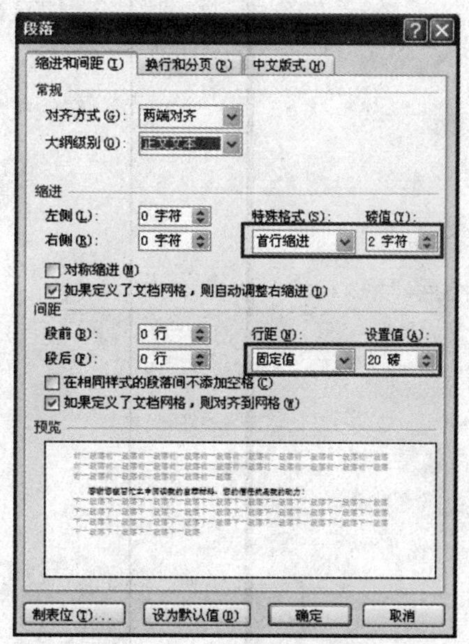

图 4-48　设置段落格式

自荐书这部分就此制作完毕。

3. 制作个人简历表格

(1)将光标置入第三页起始位置，输入文字“个人简历”四字。再选中上页中“自荐书”标题，然后点击格式刷工具，以格式刷工具来刷“个人简历”四字的格式，使其与“自荐书”三字的格式相同。

(2)按下回车键跳到下一段，并在格式栏中的“样式框”中选择“清除格式“以此清除光标的格式。

(3)在 Word2010 右下角调整“显示比例”为适当大小使文档区能恰好显示一整页的内容(比如显示比例为 62%)。点击【开始】工具栏里的“边框和底纹…”工具 右侧的下拉菜单并选择子菜单“绘制表格”，此时光标变成了一支“绘制笔”，同时在工具栏中激活了【表格工具/设计/布局】工具栏。用“绘制笔”从第三页左上页边界开始按住鼠标左键不松一直拖到右下页边界处松开左键，即绘制作好了表格的外边框。如图 4-49 所示。

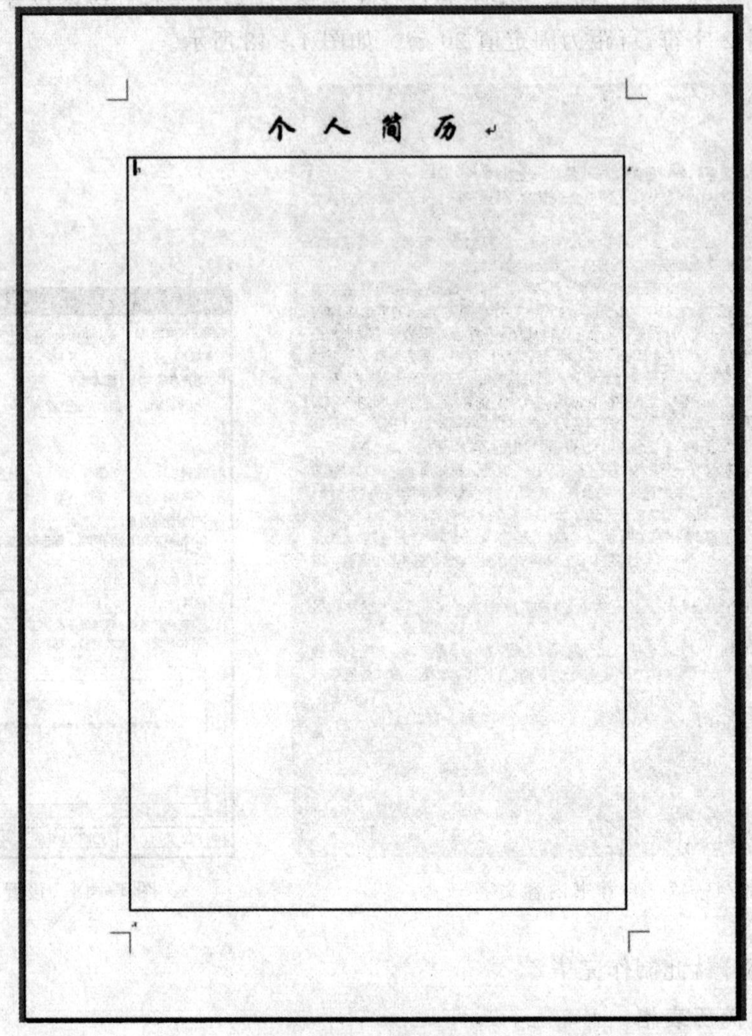

图 4-49　表格外边框

(4)将光标置入表格内，点击鼠标右键打开右键菜单，选择子菜单“拆分单元格…“，打开拆分单元格对话框面板，作如下设置：如图 4-50 所示。

如此将表格平均拆分成 6 行。此时表格效果如图 4-51 所示。

(5)再使用拆分单元格方法将第一行均分成 7 行。第一行用来输入第一大类的标题如：“个人信息”，其它 6 行用于个人信息里的小栏目，每个小栏有多宽，就用手绘表格工具画多宽，这样做就可以使表格外观形式丰富多样；然后设置好大类标题和小栏目标题各自的字体大小及填充背景色。做好的第一大类(个人信息)如图 4-52 所示。

(6)同样办法来制作个人简历表格其他大类及各大类中的小栏目标题。最后给整个简历表格加上深红色 1.5 磅双线外边框。制作完成后个人简历表格整体效果如图 4-53 所示。

4. 制作封底

(1)将光标置入第四页起始位置，键入几个回车键。

(2)打开【插入】工具栏，点击“图片”工具，插入素材里的封底图片；选中刚插入的封底图片，这时会在上面工具栏中会新增一个【图片工具格式】工具栏，打开此工具栏，在右上侧的工具栏里将图片大小调整为：高 19.71 厘米、宽 14.63 厘米。如图 4－54 所示。

由于是封底，所以不宜做得太过复杂，简洁清新就好。在这里只是单纯的插入了一张图片以作衬托，这部分同学也可根据自己喜好以及与前面三页的搭配去制作完成。封底制作完成后效果如图 4－55 所示。

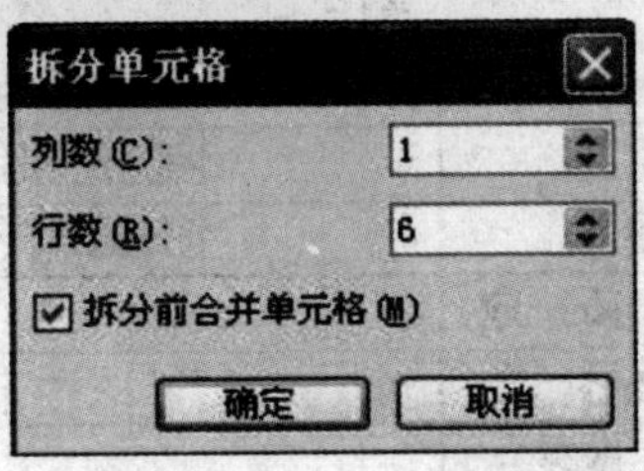

图 4－50 拆分单元格

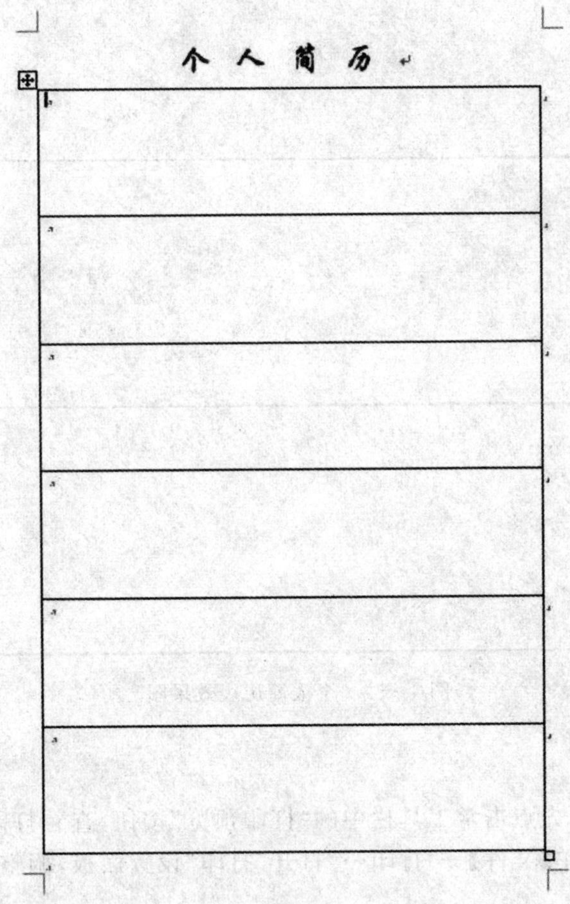

图 4－51 表格效果图

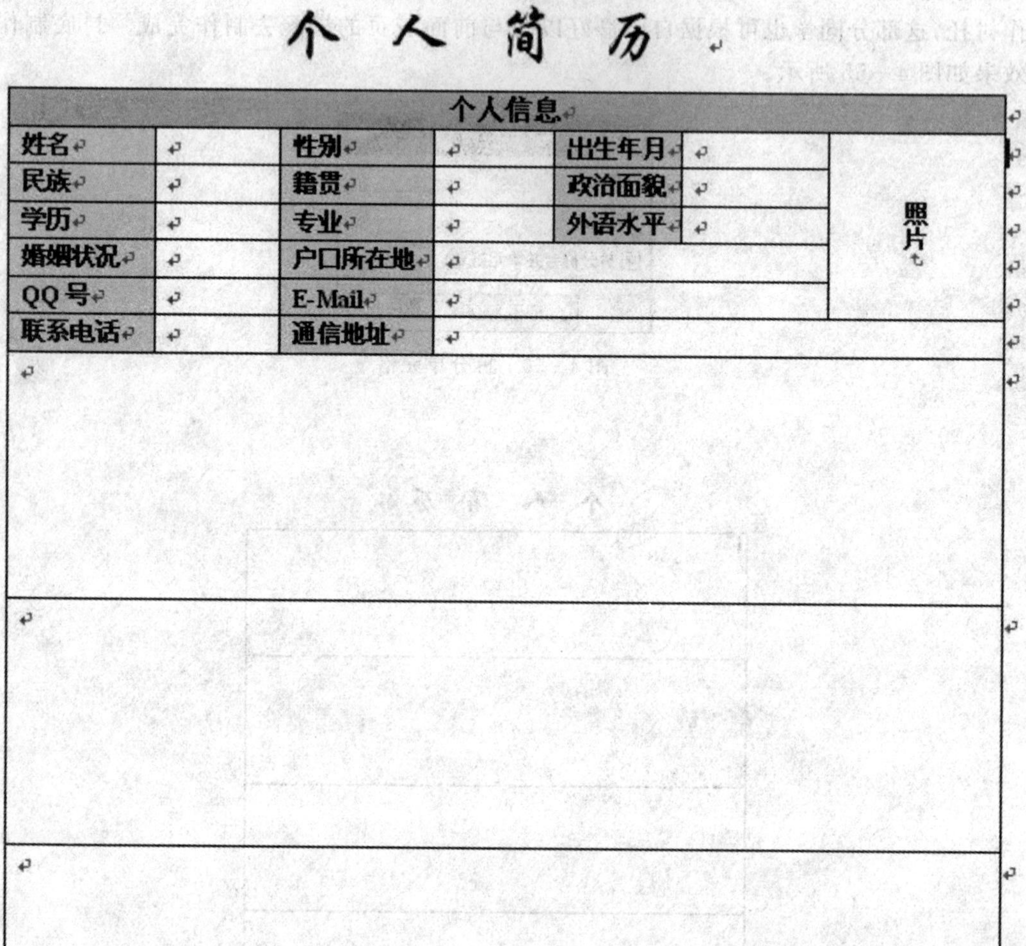

个 人 简 历

个人信息						
姓名		性别		出生年月		照片
民族		籍贯		政治面貌		
学历		专业		外语水平		
婚姻状况		户口所在地				
QQ 号		E-Mail				
联系电话		通信地址				

图 4-52　个人简历表效果图

5. 打印

在正式实施打印前，先点击常工具栏中的“打印预览”按钮，查看打印效果是否符合要求。经检查无误后再点击菜单【文件】→“打印…”打开“打印”设置面板，调整好设置后进行正式打印。如图 4-56 所示。

个 人 简 历

个人信息						
姓名		性别		出生年月		照片
民族		籍贯		政治面貌		
学历		专业		外语水平		
婚姻状况		户口所在地				
QQ 号		E-Mail				
联系电话		通信地址				
教育背景						
毕业院校		毕业时间		最高学历		
所学专业一		所学专业二				
受教育经历	起始年月	终止年月	学校（机构）	专业	获得证书	
工作能力及其它专长						
工作能力或成绩						
其它专长						
语言能力						
国语水平		粤语水平				
外语语种		外语水平				
求职意向及工作经历						
应聘职位		已获职称		工作年限		
月薪要求		可到职日期		希望工作地点		
工作经历						
个人自传						

图 4-53 个人简历表效果图

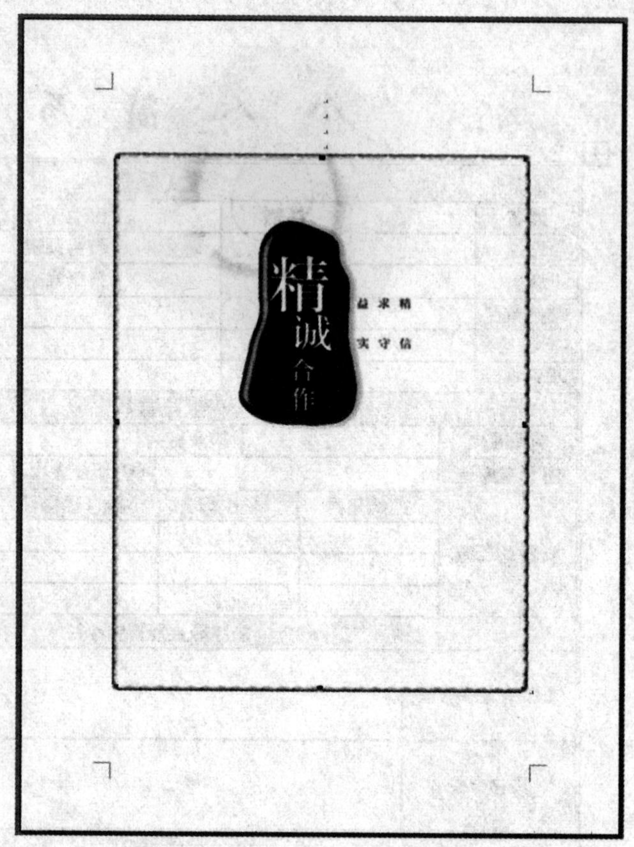

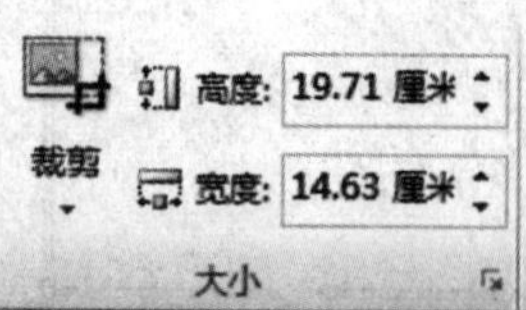

图 4-54 调整图片大小

图 4-55 封底效果图

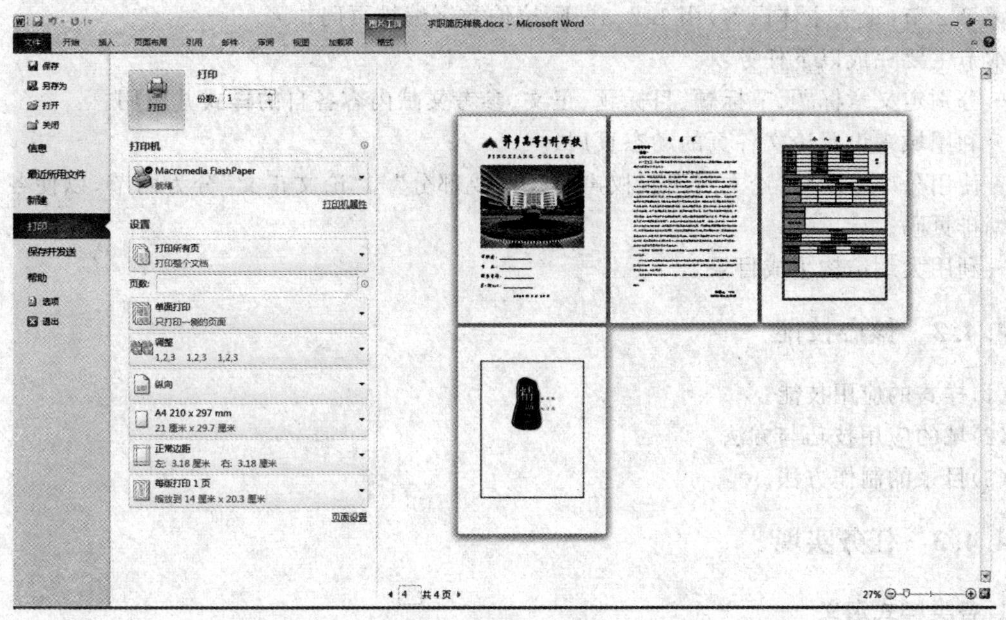

图 4-56 打印设置

4.4 Word 高级进阶(一):长文档(毕业论文)的排版

4.4.1 任务的提出与解析

在前面的内容中我们学习了短文档的编辑与排版。短文档通常定义为内容篇幅在 10 页以内的文档,比如通知、班级规章制度、公告、请示等等文体都属于短文档。相对而言,长文档通常定义为内容篇幅为 10 页以上的文档,比如毕业论文、报告、政府文件、产品说明书等等。在日常办公中,处理短文档时用户可能用一些初级的方法就可完成,比如字体与段落的格式设置。但是对于动则几十页甚至于上百页的长文档来说,倘若还用初级的手工方式来排版,简直是不可能完的任务。

由此,在编排长文档时,Word 2010 的高级方法与技巧发挥着至关重要的作用。比如长文档排版时样式的应用、目录的生成、域的应用等等都有事半功倍的效果。

本节以一篇未排版的硕士毕业论文初稿(节选部分)为例来进行排版。

论文排版的格式要求如下:

- 章标题(即标题 1):黑体、二号、加粗、居中无缩进、段前段后间距均为 15 磅、单倍行距;
- 节标题(即标题 2):黑体、三号、加粗、居中无缩进、段前段后间距均为 10 磅、单倍行距;
- 目标题(即标题 3):黑体、四号、加粗、居左无缩进、段前段后间距均为 5 磅、单倍行距;
- 正文:宋体、小四号、两端对齐、首行缩进 2 字符、段前段后间距均为 0 磅、行距 20 磅;
- 参考文献内容:宋体、五号、左对齐、无缩进、段前段后间距均为 0 磅、行距 10 磅;
- 各页页眉设为各页内容所在章的章标题,封面不设页眉与页脚;
- 第 1 节(即论文封面版权声明及摘要部分)用 I、II、III、IV…罗马数字编排页码;

・第2节(论文主体内容)用1、2、3…阿拉伯数字编排页码;

本节主要完成以下任务:

・分别定义章标题、节标题、目标题、正文、参考文献内容各自的样式并应用。

・利用域来设置论文各页的动态页眉。

・使用分节技术将“论文封面版权声明及摘要部分”与“论文正文”分为两节,以使各节能单独编排页码。

・利用大纲结构生成目录。

4.4.2 核心技能

(1)样式的应用技能。

(2)域的应用技巧与方法。

(3)目录的制作方法。

4.4.3 任务实现

1. 各类样式定义

(1)双击打开“论文原始初稿素材.docx”,为不破坏原始素材稿,将其另存为“论文样稿.docx”。此初稿未经任何编辑排版,只是输入了所有的文字与图片而已,初始时总长度是14页,如图4-57所示。

(2)修改“标题1”样式。在Word系统中,已经默认样式“标题1”就是章标题的样式,默认样式“标题2”就是节标题的样式,默认样式“标题3”就是目标题的样式,默认样式“正文”就是文档正文的样式。

打开【开始】工具栏,在样式工具栏部分,鼠标右键点击样式“标题1”并选择了菜单“修改…”。如图4-58所示。

进入修改样式面板后,先修改字体设置,将字体设置为:黑体、二号、加粗、居中;如图4-59所示。

在图4-59中作完了字体设置后,再点击“格式”按钮并选择子菜单“段落…”进入段落格式设置面板,设置段前段后间距:15磅、无缩进。如图4-60所示。

样式“标题1”即定义完毕。

其他样式如“标题2”、“标题3”、“正文”以上面类似的方法并按论文格式要求修改完成。

(3)新建自定义样式“参考文献内容”。点击样式工具栏右下角的扩展功能按钮 打开样式库面板,并点击“新建样式”按钮(如下图矩形框起部分)。如图4-61所示。

进入新建样式面板后,将名称设为:参考文献内容;字体设置为:宋体、五号、左对齐;如图4-62所示。段落设置为:段前段后间距为0磅、行间距10磅、无缩进;如图4-63所示。

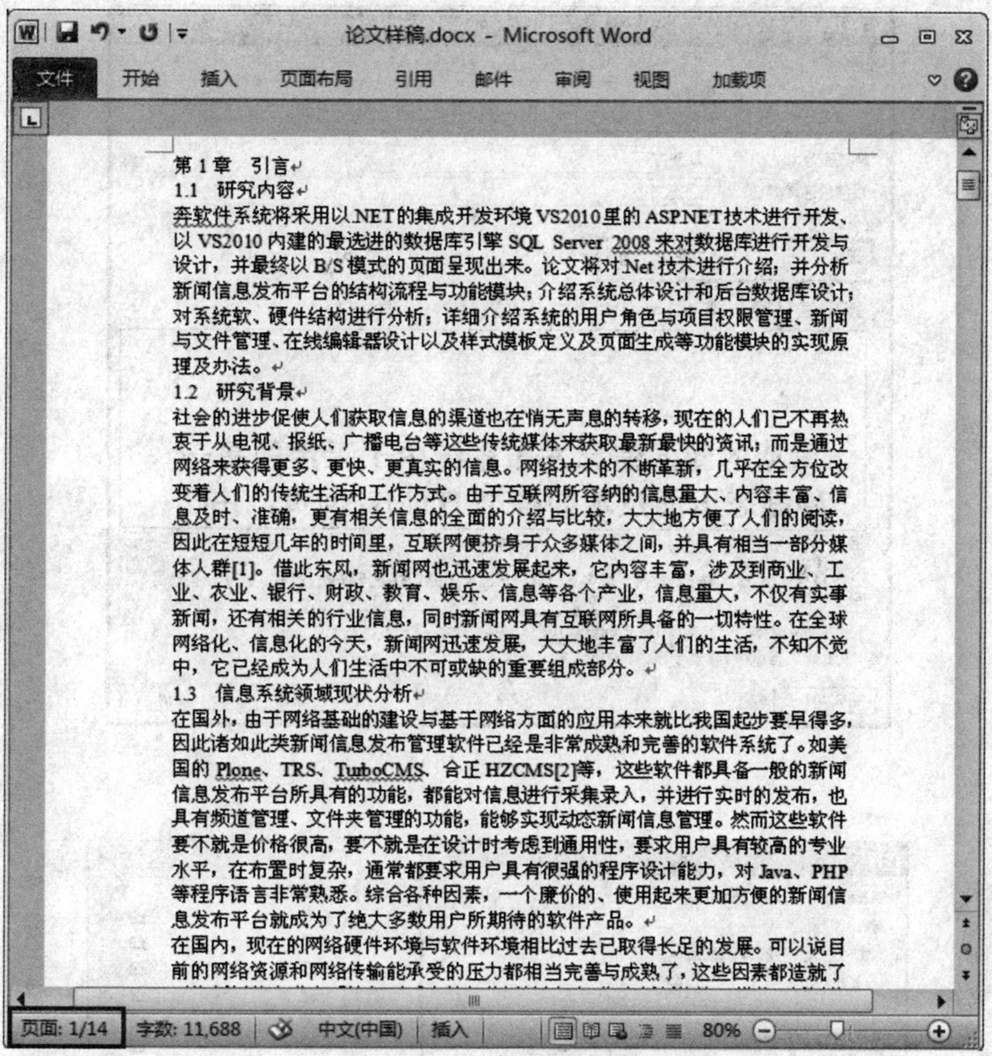

论文样稿.docx - Microsoft Word
文件
开始
插入
页面布局
引用
邮件
审阅
视图
加载项
第1章 引言
1.1 研究内容
奔软件系统将采用以.NET的集成开发环境VS2010里的ASP.NET技术进行开发，以VS2010内建的最选进的数据库引擎SQL Server 2008来对数据库进行开发与设计，并最终以B/S模式的页面呈现出来。论文将对.Net技术进行介绍；并分析新闻信息发布平台的结构流程与功能模块；介绍系统总体设计和后台数据库设计；对系统软、硬件结构进行分析；详细介绍系统的用户角色与项目权限管理、新闻与文件管理、在线编辑器设计以及样式模板定义及页面生成等功能模块的实现原理及办法。
1.2 研究背景
社会的进步促使人们获取信息的渠道也在悄无声息的转移，现在的人们已不再热衷于从电视、报纸、广播电台等这些传统媒体来获取最新最快的资讯；而是通过网络来获得更多、更快、更真实的信息。网络技术的不断革新，几乎在全方位改变着人们的传统生活和工作方式。由于互联网所容纳的信息量大、内容丰富、信息及时、准确，更有相关信息的全面的介绍与比较，大大地方便了人们的阅读，因此在短短几年的时间里，互联网便挤身于众多媒体之间，并具有相当一部分媒体人群[1]。借此东风，新闻网也迅速发展起来，它内容丰富，涉及到商业、工业、农业、银行、财政、教育、娱乐、信息等各个产业，信息量大，不仅有实事新闻，还有相关的行业信息，同时新闻网具有互联网所具备的一切特性。在全球网络化、信息化的今天，新闻网迅速发展，大大地丰富了人们的生活，不知不觉中，它已经成为人们生活中不可或缺的重要组成部分。
1.3 信息系统领域现状分析
在国外，由于网络基础的建设与基于网络方面的应用本来就比我国起步要早得多，因此诸如此类新闻信息发布管理软件已经是非常成熟和完善的软件系统了。如美国的Plone、TRS、TurboCMS、合正HZCMS[2]等，这些软件都具备一般的新闻信息发布平台所具有的功能，都能对信息进行采集录入，并进行实时的发布，也具有频道管理、文件夹管理的功能，能够实现动态新闻信息管理。然而这些软件要不就是价格很高，要不就是在设计时考虑到通用性，要求用户具有较高的专业水平，在布置时复杂，通常都要求用户具有很强的程序设计能力，对Java、PHP等程序语言非常熟悉。综合各种因素，一个廉价的、使用起来更加方便的新闻信息发布平台就成为了绝大多数用户所期待的软件产品。
在国内，现在的网络硬件环境与软件环境相比过去已取得长足的发展。可以说目前的网络资源和网络传输能承受的压力都相当完善与成熟了，这些因素都造就了
页面: 1/14
字数: 11,688
中文(中国)
插入
80%

图 4-57 论文原始初稿

AaB
AaBl
AaBbC
AaBbCcD
标题 1
更新 标题 1 以匹配所选内容(P)
修改(M)...
全选: 当前未使用的
重命名(N)...
从快速样式库中删除(Q)
添加到快速访问工具栏(A)

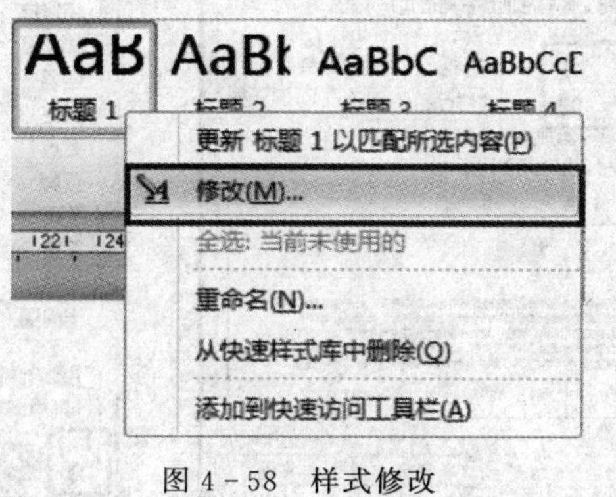

图 4-58 样式修改

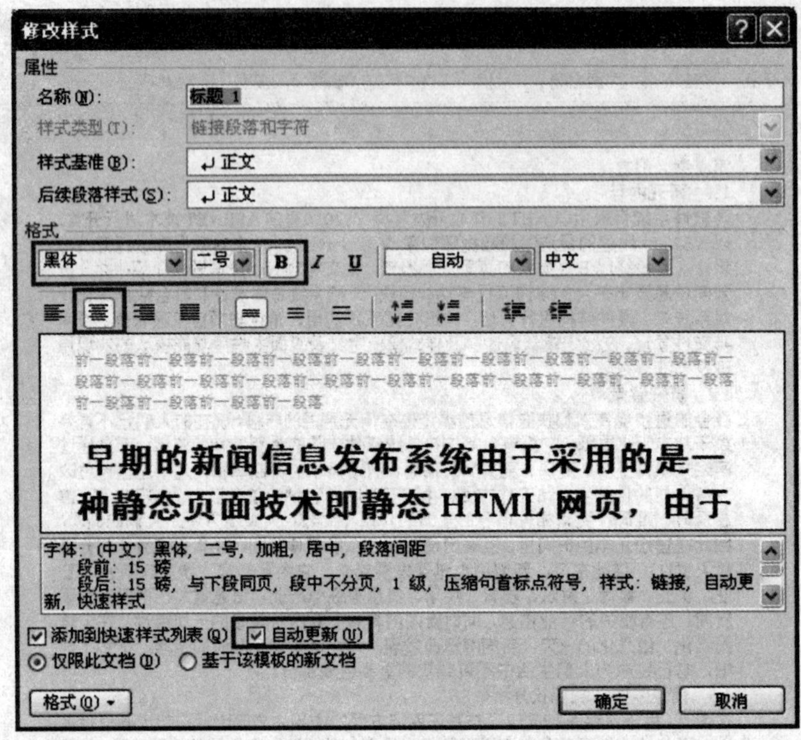

图 4－59　样式字体设置

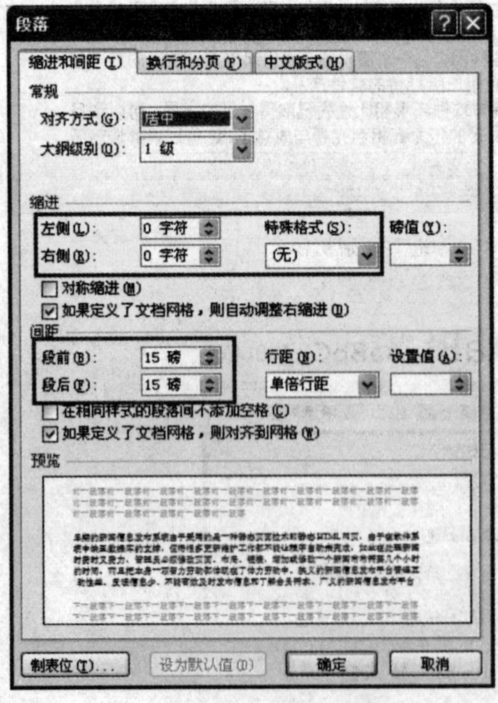

图 4－60　样式段落格式设置

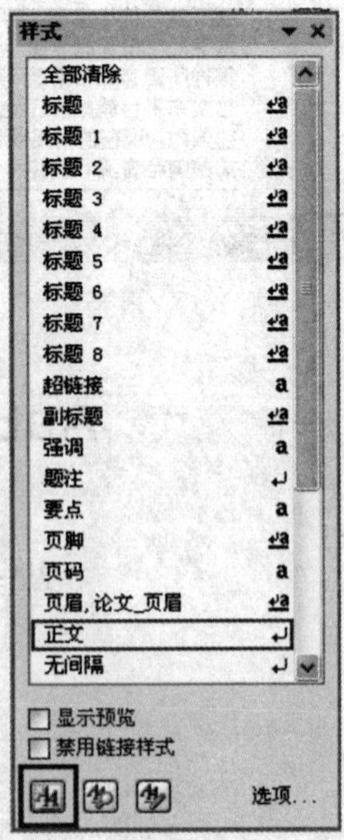

图 4－61　新建样式

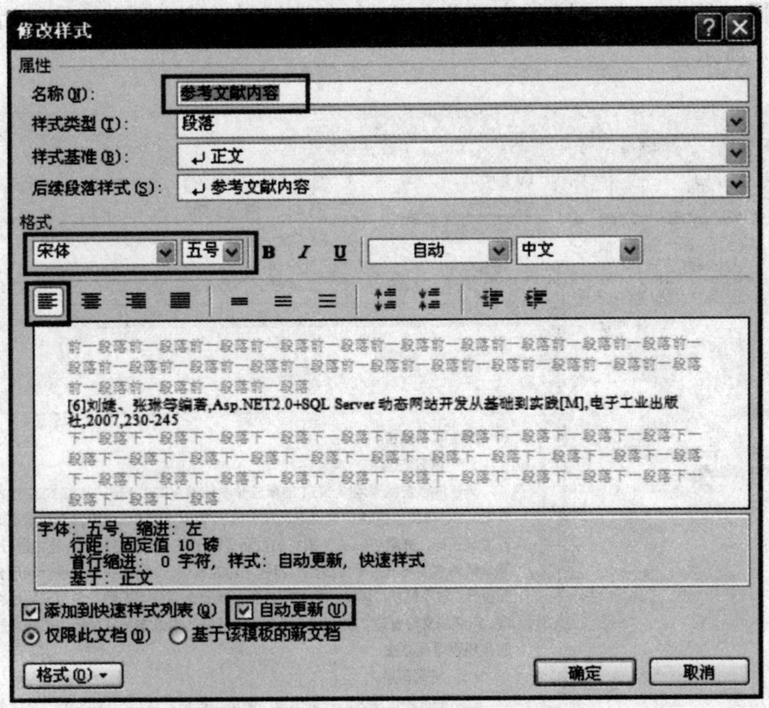

图 4-62 新建样式字体设置

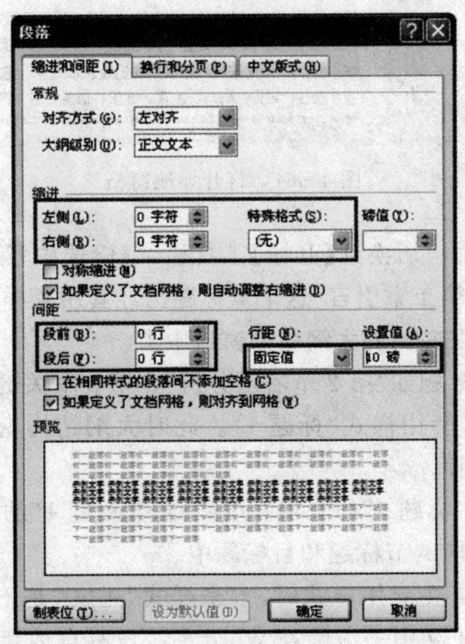

图 4-63 新建样式段落格式设置

2. 各类样式套用到相对应的标题中

打开【视图】工具栏，勾选“导航窗格”功能，在文档区的左侧随即出现文档的大纲结构窗口。如图 4－64 所示。

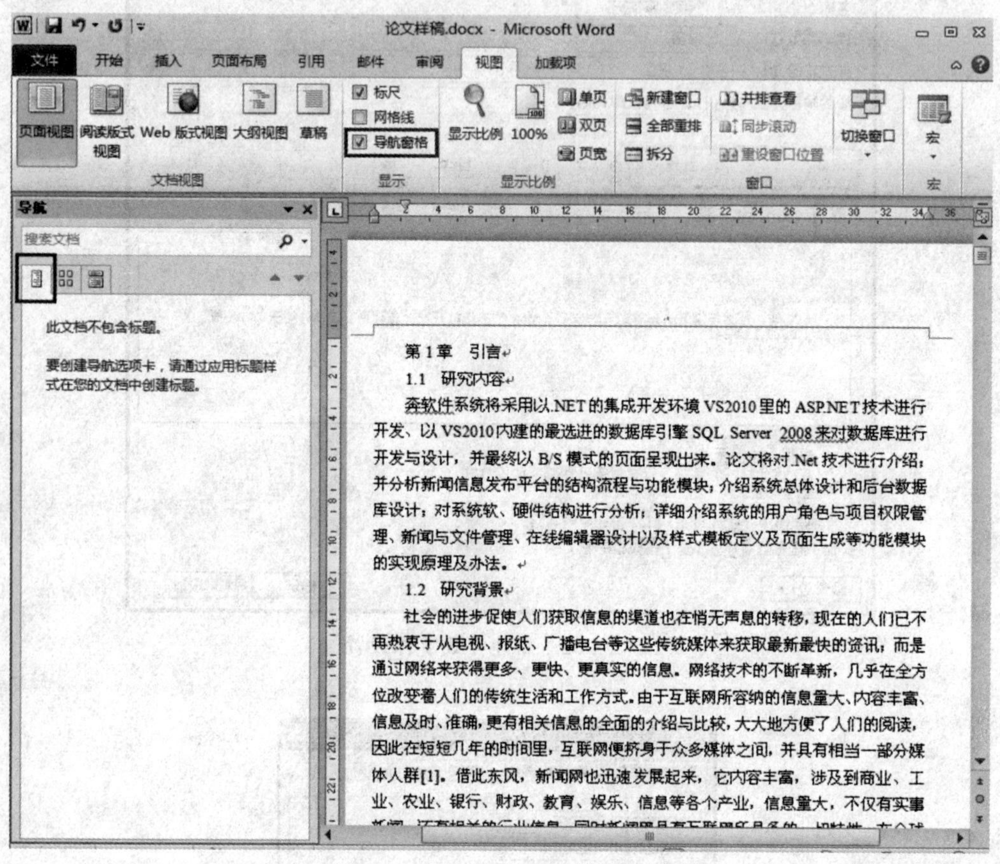

图 4－64　打开导航窗格

(1)样式“标题 1”的套用。切换到【开始】工具栏，鼠标选中“第 1 章引言”，再点击样式工具栏中的样式“标题 1”，即“第 1 章引言”这个章标题已经套用了样式“标题 1”了，此时“第 1 章引言”这个章标题已经出现在左侧的大纲结构窗口中了。

同样的方法，将其他章标题如“第 2 章需求分析”、“第 3 章关键技术简介”、“第 4 章结论与展望”、“谢辞”、“参考文献”，套用样式“标题 1”。此时大纲结构窗口中出现了 6 个一级标题(即章标题)，如图 4－65 所示。

(2)样式“标题 2”、样式“标题 3”的套用。按照样式“标题 1”的套用方式，将样式“标题 2”、样式“标题 3”分别套用到对应的节标题和目标题中。

(3)样式“正文”的套用。在套用样式时，本来样式“正文”是不需去套用的，因为样式“正文”会自动套用到未排版的正文中去。倘若 Word 系统没有自动套用样式“正文”，也可手工套用。

手工套用方法是：将光标放置在文档正文内容里的任意位置，点击鼠标右键出现属性菜单，选择子菜单“样式”→“选择格式相似的文本”即会选中所有正文内容，再点击样式栏中的样式“正文”即完成套用。

(4)样式“参考文献内容”的套用。鼠标拖选所有参考文献，再点击样式工具栏的样式“参考文献内容”即完成套用。

样式全部套用完后，文档的大纲结构就完全呈现出来了。如图4-66所示。

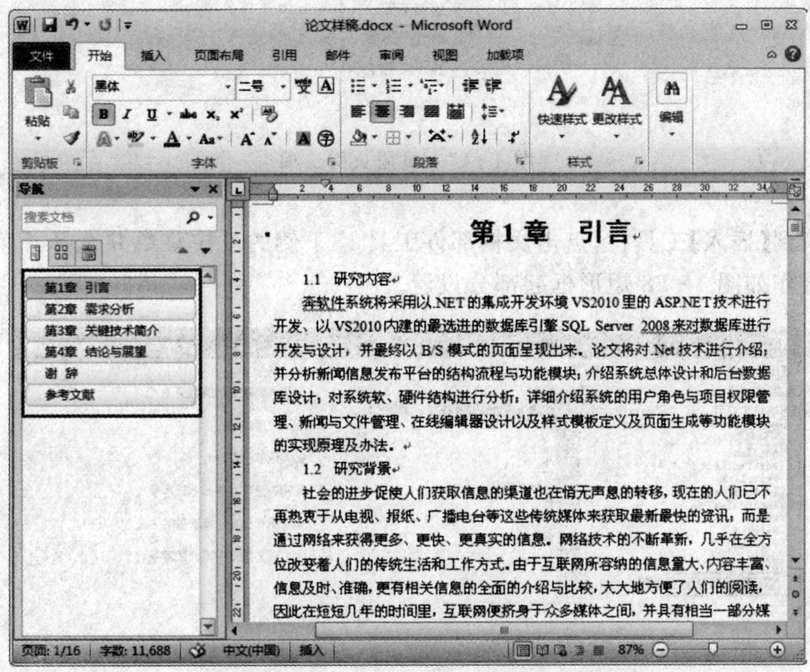

图4-65 套用样式“标题1”后导航窗格

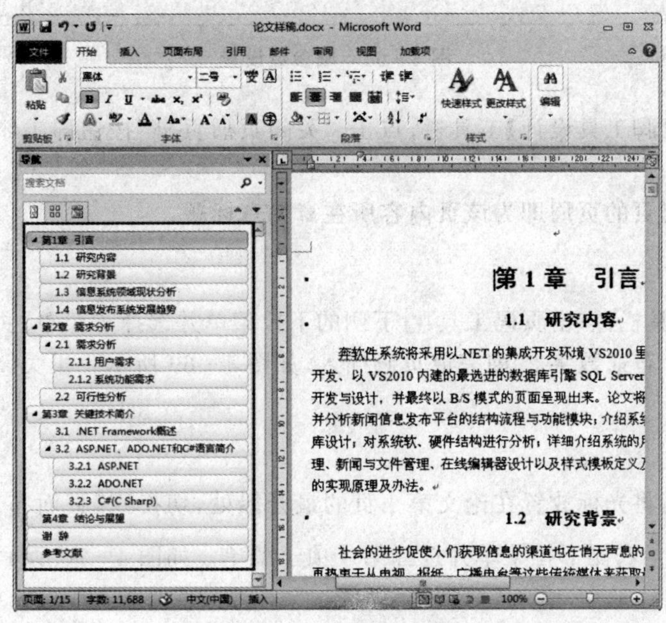

图4-66 完整大纲结构

3. 动态页眉的生成

切换到【插入】工具栏，点击页眉工具 下侧的下拉菜单并选择第一项子菜单进入页眉输入设置。在【页眉与页脚工具】工具栏中，将“首页不同”选项前的勾去掉，如图 4-67 所示。

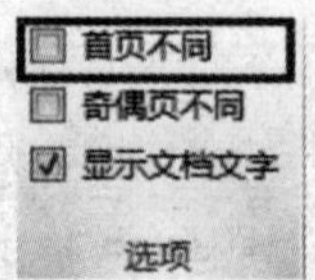

图 4-67　页眉页脚选项

再次切换到【插入】工具栏，点击文档部件工具 下侧的下拉菜单并选择子菜单“域…”进入域面板。并作如图 4-68 矩形框起部分设置。

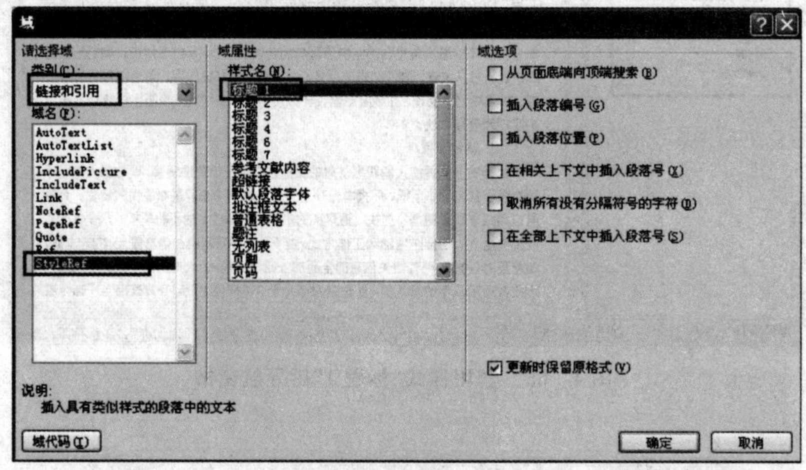

图 4-68　域参数设置

切换到【页眉页脚工具设计】工具栏，点击“关闭页眉页脚”按钮即关闭【页眉页脚工具设计】工具栏。

这样，设定了每页的页眉即为该页内容所在章的章标题。

4. 插入页码

打开【插入】工具栏，点击页码工具 下侧的下拉菜单并选择子菜单“页面底端…”再选择下面第二项子菜单“普通数字 2”即完成页码插入，如图 4-69 所示。再关闭【页眉页脚工具设计】工具栏。

5. 分节

1）插入新一节：将光标放置在论文第 1 页的最开始处，切换到【页面布局】工具栏，点击分隔符工具 分隔符 右侧下拉菜单并选择第 4 项子菜单。如图 4-70 所示。

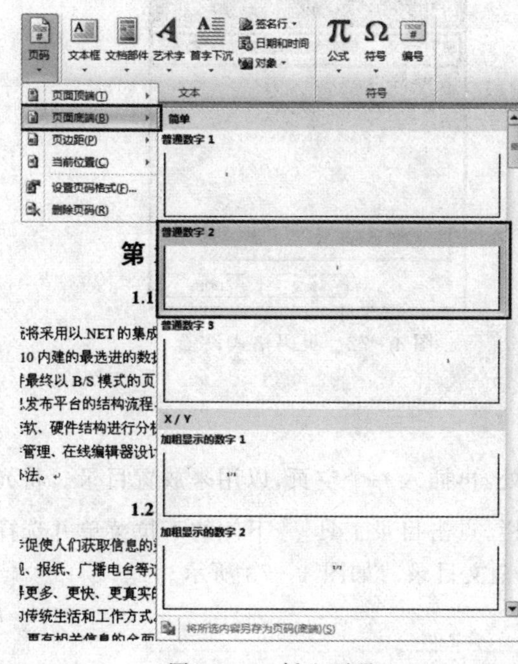

图 4－69　插入页码

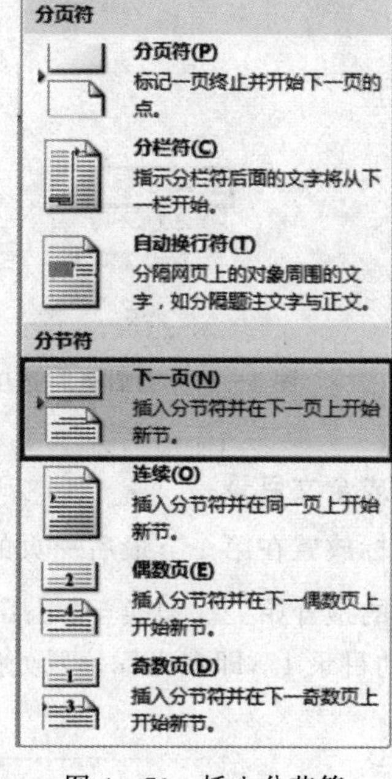

图 4－70　插入分节符

此时整个文档分为 2 节了，第 1 节是个空白页，第 2 节是论文的主体内容。

6. 复制第 1 节的内容

将素材里的“论文封面版权申明及摘要等.docx”文件里的所有内容复制到上面的第 1 节中去。

7. 调整第 1 节的页眉与页码

由于上面在第 2 节里设定了页眉与页码，所以复制过来的第 1 节内容会自动继承第 2 节的页眉与页码的设定方式。但对于所有毕业论文来讲，在第 1 节的第一页(即封面页)是不需要页眉与页码的，所以要在封面页里去掉这个页眉与页码。

将光标放置在第 1 节的第一页里，双击封面页的页眉，激活【页眉和页脚工具设计】工具栏，勾选“首页不同”选项，如图 4－71 所示。

然后直接删除封面页的页眉内容，再关闭【页眉页脚工具设计】工具栏。这样，封面页就没有页眉与页码了。

8. 第 1 节的页码以罗马数字Ⅰ,Ⅱ,Ⅲ,…来编排

将光标放置在第 1 节的第一页里。切换至【插入】工具栏，点击页码工具下侧的下拉菜单并选择子菜单“设置页码格式…”，将编号格式设为：罗马数字，起始页码设为：I。如图 4－72 所示。

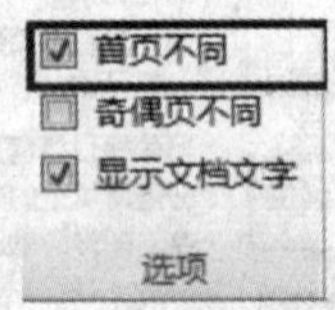

图 4-71 页眉页脚选项

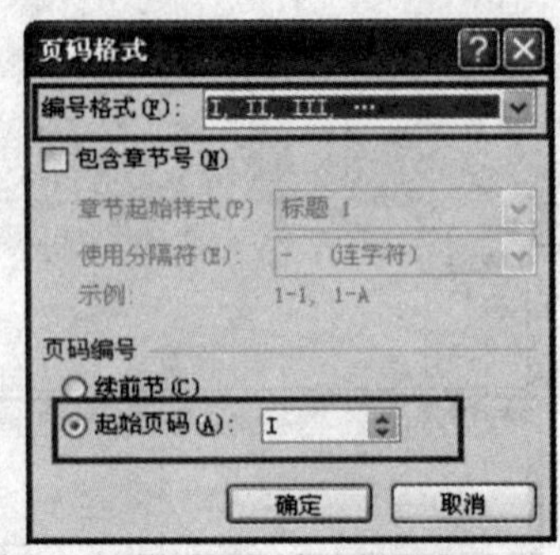

图 4-72 页码格式设置

9. 生成全文目录

将光标放置在第 1 节最后一页的最末处,再插入一个空页,以用来放置目录。将光标放置在该空页的最开始处。切换至【引用】工具栏,点击目录工具 下侧的下拉菜单并选择第二项菜单“自动目录 1”,即在光标位置处生成了全文目录。如图 4-73 所示。

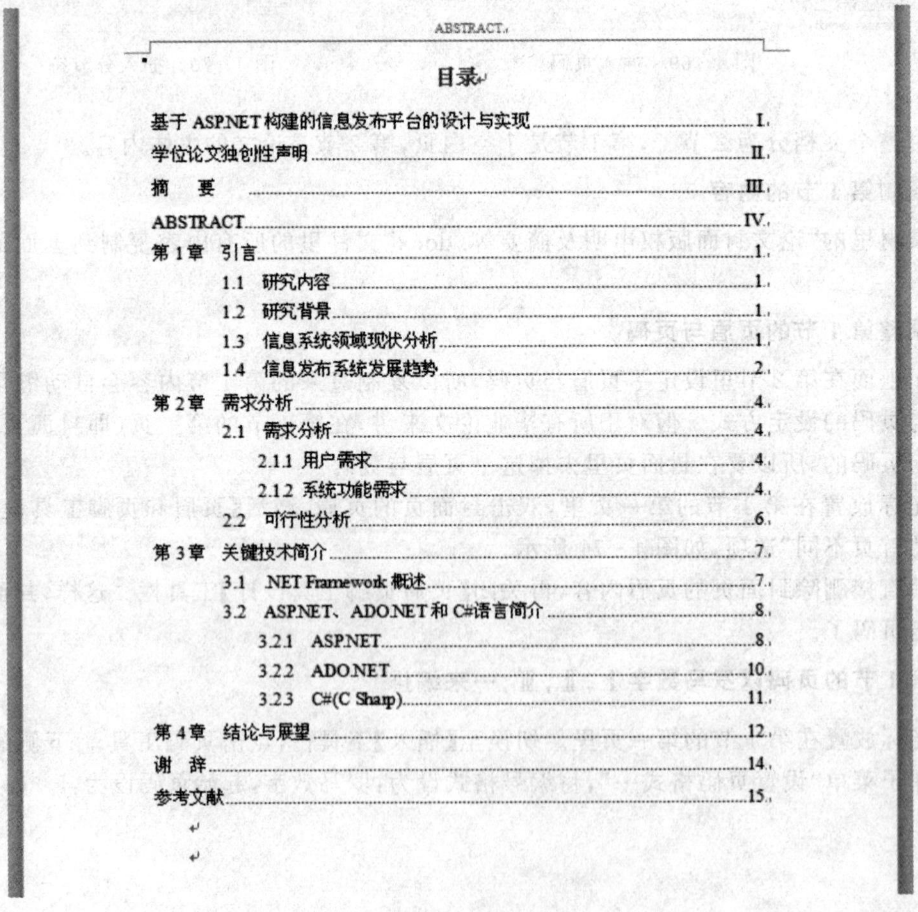

ABSTRACT

目录

基于 ASP.NET 构建的信息发布平台的设计与实现 …… I
学位论文独创性声明 …… II
摘 要 …… III
ABSTRACT …… IV
第 1 章 引言 …… 1
1.1 研究内容 …… 1
1.2 研究背景 …… 1
1.3 信息系统领域现状分析 …… 1
1.4 信息发布系统发展趋势 …… 2
第 2 章 需求分析 …… 4
2.1 需求分析 …… 4
2.1.1 用户需求 …… 4
2.1.2 系统功能需求 …… 4
2.2 可行性分析 …… 6
第 3 章 关键技术简介 …… 7
3.1 .NET Framework 概述 …… 7
3.2 ASP.NET、ADO.NET 和 C#语言简介 …… 8
3.2.1 ASP.NET …… 8
3.2.2 ADO.NET …… 10
3.2.3 C#(C Sharp) …… 11
第 4 章 结论与展望 …… 12
谢 辞 …… 14
参考文献 …… 15

图 4-73 完整目录

至此，整个论文就排版好了。

4.5　Word 高级进阶(二)：成绩通知单制作

4.5.1 任务的提出与解析

大部分学校在每个寒暑假可能要给每个学生的家长发放该学期的考试成绩单，特别是中小学，这项工作几乎是必须要做的。但是由于现在学生考试成绩都是以班级为单位的班级各科成绩总表，一般来讲是张 Excel 总表；而要发放给每个学生家长的是该位学生的个人各科成绩单，而且一般是 Word 文档形式。例如图 4－74 是 12 电会班(51 人)在 2012—2013 学年第 1 学期的成绩总表(部分截图)，而作为班主任，想要发每位家长的是该学生个人各科成绩单且是 Word 文档形式，成绩单文档模板如图 4－75 所示。

	A	B	C	D	E	F	G	H	I	J	K
1	学号	姓名	思想品德修养与法律基础	计算机文化基础	基础会计学	经济数学	大学英语1	体育1	会计技能	总分	排名
2	12329001	郭伟健	优秀	中等	70	85	79	56	64	354	44
3	12329002	郑慧敏	优秀	中等	79	81	86	90	94	430	3
4	12329003	曹湘	良好	良好	74	95	57	96	94	416	9
5	12329004	方晨琳	及格	中等	63	93	87	77	75	395	19
6	12329005	付强	及格	良好	78	55	68	87	87	375	33
7	12329006	彭梦琳	良好	中等	69	75	80	84	64	372	36
8	12329007	余阳	中等	良好	72	84	95	80	60	391	22
9	12329008	李泥	良好	及格	85	65	79	72	89	390	23
10	12329009	胡玲	及格	及格	66	61	84	94	64	369	38
11	12329010	陈嘉伟	中等	中等	92	55	75	75	64	361	41
12	12329011	付云标	良好	优秀	66	75	90	92	91	414	10
13	12329012	肖欣欣	良好	中等	74	81	86	80	81	402	15
14	12329013	彭婷	良好	及格	87	85	78	77	70	397	17
15	12329014	朱鹏	优秀	及格	89	78	96	84	71	418	8
16	12329015	易思	中等	中等	65	87	68	68	75	363	40
17	12329016	汪垚	良好	及格	76	95	88	86	83	428	5
18	12329017	昌婉	及格	中等	71	80	70	62	73	356	43
19	12329018	谢珍	优秀	及格	67	61	60	61	70	319	51
20	12329019	肖雨	优秀	及格	92	56	85	82	75	390	23
21	12329020	朱燕芝	良好	良好	96	63	65	85	83	392	20
22	12329021	易晨琦	及格	及格	72	83	62	74	40	331	48
23	12329022	郑嘉裕	中等	良好	91	61	68	80	68	368	39
24	12329023	林洁	良好	优秀	96	95	66	82	90	429	4
25	12329024	金煜哲	及格	及格	55	85	72	74	92	378	32
26	12329025	林丹	良好	及格	79	91	92	82	90	434	1
27	12329026	郭雅雅	良好	中等	84	83	93	63	57	380	31
28	12329027	李姣姣	中等	良好	91	63	77	84	90	405	12
29	12329028	张艳	良好	优秀	80	82	78	77	84	401	16
30	12329029	陈露露	中等	良好	76	61	94	73	68	372	36
31	12329030	宋丹	优秀	中等	96	69	96	87	80	428	5
32	12329031	蔡静敏	优秀	及格	78	65	83	60	60	346	45
33	12329032	肖虹晴	及格	良好	87	72	93	64	76	392	20
34	12329033	彭静静	中等	中等	87	61	56	61	61	326	49
35	12329034	蔡文政	优秀	及格	77	76	88	95	67	403	13
36	12329035	周光娟	中等	良好	95	82	96	62	62	397	17

图 4－74　12 电会(1)班成绩总表

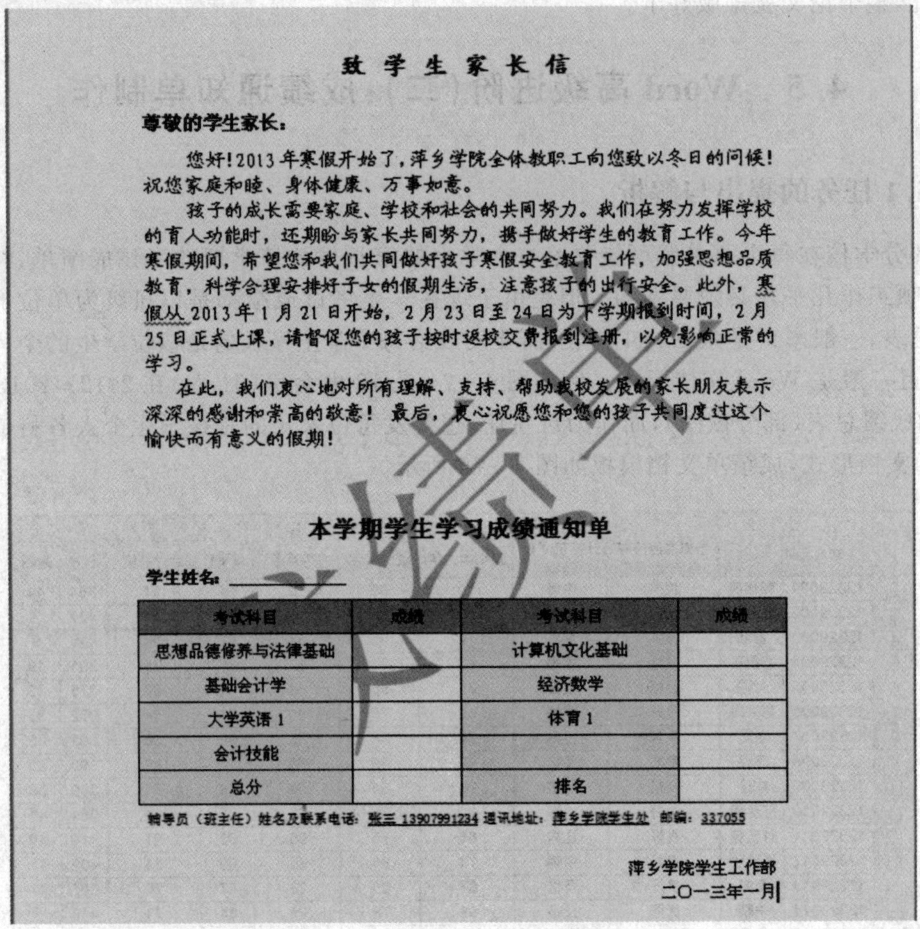

致 学 生 家 长 信

尊敬的学生家长：

您好！2013 年寒假开始了，萍乡学院全体教职工向您致以冬日的问候！祝您家庭和睦、身体健康、万事如意。

孩子的成长需要家庭、学校和社会的共同努力。我们在努力发挥学校的育人功能时，还期盼与家长共同努力，携手做好学生的教育工作。今年寒假期间，希望您和我们共同做好孩子寒假安全教育工作，加强思想品质教育，科学合理安排好子女的假期生活，注意孩子的出行安全。此外，寒假从 2013 年 1 月 21 日开始，2 月 23 日至 24 日为下学期报到时间，2 月 25 日正式上课，请督促您的孩子按时返校交费报到注册，以免影响正常的学习。

在此，我们衷心地对所有理解、支持、帮助我校发展的家长朋友表示深深的感谢和崇高的敬意！最后，衷心祝愿您和您的孩子共同度过这个愉快而有意义的假期！

本学期学生学习成绩通知单

学生姓名：__________

考试科目	成绩	考试科目	成绩
思想品德修养与法律基础		计算机文化基础	
基础会计学		经济数学	
大学英语 1		体育 1	
会计技能			
总分		排名	

辅导员（班主任）姓名及联系电话：张三 13907991234 通讯地址：萍乡学院学生处 邮编：337055

萍乡学院学生工作部

二〇一三年一月

图 4－75　成绩单文档模板

这样，由于 12 电会(1)班总共有 51 人，须得制作 51 份以上述模板为底板的成绩单文档，每份成绩单里只是姓名和各科分数不同而已。倘若手工制作，则费时费力，而且很容易出错，所以必须得使用 Word 2010 的高级功能与方法即邮件合并功能。

4.5.2　核心技能

(1)合并前成绩数据的准备及成绩单模板的制作。

(2)合并域的插入。

(3)完成邮件合并。

4.5.3　任务实现

(1)预先准备好班级成绩总表即 Excel 文件："12 电会(1)班 2012－2013－1 成绩表.xlsx"，并制作好模板文档："成绩单文字模板.docx"。在 Word 2010 中打开已预先准备好的"成绩单文字模板.docx"文档，如图 4－75 所示。

(2)切换至【邮件】工具栏，点击工具栏中的"开始邮件合并"工具，打开下拉菜单并选择子菜单“邮件合并分步向导…”,则会在文档区的右侧出现邮件合并窗格。这个窗格是浮动的,所以可以拖出来放至任意位置。如图 4-76 所示。

(3)在图 4-76 中选择 ◎信函 再点击“下一步”;继续选择 ◎使用当前文档 点击“下一步”进入数据源的设定;如图 4-77 所示。

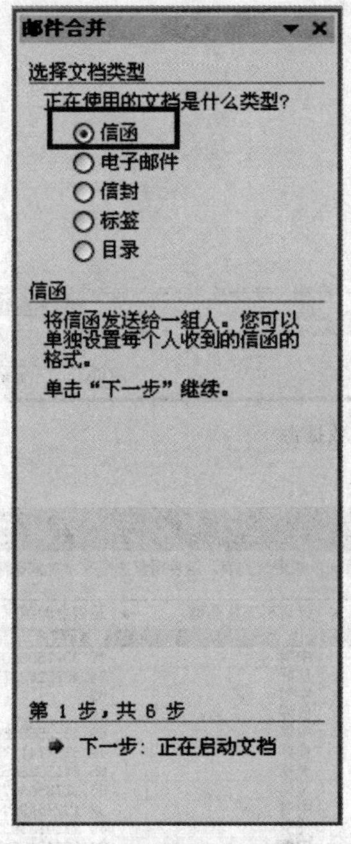

图 4-76 邮件合并窗格

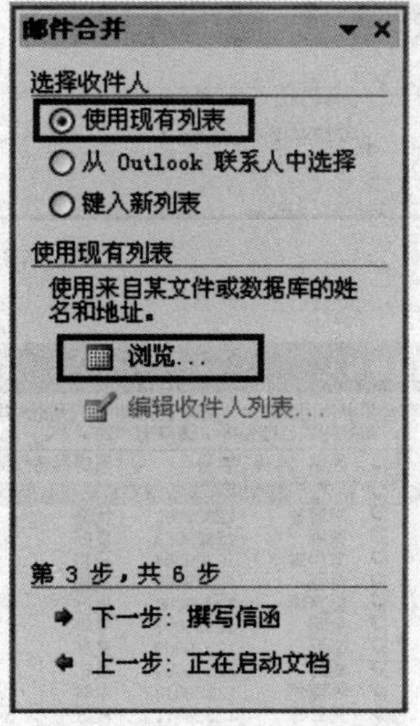

图 4-77 邮件合并窗格

在图 4-77 中点击“数据源浏览按钮” 浏览... ,找到“12 电会(1)班 2012-2013-1 成绩表. xlsx”并打开它。如图 4-78 所示。

在图 4-78 中点击打开后,出现一个确认框,再点击“确定”按钮后,此时便打开并显示“12 电会(1)班 2012-2013-1 成绩表. xlsx”的所有数据。如图 4-79 所示,继续点击确定。

此时的邮件合并窗格如图 4-80 所示。

在图 4-80 中点击“下一步”进入撰写信函;如图 4-81 所示。

此时开始向“成绩单文字模板”文档的空白处插入数据源的字段域。方法如下:

(4)将光标放置在模板文档的“学生姓名:”后的下划线上,再在图 4-81 中点击项目图标“ 其他项目... ”出现如图 4-82 所示,在图中选择“姓名”域,再点击“插入”按钮。

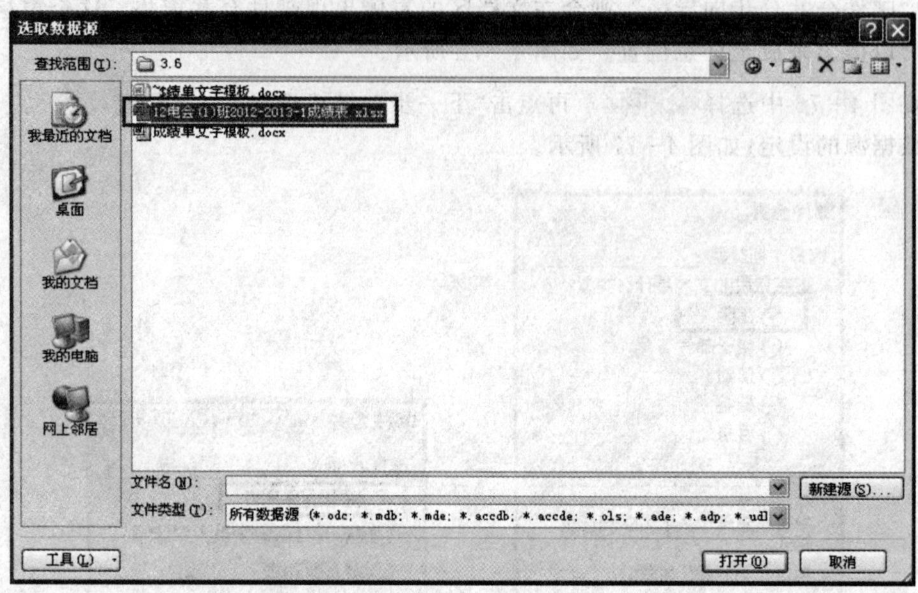

图 4-78 选取数据源

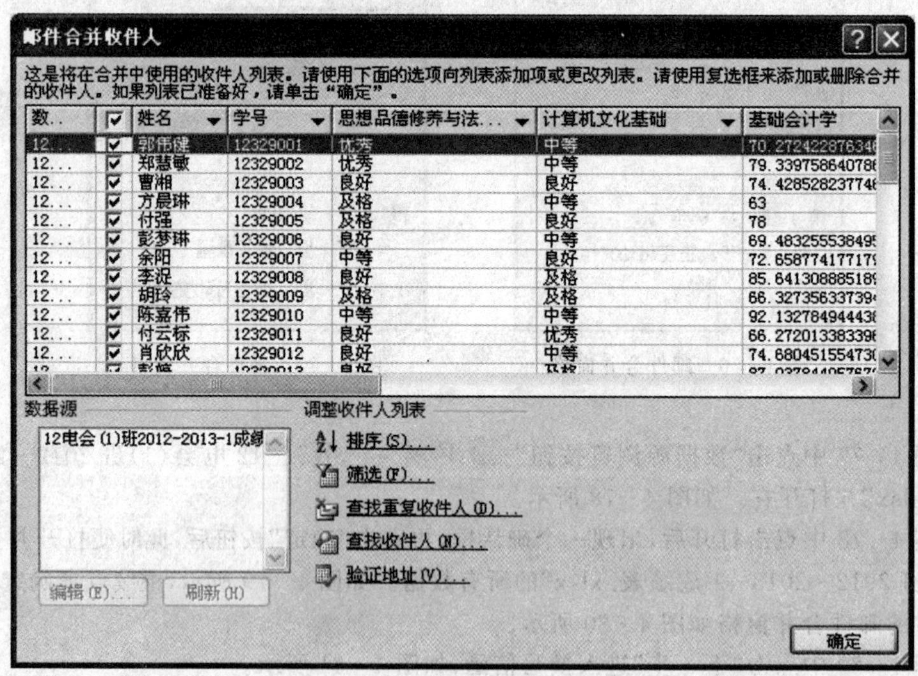

图 4-79 数据源数据显示

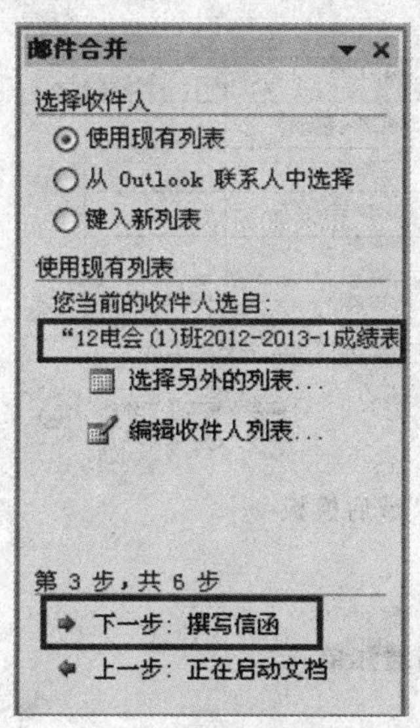

图 4-80 邮件合并窗格

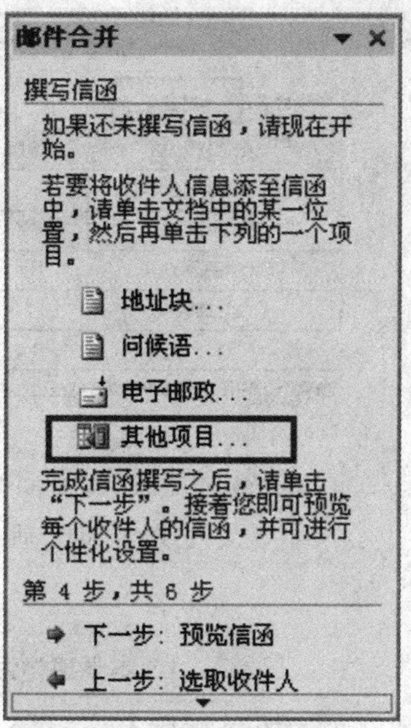

图 4-81 邮件合并窗格

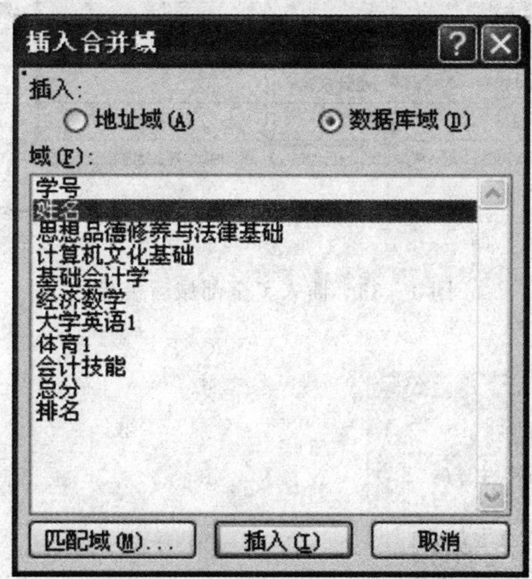

图 4-82 向模板中插入域

这时模板文档中,“学生姓名:”后的下划线上就出现了“《姓名》”域;如图 4-83(模板部分截图)所示。

以同样方法将其他域插入到相对应的成绩单元格中,全部域插入完后如图 4-84(模板部分截图)所示。

(5)继续点击“下一步”预览(可略过),再次点击“下一步”完成合并,此时邮件合并窗格如图 4-84 所示。

在上图中点击 编辑单个信函... 出现如图 4-85 所示。

本学期学生学习成绩通知单

学生姓名：«姓名»

考试科目	成绩	考试科目	成绩
思想品德修养与法律基础		计算机文化基础	
基础会计学		经济数学	
大学英语 1		体育 1	
会计技能			
总分		排名	

辅导员（班主任）姓名及联系电话：张三 13907991234 通讯地址：萍乡学院学生处 邮编：337055

萍乡学院学生工作部
二〇一三年一月

图 4－83　插入了"姓名"域后模板

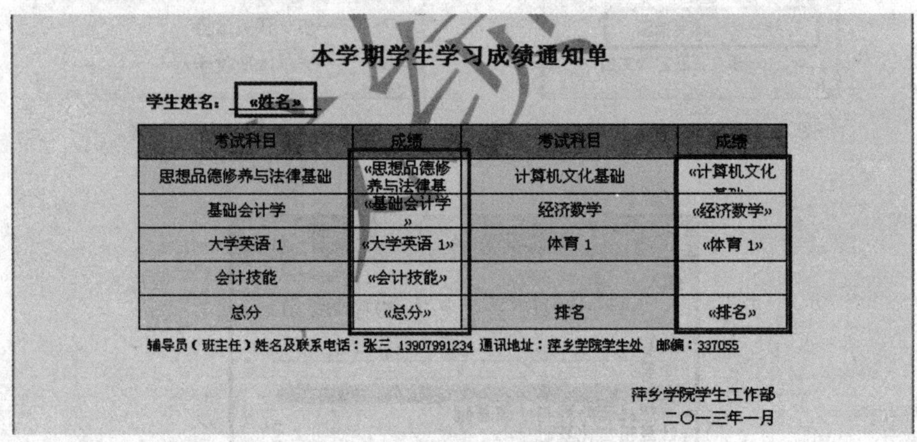

本学期学生学习成绩通知单

学生姓名：«姓名»

考试科目	成绩	考试科目	成绩
思想品德修养与法律基础	«思想品德修养与法律基	计算机文化基础	«计算机文化
基础会计学	«基础会计学»	经济数学	«经济数学»
大学英语 1	«大学英语 1»	体育 1	«体育 1»
会计技能	«会计技能»		
总分	«总分»	排名	«排名»

辅导员（班主任）姓名及联系电话：张三 13907991234 通讯地址：萍乡学院学生处 邮编：337055

萍乡学院学生工作部
二〇一三年一月

图 4－83　插入了全部域后模板

邮件合并

完成合并

可使用"邮件合并"生成信函。

要个性化设置您的信函，请单击"编辑个人信函"。这将为合并信函打开新的文档。若要更改所有信函，请切换回原始文档。

合并

打印...

编辑单个信函...

第 6 步，共 6 步

上一步：预览信函

图 4－84　邮件合并窗格

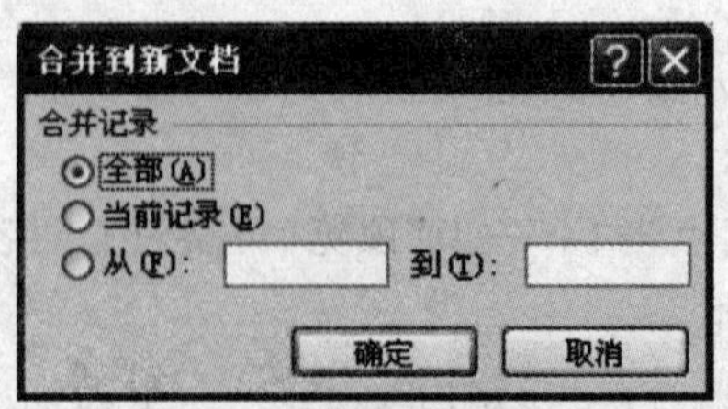

图 4－85　合并到新文档

在图 4-85 中点击“确定”按钮后，即自动产生了一新文档“信函 1”，该新文档中即包括了班级所有同学的成绩单，总共 51 页，每个同学的成绩单均占单独完整的一页（而且也是单独的一节）。如图 4-86 所示。将该信函 1 文档另存为“12 电会(1)班 2012-2013-1 成绩单.docx”

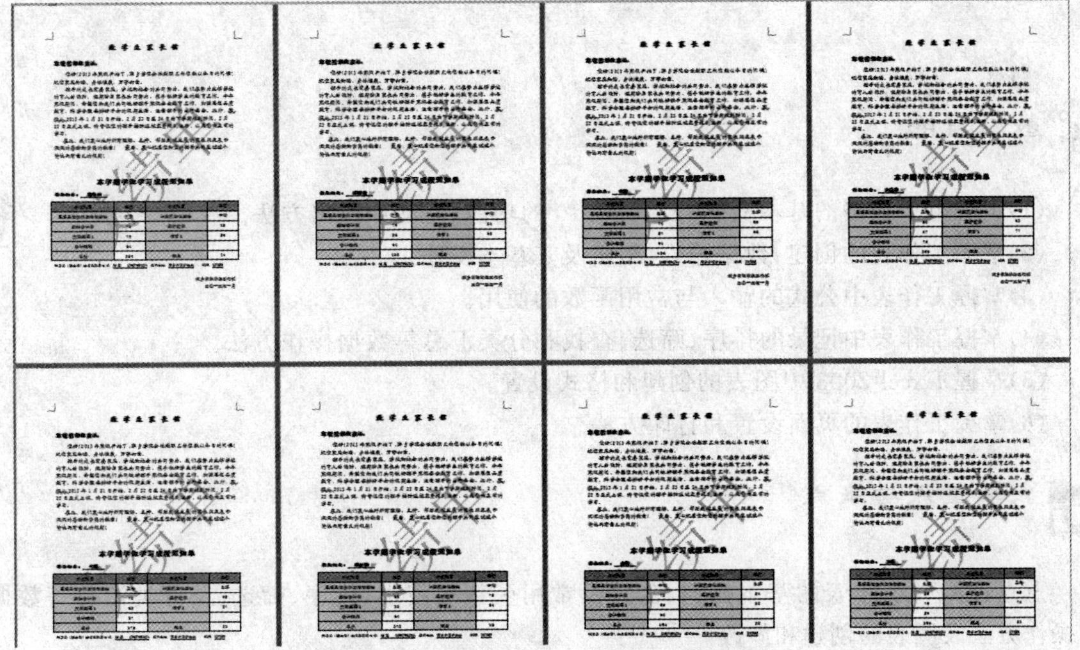

图 4-86　最终合并后的成绩单（部分截图）

至此，班级所有学生成绩单制作完毕。

本章小结

本章的知识点较多，涉及的细节设置也较多。本章介绍的主要内容有文档的创建、打开，文档的编辑（文字的选定、插入、删除、查找与替换等基本操作），多窗口和多文档的编辑；文档的保存、复制、删除、插入、打印；字体、字号的设置、段落格式和页面格式的设置与打印预览；图形功能，Word 的图形编辑器及使用；表格制作，表格中数据的输入与编辑，数据的排序和计算，等等。

第 5 章　Excel 2010 应用

教学目的

(1)了解电子表格的基本概念,Excel 2010 的功能、启动和退出方法。

(2)掌握工作表的创建、数据输入、编辑及其基本操作。

(3)掌握工作表中公式的输入与常用函数的使用。

(4)掌握工作表中记录的排序、筛选、查找和分类汇总等数据操作方法。

(5)掌握 Excel 2003 中图表的创建和格式设置。

(6)掌握工作表的页面设置和打印方法。

教学重点与难点

重点:Excel 工作表的基本操作、公式及常用函数的使用,排序、筛选、及分类汇总等数据的操作方法及图表的创建和修改。

难点:数据操作及图表。

5.1　Excel 应用初步:全国计算机等级考试一级 MS Office 考试(电子表格题)

5.1.1　任务的提出与解析

1. 任务的提出

电子表格的基本应用是全国计算机等级考试一级 MSOffice 考试的必考知识点,而且还占有较高的分值,其重要性不言而喻。如图 5-1 所示。

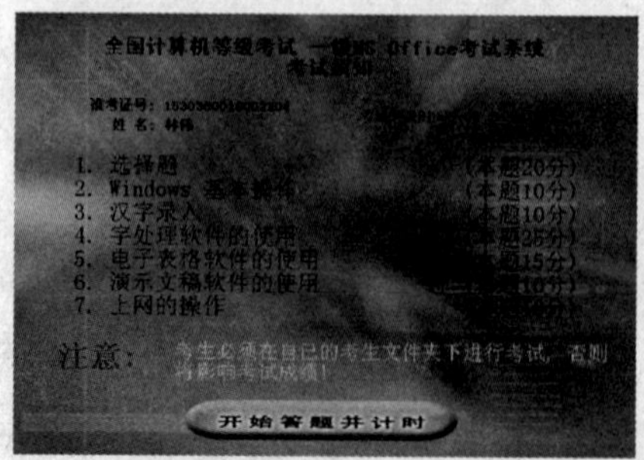

图 5-1　全国计算机等级考试题型显示列表

2. 任务解析

全国计算机等级考试必须要求利用 Excel 2003 来答题。而 Excel 2010 相对 Excel 2003 而言有很多的不同和诸多的不兼容，比如在根据数据系列来制作图表时，即使是完全相同的数据，Excel 2010 制作出来的图和 Excel 2003 制作出来的图有很多部分是不相同的；另外还有在公式函数应用方面，Excel 2010 已经放弃了原来在 Excel 2003 下经常应用的函数（比如排名函数 RANK 函数）而把这些函数升级为更高级的函数名称。

基于上述原因，所以对本个小任务，我们还是遵从全国计算机等级考试的要求，利用 Excel 2003 来完成该任务。利用 MicrosoftExcel 2003 本身的公式计算和统计图表自动生成的强大功能来完成此题的操作。

对于后面的 5.2、5.3、5.4 等节的任务内容，将采用 Excel 2010 来完成制作。

5.1.2 核心技能

1. SUM 自动求和、百分比样式的应用

函数名称：SUM。

用途：计算所有参数数值的和。

语法：SUM(Number1，Number2，…)

参数：Number1，Number2，…代表需要计算的值，可以是具体的数值、引用的单元格（区域）、逻辑值等。

实例：在 D64 单元格中输入公式＝SUM(D2:D63)，确认后即可求出从 D2 至 D63 的数值总和。

特别提醒：如果参数为数组或引用，只有其中的数字将被计算，数组或引用中的空白单元格、逻辑值、文本或错误值将被忽略。如果将上述公式修改为＝SUM(LARGE(D2:D63,{1,2,3,4,5}))，则可以求出前 5 名成绩的和。

2. 图表向导应用

5.1.3 任务实现

考生登录进入考试界面后，单击“电子表格”按钮，出现“电子表格”的试题要求，如图 5－2 所示。

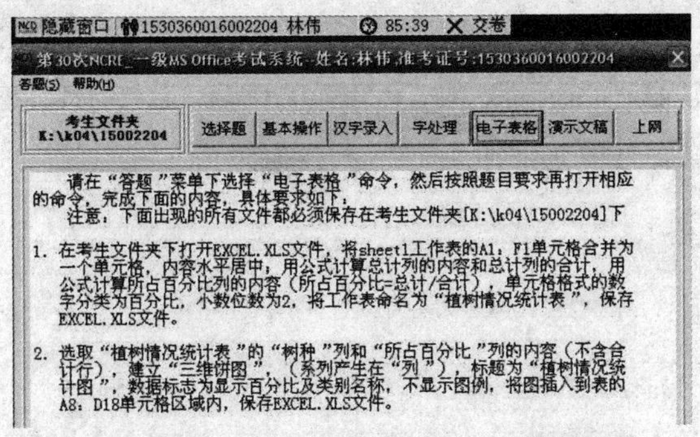

图 5－2 电子表格试题要求列表

启动 MicrosoftExcel 2010,打开原题文件 K:\k04\15002204\EXCEL. XLS,如图 5 - 3 所示。

下面按考试要求来完成操作。

(1)表格标题合并。利用鼠标拖选 A1:F1(即 A1 至 F1 的连续单元格),单击格式工具栏的"合并及居中"按钮,如图 5 - 4 圆圈圈起部分所示。

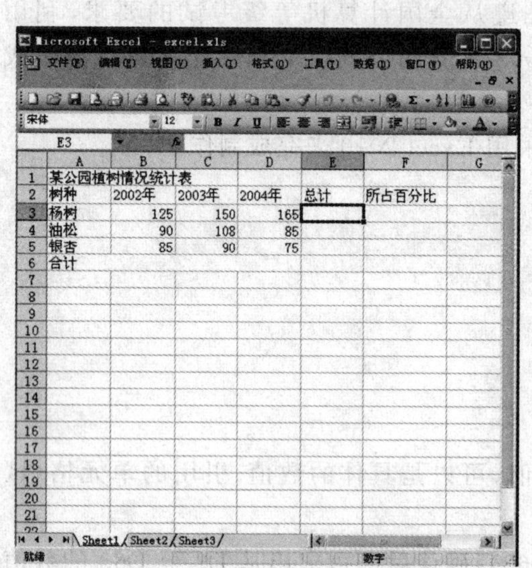

图 5 - 3 EXCEL. XLS 原题内容显示

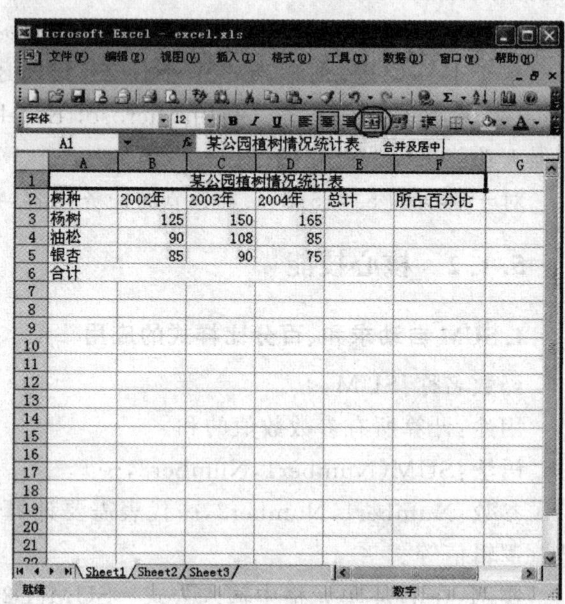

图 5 - 4 表格标题合并

(2)计算总计列的值。将光标置入单元格 E3 内(或公式输入栏内),再单击求和公式 SUM(),如图 5—5 中圆圈圈起部分所示。系统自动评估默认求和范围 B3:D3,倘若用户觉得范围不对,也可手动选取或直接输入范围值。再按下回车键得到单元格 E3 的求和结果 440。鼠标选中单元格 E3,双击单元格 E3 右下角的小黑方块(即 E3 的句柄),即可得到单元格 E4, E5 的求和结果。最后将光标置入单元格 E6 内,直接输入=SUM(E3:E5),并按回车键即可得到总计列的合计结果。

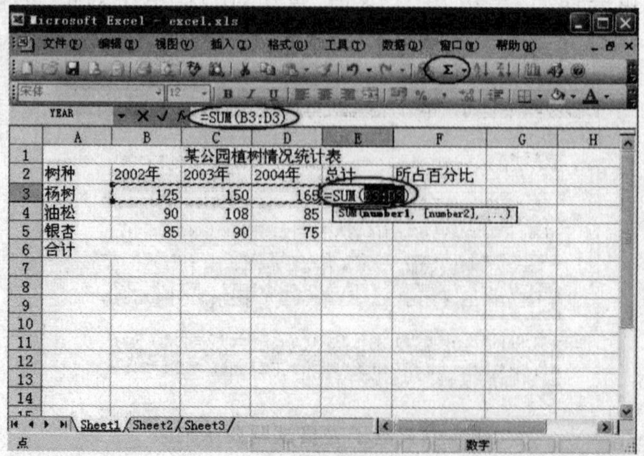

图 5 - 5 求和计算公式

(3)计算"所占百分比"列的值。将光标置入 F3 内并输入＝E3/＄E＄6("E3"表示相对引用,在拖拉计算时会自动改变的;而"＄E＄6"表示绝对引用,在拖拉计算时是固定不变的),按下回车键后得到 F3 的结果值为 0.452 209 661。鼠标按住单元格 F3 右下角的句柄不放往下拖到单元格 F5 为止,即可得到 F4、F5 的结果分别为 0.290 853 032,0.256 937 307。然后拖选 F3 至 F5,右键单击选择子菜单"设置单元格格式…",如图 5-6 所示。

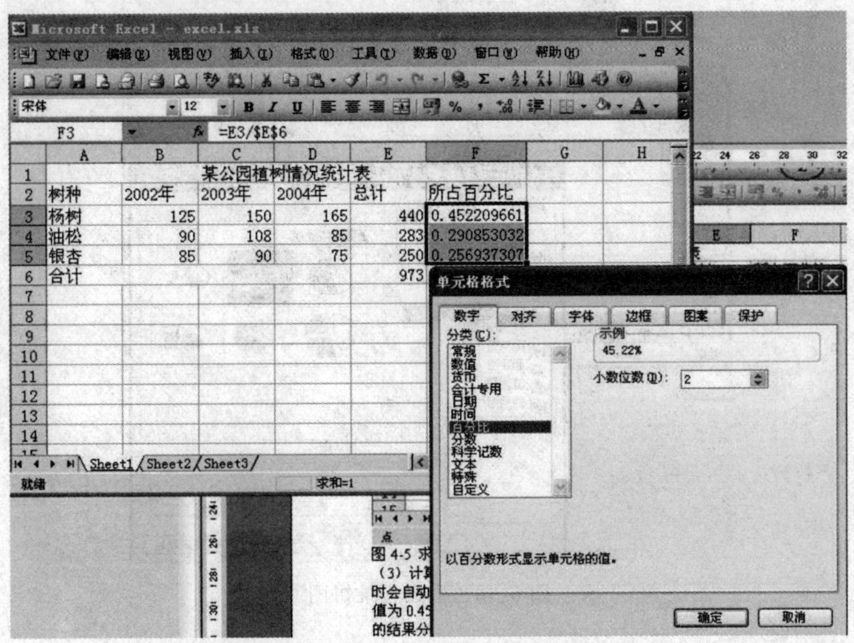

图 5-6 单元格格式设置

在"数字"选项卡的分类中选择"百分比",并将右面"小数位数"设置为 2,单击"确定"按钮得到最后的工作表结果;右键单击 Excel 的左下角处的"Sheet1"选择子菜单"重命名",将"Sheet1"改名为"植树情况统计表",最后结果如图 5-7 所示。

	A	B	C	D	E	F
1	某公园植树情况统计表					
2	树种	2002年	2003年	2004年	总计	所占百分比
3	杨树	125	150	165	440	45.22%
4	油松	90	108	85	283	29.09%
5	银杏	85	90	75	250	25.69%
6	合计				973	

图 5-7 最后统计表结果

(4)生成统计图。选取“树种”列和“所占百分比”列(注:在选取不连续内容时须按住 Ctrl 键来配合),再单击工具栏中的“图表向导”工具,如图 5-8 中圆圈圈起部分所示。

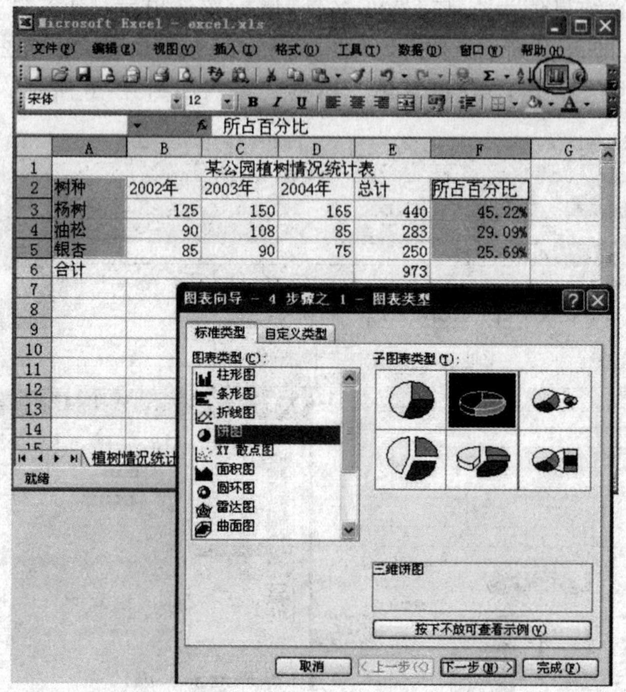

图 5-8　生成三维饼图

在图 5-8 中单击“下一步”按钮,得到图 5-9。

在图 5-9 中选中“系列产生在:列”,数据区域的范围保持不动,继续单击“下一步”按钮,按考题要求分别对统计图的标题、图例、数据标志进行设置,如图 5-10～图 5-12 所示。

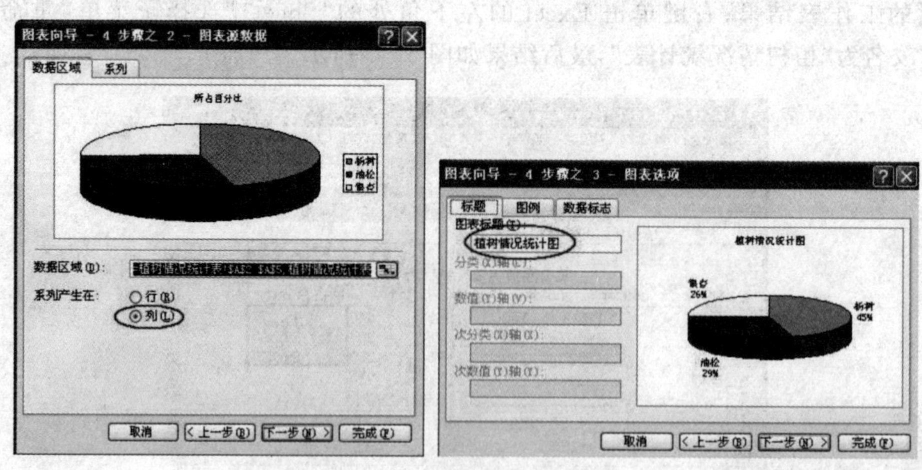

图 5-9　图表向导之系列产生位置图 5-10 图表向导之图表标题设置

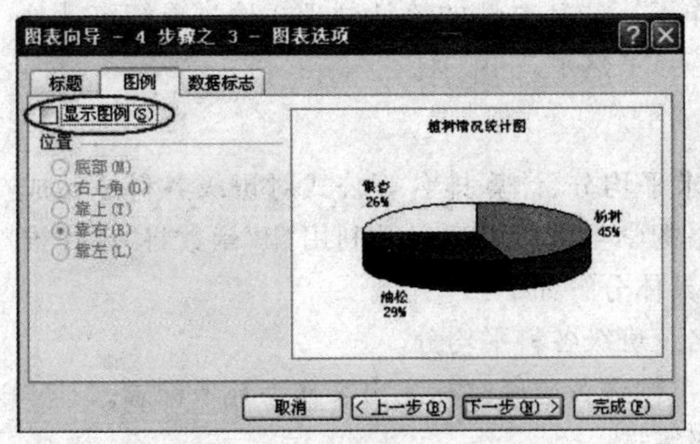

图 5-11　图表向导之图例设置

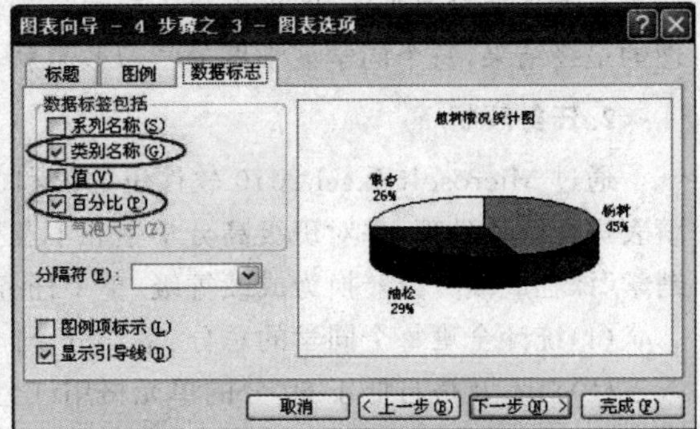

图 5-12　图表向导之数据标志设置

继续单击“下一步”按钮，并选择“作为其中对象插入”选项，最后单击“完成”按钮，得到最终的植树情况统计图，并通过手工方式将统计图调整在 A8:D18 区域内，如图 5-13 所示。

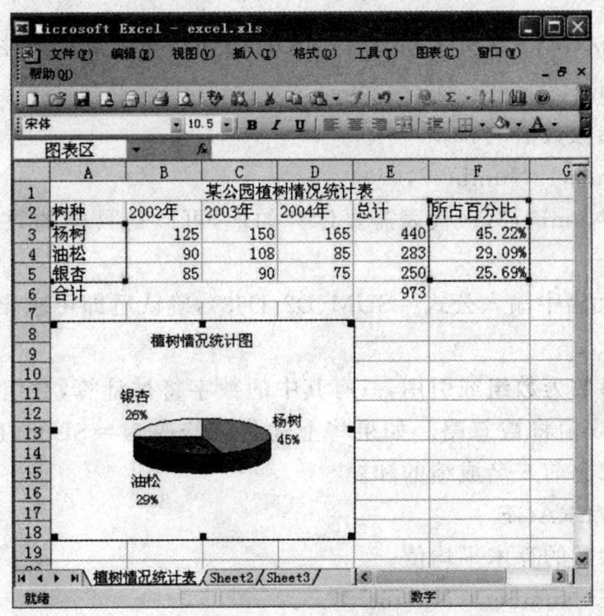

图 5-13　最终答题结果图

至此，全国计算机等级考试一级 MSOffice 考试(电子表格题)答题完毕。

5.2　Excel 综合应用:成绩统计处理

5.2.1　任务的提出与解析

1. 任务的提出

2009—2010 学年第一学期考试结束，紧接着班级各科具体成绩也登出来了。作为 08 电商班班主任，她需要通过本班各科考试成绩来了解班上同学们该学期的学习效果。由此，班主任对教务系统登出来的08电商班各科成绩表作了一些针对性的统计处理。通过成绩统计处理的最终结果，每个同学该学期的学习效果就一目了然了。

2. 任务解析

通过 MicrosoftExcel 2010 软件里的求和、求平均分、计算排名等公式对班级各科原始成绩表进行统计处理，并对班级高分学生和不及格的学生进行筛选以及利用"if"函数将"现代推销学"课程成绩分数转换为成绩等级，整个任务具体分解如下：

(1)统计全班每个同学的总分、平均分、排名及班级各科平均分。

(2)对不及格与低于60分的单元格用红色字体带黄色底纹标注出来作为补考标志。

(3)按照给定条件对全班各科成绩表作高级筛选。

(4)将班级"现代推销学"的分数成绩按照规则转换为等级成绩。

(5)以各门课程名称和该课程不同等级分数的人数为数据区域生成三维簇状柱形图。

5.2.2 核心技能

1. SUM(),AVERAGE(),RANK(),IF(),COUNTIF()等函数及条件格式功能的应用

(1)函数名称:SUM

用途:计算所有参数数值的和。

语法:SUM(Number1,Number2,…)。

参数:Number1,Number2,…代表需要计算的值,可以是具体的数值、引用的单元格(区域)、逻辑值等。

实例:在D64单元格中输入公式=SUM(D2:D63),确认后即可求出从D2至D63的数值总和。

特别提醒:如果参数为数组或引用,只有其中的数字将被计算,数组或引用中的空白单元格、逻辑值、文本或错误值将被忽略。如果将上述公式修改为=SUM(LARGE(D2:D63,{1,2,3,4,5})),则可以求出前5名成绩的和。

(2)函数名称:AVERAGE

用途:计算所有参数的算术平均值。

语法:AVERAGE(Number1,Number2,...)。

参数:Number1,Number2,…是要计算平均值的1～30个参数。

实例:如果A1:A5区域命名为分数,其中的数值分别为100、70、92、47和82,则公式"=AVERAGE(分数)"返回78.2。

(3)函数名称: RANK与RANK.EQ

RANK.EQ与RANK这两个函数的作用是一样的,只是在Excel2010中已经将该函数升级成为RANK.EQ了,当然同时在Excel2010中还是可以兼容使用老版的RANK函数。

用途:返回一个数值在一组数值中的排位(如果数据清单已经排过序了,则数值的排位就是它当前的位置)。

语法:RANK(Number,Ref,Order)或RANK.EQ(Number,Ref,Order)。

参数:Number是需要计算其排位的一个数字;Ref是包含一组数字的数组或引用(其中的非数值型参数将被忽略);Order为一数字,指明排位的方式。如果Order为0或省略,则对按降序排列的数据清单进行排位。如果 Order 不为零，那么 Ref 当作按升序排列的数据清单进行排位。

注意

函数 RANK 对重复数值的排位相同，但重复数的存在将影响后续数值的排位。如在一列整数中，若整数 60 出现两次，其排位为 5，则 61 的排位为 7(没有排位为 6 的数值)。

实例：如果 A1=78，A2=45，A3=90，A4=12，A5=85，则公式"=RANK(A1，$A$1：$A$5)"返回 3，4，1，5，2。

(4)函数名称：IF

用途：IF 函数用于执行真假值判断后，根据逻辑测试的真假值返回不同的结果，因此 IF 函数也称之为条件函数。它的应用很广泛，可以使用函数 IF 对数值和公式进行条件检测。

语法：IF(Logical_test，Value_if_true，Value_if_false)。

参数：Logical_test 表示计算结果为 TRUE 或 FALSE 的任意值或表达式，本参数可使用任何比较运算符。Value_if_true 显示在 Logical_test 为 TRUE 时返回的值，Value_if_true 也可以是其他公式。Value_if_false 显示在 Logical_test 为 FALSE 时返回的值，Value_if_false 也可以是其他公式。

简言之，如果第 1 个参数 logical_test 返回的结果为真的话，则执行第 2 个参数 Value_if_true 的结果，否则执行第 3 个参数 Value_if_false 的结果。IF 函数可以嵌套七层，用 Value_if_false 及 Value_if_true 参数可以构造复杂的检测条件。

Excel 还提供了可根据某一条件来分析数据的其他函数。例如，如果要计算单元格区域中某个文本串或数字出现的次数，则可使用 COUNTIF 工作表函数；如果要根据单元格区域中的某一文本串或数字求和，则可使用 SUMIF 工作表函数。

实例：IF(D3>=90，"优"，IF(D3>=80，"良"，IF(D3>=70，"中"，IF(D3>=60，"及格"，"不及格"))))

(5)函数名称：COUNTIF

用途：计算区域中满足给定条件的单元格的个数。

语法：COUNTIF(Range，Criteria)。

参数：Range 为需要计算其中满足条件的单元格数目的单元格区域；Criteria 为确定哪些单元格将被计算在内的条件，其形式可以为数字、表达式或文本。

实例：假设人事管理工作表中有 599 条记录，统计职工中男性和女性人数的方法是：选中单元格 D601(或其他用不上的空白单元格)，统计男性职工人数可以在其中输入公式="男"&COUNTIF(D2：D600，"男")&"人"；接着选中单元格 D602，在其中输入公式="女"&COUNTIF(D2：D227，"女")&"人"。回车后即可得到"男 399 人"、"女 200 人"。

上式中 D2：D600 是对"性别"列数据区域的引用，实际使用时必须根据数据个数进行修改。"男"或"女"则是条件判断语句，用来判断区域中符合条件的数据然后进行统计。"&"则是字符连接符，可以在统计结果的前后加上"男"、"人"字样，使其更具有可读性。

2. 自动筛选与高级筛选应用

3. 图表向导应用

5.2.3 任务实现

启动 MicrosoftExcel 2010，打开 08 电商班级各科原始成绩表，如图 5-14 所示。上图中只显示了班级部分同学的各科成绩，通过 Excel 右边的下拉滚动条可以看到班级的其他同学的成绩情况以及各科平均成绩统计情况。

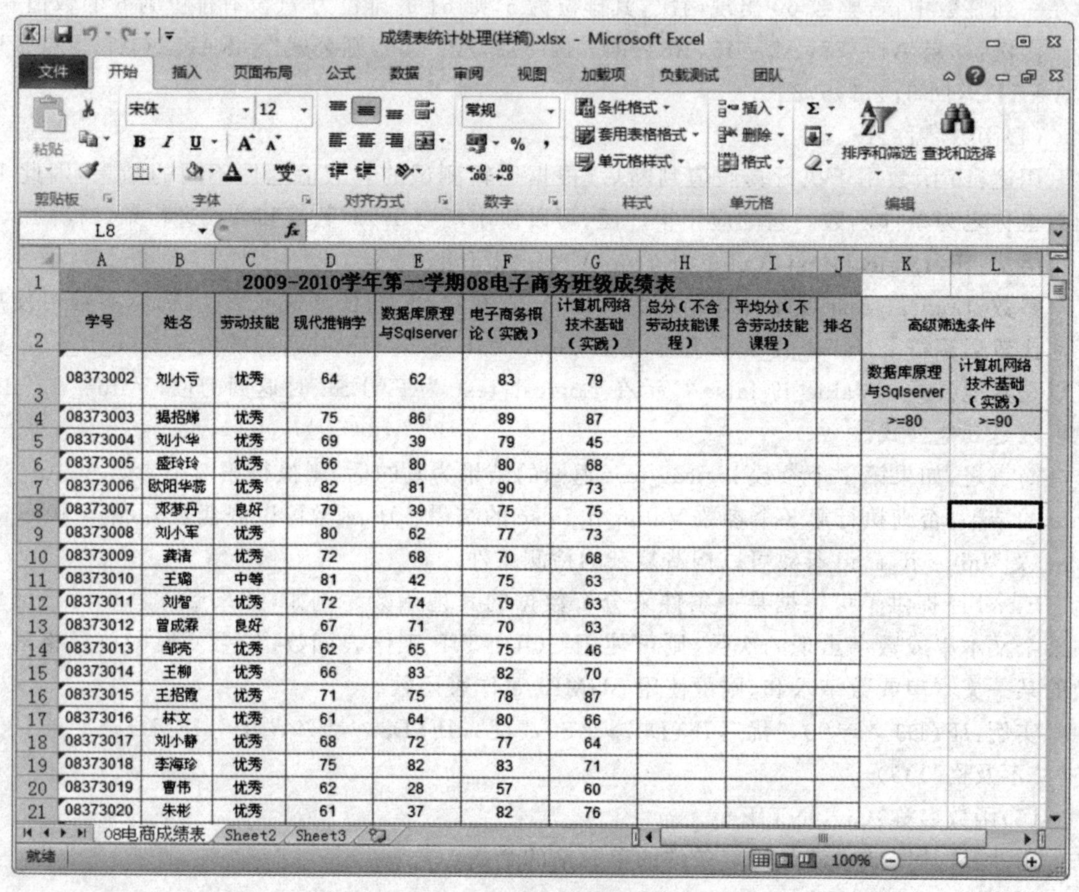

2009-2010学年第一学期08电子商务班级成绩表

学号	姓名	劳动技能	现代推销学	数据库原理与Sqlserver	电子商务概论（实践）	计算机网络技术基础（实践）	总分（不含劳动技能课程）	平均分（不含劳动技能课程）	排名	高级筛选条件	
08373002	刘小亏	优秀	64	62	83	79				数据库原理与Sqlserver	计算机网络技术基础（实践）
08373003	揭招娣	优秀	75	86	89	87				>=80	>=90
08373004	刘小华	优秀	69	39	79	45					
08373005	盛玲玲	优秀	66	80	80	68					
08373006	欧阳华蕊	优秀	82	81	90	73					
08373007	邓梦丹	良好	79	39	75	75					
08373008	刘小军	优秀	80	62	77	73					
08373009	龚清	优秀	72	68	70	68					
08373010	王璐	中等	81	42	75	63					
08373011	刘智	优秀	72	74	79	63					
08373012	曾成霖	良好	67	71	70	63					
08373013	邹亮	优秀	62	65	75	46					
08373014	王柳	优秀	66	83	82	70					
08373015	王招霞	优秀	71	75	78	87					
08373016	林文	优秀	61	64	80	66					
08373017	刘小静	优秀	68	72	77	64					
08373018	李海珍	优秀	75	82	83	71					
08373019	曹伟	优秀	62	28	57	60					
08373020	朱彬	优秀	61	37	82	76					

图 5-14 班级各科原始成绩表

1. 基本统计处理

(1)计算“总分(不含劳动技能课程)”列。将光标置入单元格 H3 内或公式输入栏内，并输入公式=SUM(D3:G3)，即可得到第 1 个同学刘小亏的总分为 288，如图 5-15 所示。

在图 5-15 中，大的圆圈表示的是单元格 H3 运用的求和公式=SUM(D3:G3)，下面小的圆圈表示的是单元格 H3 的控制柄(即单元格 H3 右下角的小黑方块)。现在只需双击单元格 H3 的控制柄即可得到整个“总分”列的计算结果(此动作与按住控制柄往下拖拉的效果是一样的)。

(2)计算每个同学的平均分。与上面过程类似，只是将公式换成了 AVERAGE(D3:G3)；因为得到平均分数值的小数位数各不相同，欲使第 I 列(即平均分列)均整齐地设为两位小数位数，可以选择中单元格 I3，再切换到【开始】工具栏，点击两下工具栏中的“增加小数位数”工

具 ⁺.⁰⁰ 将I3的值72变成为72.00；再双击单元格I3右下角的填充控制柄即得到整个I列均保持两位小数位数的数据。计算得到的总分与平均分结果如图5-16所示。

H3 =SUM(D3:G3)

	A	B	C	D	E	F	G	H	I	J	K	L
1	2009-2010学年第一学期08电子商务班级成绩表											
2	学号	姓名	劳动技能	现代推销学	数据库原理与Sqlserver	电子商务概论（实践）	计算机网络技术基础（实践）	总分（不含劳动技能课程）	平均分（不含劳动技能课程）	排名	高级筛选条件	
3	08373002	刘小亏	优秀	64	62	83	79	288			数据库原理与Sqlserver	计算机网络技术基础（实践）
4	08373003	揭招婵	优秀	75	86	89	87				>=80	>=90
5	08373004	刘小华	优秀	69	39	79	45					
6	08373005	盛玲玲	优秀	66	80	80	68					
7	08373006	欧阳华蕊	优秀	82	81	90	73					
8	08373007	邓梦丹	良好	79	39	75	75					
9	08373008	刘小军	优秀	80	62	77	73					
10	08373009	龚清	优秀	72	68	70	68					
11	08373010	王璐	中等	81	42	75	63					
12	08373011	刘智	优秀	72	74	79	63					
13	08373012	曾成霖	良好	67	71	70	63					
14	08373013	邹亮	优秀	62	65	75	46					
15	08373014	王柳	优秀	66	83	82	70					
16	08373015	王招霞	优秀	71	75	78	87					
17	08373016	林文	优秀	61	64	80	66					
18	08373017	刘小静	优秀	68	72	77	64					
19	08373018	李海珍	优秀	75	82	83	71					
20	08373019	曹伟	优秀	62	28	57	60					
21	08373020	朱彬	优秀	61	37	82	76					

图5-15　总分统计

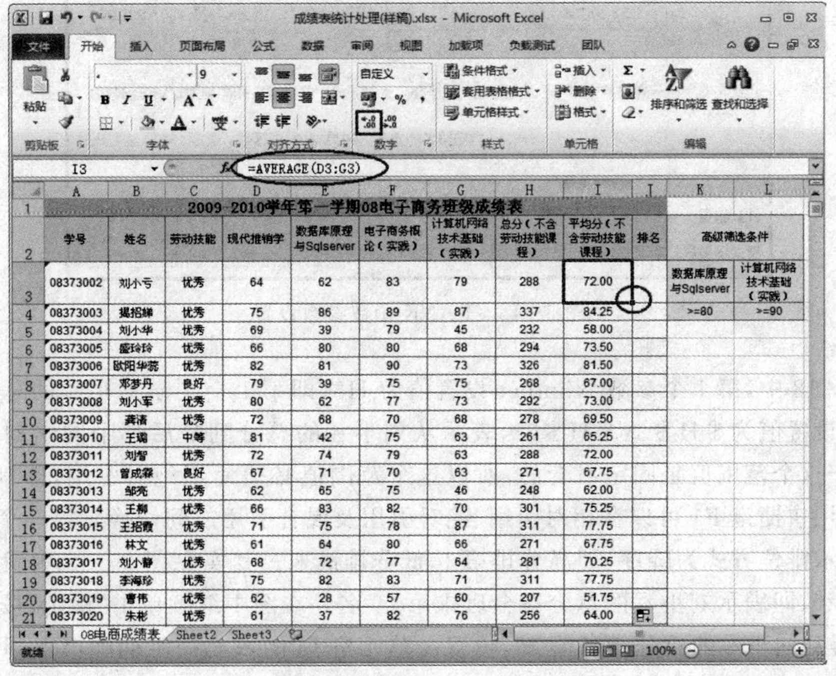

I3 =AVERAGE(D3:G3)

	A	B	C	D	E	F	G	H	I	J	K	L
1	2009-2010学年第一学期08电子商务班级成绩表											
2	学号	姓名	劳动技能	现代推销学	数据库原理与Sqlserver	电子商务概论（实践）	计算机网络技术基础（实践）	总分（不含劳动技能课程）	平均分（不含劳动技能课程）	排名	高级筛选条件	
3	08373002	刘小亏	优秀	64	62	83	79	288	72.00		数据库原理与Sqlserver	计算机网络技术基础（实践）
4	08373003	揭招婵	优秀	75	86	89	87	337	84.25		>=80	>=90
5	08373004	刘小华	优秀	69	39	79	45	232	58.00			
6	08373005	盛玲玲	优秀	66	80	80	68	294	73.50			
7	08373006	欧阳华蕊	优秀	82	81	90	73	326	81.50			
8	08373007	邓梦丹	良好	79	39	75	75	268	67.00			
9	08373008	刘小军	优秀	80	62	77	73	292	73.00			
10	08373009	龚清	优秀	72	68	70	68	278	69.50			
11	08373010	王璐	中等	81	42	75	63	261	65.25			
12	08373011	刘智	优秀	72	74	79	63	288	72.00			
13	08373012	曾成霖	良好	67	71	70	63	271	67.75			
14	08373013	邹亮	优秀	62	65	75	46	248	62.00			
15	08373014	王柳	优秀	66	83	82	70	301	75.25			
16	08373015	王招霞	优秀	71	75	78	87	311	77.75			
17	08373016	林文	优秀	61	64	80	66	271	67.75			
18	08373017	刘小静	优秀	68	72	77	64	281	70.25			
19	08373018	李海珍	优秀	75	82	83	71	311	77.75			
20	08373019	曹伟	优秀	62	28	57	60	207	51.75			
21	08373020	朱彬	优秀	61	37	82	76	256	64.00			

图5-16　平均分计算

(3)排名统计。将光标置入单元格 J3 内,切换至【公式】工具栏,单击“插入函数”工具图标 f_x 打开“插入函数”对话框,在“选择类别”里选择“统计”类,再在“选择函数”列表里选择“RANK. EQ”,如图 5 - 17 所示。

RANK. EQ 函数的功能是返回某一数值在一组数值中相对于其他数值的大小排位。在图 5—17 中单击“确定”后出现 RANK. EQ 函数的参数设置对话框,参数正确设置后如图 5 - 18 所示。

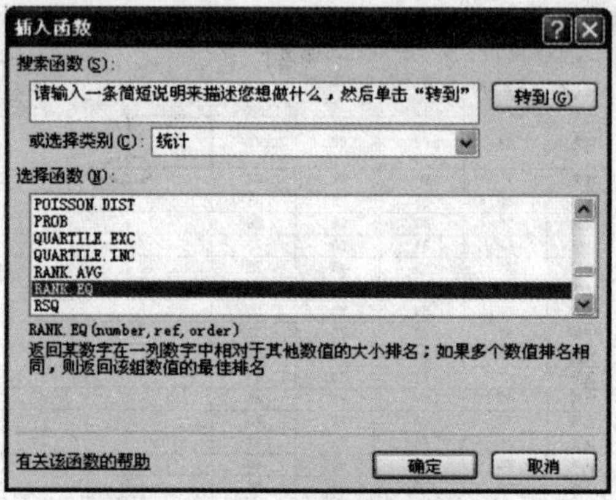

插入函数

搜索函数(S):

请输入一条简短说明来描述您想做什么,然后单击“转到”

转到(G)

或选择类别(C): 统计

选择函数(N):

POISSON.DIST
PROB
QUARTILE.EXC
QUARTILE.INC
RANK.AVG
RANK.EQ
RSQ

RANK.EQ(number,ref,order)

返回某数字在一列数字中相对于其他数值的大小排名;如果多个数值排名相同,则返回该组数值的最佳排名

有关该函数的帮助

确定 取消

图 5 - 17　统计函数选择列表

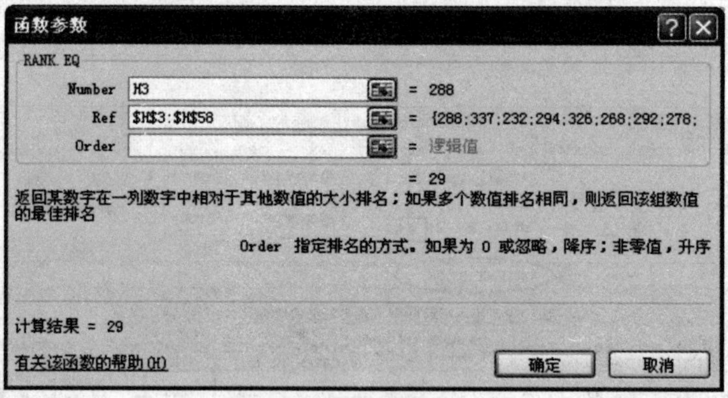

函数参数

RANK.EQ

Number H3 = 288

Ref $H$3:$H$58 = {288;337;232;294;326;268;292;278;

Order = 逻辑值

= 29

返回某数字在一列数字中相对于其他数值的大小排名;如果多个数值排名相同,则返回该组数值的最佳排名

Order 指定排名的方式。如果为 0 或忽略,降序;非零值,升序

计算结果 = 29

有关该函数的帮助(H)

确定 取消

图 5 - 18　RANK 函数参数设置

在图 5 - 18 中,第 1 个参数 Number 设置值为 H3(即第 1 个同学刘小亏的总分);第 2 个参数 Ref 的设置值为 $H$3:$H$58,表示从刘小亏的总分到最后那个同学刘娜的总分这个范围,由于这个范围值是固定不变的,所以这个范围值必须使用绝对引用,即 $H$3:$H$58(注:利用快捷键 F4 可以在相对引用、绝对引用及混合引用之间切换);第 3 个参数 Order 默认留空表示排位方式为降序,即高分排第 1,低分排最末。其实在图 5 - 18 中我们已经看到计算结果=29,即表示刘小亏的总分在全班排第 29 名。在图中继续单击“确定”按钮即可在单元格 J3 中得到刘小亏的总分排名值 29,再双击单元格 J3 的填充控制柄即可得到全班所有同学的总分排名,如图 5 - 19 所示。

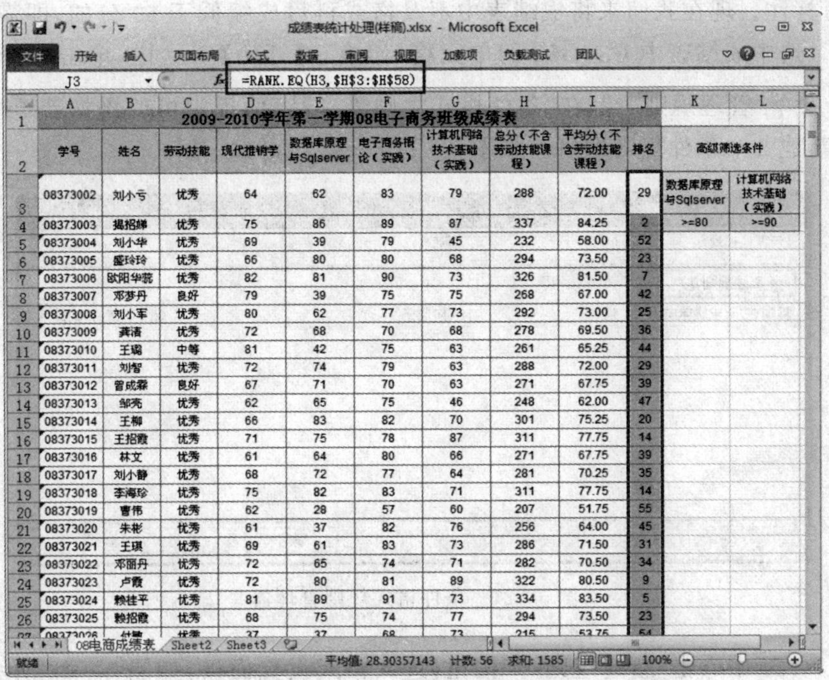

成绩表统计处理(样稿).xlsx - Microsoft Excel

J3 =RANK.EQ(H3,$H$3:$H$58)

2009-2010学年第一学期08电子商务班级成绩表

	A	B	C	D	E	F	G	H	I	J	K	L
2	学号	姓名	劳动技能	现代推销学	数据库原理与Sqlserver	电子商务概论（实践）	计算机网络技术基础（实践）	总分（不含劳动技能课程）	平均分（不含劳动技能课程）	排名	高级筛选条件	
3	08373002	刘小亏	优秀	64	62	83	79	288	72.00	29	数据库原理与Sqlserver	计算机网络技术基础（实践）
4	08373003	揭招娣	优秀	75	86	89	87	337	84.25	2	>=80	>=90
5	08373004	刘小华	优秀	69	39	79	45	232	58.00	52		
6	08373005	盛玲玲	优秀	66	80	80	68	294	73.50	23		
7	08373006	欧阳华蔻	优秀	82	81	90	73	326	81.50	7		
8	08373007	邓梦丹	良好	79	39	75	75	268	67.00	42		
9	08373008	刘小军	优秀	80	62	77	73	292	73.00	25		
10	08373009	龚洁	优秀	72	68	70	68	278	69.50	36		
11	08373010	王璐	中等	81	42	75	63	261	65.25	44		
12	08373011	刘智	优秀	72	74	79	63	288	72.00	29		
13	08373012	曾成霖	良好	67	71	70	63	271	67.75	39		
14	08373013	邹亮	优秀	62	65	75	46	248	62.00	47		
15	08373014	王柳	优秀	66	83	82	70	301	75.25	20		
16	08373015	王招霞	优秀	71	75	78	87	311	77.75	14		
17	08373016	林文	优秀	61	64	80	66	271	67.75	39		
18	08373017	刘小静	优秀	68	72	77	64	281	70.25	35		
19	08373018	李海珍	优秀	75	82	83	71	311	77.75	14		
20	08373019	曹伟	优秀	62	28	57	60	207	51.75	55		
21	08373020	朱彬	优秀	61	37	82	76	256	64.00	45		
22	08373021	王琪	优秀	69	61	83	73	286	71.50	31		
23	08373022	邓丽丹	优秀	72	65	74	71	282	70.50	34		
24	08373023	卢霞	优秀	72	80	81	89	322	80.50	9		
25	08373024	赖桂平	优秀	81	89	91	73	334	83.50	5		
26	08373025	赖招霞	优秀	68	75	74	77	294	73.50	23		

图 5-19 总分排名结果

(4)各科平均分统计。利用 AVERAGE()函数对全班各科课程的平均分进行统计(略)，如图 5-20 所示。

成绩表统计处理(样稿).xlsx - Microsoft Excel

D59 =AVERAGE(D3:D58)

	A	B	C	D	E	F	G	H	I	J
39	08373038	陈宇	优秀	68	80	79	72	299	74.75	22
40	08373039	房芳	优秀	74	82	76	93	325	81.25	8
41	08373040	刘文杰	优秀	71	40	81	78	270	67.50	41
42	08373041	曾海英	优秀	77	82	90	87	336	84.00	3
43	08373042	王墩凤	优秀	75	71	80	77	303	75.75	19
44	08373043	蔡晨	优秀	68	80	80	62	290	72.50	27
45	08373044	周平阳	优秀	74	60	74	68	276	69.00	37
46	08373045	张勇宁	优秀	82	60	80	70	292	73.00	25
47	08373046	刘瑜	优秀	74	78	70	79	301	75.25	20
48	08373047	李晓	优秀	75	83	79	75	312	78.00	13
49	08373048	管志权	优秀	82	90	85	84	341	85.25	1
50	08373049	赵雪苹	不及格	79	87	80	89	335	83.75	4
51	08373050	刘孟娇	优秀	67	78	85	78	308	77.00	17
52	08373051	黄李	优秀	77	60	80	67	284	71.00	32
53	08373052	刘昔怡	优秀	69	34	72	65	240	60.00	50
54	08373053	周琪	优秀	72	75	76	60	283	70.75	33
55	08373054	袁千	优秀	62	37	78	63	240	60.00	50
56	08373055	肖广	优秀	50	32	64	60	206	51.50	56
57	08373056	廖涛	优秀	67	30	72	48	217	54.25	53
58	08373057	刘娜	优秀	69	60	79	82	290	72.50	27
59	班级各科平均分			70.95	64.84	78.70	71.11			

图 5-20 各科平均分统计

(5)补考标注。现在我们来将成绩表中不及格或科目成绩低于60分的,即需要补考的同学标注出来。选中成绩表中C3:G58的单元格,切换至【开始】工具栏,单击"条件格式"工具 ,选择子菜单"管理规则…",在"条件格式规则管理品"面板中可以添加若干个条件规则,在这里只需新建2个条件规则即可。如图5-21所示。

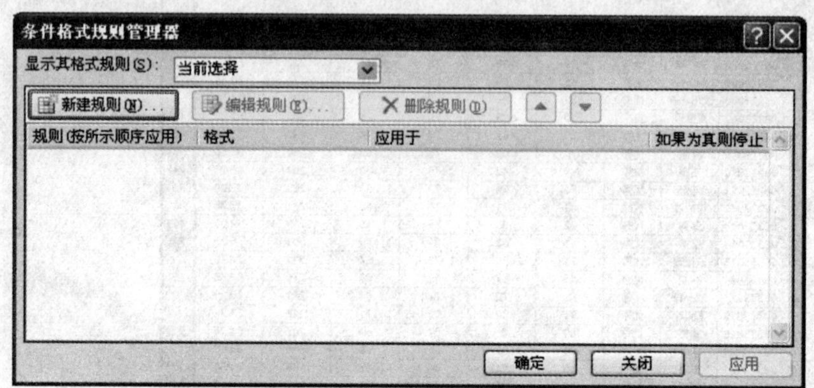

图5-21 条件格式规则管理器

1)在图5-21中点击"新建规则…"按钮,进入格式设置面板,如图5-22所示。在图5-22中作矩形框起部分设置,并点击"格式"按钮字体设置为:加粗、红色、灰色底纹;如下图圆圈圈起部分所示。

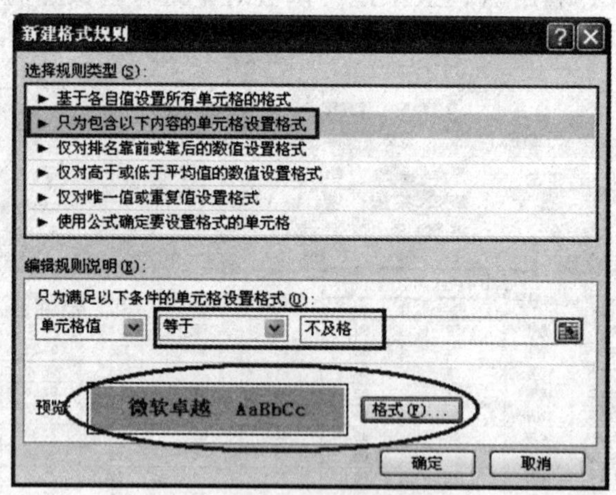

图5-22 新建格式规则

在图5-22中单击"确定"按钮后即新建了第一个条件格式规则。此规则的意义是:将选区单元中凡是有"不及格"文本字符的单元格用"红色加粗并带灰色底纹"标注出来。

2)用类似上述1)步骤的方法建立第二个条件格式规则。此规则的意义是:将选区单元中凡是有"小于60"的数值单元格用"红色加粗并带灰色底纹"标注出来。

这样在"条件格式规则管理器"面板中就建立了2个条件格式规则,如图5-23所示。

在图5-23中单击"确定"按钮后即可得到补考标注,结果如图5-24所示。

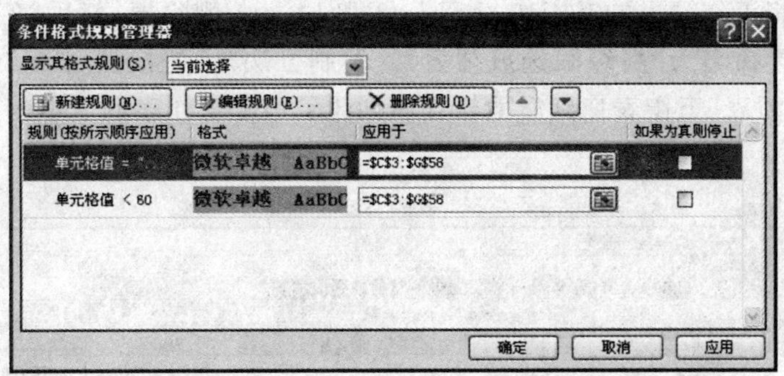

图 5-23　添加 2 个条件格式后的规则管理器

成绩表统计处理(样稿).xlsx - Microsoft Excel

文件 开始 插入 页面布局 公式 数据 审阅 视图 加载项 负载测试 团队

A2　　f_x　学号

	A	B	C	D	E	F	G	H	I	J
1	2009-2010学年第一学期08电子商务班级成绩表									
2	学号	姓名	劳动技能	现代推销学	数据库原理与Sqlserver	电子商务概论(实践)	计算机网络技术基础(实践)	总分(不含劳动技能课程)	平均分(不含劳动技能课程)	排名
3	08373002	刘小亏	优秀	64	62	83	79	288	72.00	29
4	08373003	揭招娣	优秀	75	86	89	87	337	84.25	2
5	08373004	刘小华	优秀	69	39	79	45	232	58.00	52
6	08373005	盛玲玲	不及格	66	80	80	68	294	73.50	23
7	08373006	欧阳华蕊	优秀	82	81	90	73	326	81.50	7
8	08373007	邓梦丹	良好	79	39	75	75	268	67.00	42
9	08373008	刘小军	优秀	80	62	77	73	292	73.00	25
10	08373009	龚清	优秀	72	68	70	68	278	69.50	36
11	08373010	王璐	中等	81	42	75	63	261	65.25	44
12	08373011	刘智	优秀	72	74	79	63	288	72.00	29
13	08373012	曾成霖	良好	67	71	70	63	271	67.75	39
14	08373013	邹亮	优秀	62	65	75	46	248	62.00	47
15	08373014	王柳	优秀	66	83	82	70	301	75.25	20
16	08373015	王招霞	优秀	71	75	78	87	311	77.75	14
17	08373016	林文	优秀	61	64	80	66	271	67.75	39
18	08373017	刘小静	优秀	68	72	77	64	281	70.25	35
19	08373018	李海珍	优秀	75	82	83	71	311	77.75	14
20	08373019	曹伟	优秀	62	28	57	60	207	51.75	55
21	08373020	朱彬	优秀	61	37	82	76	256	64.00	45
22	08373021	王琪	优秀	69	61	83	73	286	71.50	31
23	08373022	邓丽丹	优秀	72	65	74	71	282	70.50	34
24	08373023	卢霞	优秀	72	80	81	89	322	80.50	9
25	08373024	赖桂平	优秀	81	89	91	73	334	83.50	5
26	08373025	赖招霞	优秀	68	75	74	77	294	73.50	23
27	08373026	付敏	优秀	37	37	68	73	215	53.75	54
28	08373027	刘桂凤	优秀	77	83	79	93	332	83.00	6
29	08373028	李江	优秀	73	60	74	68	275	68.75	38

08电商成绩表 / Sheet2 / Sheet3

就绪　100%

图 5-24　补考标注结果

2. 高级筛选

如图 5-25 所示，高级筛选条件是“数据库原理与 Sqlserver”>=80 且“计算机网络技术基础(实践)”>=90，即表示需筛选并显示“数据库原理与 Sqlserver”>=80 且“计算机网络技术基础(实践)”>=90 的同学记录。

(1)首先我们将工作簿里的空工作表 Sheet2 和 Sheet3 删除掉，然后将工作表“08 电商成绩表”复制一份并重命名为“高级筛选成绩表”。复制方法是：先按住“Ctrl”键不松，再鼠标左键按住“08 电商成绩表”工作表拖到后面松开即创建了一个工作表的复本。如图 5－25 所示。

成绩表统计处理(样稿).xlsx - Microsoft Excel

	A	B	C	D	E	F	G	H	I	J	K	L
1	2009-2010学年第一学期08电子商务班级成绩表											
2	学号	姓名	劳动技能	现代推销学	数据库原理与Sqlserver	电子商务概论（实践）	计算机网络技术基础（实践）	总分（不含劳动技能课程）	平均分（不含劳动技能课程）	排名	高级筛选条件	
3	08373002	刘小亏	优秀	64	62	83	79	288	72.00	29	数据库原理与Sqlserver	计算机网络技术基础（实践）
4	08373003	揭招娣	优秀	75	86	89	87	337	84.25	2	>=80	>=90
5	08373004	刘小华	优秀	69	39	79	45	232	58.00	52		
6	08373005	盛玲玲	不及格	66	80	80	68	294	73.50	23		
7	08373006	欧阳华蕊	优秀	82	81	90	73	326	81.50	7		
8	08373007	邓梦丹	良好	79	39	75	75	268	67.00	42		
9	08373008	刘小军	优秀	80	62	77	73	292	73.00	25		
10	08373009	龚清	优秀	72	68	70	68	278	69.50	36		
11	08373010	王璐	中等	81	42	75	63	261	65.25	44		
12	08373011	刘智	优秀	72	74	79	63	288	72.00	29		
13	08373012	曾成森	良好	67	71	70	63	271	67.75	39		
14	08373013	邹亮	优秀	62	65	75	46	248	62.00	47		
15	08373014	王柳	优秀	66	83	82	70	301	75.25	20		
16	08373015	王招霞	优秀	71	75	78	87	311	77.75	14		
17	08373016	林文	优秀	61	64	80	66	271	67.75	39		
18	08373017	刘小静	优秀	68	72	77	64	281	70.25	35		
19	08373018	李海珍	优秀	75	82	83	71	311	77.75	14		
20	08373019	曹伟	优秀	62	28	57	60	207	51.75	55		
21	08373020	朱彬	优秀	61	37	82	76	256	64.00	45		
22	08373021	王琪	优秀	69	61	83	73	286	71.50	31		
23	08373022	邓丽丹	优秀	72	65	74	71	282	70.50	34		
24	08373023	卢霞	优秀	72	80	81	89	322	80.50	9		

08电商成绩表　高级筛选成绩表

图 5－25　工作表复制后改名

(2)点击工作表选项卡“高级筛选成绩表”，使工作表“高级筛选成绩表”处于当前编辑状态。如上图 5－25 圆圈圈起部分所示。

切换至【数据】工具栏，单击工具栏中的高级筛选工具 高级，打开“高级筛选”设置框，参数正确设置后如图 5－26 所示。

在图 5－26 中单击“确定”按钮后得到高级筛选的记录结果，如图 5－27 所示。

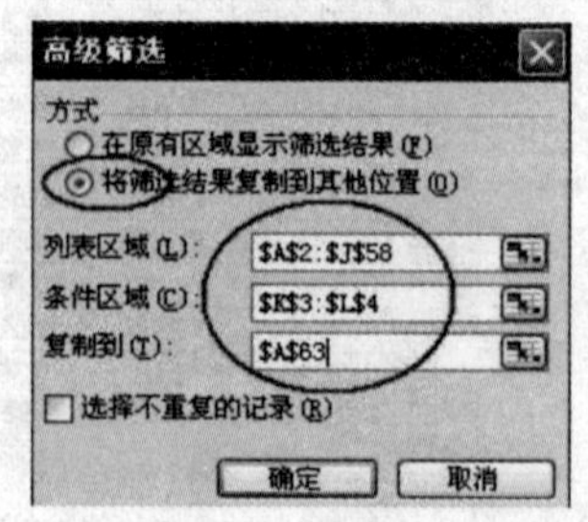

图 5－26　高级筛选设置面板

3. 成绩分数转换为成绩等级

现在我们来将“现代推销学”课程成绩分数转换为成绩等级。按以下规则进行：优秀＞＝90、90＞良好＞＝80、80＞中等＞＝70、70＞及格＞＝60、不及格＜60。

(1)将工作表“高级筛选成绩表”复制一份并重命名为“等级成绩统计表”。将光标置入空白单元格 M3 内，并在 M3 内或公式输入栏内输入＝IF(D3＞＝90,"优秀",IF(D3＞＝80,"良好",IF(D3＞＝70,"中等",IF(D3＞＝60,"及格","不及格"))))。这是一个 IF 函数的嵌套使用，注意在 IF 函数内的所有标点符号包括括号都必须得在英文输入状态下输入，否则公式会出错。

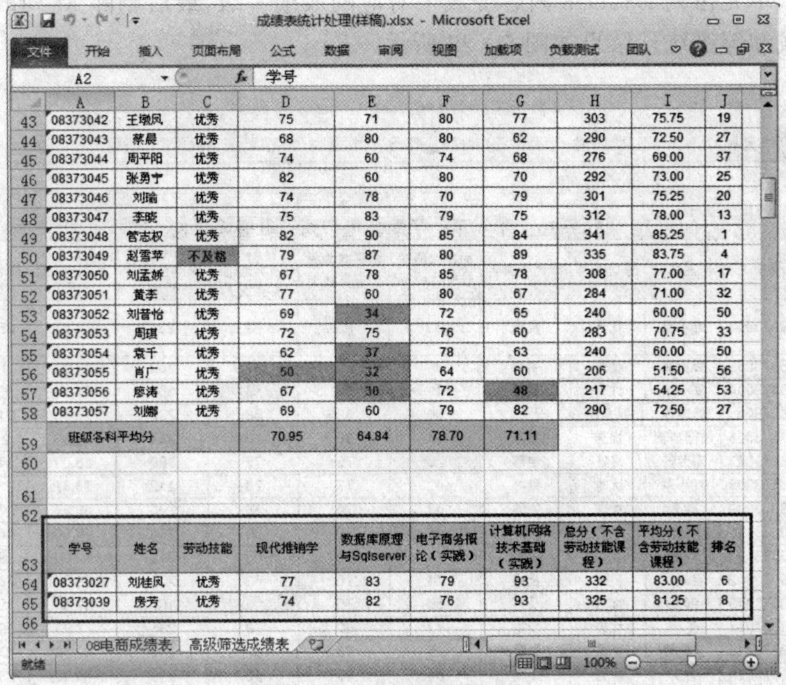

	A	B	C	D	E	F	G	H	I	J
43	08373042	王墩凤	优秀	75	71	80	77	303	75.75	19
44	08373043	蔡晨	优秀	68	80	80	62	290	72.50	27
45	08373044	周平阳	优秀	74	60	74	68	276	69.00	37
46	08373045	张勇宁	优秀	82	60	80	70	292	73.00	25
47	08373046	刘瑜	优秀	74	78	70	79	301	75.25	20
48	08373047	李晓	优秀	75	83	79	75	312	78.00	13
49	08373048	管志权	优秀	82	90	85	84	341	85.25	1
50	08373049	赵雪苹	不及格	79	87	80	89	335	83.75	4
51	08373050	刘孟娇	优秀	67	78	85	78	308	77.00	17
52	08373051	黄李	优秀	77	60	80	67	284	71.00	32
53	08373052	刘昔怡	优秀	69	34	72	65	240	60.00	50
54	08373053	周琪	优秀	72	75	76	60	283	70.75	33
55	08373054	袁千	优秀	62	37	78	63	240	60.00	50
56	08373055	肖广	优秀	50	32	64	60	206	51.50	56
57	08373056	廖涛	优秀	67	30	72	48	217	54.25	53
58	08373057	刘娜	优秀	69	60	79	82	290	72.50	27
59	班级各科平均分			70.95	64.84	78.70	71.11			
63	学号	姓名	劳动技能	现代推销学	数据库原理与Sqlserver	电子商务概论（实践）	计算机网络技术基础（实践）	总分（不含劳动技能课程）	平均分（不含劳动技能课程）	排名
64	08373027	刘桂凤	优秀	77	83	79	93	332	83.00	6
65	08373039	房芳	优秀	74	82	76	93	325	81.25	8

图 5－27　高级筛选结果图

(2)拖拉 M3 的控制柄到 M58，得到全班同学“现代推销学”的对应成绩等级。复制 M3 到 M58 的内容，在单元格 D3 内右键单击鼠标右键，选择子菜单“粘贴选项”下的第 2 项即“值粘贴”。如图 5－28 所示。

图 5－28　粘贴选项里的值粘贴

值粘贴后，单元格列 D3:D58 内容变成了对应的成绩等级，最后删除 M 列的内容。“现代推销学”课程成绩等级统计结果如图 5－29 所示。

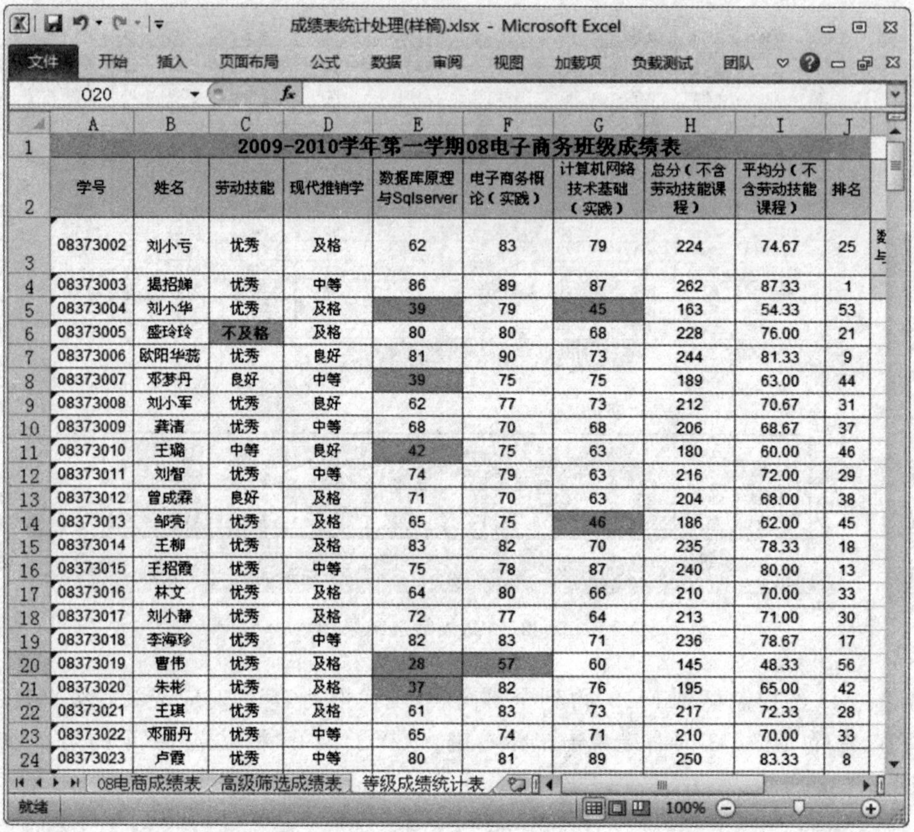

成绩表统计处理(样稿).xlsx - Microsoft Excel

2009-2010学年第一学期08电子商务班级成绩表

学号	姓名	劳动技能	现代推销学	数据库原理与Sqlserver	电子商务概论（实践）	计算机网络技术基础（实践）	总分（不含劳动技能课程）	平均分（不含劳动技能课程）	排名
08373002	刘小亏	优秀	及格	62	83	79	224	74.67	25
08373003	揭招娣	优秀	中等	86	89	87	262	87.33	1
08373004	刘小华	优秀	及格	39	79	45	163	54.33	53
08373005	盛玲玲	不及格	及格	80	80	68	228	76.00	21
08373006	欧阳华蕊	优秀	良好	81	90	73	244	81.33	9
08373007	邓梦丹	良好	中等	39	75	75	189	63.00	44
08373008	刘小军	优秀	良好	62	77	73	212	70.67	31
08373009	龚清	优秀	中等	68	70	68	206	68.67	37
08373010	王璐	中等	良好	42	75	63	180	60.00	46
08373011	刘智	优秀	中等	74	79	63	216	72.00	29
08373012	曾成霖	良好	及格	71	70	63	204	68.00	38
08373013	邹亮	优秀	及格	65	75	46	186	62.00	45
08373014	王柳	优秀	及格	83	82	70	235	78.33	18
08373015	王招霞	优秀	中等	75	78	87	240	80.00	13
08373016	林文	优秀	及格	64	80	66	210	70.00	33
08373017	刘小静	优秀	及格	72	77	64	213	71.00	30
08373018	李海珍	优秀	中等	82	83	71	236	78.67	17
08373019	曹伟	优秀	及格	28	57	60	145	48.33	56
08373020	朱彬	优秀	及格	37	82	76	195	65.00	42
08373021	王琪	优秀	及格	61	83	73	217	72.33	28
08373022	邓丽丹	优秀	中等	65	74	71	210	70.00	33
08373023	卢霞	优秀	中等	80	81	89	250	83.33	8

08电商成绩表 高级筛选成绩表 等级成绩统计表

图 5－29 《现代推销学》成绩转换为等级结果图

4. 制作成绩统计图

(1)在最后面新建一个工作表，并将工作表命名为“成绩统计图”。手工制作一个空表，并做好格式设置，如图 5－30 所示。

(2)将光标置入单元格 B2 内，输入公式＝COUNTIF('08 电商成绩表'! D3:D58,"＞＝90")。这是一个条件统计公式，功能表示在‘08 电商成绩表’工作表中统计“现代推销学”成绩＞＝90 以上的人数。

(3)将光标置入单元格 B3 内，输入公式＝COUNTIF('08 电商成绩表'! D3:D58,"＞＝80")－B2。它表示在‘08 电商成绩表’工作表中统计“现代推销学”成绩＞＝80 且＜90 的人数。

(4)将光标置入单元格 B4 内，输入公式＝COUNTIF('08 电商成绩表'! D3:D58,"＞＝70")－B2－B3。它表示在‘08 电商成绩表’工作表中统计“现代推销学”成绩＞＝70 且＜80 的人数。

(5)将光标置入单元格 B5 内，输入公式＝COUNTIF('08 电商成绩表'! D3:D58,"＞＝60")－B2－B3－B4。它表示在‘08 电商成绩表’工作表中统计“现代推销学”成绩＞＝60 且＜

70 的人数。

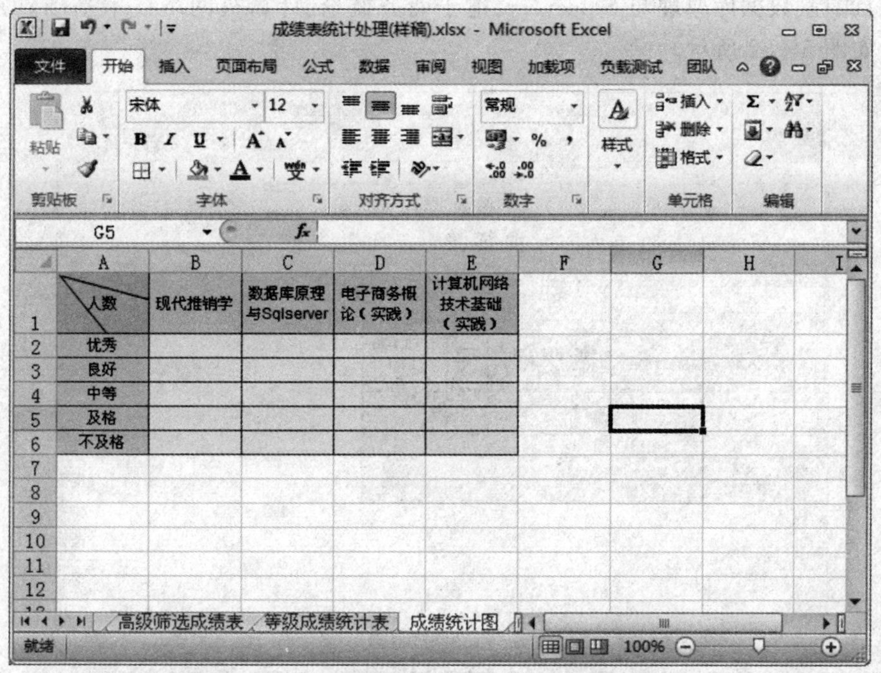

图 5－30　各科成绩等级人数统计空表

(6)将光标置入单元格 B6 内，输入公式＝COUNTIF('08 电商成绩表'! D3:D58,"＜60")。它表示在'08 电商成绩表'工作表中统计"现代推销学"成绩＜60 的人数。"现代推销学"统计完毕后如图 5－31 所示。

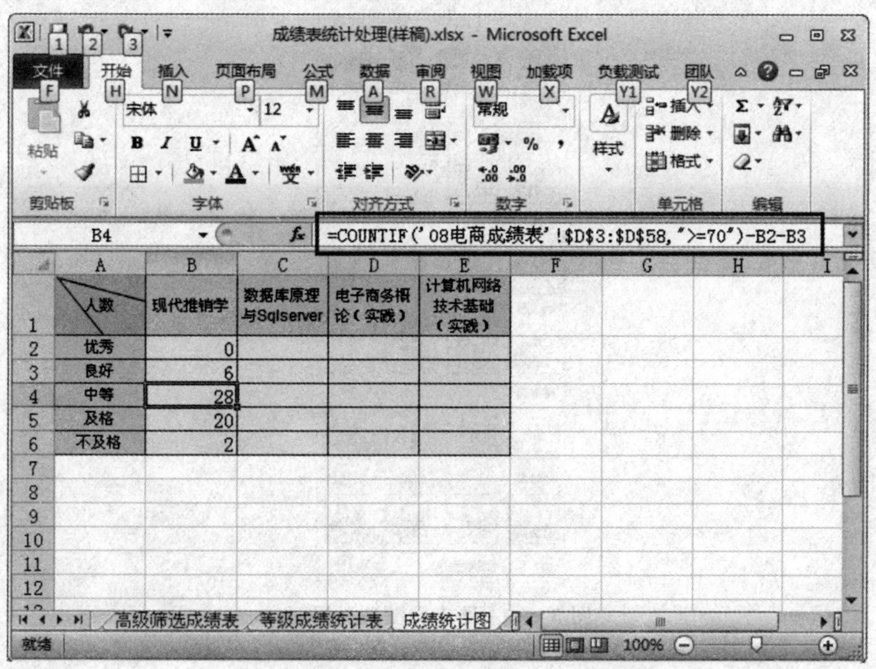

图 5－31　"现代推销学"成绩等级人数统计

(7)在图 5-31 中鼠标选中从 B2 至 B6 的 5 个单元格，将出现的控制柄整体拖拉至 E6，这样后面 3 门课程(数据库原理与 Sqlserver、电子商务概论、计算机网络技术基础)的统计结果也出来了，如图 5-32 所示。

成绩表统计处理(样稿).xlsx - Microsoft Excel

B2 =COUNTIF('08电商成绩表'!$D$3:$D$58,">=90")

	A	B	C	D	E
1	人数	现代推销学	数据库原理与Sqlserver	电子商务概论(实践)	计算机网络技术基础(实践)
2	优秀	0	0	0	0
3	良好	6	6	6	6
4	中等	28	28	28	28
5	及格	20	20	20	20
6	不及格	2	2	2	2

高级筛选成绩表 / 等级成绩统计表 / 成绩统计图

就绪 平均值: 11.2 计数: 20 求和: 224 100%

图 5-32 等级人数统计结果

(8)在图 5-32 中选中从 A1 至 E6 的所有单元格；切换至【插入】工具栏，在工具栏中单击“柱形图”工具 ，在出现的图表类型中选择“三维柱形图”下的“三维簇状柱形图”，如图 5-33 所示。

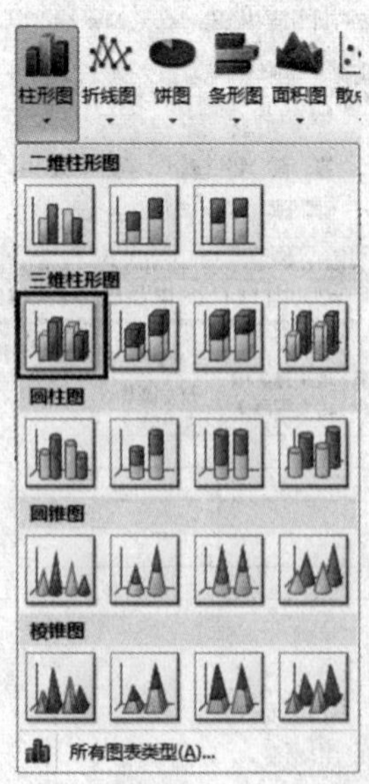

图 5-33 图表类型选择界面

(9)在图5-33中单击"三维簇状柱形图"(即短形框起部分)后,在该工作表里自动生成了一个图表;将该图表移至A8。如图5-34所示。

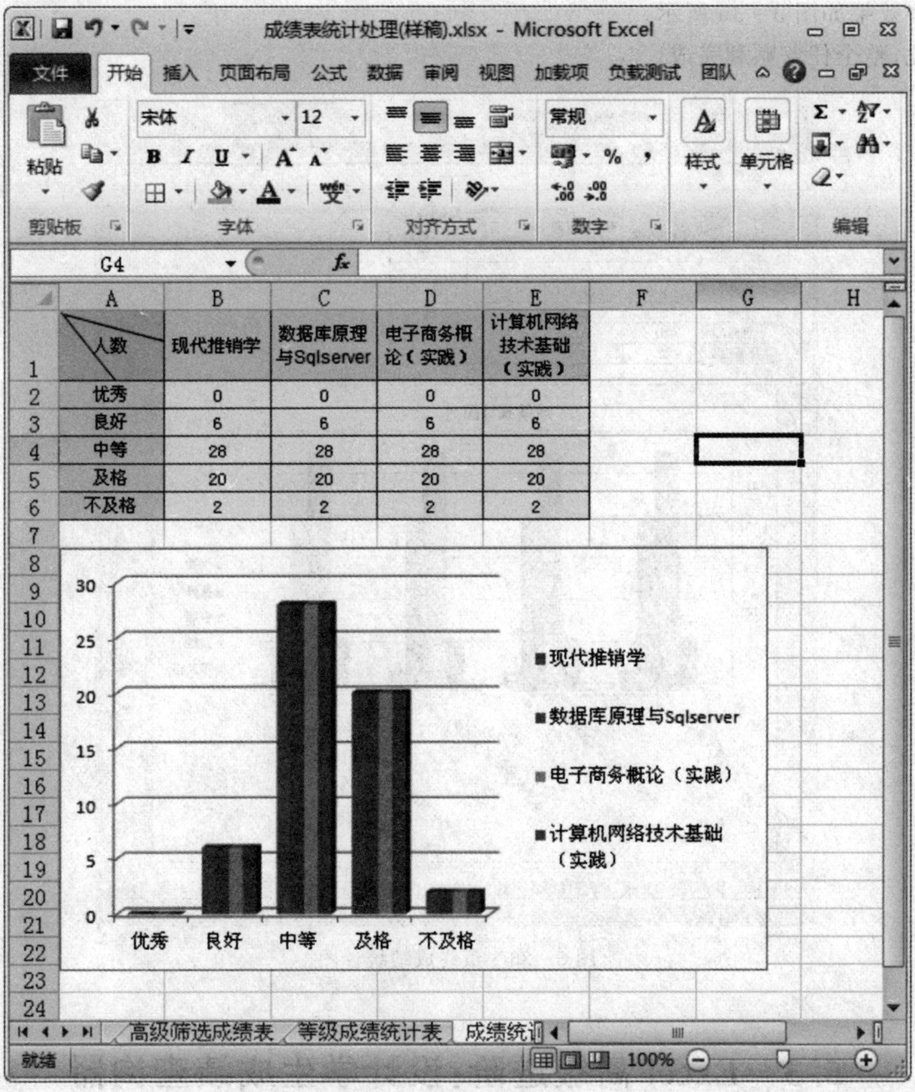

	现代推销学	数据库原理与Sqlserver	电子商务概论(实践)	计算机网络技术基础(实践)
优秀	0	0	0	0
良好	6	6	6	6
中等	28	28	28	28
及格	20	20	20	20
不及格	2	2	2	2

图5-34 自动生成的图表

(11)在刚生成的图上单击鼠标右键,并选择子菜单"选择数据",则出现图5-35。

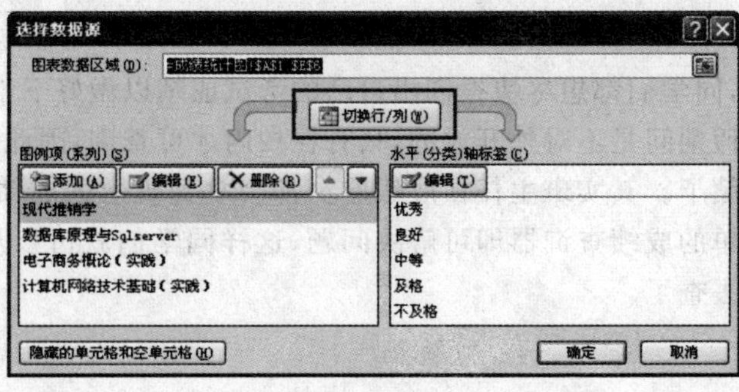

图5-35 选择数据源

(12)在图 5 - 35 中单击按钮 切换行/列(W) ，再确定；以用来调换行列的数据源。此时柱形图的 X 坐标为课程名称，Z 坐标为人数；适当调整图表的大小，再在图表的上端加上标题文本框。最终效果如图 5 - 36 所示。

至此，整个任务顺利完成。

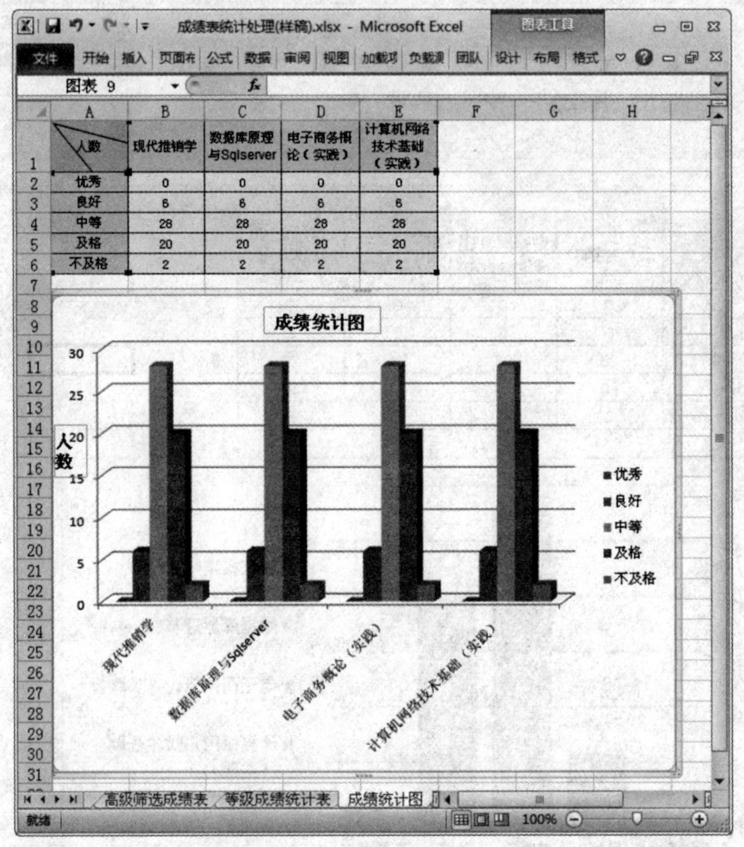

图 5 - 36　最终成绩统计图

5.3　Excel 高级进阶：设计学生成绩查询器

5.3.1　任务的提出与解析

1. 任务的提出

期末考试结束了，同学们都想尽快查询出自己的考试成绩以做好下学期的必要准备，但学校的教务系统在寒暑假期间是不对外开放的，只有在校内才可查询，因此同学们放假回家后就无法去查询自己的成绩了。其实班主任在放假前夕都会拿到班上的成绩总表，只需在成绩总表后面做一个简简单单的成绩查询器即可解决问题，这样同学们就可以从班主任那里把成绩总表和查询器带回家去查了。

2. 任务解析

利用 IF()、ISNUMBER()、FIND()等函数对原始数据进行整理,再建立所必需的数据区域,通过“数据有效性”来建立相应的下拉列表框,最后运用高级函数查找与引用类里的 VLOOKUP()函数的嵌套使用来执行查询结果,任务分解如下。

(1)对应每个同学的学号添加班级列的数据。

(2)按照成绩总表中各课程所在的列号值制作课程列号工作表。

(3)定义不同的数据区域。

(4)制作成绩查询器的工作界面。

(5)利用数据有效性制作具有下拉选项菜单的单元格。

(6)利用 VLOOKUP 函数进行查找生成结果。

5.3.2 核心技能

1. IF(),ISNUMBER(),FIND(),COUNTIF()等函数的应用

(1)IS 类函数

用途:其中包括用来检验数值或引用类型的 9 个工作表函数,它们可以检验数值的类型并根据参数的值返回 TRUE 或 FALSE。例如,数值为空白单元格引用时,ISBLANK 函数返回逻辑值 TRUE,否则返回 FALSE。

语法:ISBLANK(Value),ISERR(Value),ISERROR(Value),ISLOGICAL(Value),ISNA(Value),ISNONTEXT(Value),ISNUMBER(Value),ISREF(Value),ISTEXT(Value)。

参数:Value 是需要进行检验的参数,分别为空白(空白单元格)、错误值、逻辑值、文本、数字、引用值或对于以上任意参数的名称引用。

如果函数中的参数为下面的内容,则返回 TRUE:ISBLANK 的参数是空白单元格,ISERR 的参数是任意错误值(除去#N/A),ISERROR 的参数是任意错误值(#N/A,#VALUE!,#REF!,#DIV/0!,#NUM!,#NAME? 或#NULL!),ISLOGICAL 的参数是逻辑值,ISNA 的参数是错误值#N/A,ISNONTEXT 的参数是任意不是文本的内容(此函数在值为空白单元格时返回 TRUE),ISNUMBER 的参数是数字,ISREF 的参数是引用,ISTEXT 的参数是文本。

注意 IS 类函数的参数 Value 是不可转换的。在其他大多数需要数字的函数中,文本"19"会被转换成数字 19,然而在公式 ISNUMBER("19")中,"19"并不由文本值转换成其他类型的值,而是返回 FALSE。

IS 类函数对于检验公式计算结果十分有用,它与函数 IF 结合在一起可以提供一种在公式中查出错误值的方法。

实例:公式“=ISBLANK("")”返回 FALSE,=ISREF(A5)返回 TRUE(其中 A5 为空白单元格)。

(2)函数名称:FIND

用途:FIND 用于查找其他文本串(Within_text)内的文本串(Find_text),并从 Within_

text 的首字符开始返回 Find_text 的起始位置编号。此函数适用于双字节字符，它区分大小写但不允许使用通配符。

语法：FIND(Find_text，Within_text，Start_num)。

参数：Find_text 是待查找的目标文本；Within_text 是包含待查找文本的源文本；Start_num 指定从其开始进行查找的字符，即 Within_text 中编号为 1 的字符。如果忽略 Start_num，则假设其为 1。

实例：如果 A1＝软件报，则公式“＝FIND("软件"，A1，1)”返回 1。

区域的平均值，但不能确定单元格内是否包含数字，则公式 AVERAGE(A1：A4)返回错误值＃DIV/0!。为了应付这种情况，可以使用公式“＝IF(ISERROR(AVERAGE(A1：A4))，"引用包含空白单元格"，AVERAGE(A1：A4))”查出可能存在的错误。

(3)函数名称：COUNTIF

用途：计算区域中满足给定条件的单元格的个数。

语法：COUNTIF(Range，Criteria)。

参数：Range 为需要计算其中满足条件的单元格数目的单元格区域；Criteria 为确定哪些单元格将被计算在内的条件，其形式可以为数字、表达式或文本。

实例：假设人事管理工作表中有 599 条记录，统计职工中男性和女性人数的方法是：选中单元格 D601(或其他用不上的空白单元格)，统计男性职工人数可以在其中输入公式＝"男"&COUNTIF(D2：D600，"男")&"人"；接着选中单元格 D602，在其中输入公式＝"女"&COUNTIF(D2：D227，"女")&"人"。回车后即可得到“男 399 人”、“女 200 人”。

上式中 D2：D600 是对“性别”列数据区域的引用，实际使用时必须根据数据个数进行修改。“男”或“女”则是条件判断语句，用来判断区域中符合条件的数据然后进行统计。“&”则是字符连接符，可以在统计结果的前后加上“男”、“人”字样，使其更具有可读性。

2. 下拉列表选项的制作

3. VLOOKUP()的嵌套应用

函数名称：VLOOKUP。

用途：在表格或数值数组的首列查找指定的数值，并由此返回表格或数组当前行中指定列处的数值。当比较值位于数据表首列时，可以使用函数 VLOOKUP 代替函数 HLOOKUP。

语法：VLOOKUP(Lookup_Value，Table_array，Col_index_num，Range_lookup)。

参数：Lookup_value 为需要在数据表第一列中查找的数值，它可以是数值、引用或文字串。Table_array 为需要在其中查找数据的数据表，可以使用对区域或区域名称的引用。Col_index_num 为 Table_array 中待返回的匹配值的列序号。Col_index_num 为 1 时，返回 Table_array 第一列中的数值；Col_index_num 为 2 时，返回 Table_array 第二列中的数值，以此类推。Range_lookup 为一逻辑值，指明函数 VLOOKUP 返回时是精确匹配还是近似匹配。如果 Range_Lookup 为 TRUE 或省略，则返回近似匹配值，也就是说，如果找不到精确匹配值，则返回小于 Lookup_value 的最大数值；如果 Range_value 为 FALSE，函数 VLOOKUP 将返回精确匹配值；如果找不到，则返回错误值＃N/A。

实例：如果 A1＝23，A2＝45，A3＝50，A4＝65，则公式“＝VLOOKUP(50，A1：A4，1，TRUE)”返回 50。

5.3.3 任务实现

1. 整理原始成绩数据表

(1)启动 MicrosoftExcel 2010,打开原始成绩数据表(在这里因简化只包括 08 电商和 08 信息两个班的成绩数据),如图 5-37 所示。

成绩查询器(样稿).xlsx - Microsoft Excel

	A	B	C	D	E	F	G
1	2009-2010学年第一学期08电子商务与信息班级成绩总表						
2	学号	姓名	劳动	数据库原理与Sqlserver	电子商务概论(实践)	计算机网络技术基础(实践)	形势与政策
3	08371011	段斌	良好	88	70	60	及格
4	08373034	方崇横	优秀	86	88	60	良好
5	08373035	汤永昌	优秀	75	82	60	中等
6	08373053	周琪	优秀	75	76	60	良好
7	08371044	周海凌	中等	70	75	60	中等
8	08373013	邹亮	优秀	65	75	60	中等
9	08371045	李峰	良好	62	65	60	及格
10	08371030	刘凤	优秀	62	61	60	中等
11	08371010	彭超	良好	61	68	60	及格
12	08371017	曾京	良好	60	72	60	及格
13	08371018	黄骏	及格	57	68	60	及格
14	08373004	刘小华	优秀	39	79	60	良好
15	08373036	夏乐勇	优秀	33	83	60	中等
16	08373055	肖广	优秀	32	64	60	良好
17	08373056	廖涛	优秀	30	72	60	中等
18	08373019	曹伟	优秀	28	60	60	中等
19	08371022	彭检萍	优秀	83	75	61	中等
20	08371020	刘晓霞	优秀	80	75	61	中等
21	08371043	胡检云	优秀	74	80	61	中等
22	08371007	赖思	优秀	68	78	61	中等
23	08373043	蔡晨	优秀	80	80	62	中等
24	08371021	陈莉萍	良好	74	71	62	良好
25	08371028	欧阳胜	优秀	67	68	62	中等
26	08373011	刘智	优秀	74	79	63	中等
27	08373012	曾成霖	良好	71	70	63	中等
28	08371019	温春晖	良好	65	70	63	中等
29	08373010	王璐	中等	42	75	63	中等
30	08373054	袁千	优秀	37	78	63	良好

08电商与信息成绩总表 / Sheet2 / Sheet

图 5-37 原始成绩表

在图 5-37 中增加两列数据即“班级”列和“总分(只含考试科目)”列,其中“班级”列放置在“姓名”列后,而“总分(只含考试科目)”列放置在最后一列。

(2)添加“班级”列。鼠标单击选中 C 列即“劳动”,再单击鼠标右键并执行子菜单里的“插入”→“列”,即可在“劳动”列前增加一个空列(也就是新的 C 列),然后在新增列的 C2 单元格里输入“班级”。现在我们从学号来生成每个同学对应的班级。由于在学号里以“08371”开头的表示“08 信息班”,而以“08373”开头的表示“08 电商班”。将光标置入单元格 C3 内,输入公式=IF(ISNUMBER(FIND("08371",A3)),"08 信息","08 电商")。其中 FIND(“08371”,A3)表示在 A3 里查找字符串“08371”,若找到(包含)返回该字元在单元格中起始位置的数字序号，否则未包含（未找到）则显示错误码＃VALUE!；而 ISNUMBER(A1)函数的作用是检查 A1 单元格里的值是否为数值，若是返回 TRUE，否则返回 FALSE；IF()是条件判断函数。执行该公式后 C3 单元格内容变为“08 信息”，再双击单元格 C3 右下角的填充控制柄即可获得整个班级列对应的正确数据。

注意　如果成绩总表有 3 个班级的成绩数据，只需将上述的 IF 公式再嵌套一层即可。比如有 3 个班级：08371(08 信息)、08372(08 计应)、08373(08 电商)。此时的 IF 公式可改为如下：

＝IF(ISNUMBER(FIND("08371",A3)),"08 信息",IF(ISNUMBER(FIND("08372",A3)),"08 计应","08 电商"))

总结，若有 N 个班级数据，则可以通过 N－1 个 IF 嵌套来完成判定设置。

(3)添加“总分”列。在单元格 I2 内输入“总分”，在 I3 内输入公式＝SUM(E3:G3)并执行，得到 I3 的结果为 218，然后双击单元格 I3 的控制柄即可获得整个总分列的正确数据。再设置好第 I 列单元格的格式，使之与前面的列的格式一致。如图 5－38 所示。

成绩查询器(样稿).xlsx - Microsoft Excel

C3　=IF(ISNUMBER(FIND("08371",A3)),"08信息","08电商")

2009-2010学年第一学期08电子商务与信息班级成绩总表

	学号	姓名	班级	劳动	数据库原理与Sqlserver	电子商务概论（实践）	计算机网络技术基础（实践）	形势与政策	总分
3	08371011	段斌	08信息	良好	88	70	60	及格	218
4	08373034	方崇槙	08电商	优秀	86	88	60	良好	234
5	08373035	汤永昌	08电商	优秀	75	82	60	中等	217
6	08373053	周琪	08电商	优秀	75	76	60	良好	211
7	08371044	周海凌	08信息	中等	70	75	60	中等	205
8	08373013	邹亮	08电商	优秀	65	75	60	中等	200
9	08371045	李峰	08信息	良好	62	65	60	及格	187
10	08371030	刘凤	08信息	优秀	62	61	60	中等	183
11	08371010	彭超	08信息	良好	61	68	60	及格	189
12	08371017	曾京	08信息	良好	60	72	60	及格	192
13	08371018	黄骏	08信息	及格	57	68	60	及格	185
14	08373004	刘小华	08电商	优秀	39	79	60	良好	178
15	08373036	夏乐勇	08电商	优秀	33	83	60	中等	176
16	08373055	肖广	08电商	优秀	32	64	60	良好	156
17	08373056	廖涛	08电商	优秀	30	72	60	中等	162
18	08373019	曹伟	08电商	优秀	28	60	60	中等	148
19	08371022	彭检萍	08信息	优秀	83	75	61	中等	219
20	08371020	刘晓霞	08信息	优秀	80	75	61	中等	216
21	08371043	胡检云	08信息	优秀	74	80	61	中等	215
22	08371007	赖思	08信息	优秀	68	78	61	中等	207
23	08373043	蔡晨	08电商	优秀	80	80	62	中等	222
24	08371021	陈莉萍	08信息	良好	74	71	62	良好	207
25	08371028	欧阳胜	08信息	优秀	67	68	62	中[illegible]	197
26	08373011	刘智	08电商	优秀	74	79	63	中等	216
27	08373012	曾成霖	08电商	良好	71	70	63	中等	204
28	08371019	温春晖	08信息	良好	65	70	63	中等	198
29	08373010	王璐	08电商	中等	42	75	63	中等	180
30	08373054	袁千	08电商	优秀	37	78	63	良好	178

08电商与信息成绩总表　Sheet2　Sheet3

就绪　100%

图 5－38　整理后的成绩表

2. 制作“课程列号”工作表

将工作表 Sheet2 重命名为“课程列号”，然后手工制作“课程列号”工作表，并做好格式设置，如图 5-39 所示。

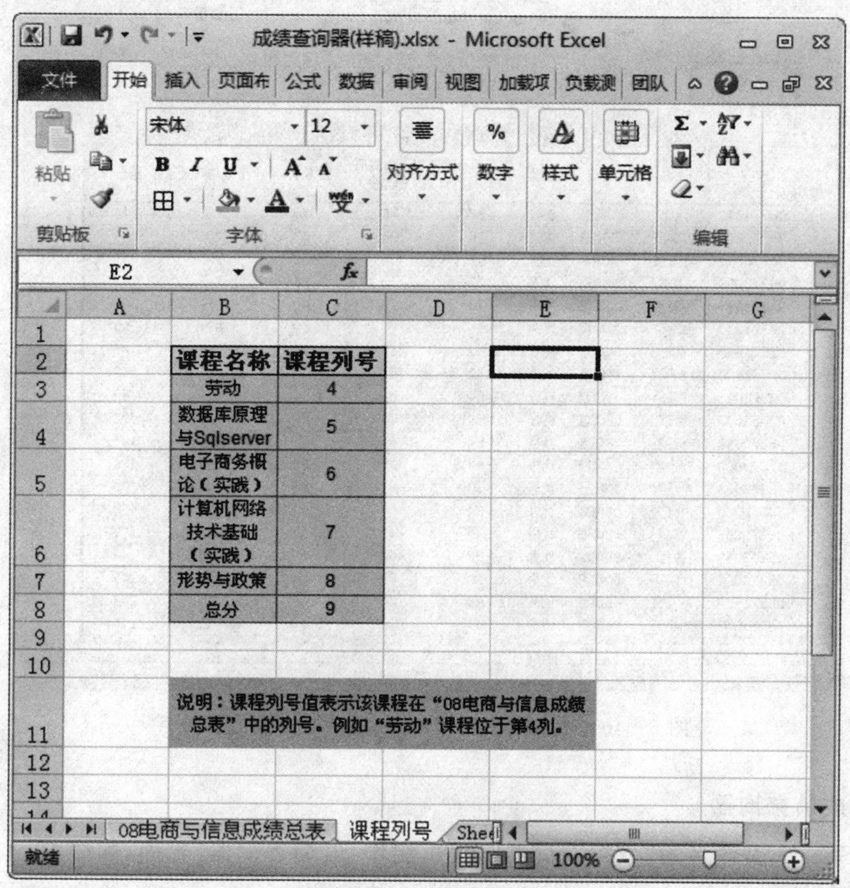

图 5-39　课程列号工作表(注意图中所显示的说明信息)

3. 定义数据区域

切换到“08 电商与信息成绩总表”工作表，选定从 A3 至 I103 的单元格区域，即成绩数据区，在区域命名栏内将其命名为“CJB”(即成绩表的意思)。注：在输入完区域名“CJB”后一定得按下回车键确认方可生效，否则无效。如图 5-40 所示。

利用同样方法，将 A3 至 A103 区域定义为“XH”。再切换到“课程列号”工作表，将该工作表中的从 B3 至 B8 区域定义为“KCM”，从 B3 至 C8 区域定义为“KCLH”。

注意　若后期需要再次编辑或者删除已有的区域名称，可切换至【公式】工具栏，单击“名称管理器”工具，即可对已创建的区域名称进行修改或者删除。

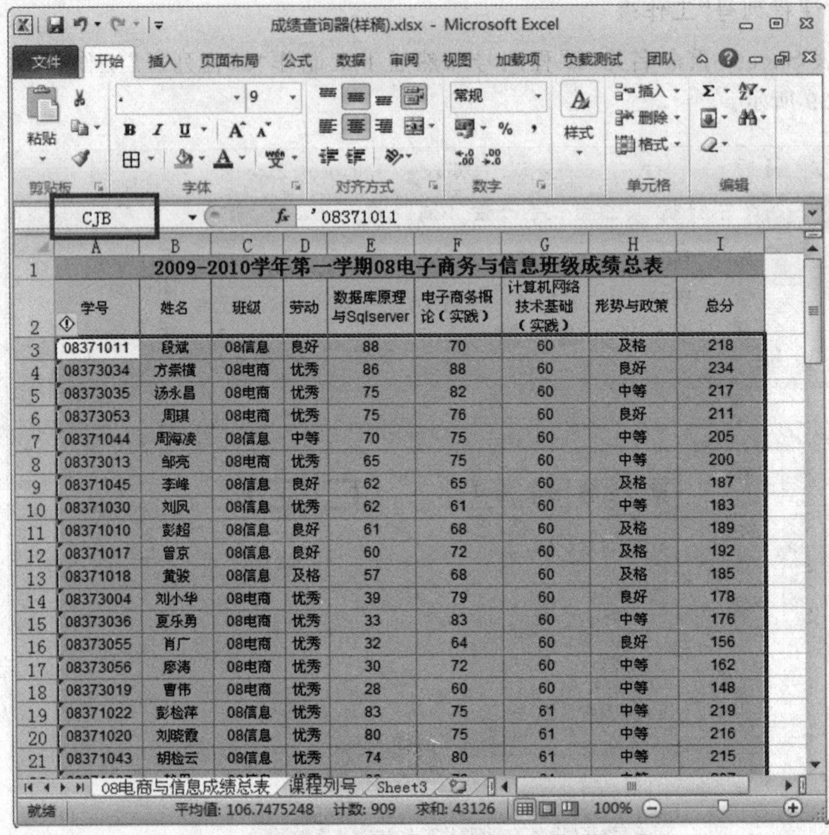

学号	姓名	班级	劳动	数据库原理与Sqlserver	电子商务概论（实践）	计算机网络技术基础（实践）	形势与政策	总分
08371011	段斌	08信息	良好	88	70	60	及格	218
08373034	方崇槚	08电商	优秀	86	88	60	良好	234
08373035	汤永昌	08电商	优秀	75	82	60	中等	217
08373053	周琪	08电商	优秀	75	76	60	良好	211
08371044	周海凌	08信息	中等	70	75	60	中等	205
08373013	邹亮	08电商	优秀	65	75	60	中等	200
08371045	李峰	08信息	良好	62	65	60	及格	187
08371030	刘凤	08信息	优秀	62	61	60	中等	183
08371010	彭超	08信息	良好	61	68	60	及格	189
08371017	曾京	08信息	良好	60	72	60	及格	192
08371018	黄骏	08信息	及格	57	68	60	及格	185
08373004	刘小华	08电商	优秀	39	79	60	良好	178
08373036	夏乐勇	08电商	优秀	33	83	60	中等	176
08373055	肖广	08电商	优秀	32	64	60	良好	156
08373056	廖涛	08电商	优秀	30	72	60	中等	162
08373019	曹伟	08电商	优秀	28	60	60	中等	148
08371022	彭检萍	08信息	优秀	83	75	61	中等	219
08371020	刘晓霞	08信息	优秀	80	75	61	中等	216
08371043	胡检云	08信息	优秀	74	80	61	中等	215

图 5－40　成绩数据区域定义（注意图中圈起部分）

4. 制作成绩查询器

(1)将 Sheet3 重命名为“成绩查询器”，手工制作“成绩查询器”界面，如图 5－41 所示。

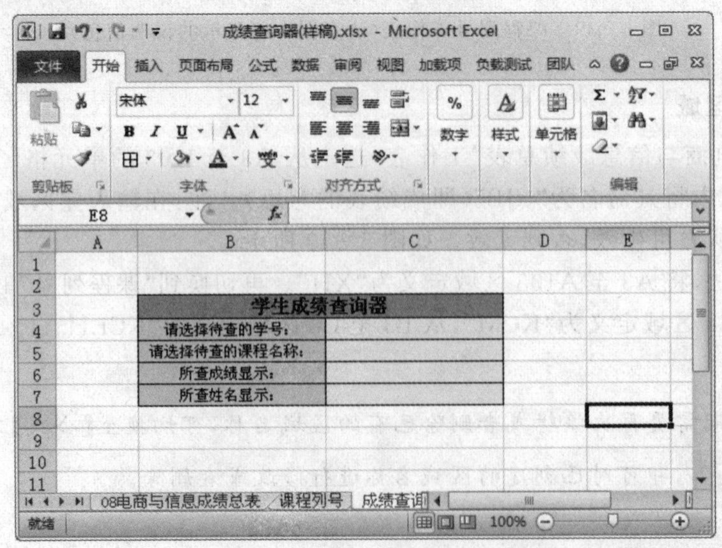

图 5－41　成绩查询器界面

(2)制作下拉列表选项菜单。在图 5-41 中选中 C4 单元格;将工具栏切换至【数据】工具栏,单击"数据有效性"工具 ,打开"数据有效性"设置面板,做好正确的参数设置,如图 5-42 所示。

在图 5-42 中在"允许"下拉列表中选择"序列",在数据"来源"框中输入=XH,即表示数据将从 XH(学号数据区域)中读取。单击"确定"按钮后单元格 C4 右边多了一个下拉图标按钮,单击它可以展开 C4 的下拉选项列表,如图 5-43 所示。

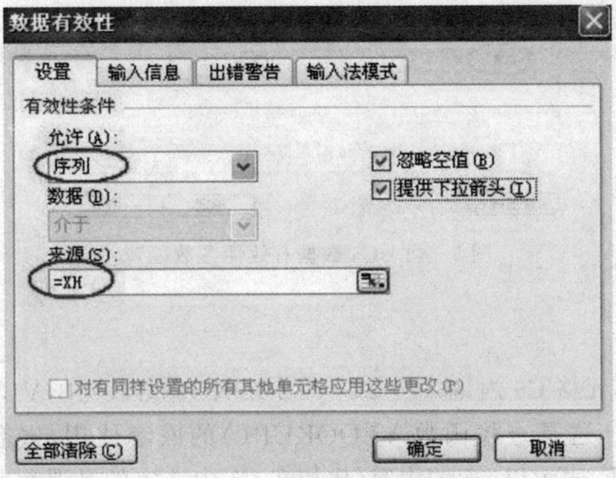

图 5-42 C4 数据有效性参数设置

图 5-43 学号选项下拉列表框

同样方法将单元格 C5 制作成课程名称选项下拉列表框,C5 的“数据有效性”参数设置如图 5-44 所示。

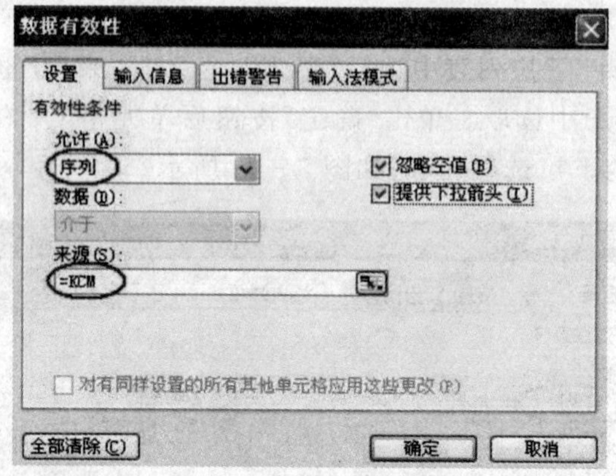

图 5-44　C5 数据有效性参数设置

5. 执行查询

(1)将光标置入单元格 C6 内,输入公式=VLOOKUP(C4,CJB,VLOOKUP(C5,KCLH,2,FALSE),FALSE)。这是查找函数 VLOOKUP()的嵌套使用,嵌套里面的 VLOOKUP(C5,KCLH,2,FALSE)表示以 C5 的内容(比如在 C5 中选定的是课程名“计算机网络技术基础(实践)”)去查找课程列号数据区域 KCLH,并返回第 2 列对应的“课程列号”数值,在这里以“计算机网络技术基础(实践)”去找则返回数值 7。然后嵌套外面的 VLOOKUP()函数则变成了 VLOOKUP(C4,CJB,7,FALSE),它表示以 C4 中选择的学号(比如选择学号 08371011)去查找成绩数据区域 CJB,并返回 CJB 中第 7 列对应的成绩分数值,FALSE 表示大致匹配。在这里若 C4 中选择的是 08371011,则最终在单元格 C6 中显示的结果为 60,如图 5-45 所示。

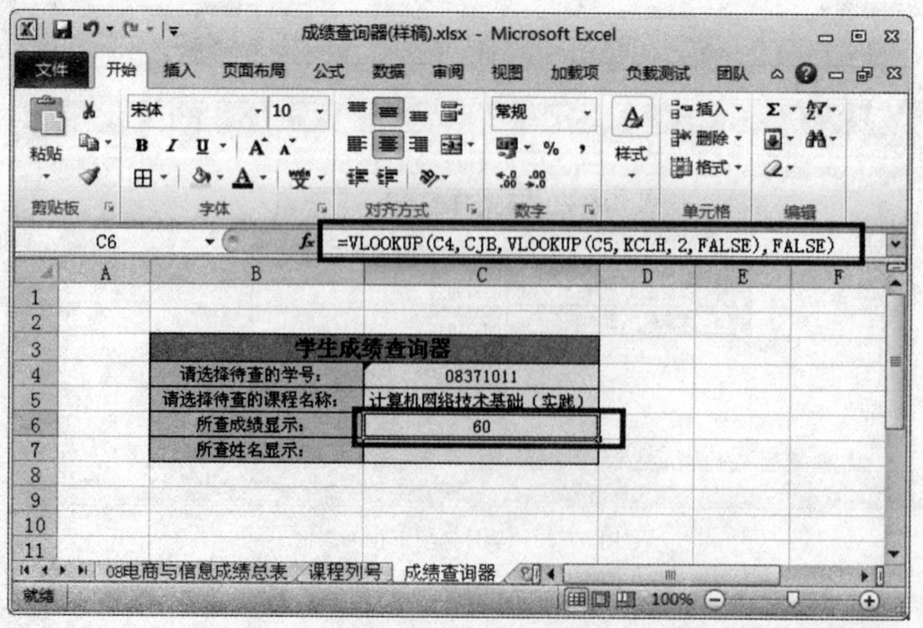

图 5-45　成绩查询结果

(2)将光标置入单元格 C7 内,输入公式=VLOOKUP(C4,CJB,2,FALSE),表示以 C4 中选择的学号去查找 CJB 数据区域,并返回 CJB 区域中第 2 列对应的数据。若上面 C4 中选择的是 08371011,则姓名显示为段斌,如图 5-46 所示。

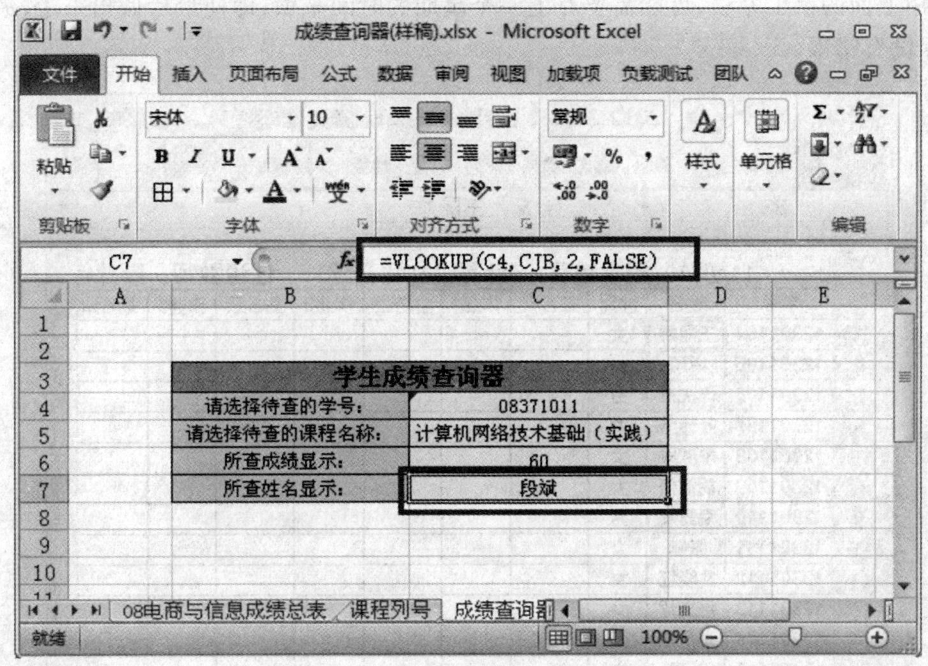

图 5-46 姓名显示结果

至此,学生成绩查询器全部设计完毕。

5.4 Excel 实战技巧:批处理操作的应用

5.4.1 任务的提出与解析

在日常办公应用中,用户经常会遇到一些大批量的重复同一种操作的任务处理。此时若没掌握好适当的方法与技巧,则在处理任务时会觉得费时费力且也很容易出错,觉得工作量大,没法完成好。比如:

案例 1:创建名称符合指定要求的大批量文件夹

作为系部办公室的干事或辅导员,每年都会有新生入学,为保存该系部新入学所有学生个人的电子档案(学生的基本信息表、学生的作业和作品、学生的获奖信息等等);此时可能需要为该系部每位学生分别建立一个以该学生的学号+姓名为名称的文件夹。图 5-47 是 12 初教 2 班的花名册;图 5—48 是教育科学系的 12 级所有班级列表及在建的 12 初教 2 班的学生个人文件夹。

由于每个班级的详细花名册是可以从学校的教务系统里导出来的,导出来一般是一张 Excel 数据表格。

在图 5-48 中,对于 12 初教 2 班每位同学的个人文件夹的创建,倘若是对照该班的花名册一个一个的手工来创建再将其改名为“学号＋姓名”；比如上图中手工方式建立文件夹“12301104 王丽娇”、“12301105 谭琦”、“12301106 许沈锎”等等，则这个任务的工作量则是相当巨大。假如这个教育科学系 12 级有 1000 个新生，则要创建 1000 个类似的学生个人文件夹；如若用上面的手工办法，可能需要花上一个星期的时间来做；即使最后做出来了，最后的结果也难保没有错误。

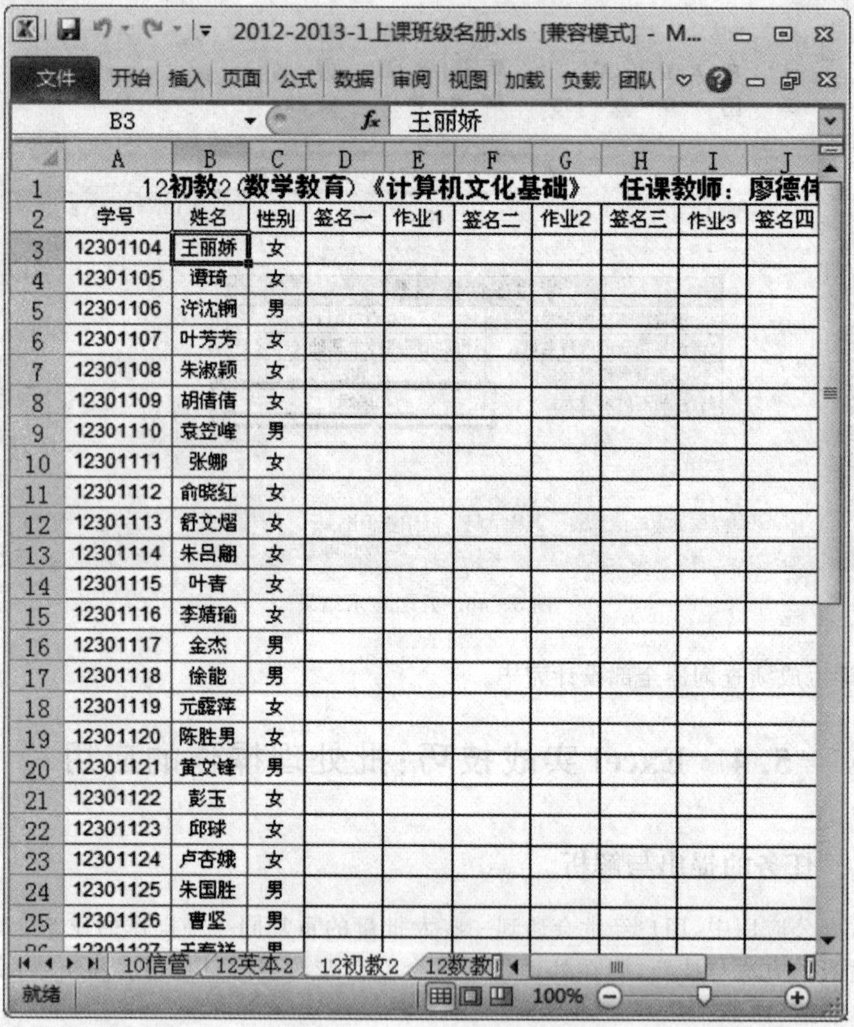

2012-2013-1上课班级名册.xls [兼容模式] - M...

12初教2(数学教育)《计算机文化基础》 任课教师：廖德伟

学号	姓名	性别	签名一	作业1	签名二	作业2	签名三	作业3	签名四
12301104	王丽娇	女							
12301105	谭琦	女							
12301106	许沈锎	男							
12301107	叶芳芳	女							
12301108	朱淑颖	女							
12301109	胡倩倩	女							
12301110	袁笠峰	男							
12301111	张娜	女							
12301112	俞晓红	女							
12301113	舒文熠	女							
12301114	朱吕翩	女							
12301115	叶青	女							
12301116	李婧瑜	女							
12301117	金杰	男							
12301118	徐能	男							
12301119	元露萍	女							
12301120	陈胜男	女							
12301121	黄文锋	男							
12301122	彭玉	女							
12301123	邱球	女							
12301124	卢杏娥	女							
12301125	朱国胜	男							
12301126	曹坚	男							

图 5－47 12 初教 2 班花名册

基于此案例，除了上述的手工方式外，有没有最快捷的方法与技巧呢？

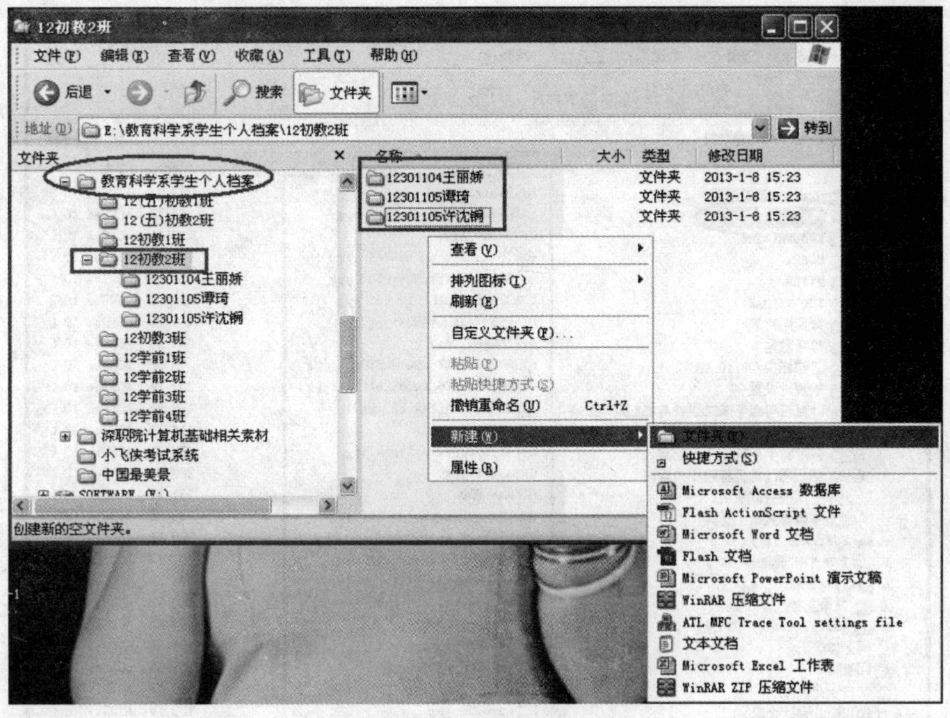

图 5-48　资源管理器界面

案例 2:大批量的同一类型的文件(比如图片文件)的重命名

通常,每个计算机专业用户都会在网上下载一些素材文件比如:图片素材、声音素材、文档素材等等,以备后来在做专业设计时所需。

假如现在某用户想做一个大型一点的 FLASH 动画,他已从网上下载了一些将要导入使用的相关图片素材;但现在问题是:从各种不同网站上下载下来的图片文件的文件名是随机的,显得有些乱七八糟,看起来很不规范。如图 5-49 所示。

现在该用户要求将这 64 个图片素材文件统一更名为:FLASH 素材图片 001.jpg、FLASH 素材图片 002.jpg、FLASH 素材图片 003.jpg、FLASH 素材图片 004.jpg…;显然用手工方式一个一个将文件名去改名将费时费力,效率极低且易出错。

基于此案例,又有没有更可靠而且快捷高效的方法呢?

上述案例最佳解决方案:利用 Excel 的自动延续填充或递增填充来生成批处理命令文件(.bat 格式)的内容,然后直接双击执行该批处理命令文件即可完成。整个任务完成时间不会超过 1 分钟时间且高效准确,事半功倍。

5.4.2　核心技能技巧

(1)延续填充(即重复填充)与递增填充技巧。

(2)管道命令应用技巧。

(3)批处理命令文件的制作方法。

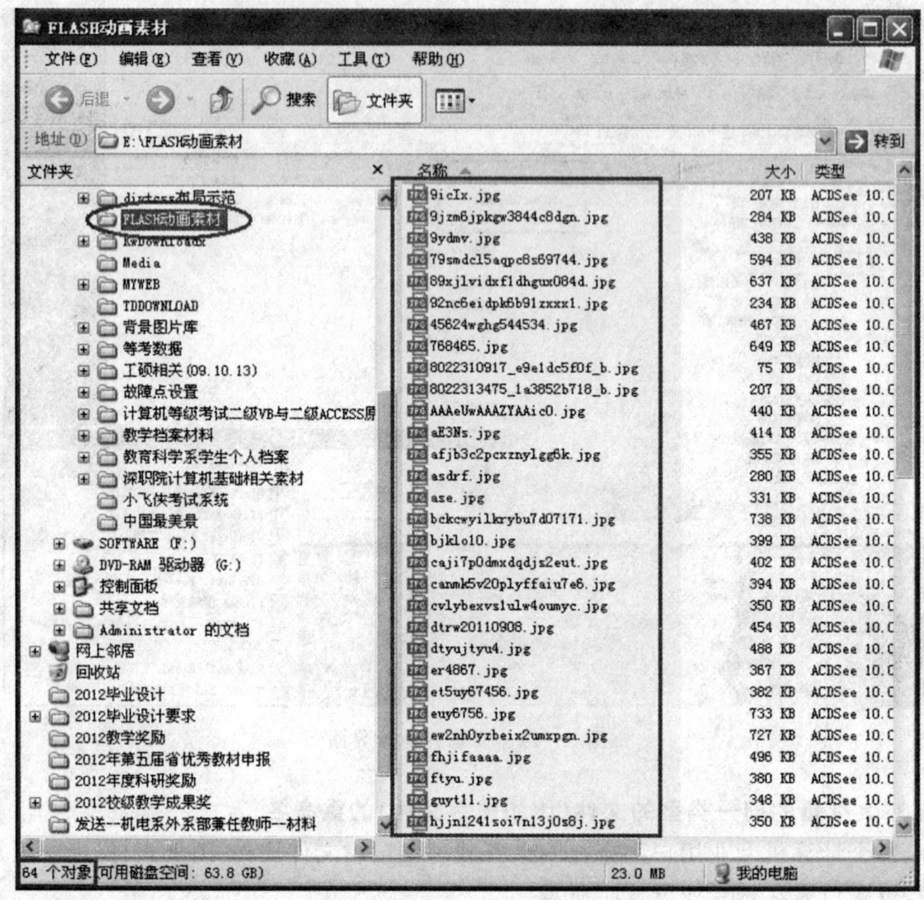

图 5-49 资源管理器界面

5.4.3 任务实现

案例 1 实现方法：

(1)准备好“12 初教 2 班”的班级花名册文件。此 Excel 文件一般都可以从各学校的教务系统中导出。如图 5-47 所示。

(2)鼠标将 A3 至 B44 的范围内所有单元格选中，并复制。切换至工作表 sheet1，鼠标选中单元格 B1，按下组合键【Ctrl+V】进行粘贴。

(3)在姓名列前插入一空列，这样原来的姓名列变为 D 列，现在的 C 列为空列。然后在 C1 单元格内输入：AAA；并双击 C1 单元格右下角的填充控制柄，使整个 C 列的所有单元格内容都是 AAA。这时应用的填充方法叫做自动延续填充。

注意 自动延续填充：当起始单元格内无公式且内容为非数字字符时，此时双击该单元格的填充控制柄完成该列的填充即为自动延续填充。

自动递增填充：当起始单元格内无公式且内容为非数字字符与数字字符混合时，此时双击该单元格的填充控制柄则出现：非数字字符部分依旧自动延续填充，数字字符部分将依次递增。

(4)在 A1 单元格内输入字符:MD ;MD 为创建空文件夹的命令。然后双击 A1 单元格的右下角的填充控制柄完成自动延续填充。全部填充完后如图 5－50 所示,图 5－50 中圈起部分为 A1 的填充控制柄。

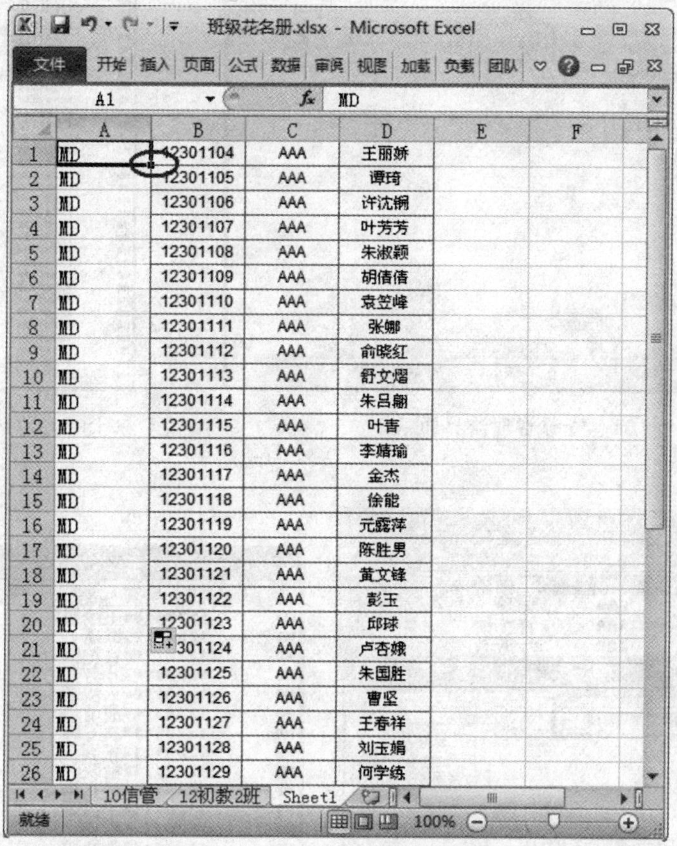

图 5－50　单元格内容的填充

(5)在图 5－50 中鼠标选中 A1:D42 之间的所有单元格,并按下组合键【Ctrl＋C】进行复制。

(6)在任一盘符中(最好为 D 盘以后的盘符,在本案例中为 E 盘)比如 E:盘下手工创建一个名称为“教育科学系学生个人档案”的文件夹;继续在“教育科学系学生个人档案”文件夹下创建一个名称为“12 初教 2 班”的子文件夹。再在“12 初教 2 班”子文件夹下新建一个文本文件 123. txt 。如图 5－51 所示。

(7)在图 5－51 中双击打开文本文件 123. txt ,将上面第(5)步中复制的 A1:D42 单元格内容粘贴进去。如图 5－52 所示。

在图 5－52 中要求将第 2 列和第 4 列并起来,则需要将“AAA”全部替换为无。如图 5－53 操作。

在图 5－53 中单击按钮“全部替换”后,学号列与姓名列就并在一起了,保存退出“123. txt”。如图 5－54 所示。

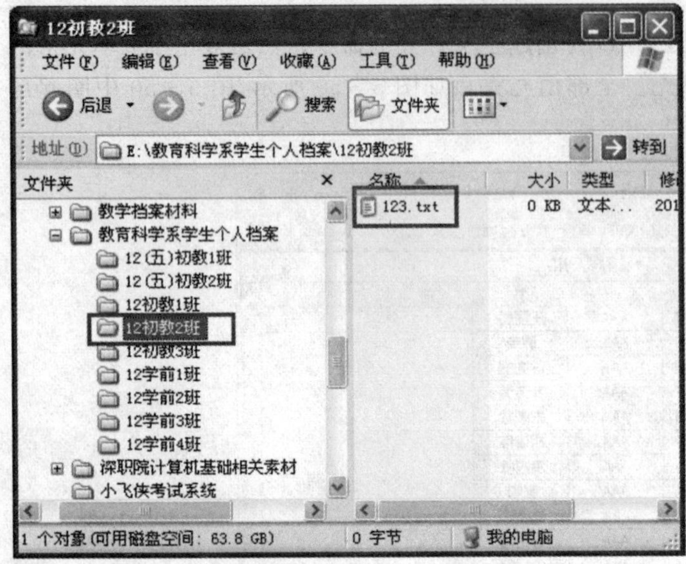

图 5-51 资源管理器界面

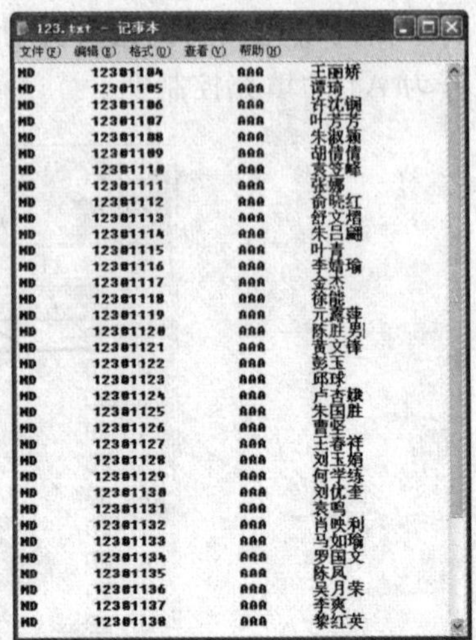

图 5-52 123.txt 文件内容

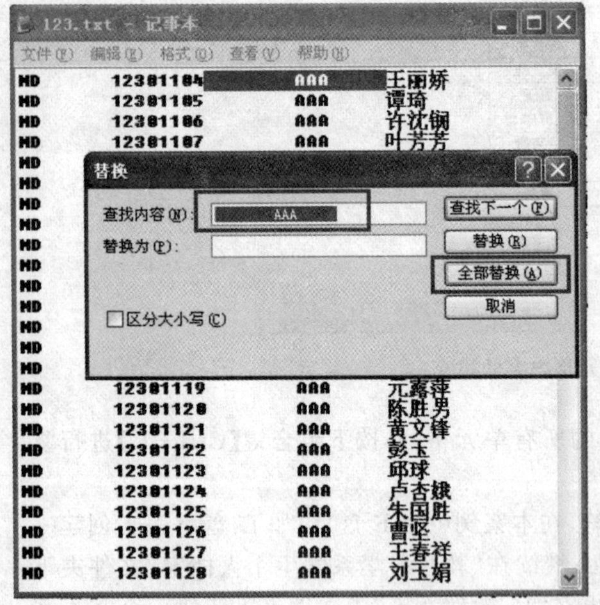

图 5-53 替换设置

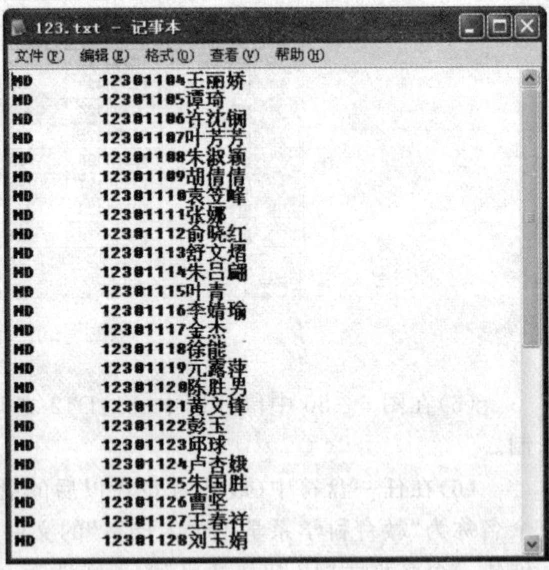

图 5-54 替换后的 123.txt 文件内容

(8)再将文本文件“123.txt”改名为“123.bat”，使之成为可执行的批处理命令文件。最后双击执行“123.bat”即立即创建该班所有学生的个人文件夹。创建完毕后应将文件“123.bat”删除掉。如图 5-55 所示。

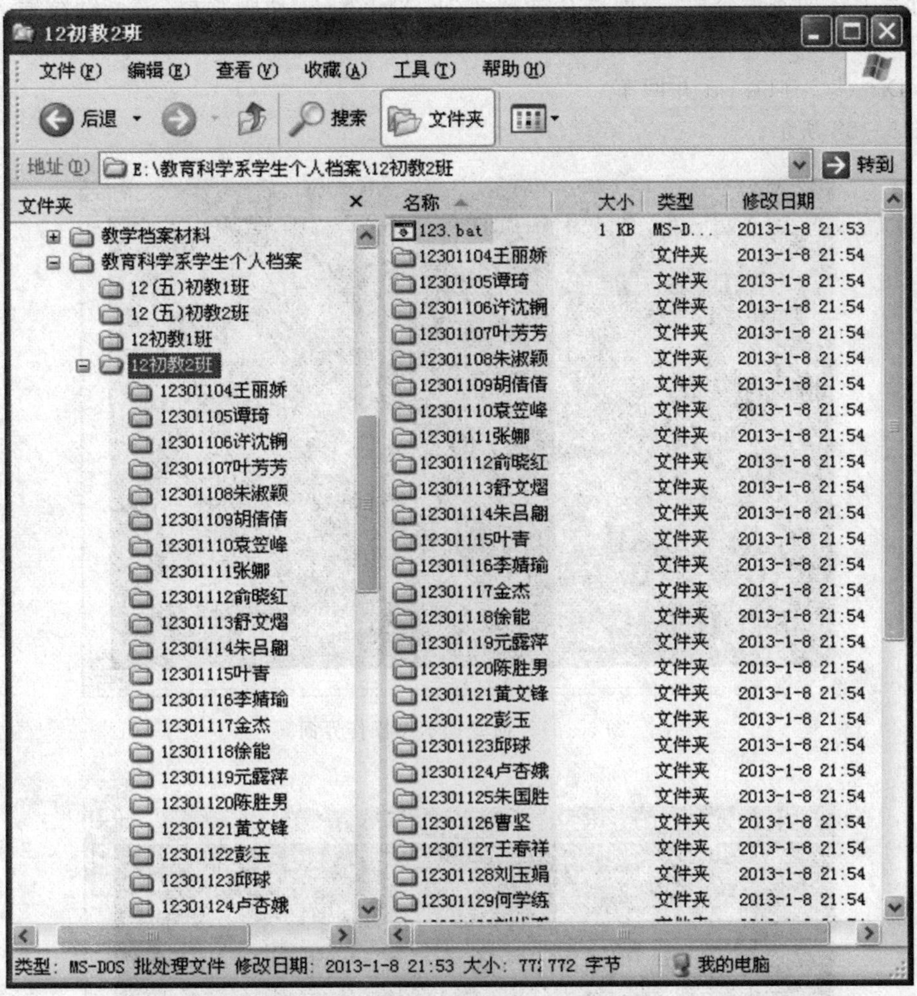

12初教2班

文件(F) 编辑(E) 查看(V) 收藏(A) 工具(T) 帮助(H)

地址(D) E:\教育科学系学生个人档案\12初教2班

名称	大小	类型	修改日期
123.bat	1 KB	MS-D...	2013-1-8 21:53
12301104王丽娇		文件夹	2013-1-8 21:54
12301105谭琦		文件夹	2013-1-8 21:54
12301106许沈锎		文件夹	2013-1-8 21:54
12301107叶芳芳		文件夹	2013-1-8 21:54
12301108朱淑颖		文件夹	2013-1-8 21:54
12301109胡倩倩		文件夹	2013-1-8 21:54
12301110袁笠峰		文件夹	2013-1-8 21:54
12301111张娜		文件夹	2013-1-8 21:54
12301112俞晓红		文件夹	2013-1-8 21:54
12301113舒文熠		文件夹	2013-1-8 21:54
12301114朱吕翩		文件夹	2013-1-8 21:54
12301115叶青		文件夹	2013-1-8 21:54
12301116李婧瑜		文件夹	2013-1-8 21:54
12301117金杰		文件夹	2013-1-8 21:54
12301118徐能		文件夹	2013-1-8 21:54
12301119元露萍		文件夹	2013-1-8 21:54
12301120陈胜男		文件夹	2013-1-8 21:54
12301121黄文锋		文件夹	2013-1-8 21:54
12301122彭玉		文件夹	2013-1-8 21:54
12301123邱球		文件夹	2013-1-8 21:54
12301124卢杏娥		文件夹	2013-1-8 21:54
12301125朱国胜		文件夹	2013-1-8 21:54
12301126曹坚		文件夹	2013-1-8 21:54
12301127王春祥		文件夹	2013-1-8 21:54
12301128刘玉娟		文件夹	2013-1-8 21:54
12301129何学练		文件夹	2013-1-8 21:54

类型: MS-DOS 批处理文件 修改日期: 2013-1-8 21:53 大小: 772 字节 我的电脑

图 5-55 班级所有学生个人文件夹

案例 2 实现方法：

(1)获取“E:\FLASH 动画素材”文件夹下的文件名列表信息。单击操作系统的【开始】按钮→“运行…”,运行“cmd”指令进入命令提示符操作界面。如图 5-56 所示。

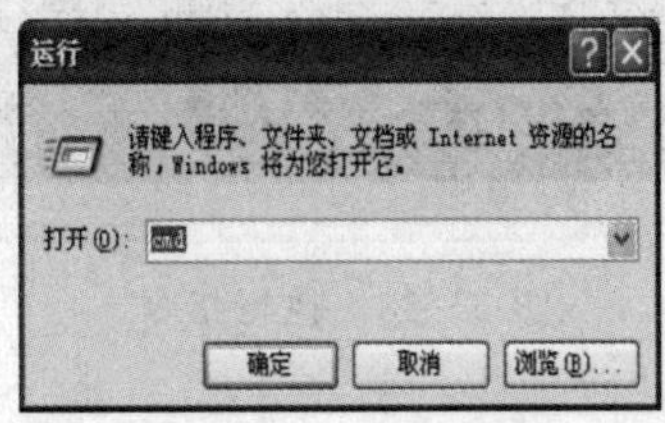

图 5-56 运行面板

在图 5-57 中输入以下两条指令：

CDE:\FLASH 动画素材并回车

E:并回车

执行完上述两条命令后，当前路径变成了“E:\FLASH 动画素材＞”。继续输入以下指令：

Dir /b ＞111. txt 并回车

如图 5 - 58 所示。

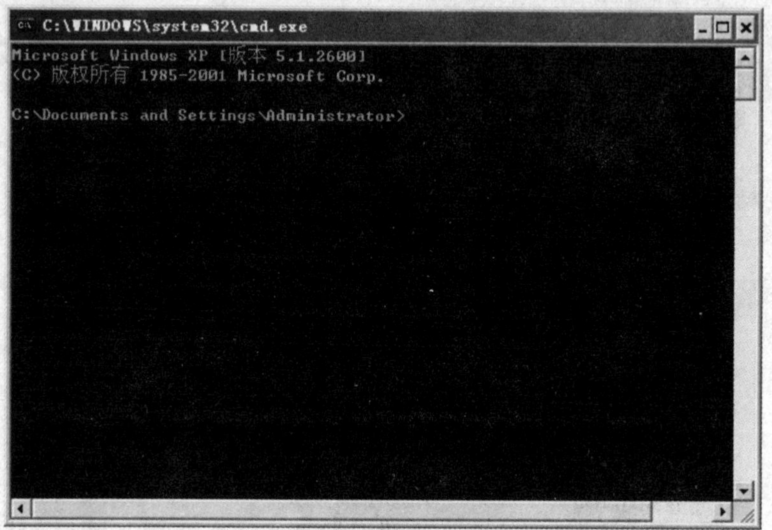

图 5 - 57　命令提示符操作界面

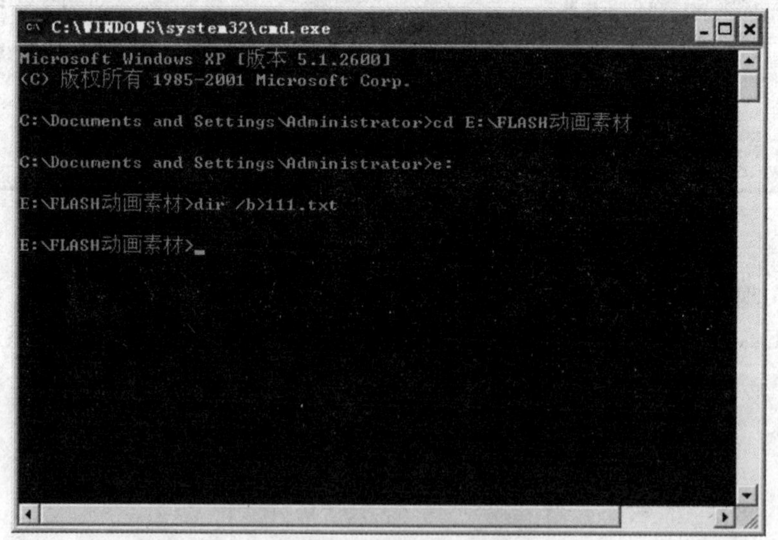

图 5 - 58　执行指令

执行完上述指令后，在当前目录(即 E:\FLASH 动画素材)下生成了一个文本文件“111. txt”，该文本文件所保存的内容为“E:\FLASH 动画素材”文件夹下的所有文件名列表信息。如图 5 - 59 和图 5 - 60 所示。

注意 > :新建和覆盖管道。上述的指令"dir /b >111.txt",是将当前目录下的资源列表信息作为内容输出到文本文件111.txt中去,如果文件111.txt不存在就创建它并向该文件输出内容,如果已经存在就向该文件覆盖已有内容。

>>:追加管道。作用是向目标文件追加内容,而不是覆盖内容。

图5-59 通过管道生成的111.txt

这样就获取了"E:\FLASH动画素材"文件夹下的文件名列表信息。

(2)制作批处理命令文件111.bat的内容。在图5-60中,鼠标将文件111.txt的第2行开始到最后一行的内容(不要选第1行)选中,并按下组合键【Ctrl+C】复制到剪贴板。

启动Excel2010,当前即打开工作簿1的工作表Sheet1。

在B1单元格进行粘贴,这样B列(B1:B64)的内容即为欲改名的图片文件名列表。

在C1单元格中输入:FLASH素材图片001.jpg;再双击C1单元格的填充柄对C列完成递增填充。

在A1单元格内输入:ren。"ren"为改名指令。再双击A1的填充柄对A列完成自动延续填充。如图5-61所示。

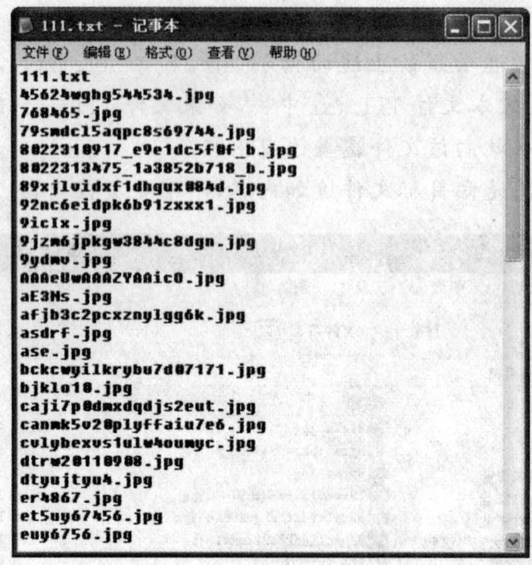

图 5-60　111.txt 文件内容

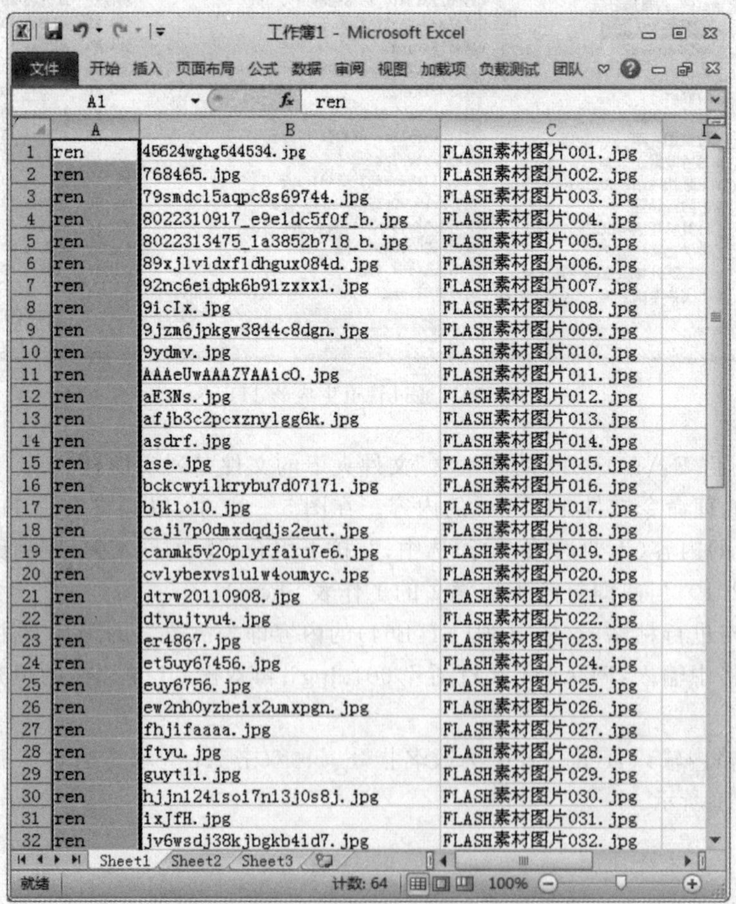

图 5-61　填充制作 111.bat 的内容

(3)制作 111.bat 文件。将图 5－61 中 A1:C64 的单元格内容全部选中,并复制到剪贴板;再在“E:\FLASH 动画素材”下打开文本文件 111.txt ,将 111.txt 原来的全部内容删掉,再将剪贴板的内容粘贴进去;保存退出;然后将 111.txt 改名为 111.bat 。

(4)完成所有素材图片的改名。双击执行批处理文件 111.bat 即可将“E:\FLASH 动画素材”文件夹下的所有素材图片改名为规范整齐且符合要求的文件名称。如图 5－62 所示。

图 5－62 所有图片更名后效果

至此,本节任务全部完成。其实在日常工作中,还会遇到大量类似的批量操作的任务,皆可用 Excel 的填充制作批处理文件的方法来完成。读者可借鉴此法,进行扩展和引申。

本章小结

电子表格软件 Excel 2010 是 Office 系列办公软件中最常用的一种软件,学完本章内容后应重点掌握 Excel 2010 工作簿和工作表的插入、复制、移动、更名、保存和保护等基本编辑方法与数据输入、编辑和排版等格式设置,掌握单元格的绝对地址和相对地址的概念,工作表中公式的输入与常用函数的使用。掌握数据清单的概念,记录单的使用,记录的排序、筛选、查找和分类汇总,掌握图表的创建和格式设置,掌握工作表的页面设置、打印预预览和打印。

第 6 章 PowerPoint 2010 应用

教学目的

(1)了解 PowerPoint 2010 的基础知识。

(2)掌握创建及管理演示文稿。

(3)掌握编辑和放映演示文稿。

(4)掌握打印和打包演示文稿。

教学重点与难点

重点:创建及管理演示文稿,编辑演示文稿。

难点:编辑演示文稿,放映演示文稿。

6.1 任务的提出与解析

在一家计算机销售公司工作的小张突然接到上司下达的任务,要求小张向一中学的老师推介公司销售的“Lenovo™ U350”笔记本电脑。上司指出,该校老师准备团购笔记本电脑,数量较多,要小张做好向该校老师团体推介的准备,力争为公司拿下这一订单。

要向老师进行团体推介,用口头讲述,有些内容讲不清;带实物,老师人数众多,也不现实;小张左右为难,不知如何是好。有同事建议小张做个演示文稿,在向老师播放幻灯片的同时,进行详细的讲解。小张对制作演示文稿不太熟习,决定先学习一下演示文稿的制作,为以后做推介活动做准备。

6.2 核心知识与概念

6.2.1 演示文稿制作中的相关概念

(1)对象。PowerPoint 幻灯片的组成元素统称为对象。幻灯片中常用的元素有文本、图形(矢量图)、图像、表格、图表(Excel 图表)、声音、视频等。

(2)版式。“版式”指的是幻灯片内容在幻灯片上的排列方式。版式由占位符组成,而占位符可放置文字(例如:标题和项目符号列表,如图 6-1 所示)和幻灯片内容(例如:表格、图表、图片、形状和剪贴画)。

图 6-2 是由 3 个占位符组成的版式:标题占位符、项目符号列表占位符及内容占位符(例

如：表格、图示、图表或剪贴画）。

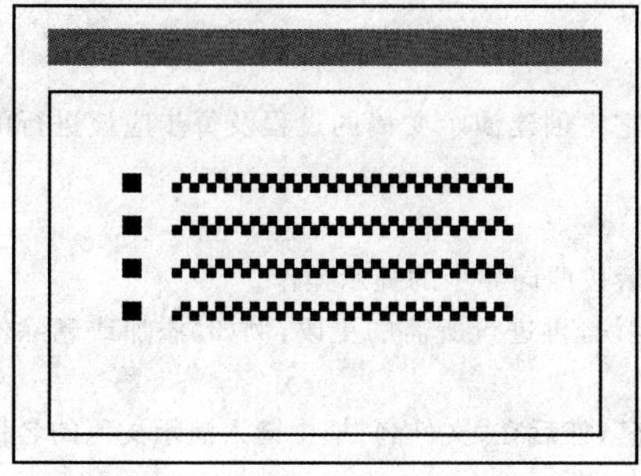

图 6－1 由标题和项目符号列表的占位符组成的基本版式

图 6－2 由三个占位符组成的版式

(3)母版。幻灯片母版是存储关于模板信息的设计模板的一个元素，这些模板信息包括字形、占位符大小和位置、背景设计和配色方案。幻灯片母版的目的是对演示文稿进行全局更改（如替换字形），并使该更改应用到演示文稿中的所有幻灯片。通常可以使用幻灯片母版进行下列操作：

①更改字体或项目符号。

②插入要显示在多个幻灯片上的艺术图片（如徽标）。

③更改占位符的位置、大小和格式。

(4)配色方案。配色方案由幻灯片设计中使用的 8 种颜色（用于背景、文本和线条、阴影、标题文本、填充、强调和超链接）组成。演示文稿的配色方案由应用的设计模板确定。

(5)占位符。带有虚线或影线标记边框的框，它是绝大多数幻灯片版式的组成部分。这些框可容纳标题、正文，以及对象，如图表、表格、图片。

6.2.2 演示文稿制作流程

演示文稿制作步骤如图 6－3 所示。

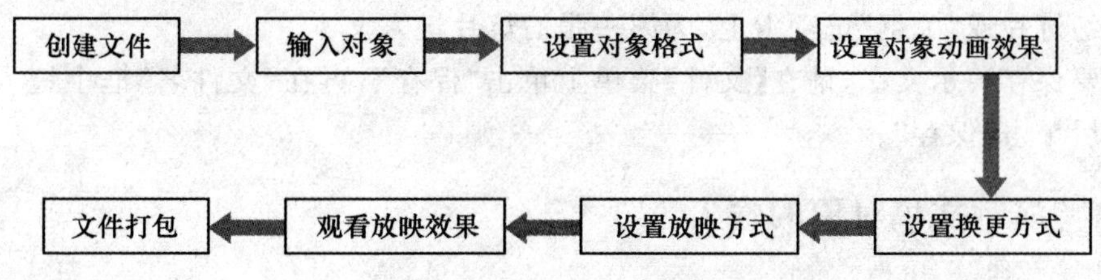

图 6－3 演示文稿制作流程

6.2.3 演示文稿的建立

1. 利用“内容提示向导”创建

利用“内容提示向导”是初学者的最佳方法，它将创建演示文稿的过程及每步应该进行的操作步骤化，用户只需根据提示进行操作即可。

(1)单击【文件】→“新建”。

(2)在“新建”之下，单击“内容提示向导”，然后按照向导中的提示操作。

(3)在演示文稿中，使用所需文本替换文本建议，再进行所需的更改，例如，添加或删除幻灯片、添加图片或动画效果、插入页眉和页脚。

(4)完成更改后，在【文件】菜单上，单击“保存”，然后在“文件名”框中键入演示文稿的名称并单击“保存”。

2. 利用“空白演示文稿”创建

“空演示文稿”没有文字内容和背景颜色，只有框架，幻灯片的背景以及配色都要由用户自己设计，此方法适合能够熟练使用 PowerPoint 的用户。

(1)单击【文件】→“新建”。

(2)在“新建”之下，单击“空演示文稿”。

(3)在幻灯片上或“大纲”选项卡上键入所需的文本。

(4)结束时，在【文件】菜单上，单击“保存”，键入演示文稿的名称，再单击“保存”。

3. 利用“样本模板”创建演示文稿

样本模板包含了一个预定义好格式和配色方案的演示文稿，一旦选择了一个符合设计的演示风格的设计模板后，只要根据自己的演示主题，选择版式，加入相应的文字即可，操作方便、快捷。

(1)单击【文件】→“新建”。

(2)在“新建”之下，双击“样本模板”。

(3)在“样本模板”模板库列表中，单击选择要应用的模板。

(4)如果希望保留第一张幻灯片的默认标题版式，请转至步骤(5)。如果希望对第一张幻灯片使用其他的版式，请在“格式”菜单上单击“幻灯片版式”，再选择所需的版式。

(5)在幻灯片或“大纲”选项卡上，为第一张幻灯片键入文本。

(6)若要保存演示文稿，请在【文件】菜单上单击“保存”，再在“文件名”框中键入演示文稿的名称，然后单击“保存”。

6.2.4 演示文稿对象的输入

1. 插入新幻灯片

(1)将插入点放在“大纲”或“幻灯片”选项卡上，然后按 Enter 键。

(2)在“幻灯片版式”任务窗格中，单击所需的版式。

2. 添加文本

(1)占位符文本。在文本占位符处将标题、副标题和正文输入到幻灯片上。

(2)文本框中的文本。

①单击【插入】→“文本框”,选“水平”或“垂直”。

②在要插入文本框的地方画一个框。

③在框中输入文字。

(3)其他程序创建的文本插入到演示文稿中。可将其他程序创建的文本插入“大纲”选项卡中,并自动设置标题和正文的格式,如插入 Word 文本。源文档中的标题 1 作为 PowerPoint 中的幻灯片标题,标题 2 作为幻灯片正文的一级标题,标题 3 为二级标题,等等。如果原文档无标题样式,PowerPoint 会基于段落创建一个大纲。如果样式为“正文”的几行文本由段落分割开,PowerPoint 会将每段转换为一个幻灯片标题。

在 PowerPoint 中工作时可从 Word 文档导入文本,也可以在 Word 中创建大纲并将其“发送”到 PowerPoint,从而启动一个基于此大纲的新演示文稿。

①在 PowerPoint 插入。

a. 单击【插入】→“新建幻灯片”工具的下拉菜单→“幻灯片(从大纲)…”。

b. 选择要插入的文件,如图 6-4 所示。

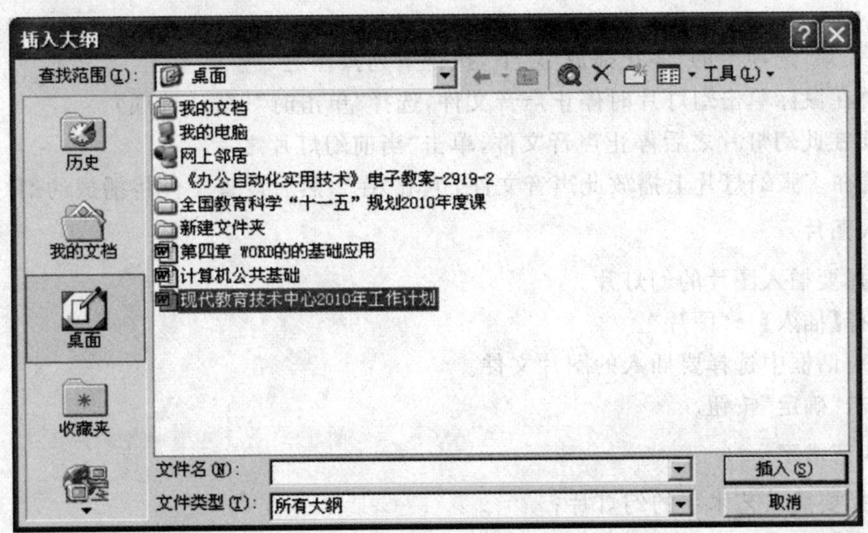

图 6-4 插入大纲

c. 单击【插入】。

②在 Word 文档中发送。

a. 在 Word 中打开要发送的文档。

b. 单击【文件】→“发送”→“MicrosoftPowerPoint”。

3. 插入声音

(1)插入文件中的声音。

①选择要添加音乐或声音效果的幻灯片。

②单击【插入】→“影片和声音”→“文件中的声音”。

③查找包含文件的文件夹,再双击所需的声音文件。

④若要在转到幻灯片时自动播放音乐或声音,单击“是”;若要仅在单击声音图标之后播放

音乐或声音，单击“否”。

(2)插入剪辑管理器中的声音剪辑。

①选择要添加音乐或声音效果的幻灯片。

②选择【插入】→“媒体”→“剪辑画中的声音”。

③移动滚动条查找所需的声音剪辑，并单击它以将其添加到幻灯片中。若要在剪辑管理器中搜索声音剪辑，请单击“修改”。若要获取有关查找所需声音剪辑的详细信息，请单击任务窗格底部的“查找剪辑提示”，它将提供使用通配符查找文件及向剪辑管理器中添加自己的声音剪辑的详细信息。

④若要在转到幻灯片时自动播放音乐或声音，请单击“是”；若要仅在单击声音图标之后播放音乐或声音，请单击“否”。

(3)调整声音文件停止时间的设置。

①单击声音图标🔊。

②单击鼠标右键，在快捷菜单上单击“自定义动画”。

③在“自定义动画”任务窗格的“自定义动画”列表中，单击选定项目上的箭头，单击“效果”选项卡。

④在“效果”选项卡的“停止播放”之下，执行下列操作之一。

a. 若要在鼠标单击幻灯片时停止声音文件，选择“单击时”(默认选项)。

b. 若要在此幻灯片之后停止声音文件，单击“当前幻灯片之后”。

c. 若要在多张幻灯片上播放此声音文件，单击“在”，然后设置文件将播放的幻灯片总数。

4. 插入图片

(1)选择要插入图片的幻灯片。

(2)选择【插入】→“图片”。

(3)在对话框中选择要插入的图片文件。

(4)单击“确定”按钮。

5. 插入艺术字

(1)选择要插入艺术字的幻灯片；

(2)单击【插入】→“艺术字”，打开艺术字样式库。

(3)在艺术字样式中选择所要的样式，单击“确定”后弹出“艺术字”编辑框。

(4)在编辑框中输入文字，设置好字体格式后，单击“确定”即可插入艺术字。

6. 插入视频

(1)插入文件中的视频。

①选择要添加视频效果的幻灯片。

②单击【插入】→“媒体”→“文件中的视频…”。

③查找包含文件的文件夹，再双击所需的文件。

④若要在转到幻灯片时自动播放视频，单击“是”；若要仅在单击影片图标之后播放影片，单击“否”。

(2)插入剪辑管理器中的影片剪辑。

①选择要添加影片的幻灯片。

②单击【插入】→“媒体”→“剪贴画视频…”。

③移动滚动条查找所需的影片剪辑，并单击它以将其添加到幻灯片中。若要在剪辑管理器中搜索影片剪辑，请单击“修改”。若要获取有关查找所需影片剪辑的详细信息，单击任务窗格底部的“查找剪辑提示”，它将提供使用通配符查找文件及向剪辑管理器中添加自己的影片剪辑的详细信息。

④若要在转到幻灯片时自动播放影片，单击“是”；若要仅在单击影片图标之后播放影片，单击“否”。

7. 插入组织结构图

(1)单击【插入】→“SmartArt”。

(2)单击“组织结构图”图示，再单击“确定”，如图 6-5 所示。

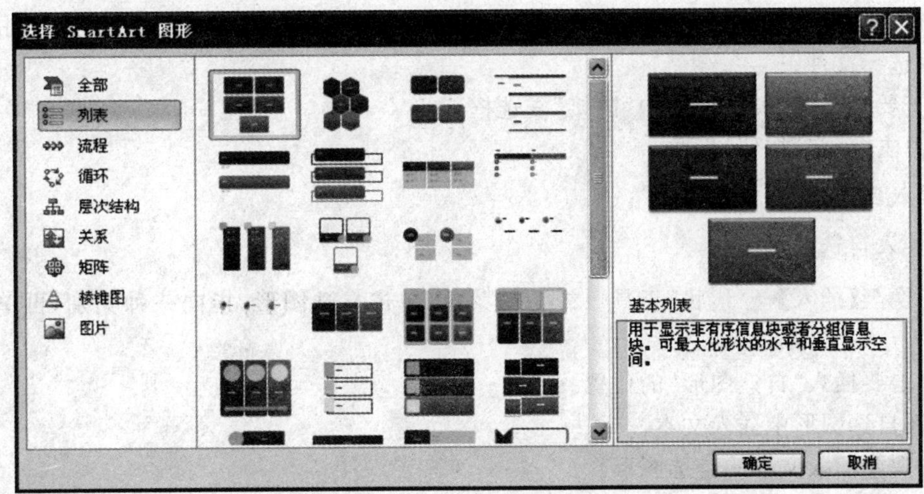

图 6-5 插入 SmartArt 图

(3)执行下列一项或多项操作。

①若要向一个形状中添加文字，用鼠标右键单击该形状，单击“编辑文字”并键入文字。

②若要添加形状，选择要在其下方或旁边添加新形状的形状，单击“组织结构图”工具栏上“插入形状”按钮上的箭头，再单击下列一个或多个选项。

a.“同事”—将形状放置在所选形状的旁边并连接到同一个上级形状上。

b.“下属”—将新的形状放置在下一层并将其连接到所选形状上。

c.“助手”—使用肘形连接符将新的形状放置在所选形状之下。

③若要添加预设的设计方案，单击“组织结构图”工具栏上的“自动套用格式”，再从“组织结构图样式库”中选择一种样式。

(4)完成后，请在图形外单击。

8. 插入 Excel 对象

(1)单击要放置链接或嵌入对象项目的文本框。

(2)切换至【插入】→“表格”→“Excel 电子表格”。

(3)单击“根据文件创建”，如图 6-6 所示。

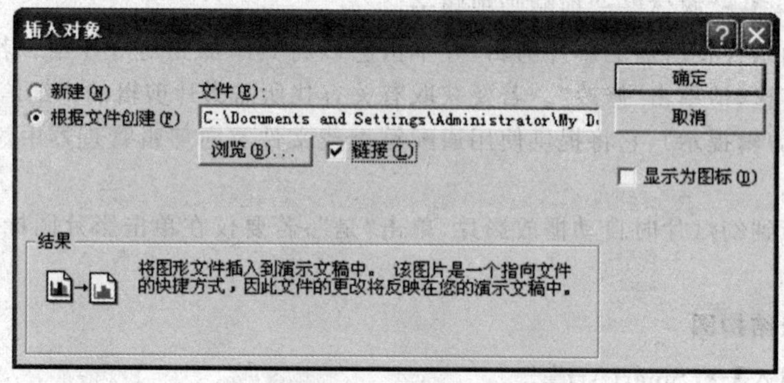

图 6-6 插入对象

(4)在上图“文件”框中，键入用于创建链接或嵌入的 Excel 图表的文件名，或单击“浏览”从列表中选择文件。

(5)若要创建链接对象，选中“链接”复选框。

(6)单击“确定”按钮。

9. 插入自选图形

(1)插入自选图形。

①切换至【插入】→“形状”工具 下拉菜单，单击自选图形，指向一种类别，再单击所需的形状。

②单击要插入“自选图形”的位置。

(2)在自选图形中插入文本。

①选中要插入文本的自选图形。

②单击鼠标右键，选“添加文本”。

③输入文字内容。

注意 只有封闭的图形能插入文本。

(3)更改自选图形。

①选中要更改的自选图形。

②单击“绘图”→“更改自选图形”。

③选择所要的自选图形。

6.2.5 演示文稿的修饰

1. 修改幻灯片背景

幻灯片的背景是可以修改的，包括背景颜色和背景图案，操作步骤如下：

(1)在幻灯片上单击鼠标右键选择“设置背景格式…”，打开“背景”对话框。

(2)在背景填充下面的背景颜色列表中，选择颜色块，可以修改背景颜色；如果选择“填充效果”，将打开“填充效果”对话框，此时选择“过渡”、“纹理”、“图案”、“图片”标签，可以分别制作逐渐变色、背景纹理、背景图案、背景图片的效果。

(3)若修改所有幻灯片的背景,单击“全部应用”;若修改所选幻灯片的背景,单击“应用”。

2. 用配色方案对幻灯片重新配色

配色方案是由文本颜色、背景颜色等8种颜色组成的一组用于演示文稿的预设颜色方案。每一个模板都有一个标准的配色方案,一个配色方案可应用于一个或多个幻灯片,在设计幻灯片时可以改变其标准配色方案,对幻灯片进行重新配色。

(1)修改配色方案。

①单击【设计】→“主题”→“颜色”,并在任务窗格中单击“配色方案”。

②在任务窗格的底部,单击“编辑配色方案”。

③在“自定义”选项卡的“配色方案颜色”之下,单击要更改的第一种颜色,再单击“更改颜色”,如图6-7所示。

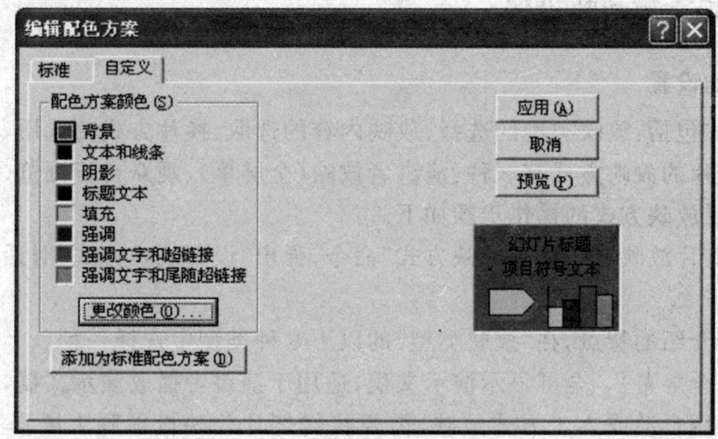

图6-7 编辑配色方案

④请执行下列操作之一。

a. 在“标准”选项卡的调色板上,单击所需的颜色,再单击“确定”。

b. “自定义”选项卡的调色板上,拖动十字形光标选择颜色,拖动滚动条调整亮度,再单击“确定”。

⑤若还更改其他颜色,重复③④两步骤。

⑥单击“应用”。

(2)应用配色方案。

①单击“格式”→“设计”,并在任务窗格中单击“配色方案”。

②在应用配色方案中选一方案。

③单击选中方案右边的▼打开菜单选项。

④执行下列操作之一:

a. 若将配色方案应用于所有幻灯片,单击“应用于所有幻灯片”。

b. 若将配色方案应用于所选幻灯片的背景,单击“应用于所选幻灯片”。

3. 用母版设计幻灯片

一份演示文稿由若干张幻灯片组成,为了保持一致的风格和布局,同时提高编辑效率,可通过“母版”功能来设计好一张“幻灯片母版”。此外,还有标题母版(演示文稿中的第一张幻灯

片)、讲义母版、备注母版等,因使用较少,在此不做介绍。选择"视图|母版|幻灯片母版"命令进入幻灯片母版的设计。

通常使用幻灯片母版进行下列操作:

(1)改字体或项目符号。

(2)插入要在多个幻灯片上显示的相同图片。

(3)更改占位符的位置、大小和格式。

母版上的标题和文本只用于样式,实际的标题和文本内容应在普通视图的幻灯片上键入。对于幻灯片上要显示的作者名、单位名、单位图标、日期和幻灯片编号等,应在"页眉和页脚"对话框中键入。

在 PowerPoint2002 中,同一演示文档可以有不同的幻灯片母版,这与设计模板有关。

6.2.6 演示文稿放映设置

1. 放映方式的设置

设置放映方式包括:放映类型的选择、放映内容的选取、换片方式的选用,以及放映选项的设置。其中,幻灯片的放映方式有 3 种:演讲者放映(全屏幕)、观众自行浏览(窗口)、在展台浏览(全屏幕)。设置放映方式的操作步骤如下。

(1)单击"幻灯片放映"→"设置放映方式"命令,弹出"设置放映方式"对话框,如图 6－8 所示。

(2)根据下面介绍的特点,在"放映类型"的以下 3 种类型中选择一种。

演讲者放映(全屏幕)。全屏显示演示文稿,适用于演讲者播放演示文稿,演讲者完整地控制播放过程,可采用自动或人工方式放映,需要将幻灯片放映投射到大屏幕上时也采用此方式。

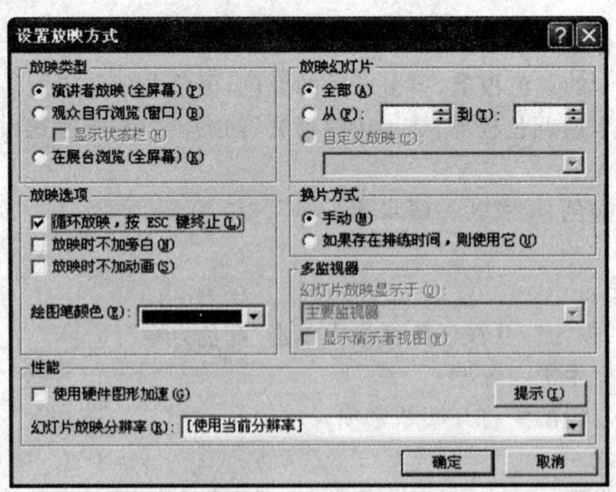

图 6－8　设置放映方式

观众自行浏览(窗口)。在小型窗口显示演示文稿,适用小规模的演示,观众自行观看幻灯片放映。使用滚动条从一张幻灯片移到下一张幻灯片,在放映时可以移动、编辑、复制和打印幻灯片。

在展台浏览(全屏幕)。全屏自动显示演示文稿,结束放映按Esc键。

(3)在“放映幻灯片”、“放映选项”和“换片方式”区进行相应的选择设置。

(4)全部设置完成后,单击“确定”按钮即可。

2. 切换效果的设置

幻灯片切换,即一张幻灯片放映完毕后,放映下一张幻灯片时出现的方式。设置切换的方法有:利用“幻灯片切换”命令设置,根据计时设置和利用动作按钮设置。

利用“幻灯片切换”命令切换分为以下两种情况。

(1)所有幻灯片添加同一切换。

①在“幻灯片放映”菜单上,单击“幻灯片切换”。

②在列表中,单击所希望的切换效果。

③单击“应用于所有幻灯片”。

(2)幻灯片之间添加不同的切换。

①对要添加不同切换的每张幻灯片重复执行以下步骤。

②选择幻灯片。

③在普通视图的“幻灯片”选项卡中,选取要添加切换的幻灯片。

④在“幻灯片放映”菜单上,单击“幻灯片切换”。

在列表中,单击所要的切换效果。

3. 动画效果的设置

动画效果设置是指对幻灯片中的标题、文本、多媒体对象等设置放映时出现的动画方式。在PowerPoint 2002中,动画有了新的效果,包括进入和退出动画、其他计时控制和动作路径(动画序列中的项目沿行的预绘制路径),因此可以使多个文本和对象同步。

用户可以为幻灯片上插入的各个对象,如文本、图片、表格、图表等设置动画效果,这样就可以突出重点、控制信息的流程、提高演示的趣味性。动画设计有两种方式,“动画方案”和“自定义动画”。

(1)利用动画方案设置动画。动画方案是系统将标题、文本等各部分间出现的动画以最佳的效果进行配搭,使得用户可快速地设置在幻灯片内的对象动画效果。单击“幻灯片放映”→“动画方案”命令,弹出“幻灯片设计”任务窗格,在任务窗格中单击动画方案。系统将动画方案中的各种动画样式做了分类,分为无动画、细微型、温和型和华丽型等。

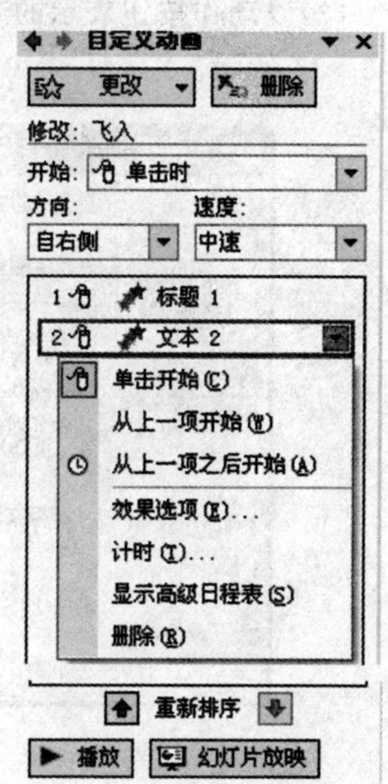

图6-9 自定义动画

对于这些预设的每一种动画样式,对不同的对象,如幻灯片本身、标题、正文,规定了不同或相同的动画效果。将鼠标指向某动画样式时,就会显示该样式的提示信息。

若要取消动画效果,先选择要取消动画的幻灯片,然后在“应用于所选幻灯片”列表框中选择“无动画”即可。

放映时,只有单击鼠标、按回车键、按↓键或按PageDown键时,动画对象才显示。

(2)自定义动画。自定义动画是用户自己对幻灯片中的各个部分设置不同的动画方案,各部分按所设置的顺序进行演示,操作步骤如下:

①单击“幻灯片放映”→“自定义动画”命令,弹出“自定义动画”任务窗格,如图 6-9 所示。

②在幻灯片中单击要设置动画的部分(标题、文本、多媒体对象等),然后单击“添加效果”右侧的▼,弹出动画类型列表,每一种类型下都有若干动画方案。

“添加效果”下拉式列表框用于对选中的对象添加某类动画效果,并进行对应此类动画的选择;“开始”、“速度”等下拉列表框用于选择动画激发的动作和动画的显示速度;还可以调整动画效果和添加声音等。

4. 超级链接的设置

超级链接是将文本、字符、图形等对象与一个幻灯片、一个演示文稿、一个文档等之间建立一种链接,在放映时单击被链接的对象,则对应的链接内容将显示出来。用户可以在幻灯片中添加超链接,然后利用它转跳到同一文档的某张幻灯片上,或者转跳到其他的文档,如另一演示文稿、Word 文档、公司电子邮件地址等。有两种方式插入超链接。

(1)以下画线表示的超级链接。

①选定要超级链接的对象(文字或图片等)。

②单击【插入】→“超级链接”命令可进入“插入超链接”对话框,如图 6-10 所示。

③根据需求选择以下项目中的一项进行超级链接的有关设置。

a. 本文档中的位置。超级链接到本文档的其他幻灯片中。

b. 新建文档。超级链接到一个新文档中。

c. 电子邮件地址。超级链接到一个电子邮件地址。

④单击“确定”按钮。

(2)以动作按钮表示的超级链接。通过“幻灯片放映|动作按钮”命令也可实现超链接,如图 6-11 所示。

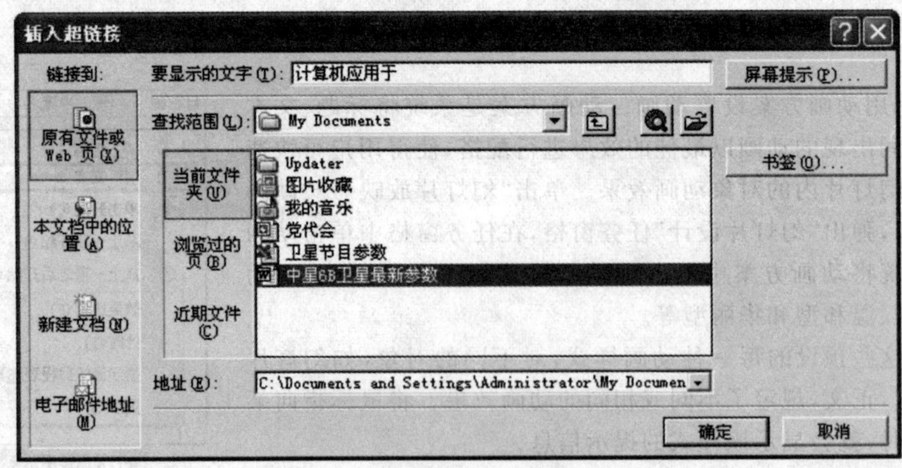

图 6-10　手稿超级链接

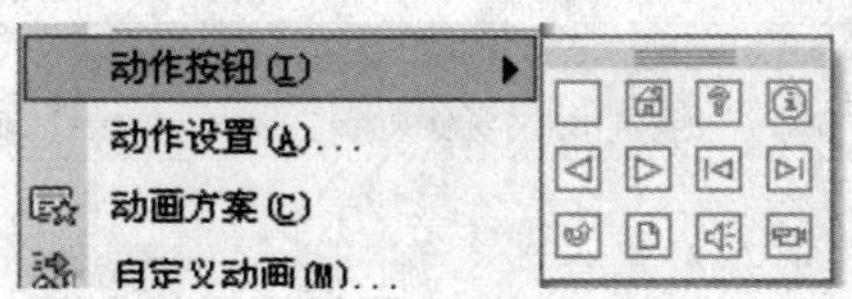

图 6-11　插入动作按钮

注意　若要使整个演示文稿的每张幻灯片均可通过◁、▷、|◁按钮切换到上一张幻灯片、下一张幻灯片、第一张幻灯片，不必对每张幻灯片逐一进行设置，只要在“幻灯片母版”视图对幻灯片母版进行一次设置即可。

6.3 任 务 实 现

小张经过几天的学习后，决定自己动手制作演示文稿。他认为该演示文稿的背景风格要一致，图文并茂，放映方式为演讲者自行放映。

1. 新建演示文稿

(1)单击【文件】→“新建”→“空白演示文稿”。如图 6-12 所示。

(2)在【文件】菜单上，单击“保存”，文件名保存为：“Lenovo 移动产品介绍. pptx”。

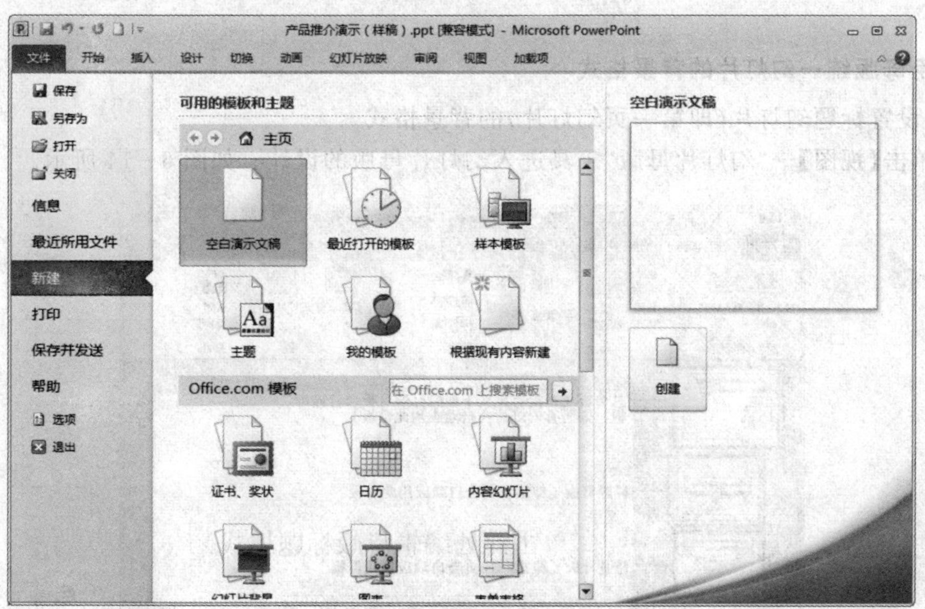

图 6-12　新建演示文稿

2. 插入新的幻灯片

(1)在左侧的幻灯片列表窗格中，选中第 1 张幻灯片。

(2)连续按回车键，直到幻灯片的数量为 16 张。如图 6-13 所示。

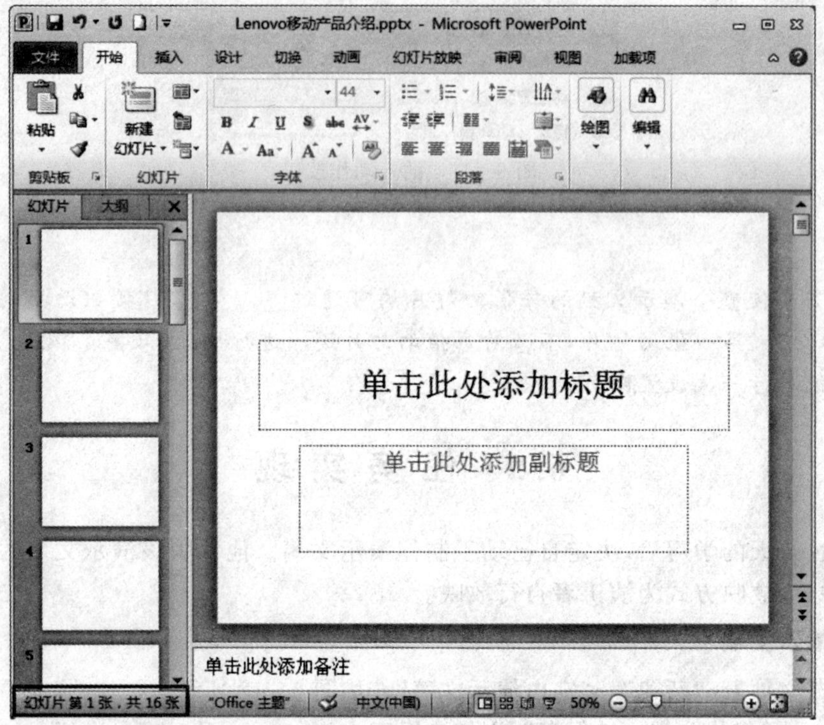

图 6 - 13　插入新幻灯片

3. 用母版统一幻灯片的背景格式

(1)设置标题幻灯片(即第一页幻灯片)的背景格式。

①单击【视图】→“幻灯片母版”工具进入幻灯片母版的设计。如图 6 - 14 所示。

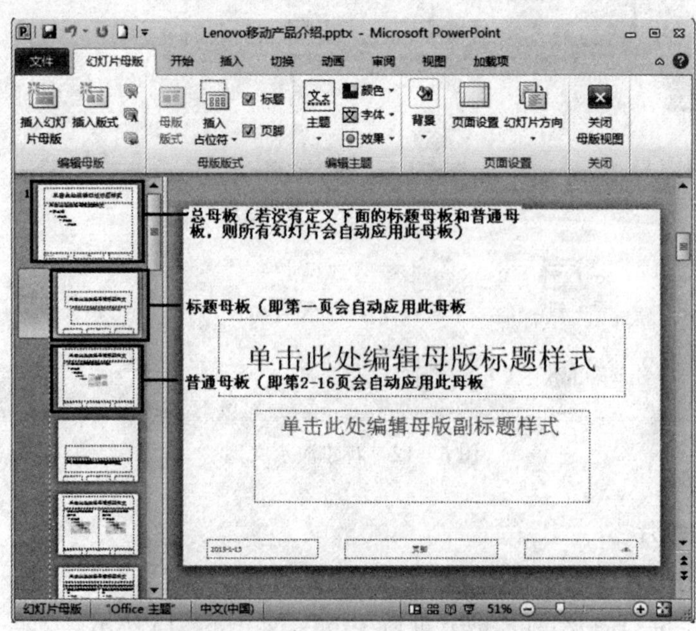

图 6 - 14　插入幻灯片标题母板

②在左边的母板列表区中选择“标题母板”，单击【插入】→“图片”工具 ，选择\案例\第六章\素材\联想图标 1，再单击“插入”按钮。如图 6-15 所示。

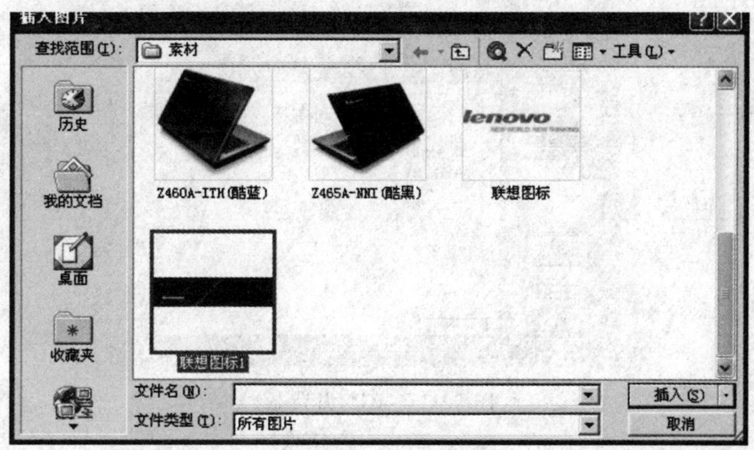

图 6-15 插入图片

③将调整刚才插入图片大小，使之适合幻灯片，并将图片移至幻灯片的上方即可. 如图 6-16 所示。

④单击工具栏【幻灯片母板】→“关闭母板视图”，将视图切换到普通视图。

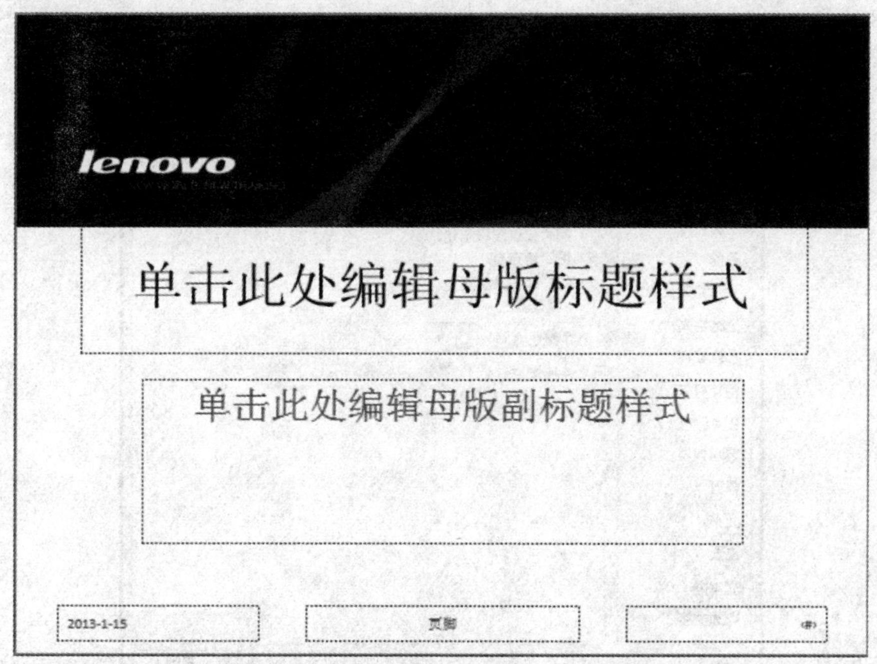

图 6-16 图片调整后的效果

(2)设置普通幻灯片(即第 2-16 页幻灯片)的背景格式。

①单击【视图】→“幻灯片母版”工具进入幻灯片母版的设计。

②在左边的母板列表区中选择“普通母板”，单击【插入】→“图片”工具 ，选择\案例\

第六章\素材\联想图标 2,再单击“插入”按钮。如图 6－17 所示。

图 6－17　幻灯片母板

③单击【插入】→“文本框”→“垂直”,插入一文本框,在文本框中输入如下文字:

LENOVO CONFIDENTIAL LENOVO CONFIDENTIALLENOVO CONFIDENTIAL LENOVO CONFIDENTIAL

④在【开始】工具栏中将刚刚输入的文本字符的格式设置为:Calibri 字体、13 磅、白色文字、居中;再鼠标右键单击该文本框选择菜单“设置形状格式…”,将文本框填充色设置为红色。如图 6－18 所示。

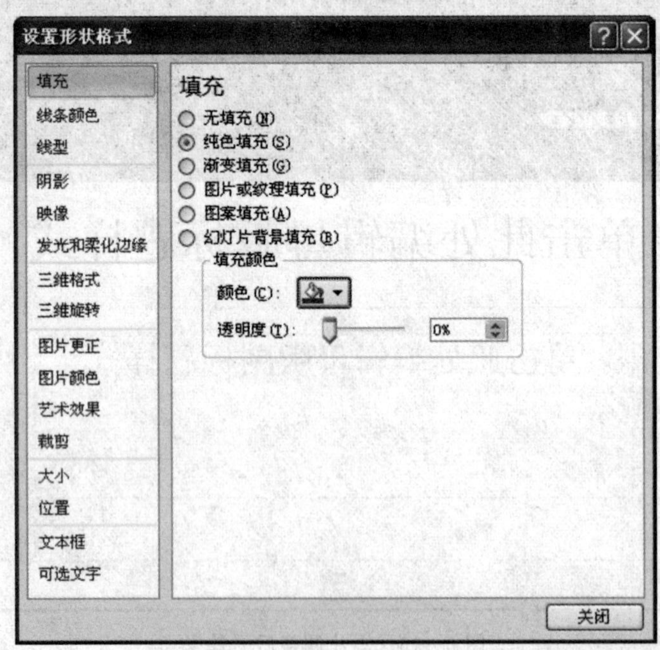

图 6－18　文本框旋转设置

⑤对文本框中文字的字号作适当调整使其高度恰好能与幻灯片的高度一致即可,并将该文本框移至幻灯片的左侧。如图 6－19 所示。

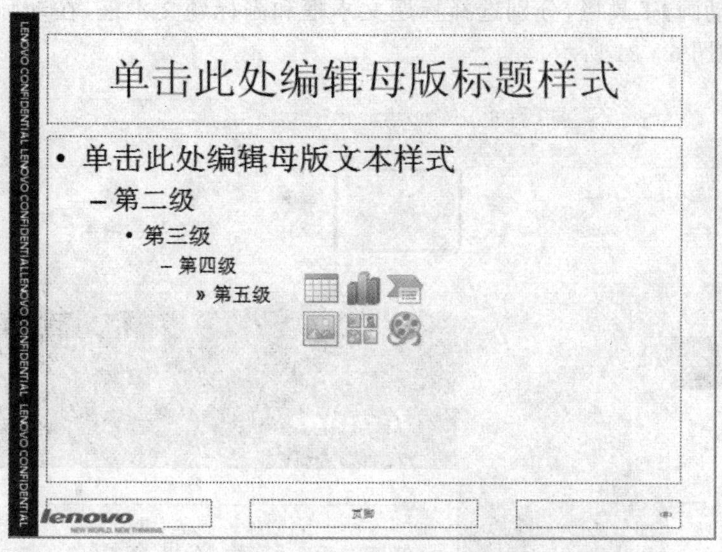

图6-19　普通母板效果

⑥单击工具栏【幻灯片母板】→"关闭母板视图",将视图切换到普通视图。

4. 标题幻灯片中内容的输入与格式设置和动画效果设置

(1)在标题幻灯片的标题文本框中输入"Lenovo 移动产品介绍",在副标题文本框中输入"Technical Training Solution Team"。

(2)将标题文本框中的内容设置为:宋体、36号大小、加粗、蓝色、左对齐。

(3)将副标题文本框中的内容设置为:Arial 体、18号大小、加粗、蓝色、右对齐。如图6-20所示。

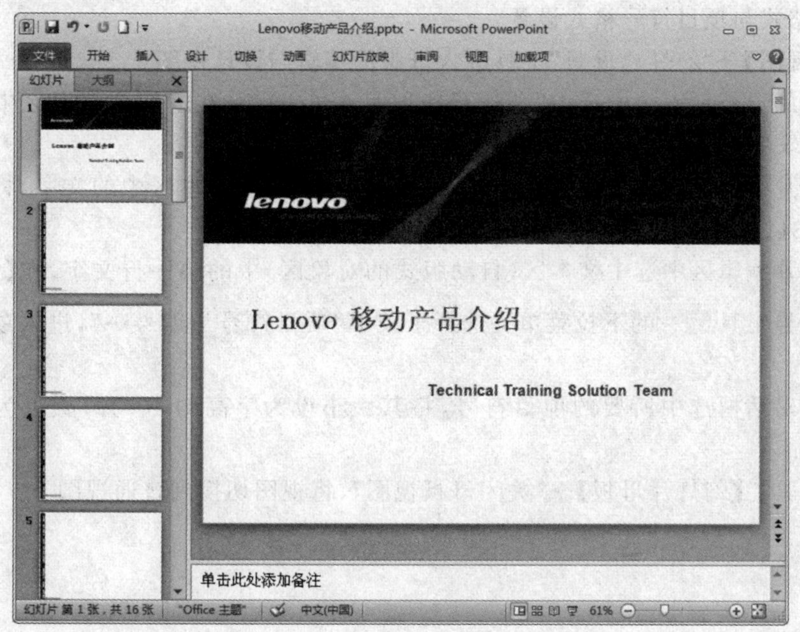

图6-20　标题幻灯片效果

(4)切换至【动画】工具栏,分别选择标题文本框和副标题文本框,在动画效果中选择“浮入”动画效果。如图 6-21 所示。

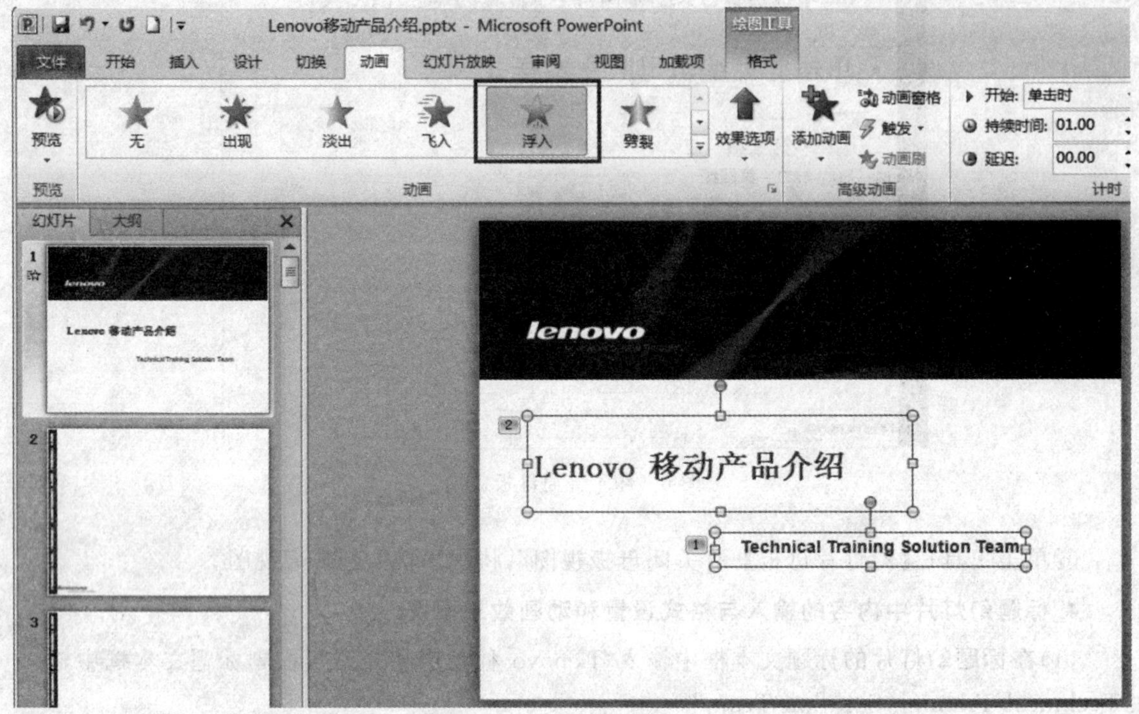

图 6-21 动画效果设置

5. 普通母板中标题区与文本区的格式设置和动画效果设置

(1)文字格式与项目符号格式设置:

①单击【视图】→“幻灯片母版”工具进入母版的编辑与设计视图。

②在左边的母板列表区中选中“普通母板”(见图 6-14),在幻灯片编辑区中选中标题区或标题区中的文字,将其格式设置为黑体、32 号、加粗、蓝色、左对齐。

③在幻灯片编辑区中选中文本区(自动版式的对象区)或文本区中的文字,将其格式设置为:仿宋_Gb2312、20 号、加粗、黑色。如图 6-22 所示。

④在幻灯片编辑区中选中文本区(自动版式的对象区)中的第一行文字,在【开始】工具栏中点击项目符号工具 ☰▾ 的下拉菜单并选择子菜单“项目符号与编号…”,进入项目符号和编号设置对话框。

⑤在设置对话框选中所要的项目符号,将其大小设为字高的 100%,颜色为蓝色。如图 6-23 所示。

⑥单击工具栏【幻灯片母板】→“关闭母板视图”,将视图切换到普通视图。

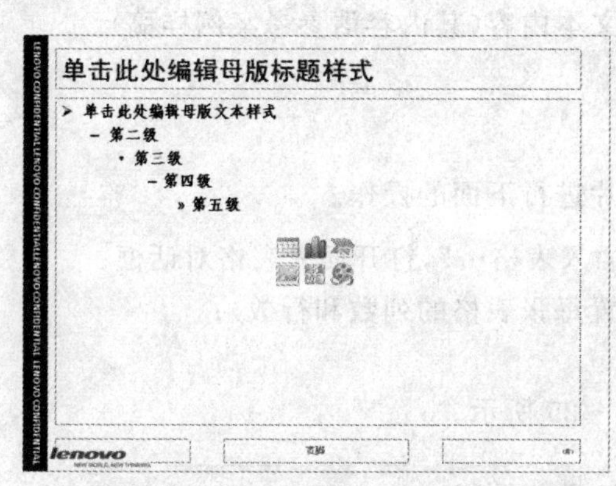

图 6-22 用母板设置所有幻灯片文字格式

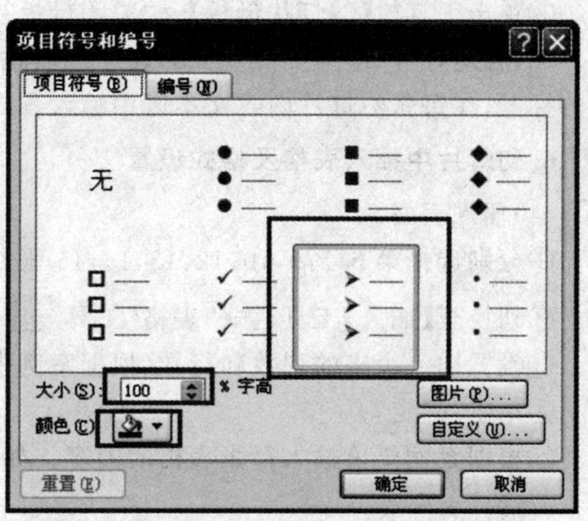

图 6-23 项目符号设置

(2)动画效果设置：

①单击【视图】→“幻灯片母版”工具进入母版的编辑与设计视图。

②在左边的母板列表区中选中“普通母板”(见图 6-14)，在幻灯片编辑区选择标题文本框，切换至【动画】工具栏，在动画效果中选择“飞入”动画效果(见图 6-24)。

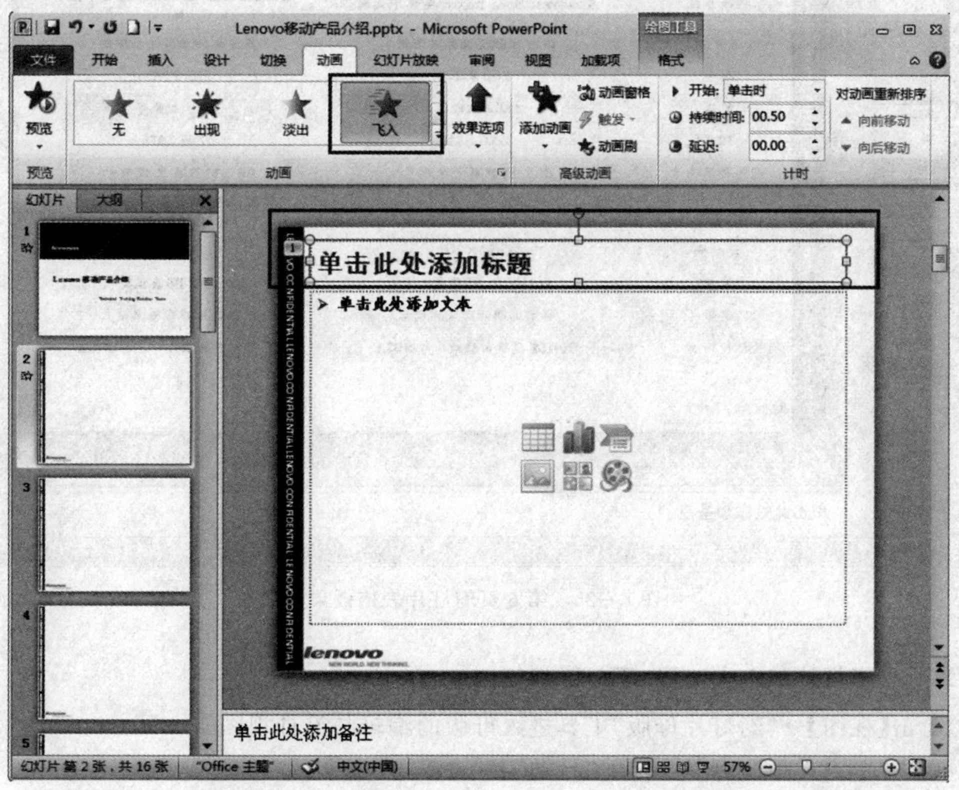

图 6-24 在母板中设置第 2-16 页幻灯片的动画效果

③单击工具栏【幻灯片母板】→“关闭母板视图”，将视图切换到普通视图。

(3)各幻灯片(即第 2 - 16 页幻灯片)内容的输入。在每张幻灯片的标题区本框中输入各自的标题，在每张幻灯片内容文本区中输入各自的文本内容(其内容请参考案例样稿)。

6. 幻灯片中插入表格及格式设置

(1)插入表格：

①分别选择第 6,7,9,10,12,13,14,15 张幻灯片进行下面的操作。

②切换至【插入】工具栏→“表格”工具 →“插入表格…”，打开插入表格对话框；

③设置插入表格的列数和行数(根据案例来设置每张表格的列数和行数)；

④单击“确定”；

⑤根据案例要求输入每张表格的内容。如图 6 - 25 所示。

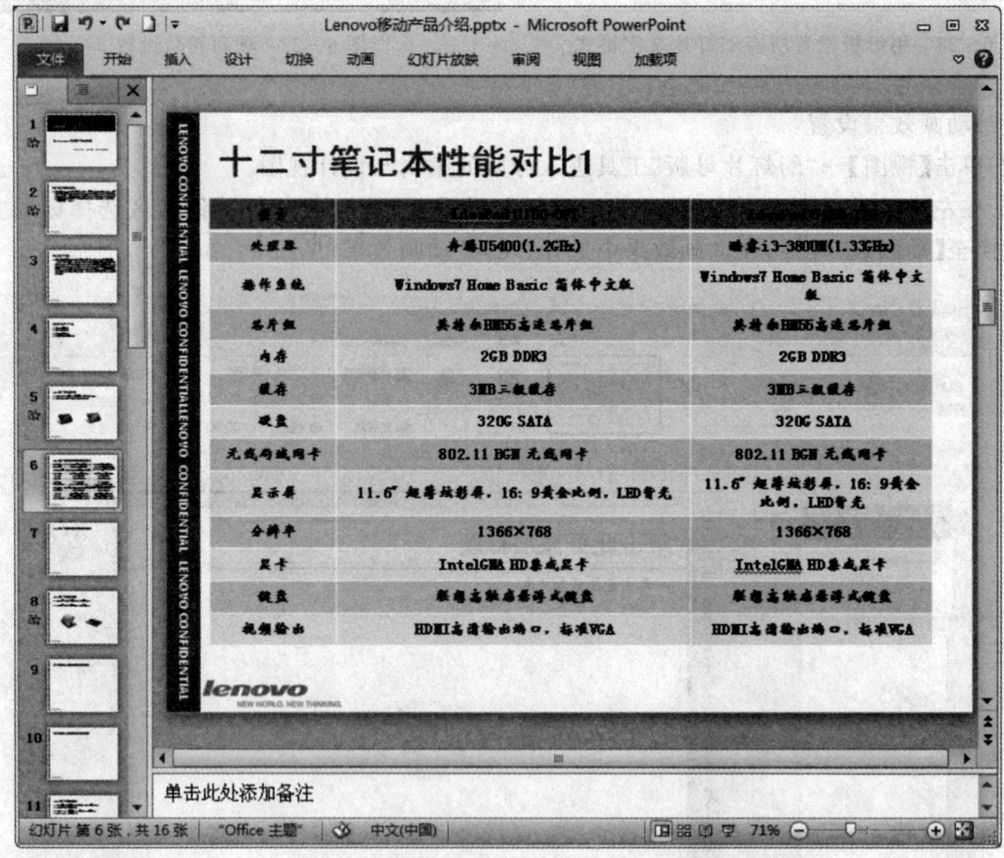

图 6 - 25　第 6 页幻灯片表格效果

7. 为所有幻灯片加入上一张、下一张按钮

(1)单击【视图】→“幻灯片母版”工具进入母版的编辑与设计视图。

(2)选中“普通母板”，删除下端的“日期”与“页脚”文本框。

切换至【插入】工具栏→“形状”工具 →“动作按钮”，选择“ ”，在幻灯片编辑区正下方画一按铵钮，该按钮将自动链接到“下一张幻灯片”。同样的方法选择“ ”，在幻灯片编辑区正下方画一按铵钮,该按钮将自动链接到“上一张幻灯片”。如图6-26、图6-27所示。

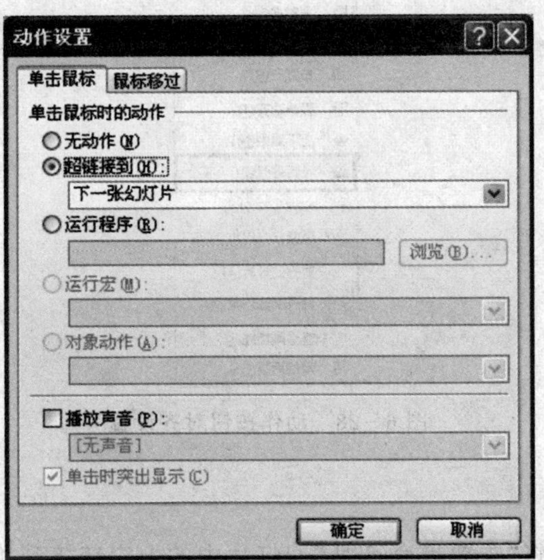

图6-26 导航按钮动作设置

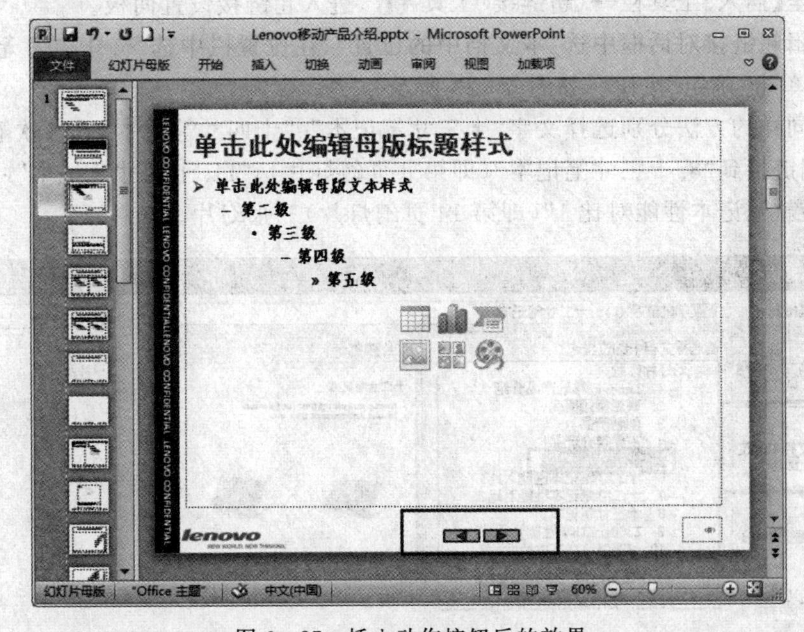

图6-27 插入动作按钮后的效果

(3)选中这两个动作按钮,在【绘图工具格式】工具栏中,将这两个铵钮的高度设为0.5厘米,宽度设为1.5厘米。再将这两按钮作“底端对齐”使两按钮在同一水平线上。如图6-28所示。

(4)选中向下导航的动作按钮 ,将它复制到“标题母板”中的同一位置。

(5)单击工具栏【幻灯片母板】→“关闭母板视图”,将视图切换到普通视图。

图 6-28 动作按钮对齐设置

8. 设置链接

在第 4 页幻灯片中，将“主要推介产品”幻灯片中的内容链接到相应的幻灯片。

(1)选定文字“十二寸笔记本”。

(2)切换至【插入】工具栏→“超链接”工具 ，进入超链接设置面板。

(3)在编辑超链接对话框中选“本文档中的位置”，在位置栏中选“5. 十二寸笔记本”(即第 5 页幻灯片)，单击“确定”按钮。如图 6-29 所示。

(4)运用同样的方法分别选择文字“十三寸笔记本”、“十四寸笔记本”、“各款笔记本性能对比”，将其分别链接到“8. 十三寸笔记本”(即第 8 页幻灯片)、“11. 十四寸笔记本”(即第 11 页幻灯片)、“14. 各款笔记本性能对比 1”(即第 14 页幻灯片)三张幻灯片。

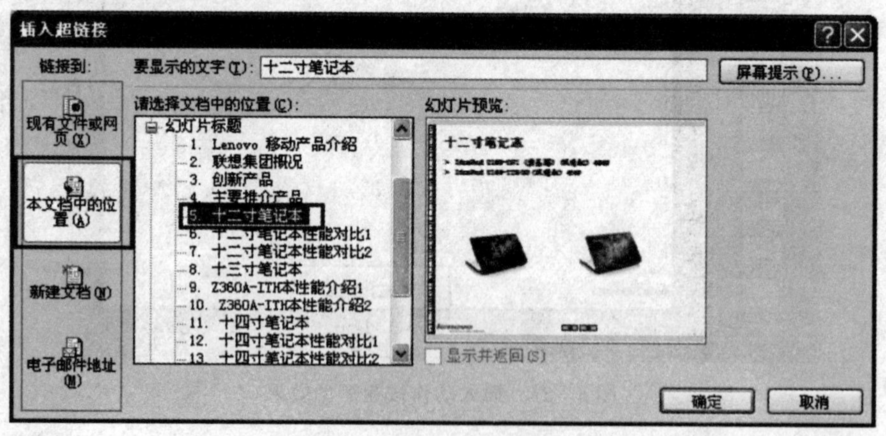

图 6-29 编辑超链接

(5)设置完超链接后，第 4 页幻灯片中那些加上了超链接的文字会自动变成蓝色、并加上下划线。

9. 为第 7、10、13 张幻灯片加入返回按钮

(1)选中第 7 张幻灯片。切换至【插入】工具栏→“形状”工具 →“动作按钮”，选择

“[icon]”，在幻灯片编辑区正下方画一按铵钮，并将其链接到标题为“主要推介产品”(即第 4 页幻灯片)的幻灯片。将该按钮的高度设为 0.5 厘米，宽度设为 1.5 厘米，适当调整按钮的位置。如图 6－29 所示。

(2)选中这个动作按钮，将其复制到第 10、13 张幻灯处的同一位置处。

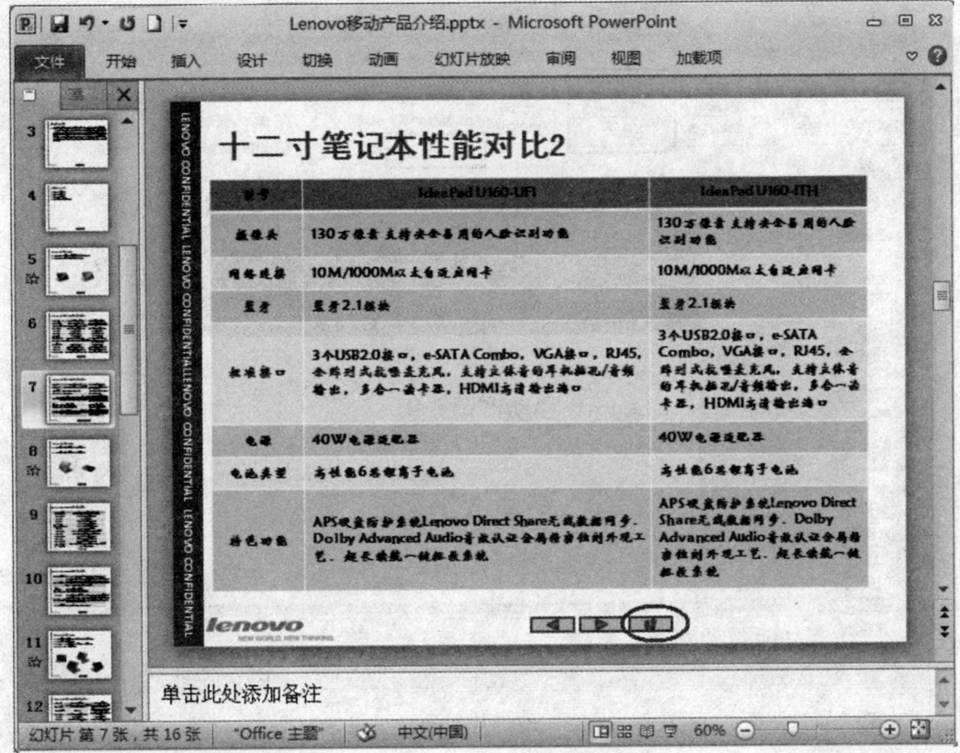

图 6－30　插入返回按钮后的幻灯片

10. 为所有幻灯片插入页码

选中第 1 页幻灯片，切换至【插入】工具栏→“幻灯片编号”工具[icon]，进入“页眉和页脚”设置面板；在该面板中勾选“幻灯片编号”选项，并点击“全部应用”按钮。如图 6－31 所示。

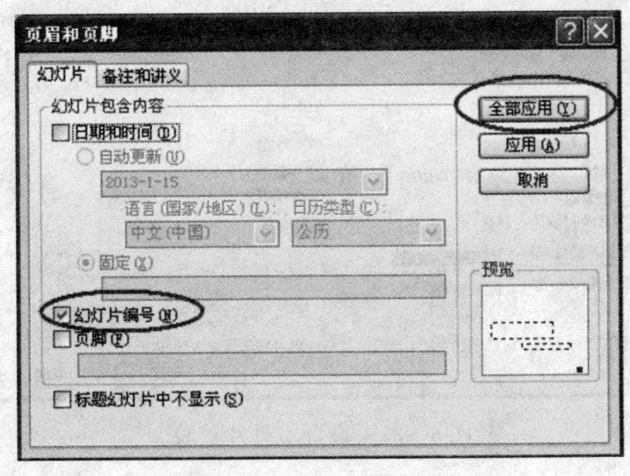

图 6－31　幻灯片页码设置

11. 设置幻灯片切换方式

(1)在左侧的幻灯片列表的窗格中,任意选中一张幻灯片。

(2)打开【切换】工具栏,在工具栏中的切换效果库中选择"形状",并点击"全部应用"按钮。如图 6-32 所示。

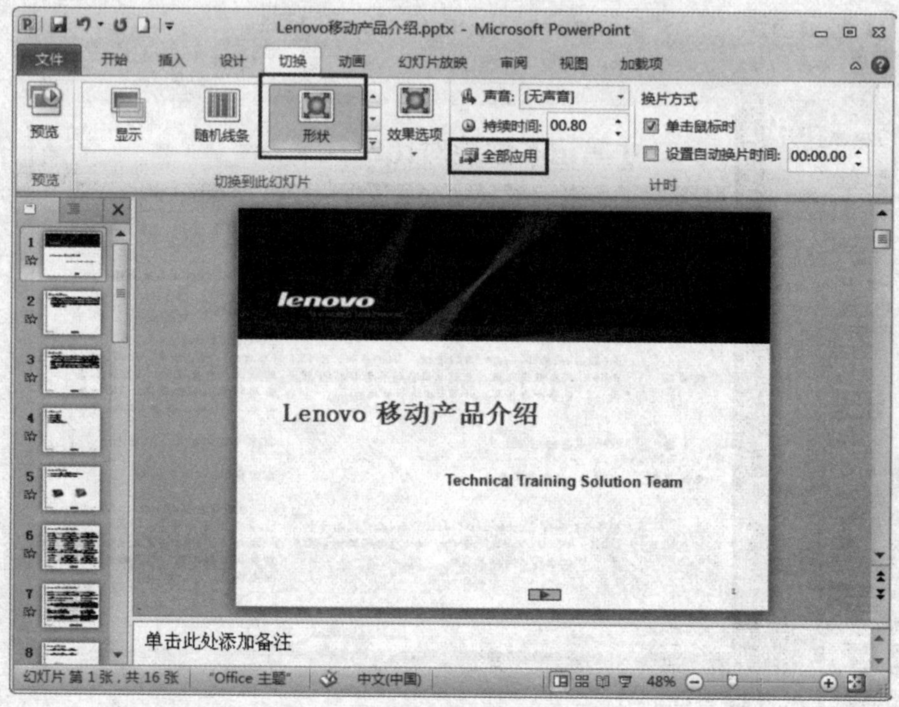

图 6-32 幻灯片切换效果设置

12. 设置幻灯片放映方式

(1)单击【幻灯片放映】→"设置幻灯片放映"工具 。

(2)在放映方式设置框中选择所要的放映方式,单击"确定"如图 6-33 所示。

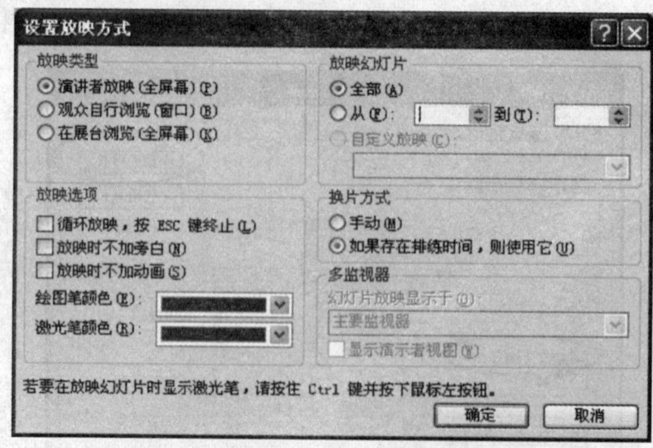

图 6-33 设置幻灯片放映

13. 文件打包

演示文稿要在其他计算机上演示，最好将文件打包。

(1)单击【文件】→“打包”。

(2)按照提示进行操作。

注意 打包时要将所链接的文件、字体、播放器全部放入打包文件。

6.4 毕业答辩 PPT 制作方法指导

6.4.1 幻灯片的模板

下面向读者简单介绍一些关于幻灯模板的使用技巧。

1. 页面大小的选择

此为幻灯片模板选择的第一步(许多人从来没有用过这个设置)。打开“文件”→“页面设置”→选择“幻灯片大小”。默认设置是屏幕大小，可根据需要更改设置。例如 35mm 页面，长度比默认页面要宽一些。

2. 幻灯片的通用模板

大家可以通过搜索引擎可以找到许多通用模板，特别是 Office XP 系列。由于同一个模板可选择不同的配色方案(页面击鼠标右键→“幻灯片配色方案”)，从而有了很多的选择。但使用者也会发觉，喜欢的模板实在太少，并且又被别人频繁使用，缺乏创意。

3. 自己制作模板

由于模板可以编辑，因此设计一个与众不同的模板并不很难。首先选择一个幻灯片模板，然后选择菜单“视图”→“母版”，一般有标题母板和文本母板二个式样，这个时候原来在普通视图下不能更改的许多东西，就都可以编辑了，即使是文字的颜色也可统一编辑。例如想要每一张幻灯片都有自己学校的校徽，直接插入母板即可。以上的操作并不复杂，但要设计出一个彻底全新的模板相对较难。笔者的策略是，找到一个喜欢的模板，然后稍微做一些改动，看上去就与众不同了。

4. 回归简单的模板

幻灯片做多了，就不会喜欢比较花哨的模板了。因为模板太花哨，会影响到表达过程，让观众过多注意模板，从而忽略幻灯所要表达的实际内容。此外，选择一个从来没有用过的模板也有风险。如果对配色没有经验，计算机的色彩也未经过校正，电脑屏幕上的显示与投影仪屏幕上会有较大差别。特别是底色和文字色相近的配置，在光线很亮的地方效果就会很差。如果是答辩或学术汇报，推荐选择简洁明了的幻灯片，可以显示出严肃认真的学术气氛。

5. 模板的基本要求

(1)尽量选择同一个底色的模板，至少要在文字或图片的地方保持同一颜色。如果采用两种或多种底色，且反差较大，则文字颜色搭配难以达到协调，看起来过于花哨。

(2)文字或图片颜色不能过于接近底色,要有一定对比度。比如,采用蓝天白云的底色,白云上的文字则显示不清。同时一张幻灯片上的颜色尽量不要超过 3 种,不要在一个主题下显示多种颜色。有时为了强调,在一个句子里使用多种颜色,反而给人花色刺目的感觉。

(3)整个幻灯的配色方式要一致。比如标题使用蓝色,后边幻灯的标题中应尽量使用蓝色。字号、字体、行间距保持一致,甚至插图位置、大小,均不应随意改变。

(4)文字、图表的"出现方式"的选择中可适当选用动画,但不可过多。显示同一幻灯片上不同内容的情况下,可考虑使用动画。

6. 推荐模板

(1)白底:可以选择黑字、红字和蓝字。如果觉得不够丰富,可改变局部的底色。

(2)蓝底:深蓝更好一点,可配以白字或黄字(浅黄和橘黄),但应避免选择暗红色。这是最常用、最稳妥,也是最简单的配色方案。

(3)黑底:配以白字和黄字(橘黄比浅黄好)。

这三种配色方式可保证幻灯质量,如果是初次做,强力推荐。一般幻灯不应该只有文字,同时可适当加入模式图或流程图,使幻灯增加色彩。也可加一点小小的花边,标题和正文之间加一条线,或插入学校、医院的图标,都可使幻灯避免单调。

6.4.2 文字的作用

作为幻灯片的主体,文字的表达和处理非常重要。总的原则如下:

(1)文字不能太多,切忌把 Word 文档整段文字粘贴到幻灯片内。

(2)文本框内的文字,一般不必用完整句子表达,尽量用提示性文字,避免大量文字的堆砌。做到在 1 分钟内要让观众看完,且不觉吃力。

(3)文字在一张幻灯片内要比例适宜,避免缩在半张幻灯片内,也不要"顶天立地",不留边界。

(4)每一张幻灯,一般都希望有标题和正文,特别是正文内容较多时,如没有标题,会很难找出重点,观众也没有耐心去逐行寻找。

文字安排需要注意的细节:

(1)字体大小:PowerPoint 默认的文字大小为常用选择,一般标题用 44 号或 40 号。正文用 32 号,一般不要小于 24 号,更不能小于 20 号。

(2)行、段间距:正文内的文字排列,一般一行字数在 20～25 个左右,不要超过 6～7 行。更不要超过 10 行。行与行之间、段与段之间要有一定的间距,标题之间的距离(段间距)要大于行间距。

(3)字体选择:做为答辩幻灯,推荐中文字体为宋体,英文字体为 TimesNewRomans,中文字体建议加粗。也可选择其他字体,但应避免少见字体,届时如果答辩使用的电脑没有这种字体,既影响答辩情绪也影响幻灯质量。

(4)字体颜色:字体颜色选择和模板相关,一般不要超过 3 种。应选择与背景色有显著差别的颜色,但不要以为红色的就是鲜艳的,同时也不宜选择相近的颜色(在上一讲模板颜色搭配中有讲述)。标题字体的颜色要和文本字体相区别,同一级别的标题要用相同字体颜色和大小。一个句子内尽量使用同一颜色,如果用两种颜色,要在整个幻灯内统一使用。

(5)层次分明:内容顺序:题目→大纲→内容→结束(致谢)。每页内容中又分几小点时,最好再有个小标题;如果这几小点内容较多要分几页来表示时,第一页的大标题可设置动画,后几页复制此页再做修改,后几页中的大标题不做动画,这样放映时让人感觉大标题没有动,只是在换下面的内容。

(6)加入标注:如果你怕答辩时忘了词,那就在框图中加入标注,在绘图栏的自选图形中选择标注,可以为标注增加效果,在效果的下三角箭头中选效果选项,将"动画播放后"改为"下次点击后隐藏",你试试,效果很好。

(7)当这页内容条数很多,但很短时,不应一条一条的弹出,会因答辩当时紧张而失手出差错,应一下子都弹出,再一条一条的讲。

(8)其他文字的配置:幻灯内的脚注、引用的参考文献(一般要求在幻灯内列出本张幻灯片引用的参考文献)、准备一句话带过的材料或在前面幻灯片内多次重复的内容,字体颜色选择和底色较为相近的颜色,不宜太醒目,避免喧宾夺主。

6.4.3 流程图的制作

使用流程图是制作高质量幻灯的一个重要法宝,特别在描述研究过程的时候,最好用流程图进行说明。有许多专业软件可用于流程图的制作,但 PowerPoint 本身自带的绘图工具,功能也很强大,其使用 Office 组件通用的绘图工具,与在 Word 里经常应用绘图工具方法相同:打开"视图"→"工具栏"→在"绘图工具栏"上打钩,就会在底下出现绘图工具栏。有绘图、自选图形、线条、箭头、文本框、艺术字体、组织结构图、剪贴画、插入图片等工具。利用组织结构图可直接制作流程图,但模式较为固定。

剪贴画是新手最喜欢插入的内容,但个人认为在学术幻灯不易插入太多,因为剪贴画会减少学术分量。重要的是要学会利用自选图形制作直接需要的模式图和流程图。自选图形中有些是标注,可直接插入文字,图形则必须利用文本框重新插入。只要有足够的耐心,任何形式的模式图都可作出来。在作模式图之前一定要注意图形之间连接的次序,个人认为最有用的工具是"组合"和"叠放次序"。组合工具可把多个小图拼合起来,既减少重复劳动也可避免前功尽弃。因此在完成一部分工作后尽量将其组合。"叠放次序"可以利用图形颜色的差异把不需要的部分遮盖。此工具使用恰当,既减少工作量也可利用多个图形的相互关系创造出复杂且视觉美观的图形。

本人建议用 Mirosoftvisio 来画,使用简单,不仅可以画出美观的框图,还可以加入形象的电脑、手机、电动机等剪贴画,让框图不再单调。

6.4.4 图片的插入

随着数码相机的普及,幻灯片中的图片应用也越来越多。图片较为直观、视觉上比文字容易接受,因此答辩论文中应适当选用图片。

插入图片过程比较简单,本文主要关注图片格式。JPG 格式由于容量小是幻灯片制作中的最常见图片格式。而 TIFF 格式的相对很大,过多使用该格式,将会造成幻灯文件很大。幻灯文件过大,携带不方便,会使电脑运行变慢。目前,相同分辨率 TIFF 与 JPG 格式图片通过电脑屏观看很难区分开来。TIFF 格式图片主要用于出版和论文发表,对于幻灯制作并非最佳选择。图片格式的转换可以通过 Phtoshop、Acdesee 等软件完成。

此外,OfficeXP 增加了图片编辑功能,打开"视图"→"工具栏"→在"图片"前面打勾,就会出现图片菜单，也可直接在图片上点击右键，选择“显示图片工具栏”。工具栏中最有用的是裁剪工具和压缩工具。裁剪工具，可直接去除图片中不需要的外周部分；压缩工具，可把图片分辨率改为屏幕分辨率，即96DPI，一般不影响显示效果，这样整个文件要小许多。当然，复杂的图片编辑，还需要用专业的图片编辑工具来编辑，在此不再赘述。

GIF格式的图片是网页最常用的格式，文件小，有动画形式，亦可一个图片显示多帧，但其动画效果必须在PowerPoint 2000以后的版本才支持。如果幻灯片中有GIF格式动画，一定要注意版本问题，否则不会出现预想效果。

至于加入图片和公式等，就是复制→粘贴→调试大小→调试位置。

图片放置的位置也很有讲究，包括图片大小、图例位置和大小。如果图片较多，最好统一格式，一方面很精制，另一方面也显示出做学问的严谨态度。图片的外周，有时候加上阴影或外框，会有意想不到的效果。

6.4.5 毕业答辩幻灯片整体要求及答辩技巧

毕业答辩幻灯不同于一般的幻灯片。做好幻灯片是研究生答辩成功的一个重要环节。下面具体谈谈毕业答辩幻灯的主要内容及制作中需要注意的问题，希望对研究生有用。

1. 答辩报告中需包含的内容

答辩报告包含的内容根据事先拟定的提纲来安排。一般包括以下几个方面：

一般概括性内容：课题标题、答辩人、课题执行时间、课题指导教师、课题的归属、致谢等。

课题研究内容：研究目的、方案设计（流程图）、运行过程、研究结果、创新性、应用价值、有关课题延续的新看法等。

2. 答辩幻灯的基本要求

(1)答辩幻灯的篇幅：一般20～30分钟的演讲时间，博士答辩一般应在60张左右，硕士在40张左右，除去封面和篇章标题页和致谢等无内容页面，真正需要讲解的分别为50和35张左右。每页8～10行字或一幅图。只列出要点、关键技术。

(2)封面和封底：幻灯封面内容一般选择特征性图片，最好是校园风情照片，用于等待答辩前播放或者回答问题时播放。

(3)母版：由于科学研究的严肃性，幻灯母版应选择深底浅字。Office里面附带的母版较少且过于单调，最好自己设计或从因特网上下载。

(4)正文：标题页的内容包括课题名称、研究生和导师姓名等，也可加上课题资助项目来源。由于属于学术性幻灯，字体和编排均应适当严肃，避免花哨。正文文字的安排可参阅上文“文字的作用”。

3. 答辩态度和心理状态

(1)硕士论文的答辩准备：

1)思想准备：答辩是学校对硕士论文成绩进行考核、验收的一种形式。研究生要明确目的、端正态度、树立信心，通过论文答辩这一环节，来提高自己的分析能力、概括能力及表达能力。

2)答辩内容准备：在反复阅读、审查自己硕士论文的基础上，写好供20分钟用的答辩报告。反复练习必不可少，尚需注意以下细节：事前亲临现场，熟悉现场布置，测试设备(如存放答辩幻灯的U盘/移动硬盘是否在答辩使用电脑上正常播放;PowerPoint版本兼容问题等);熟悉讲稿;练习如何表达,尤其着重于引言部分和结束部分。

3)物质准备:主要准备参加答辩会所需携带的用品。如:硕士论文的底稿、说明提要、主要参考资料,画出必要的挂图、表格及公式,必要时准备相关内容幻灯以备答辩委员会提问。

(2)如何陈述硕士论文:

1)良好的开场白:开场白是整个论文答辩的正式开始,它可以吸引注意力、建立可信性、预告答辩的意图和主要内容。好的开始是成功的一半,应包括:引言、连接、启下三个作用。良好的开场白应做到:切合主题、符合答辩基调、运用适当的语言。应避免负面开头,如自我辩解等(如"我今天来的匆忙,没有好好准备……"),既不能体现对答辩委员会专家的尊重,也是个人自信不足的表现,答辩者在各位专家的第一印象中大打折扣。牢记谦虚谨慎是我国的传统美德,但是谦虚并非不自信。同时也要避免自我表现,洋洋得意,寻求赞赏。过度的表现,会引起答辩委员会专家的反感。

2)报告的中心内容:报告的中心内容包括:论文内容、目的和意义;所采用的原始资料;硕士论文的基本内容及科研实验的主要方法;成果、结论和对自己完成任务的评价。在答辩报告中要围绕以上中心内容,层次分明。具体做到:突出选题的重要性和意义;介绍论文的主要观点与结构安排;强调论文的新意与贡献;说明做了哪些必要的工作。

讲稿一般采用幻灯片的方式展示,做到主题明确,一目了然;精选文字,突出重点,简明扼要;适当美化视觉效果,加深印象。幻灯片制作具体注意事项见本章上节。

答辩时应注意:掌握时间、扼要介绍、认真答辩。为此须做到以下几点:

·不必紧张,要以必胜的信心,饱满的热情参加答辩;

·仪容整洁,行动自然,姿态端正。答辩开始时要向专家问好,答辩结束时要向专家道谢,体现出良好的修养;

·沉着冷静,语气上要用肯定的语言,是即是,非即非,不能模棱两可;

·内容上紧扣主题,表达上口齿清楚、流利,声音大小要适中,富于感染力,可使用适当的手势,以取得答辩的最佳效果;

3)答辩委员会专家可能提出的问题:研究生报告结束后,答辩委员会专家将会提出问题,进行答辩,时间10～15分钟。一般包括:需要进一步说明的问题;论文所涉及的有关基本理论、知识和技能;考察研究生综合素质的有关问题。

评委可能提出的问题一般来源于以下几个方面:

·答辩委员的研究方向及其擅长的领域;

·可能来自课题的问题:是确实切合本研究涉及到的学术问题(包括选题意义、重要观点及概念、课题新意、课题细节、课题薄弱环节、建议可行性以及对自己所做工作的提问);

·来自论文的问题:论文书写的规范性,数据来源,对论文提到的重要参考文献以及有争议的某些观察标准等;

·来自幻灯的问题:某些图片或图表,要求进一步解释;

·不大容易估计到的问题:和课题完全不相干的问题。似乎相干,但是答辩者根本未做过,也不是课题涉及的问题。答辩者没有做的,但是评委想到了的东西,答辩者进一步打算怎么做。

4)如何回答答辩委员会专家提出的问题:首先要做到背熟讲稿,准备多媒体,调整心态,做提问准备，进行预答辩。在随后的汇报中突出重点、抓住兴趣、留下伏笔。忌讳讨论漫无边际，由于课题是自己知识的强项，讨论时毫无收敛，漫无边际，往是内容复杂化，过多暴露疑点难点，给提问部分留下隐患。一个聪明的研究生应该“就事论事”，仅围绕自己的结果进行简单讨论，这样提问往往更为简单，回答更为顺畅。

到了提问环节，专家提问不管妥当与否，都要耐心倾听，不要随便打断别人的问话。对专家提出的问题，当回答完整、自我感觉良好时，不要流露出骄傲情绪。如果确实不知如何回答时，应直接向专家说明，不要答非所问。对没有把握的问题，不要强词夺理，实事求是表明自己对这个问题还没搞清楚，今后一定要认真研究这个问题。

总之，答辩中应实事求是，不卑不亢，有礼有节，时刻表现出对专家的尊重和感谢。注意答辩不纯粹是学术答辩，非学术成分大约占一半，要显示出自己各方面的成熟，要证明自己有了学术研究的能力。

5)结束语和致谢：报告结束前一定要进行致谢。导师为研究生的成长付出了很多心血，在答辩这种关键时刻，对导师表示正式而真诚的感谢，体现了对导师的尊重，这是做人的基本道理。建议全文念出对导师致谢的段落，其他的致谢段落可以简略一些。同时应当说明汇报结束，欢迎各位专家的提问，使答辩工作顺利进入下一环节。

成功的演讲是自信和技巧的结合，扎实的专业知识和细致周到的答辩准备工作是成功的前提。使用一些答辩技巧也不可缺少，可以充分展示整理研究材料、展示研究成果的能力，让别人知道自己都做了什么。要想这场战争获胜，就必须对答辩的目的、程序、可能遇到的问题及解决方法进行深入剖析，做到胸有成竹！

注意：由于广大读者要求给出模板，所以我个人推荐：如果是毕业论文的话，office 附带的模板 profile 和 blends 比较保险，很明朗清晰，还可以根据需要进行修改(加入你论文中有关的图片，比如你是搞水产养殖的，可加海洋、鱼或莲花、荷叶等让人们有种身临其境的感觉，图要小，只是一个标志，不要喧宾夺主，或者将校园图片加入，或学校名称)，再者可到网上下载自己认为比较好看的模板。

本章小结

PowerPoint 2010 是制作演习文稿的软件，能够制作出集文字、图形、图像、声音以及视频剪辑等多媒体元素于一体的演示文稿，把自己所要表达的信息组织在一组图文并茂的画面中。通过本章的学习，读者应掌握 PowerPoint 2010 的基础知识与基本操作，演示文稿的制作，幻灯片的复制、移动及删除，演示文稿的放映和打印，演示文稿的打包成 CD 等方面的内容。

第 7 章　网络基础及 Internet 应用

教学目的

(1)了解计算机网络的基本概念。

(2)掌握 Internet 概念、TCP/IP 协议、IP 地址和接入方式。

(3)熟练掌握 Internet Explorer 和电子邮件的使用。

教学重点与难点

重点:Internet Explorer 和电子邮件的使用。

难点:设置 Internet Explorer 的各种属性以及 Outlook Express 中邮件服务器地址。

7.1　网络基础

目前,计算机网络已成为全球信息产业的基石。计算机网络在信息的采集、存储、处理、传输和分发中扮演了极其重要的角色。现在科学技术的发展已经突破了单台计算机系统应用的局限,使多台计算机交换信息、资源共享和协同工作成为可能。

7.1.1　计算机网络概述

计算机网络是 20 世纪 60 年代末产生的一种新技术,是计算机技术和通信技术紧密结合的产物。计算机网络是将分散在不同地理位置上的具有独立功能的多台计算机系统、各种终端设备、外部设备及其他附属设置,通过通信设备和通信线路连接起来,在网络协议和网络操作系统的管理和控制下,实现数据通信、资源共享和分布处理的系统。

1. 计算机网络的功能

计算机网络的功能概括起来主要有以下几点:

(1)资源共享。资源共享是计算机网络的重要功能。计算机资源包括硬件、软件和数据等。所谓资源共享就是指网络中各计算机的资源可以相互通用。这样可以减少信息冗余,节约投资,提高设备利用率。比如一个办公室的几台计算机可以通过网络共同使用一台打印机。

(2)快速通信。快速通信是计算机网络的最基本功能之一。计算机网络为分布在不同地点的计算机用户提供快速传送信息的手段,为人类提供了前所未有的方便,网上不同计算机之间可以传送数据、交换图文、音像等信息。例如:电子邮件方便了部门及个人间传送信函、公文等信息。

(3)分布式处理。分布式处理可把复杂的任务划分成若干部分,由网络上的各计算机分别承担其中一部分任务，同时运行，共同完成，大大加强了整个系统的效能。

2. 计算机网络的应用

随着现代信息社会进程的推进，通讯和计算机技术的迅猛发展，计算机网络的应用越来越普及，现已涉及社会生活的各个领域。Internet 已成为家喻户晓的计算机网络，是一条贯穿全球的“信息高速公路主干道”。通过计算机网络提供的服务，人们可将计算机网络应用于社会的各个方面。

(1)在科研和教育中的应用。通过全球计算机网络，科技人员可以在网上查询各种文件和资料，可以相互交流学术思想和交换实验资料，甚至可以在计算机网络上进行国际合作研究项目。在教育方面可以开设网上学校，实现远程授课，学生可以在家里或其它可以接入计算机网络的地方，利用多媒体交互功能听课，可以随时提问和讨论，可以从网上获取学习资料，而且可以通过网络交付作业和参加考试。

(2)在企事业单位中的应用。计算机网络可以使企事业单位和公司内部实现办公自动化，做到各种软硬件资源共享，如果将内部网络接入 Internet 还可以实现异地办公。在公司内部可实现无纸化办公，在外地的员工可通过网络得到公司的指示和帮助。企业可以通过国际互联网搜集市场信息并发布企业产品信息，取得良好的经济效益。

(3)在商业中的应用。随着计算机网络的广泛应用，电子数据交换(Electronic Data Interchange，EDI)已成为国际贸易往来的一个重要手段。它以一种被认可的数据格式，使分布在全球各地的贸易伙伴可以通过计算机传输各种贸易单据，代替了传统的贸易单据，节省了大量的人力和物力，提高了效率。又如可以在网上做电子商情、电子广告、电子交易、电子购物、电子签约、电子支付、转账与结算等活动。随着电子商务的普及，将可以足不出户购买任何商品，可以坐在家里办公，享受各种网络服务。

(4)在通信和娱乐中的应用。20 世纪个人之间通信的基本工具是电话，21 世纪个人之间通信的基本工具是计算机网络。目前计算机网络所提供的通信服务包括电子邮件、QQ、BBS、IP 电话等等。

家庭娱乐正在对信息服务产业产生巨大的影响，可以在家里点播电影和电视节目，，网络在线游戏正在逐步成为互联网娱乐的重要组成部分，也是互联网最富群众性和最有潜力的盈利点。

7.1.2 计算机网络的组成

计算机网络由网络硬件系统和软件系统、通信子网和资源子网组成。

1. 网络硬件和网络软件

组成网络硬件系统的元素可以分为两大类，分别是网络节点和通信链路。其中网络节点又分为端节点和转移节点。端节点包括个人电脑、网络服务器、网络工作站、网络外部设备等；转移接节点指网络通信过程中起控制和转发信息作用的节点，例如交换机、集线器、路由器等。通信链路是指传输信息的信道，可以是电话线、同轴电缆、无线电线路、卫星线路、微波中继线路、光纤缆线等。网络节点通过通信链路连接成的计算机网络如图 7－1 所示。

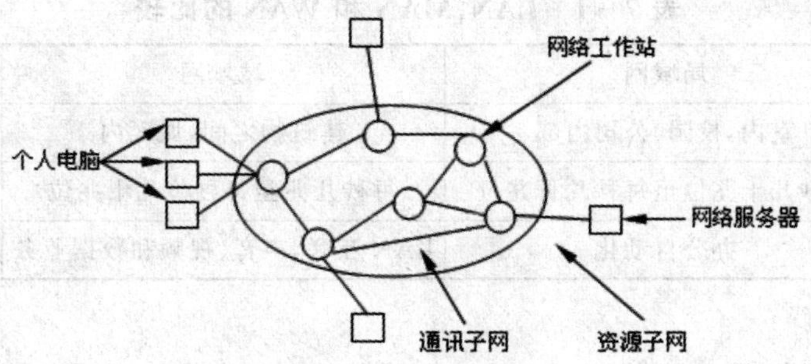

图 7-1 计算机网络组成

计算机软件系统主要包括有:网络操作系统软件、网络通信协议、网络工具软件、网络应用软件等。网络操作系统软件:负责管理和调度计算机网络上的所有硬件和软件资源,使各个部分能够协调一致的工作。常用的网络操作系统有 Windows NT 、Netware、Unix、Linux 等。网络通信协议是在网络通信中,为了能够使通信中的两台或多台计算机之间成功地发送和接收信息,必须制定并遵守互相都能接受的一些规则,这些规则的集合称为通信协议。常用的网络通信协议有 TCP/IP、SPX/IPX、NetBEUI 协议等。网络工具软件是用来扩充网络操作系统功能的软件。如网络浏览器、网络下载软件、网络数据库管理系统等。网络应用软件是基于计算机网络应用而开发出来的用户软件。如民航售票系统、远程物流管理软件、订单管理软件、酒店管理软件等

2. 通信子网和资源子网

资源子网主要包括:连网的计算机、终端、外部设备、网络协议和网络软件等。其主要任务是收集、存储和处理信息,为用户提供网络服务和资源共享功能等。通信子网是把各站点互相连接起来的数据通信系统,主要包括:通信线路、网络连接设备、网络协议、通信控制软件等。其主要任务是连接网上的各种计算机,完成数据的传输、交换和通信处理。

7.1.3 计算机网络的分类

1. 按地理范围分类

计算机网络的分类标准很多。根据网络覆盖的地理范围对计算机网络进行分类是最普遍的分类方法,它较好的反映出网络的本质特征。按照这种方法,可把计算机网络分为三类:局域网、城域网、广域网,三者的比较见表 7-1。

(1)局域网(LAN)是一种在小区域内使用的网络,地理范围一般在 10 千米以下,以一个部门、一个学校、一个公司为单位组建的计算机网络。其特点是传输速率高、误码率低、成本低、容易组网、易管理等。主要应用在分布式数据处理、办公自动化等方面。

(2)城域网(MAN)是一种介于局域网和广域网之间的一种网络,覆盖地理范围介于局域网和广域网之间,一般为几十千米。主要应用如局域网间的互联,综合声音、视频、数据业务。

(3)广域网(WAN)又称为远程网,广域网覆盖的地理范围很大,可以从几十千米到几万千米,地理范围覆盖地区、国家或几个大洲,形成全球性的计算机网络。在广域网中可以使用电话线、微波、卫星等介质进行通信。因特网就是典型的广域网。

表 7－1 LAN,MAN 和 WAN 的比较

	局域网	城域网	广域网
地理范围	室内,校园、公司内部	建筑物之间,城区内	国内,国际
数据速率	每秒几十兆位至每秒几百兆位	每秒几兆至每秒位几十兆位	每秒几十个千位
主要应用	办公自动化	LAN 互联,声音、视频和数据业务	远程数据传输

2. 按拓扑结构分类

按网络的拓扑结构,可以将网络分为总线型网络、环形网络、星型网络、网状形网络和混合型网络。例如,以总线型物理拓扑结构组建的网络为总线型网络,同轴电缆以太网就是典型的总线型网络;以星形物理拓扑结构组建的网络为星型网络,交换式局域网以及双绞线以太网都是星型网络。

3. 按物理结构和传输技术分类

根据所使用的传输技术,可以将网络分为广播式网络和点到点网络。

(1)广播式网络:在广播式网络中仅使用一条通信信道,该信道由网络上的所有站点共享。在传播信息时,任何一个站点都可以发送数据分组,传到每台机器上,被其他站点接收。这些机器根据数据包中的目的地址进行判断,如果是发给自己的则接收,否则便丢弃它。总线型仪态网就是典型的广播式网络。

(2)点到点网络:与广播式网络相反,点到点网络由一对对机器之间的多条连接构成,在每对机器之间都有一条专用的通信信道,因此在点到点的网络中不存在信道共享和复用的情况当一台计算机发送数据分组后,它会根据目的地址,经过一系列中间设备的转发,直接到达目的站点,这种传输技术称为点到点传输技术,采用这种技术的网络为点到点网络。

7.1.4 计算机网络的拓扑结构

计算机网络是一组节点和连接节点的链路组成。连接到网络上的计算机、大容量的磁盘、高速打印机等部件都可能看做网络上的一个结点,又称为工作站。网络的拓扑结构是指构成网络的节点和连接各节点的链路组成的互联模式(几何形状)。在局域网中常见的网络拓扑结构有星型结构、环型结构和总线型结构,如图 7－2 所示;在广域网中常见的拓扑结构有树型和不规则型。

1. 星型拓扑

星型结构的每个节点都由一条点到点链路与中心节点(公用中心交换设备,如交换机、集线器等)相连。星型网络中的一个节点如果向另一个节点发送数据,首先将数据发送到中心节点设备,然后由中心节点设备将数据转发到目标节点。信息的传输是通过中心节点的存储转发技术实现的,并且只能通过中心节点与其它站点通信。目前星型结构是局域网中最常见的拓扑结构。

星型结构具有以下特点:结构简单,便于管理和维护;易实现结构化布线,结构易扩充,但通信线路专用,电缆成本高;对中心节点的依赖性强,同时易在中心节点处产生传输瓶颈。

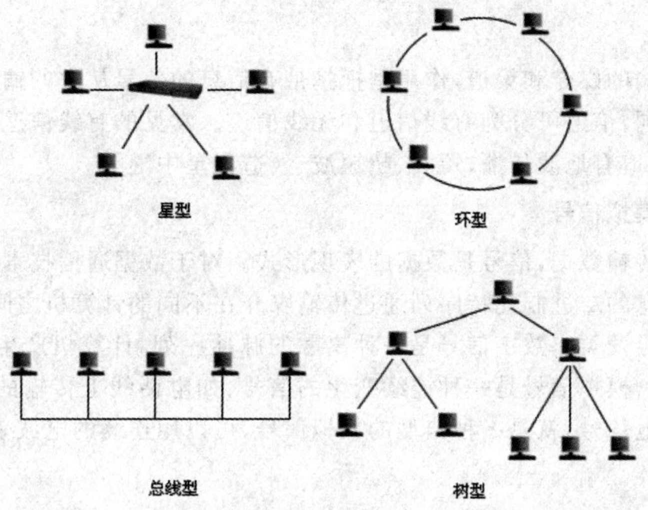

图 7-2 网络的拓扑结构

2. 环型拓扑

环型结构是由各个节点通过环接口连在一起首尾相连的闭合环形通信线路中。每个节点只能与相邻的节点直接通信,如果与网络中其它节点通信,数据必须经过两个通信节点之间的每个设备。环型结构可以是单向的,也可以是双向的。

环型结构具有以下特点:各节点间无主从关系,结构简单;信息流沿环单向传输,延迟固定;路径简化,但可扩充性差;可靠性差,任何节点的故障,都可能引起全网故障,且故障检测困难。

3. 总线型拓扑

总线型结构采用一条单根的通信线路(总线)作为公共的传输通道,所有节点都通过相应的接口直接连接到总线上,通过总线进行数据传输。这种拓扑结构只用一条电缆,它把网络中的所有计算机连接在一条线上,因此传输电缆在高流量的环境中会成为网络的"瓶颈"。总线型网络采用广播式传输技术,总线上所有节点都可以发送数据到总线上,数据沿总线传播。但是,由于所有节点共享同一条公共通道,所以任何时候只允许一个站点发送数据。当一个节点发送数据,并在总线上传播时,数据可以被总线上的其它所有站点接收,各站点在接收数据后,分析目的物理地址再决定是否接收该数据。粗、细同轴电缆以太网就是这种结构的典型代表。

总线型结构具有以下特点:结构简单灵活,易于扩展;共享能力强,便于广播式传输;网络响应速度快,但负载重时性能迅速下降;局部站点故障不影响整体,但总线故障影响全网;易于安装,费用低。

4. 树型和不规则型

树型和不规则型广泛应用在广域网中,具有结构容易扩展、故障容易分散处理等优点。

7.1.5 数据通信基础

数据通信是通信技术和计算机技术相结合而产生的一种新的通信方式,是在两个计算机和终端之间以二进制的形式进行信息交换和传输数据。下面介绍几个常用术语。

1. 信道

信道是信息传输的媒介和渠道，作用是把携带有信息的信号从它的输入端传递到输出端。根据传输媒介的不同，信道可分为有线信道和无线信道。常见的有线信道包括双绞线、同轴电缆、光缆等。无线信道有地波传播、短波、超短波、人造卫星中继等。

2. 数字信号和模拟信号

通信的目的是传输数据，信号是数据的表现形式。对于数据通信技术来讲，它要研究的是如何讲表示各类信息的二进制比特序列通过传输媒介在不同的计算机之间传输。信号可分为数字信号和模拟信号两类。数字信号是一种离散的脉冲序列，计算机产生电信号用两种不同的电平 0 和 1 表示。模拟信号是一种连续变化的信号，如电话线上传输的按照声音强弱幅度连续变化所产生的电信号，就是一种典型的模拟信号，可以用连续的电波表示。

3. 调制与解调

普通电话线是针对语音通话而设计的模拟信道，适用于传输模拟信号。但是计算机产生的是离散脉冲，表示的数字信号，因此要利用电话交换网实现计算机数字脉冲信号的传输，就必须首先将数字脉冲信号转换为模拟信号。我们将发送端数字信号转换为模拟信号的过程称为调制（Modulation）；将接收端模拟信号还原成数字脉冲信号的过程称为解调（Demodulation）。将调制和解调两种功能结合在一起的设备称为调制解调器（Modem）。

4. 带宽

在模拟信道中，以带宽表示信道传输信息的能力。带宽以信号的最高频率和最低频率之差表示，即频率的范围。频率是模拟信号波每秒的周期数，用 Hz、kHz、MHz 或 GHz 作为单位。在某一特定带宽的信道中，同一时间内，数据不仅能以某一频率传送，而且还可以用其它不同的频率传送。因此，信道的带宽越宽（带宽数值越大），其可用的频率就越多，其传输的数据量就越大。

在数字信道中，用数据传输速率（比特率）表示信道的传输能力，即每秒传输的二进制位数（bps，比特/秒），单位为 bps，Kbps，Mbps，Gbps，Tbps，其中：1Kbps $=1\times10^{3}$ bps；1Mbps $=1\times10^{6}$ bps；1Gbps $=1\times10^{9}$ bps；1Tbps $=1\times10^{12}$ bps。

研究证明，通信信道的最大传输速率与信道带宽之间存在着明确的关系，所以在现代网络中，人们经常用“带宽”来表示信道的数据传输速率，“带宽”和“速率”几乎成了同义词。带宽和数据传输速率是通信系统的主要技术指标之一。

5. 误码率

误码率是指二进制比特在数据传输系统中被传错的概率，是通信系统的可靠性指标。数据在通信信道传输中一定会因某种原因出现错误，传输错误是正常的和不可避免的，但是一定要控制在某种允许的范围内。在计算机网络系统中，一般要求误码率低于 10^{-6}（百万分之一）。

7.2 Internet 介绍

7.2.1 Internet 概述

Internet 音译为因特网，是世界上最大的计算机网络。可以将因特网理解为一个通过路由器将世界各地规模不一、类型不同的各种网络互相连接起来的网络。通过它人们可以快捷方便的获取信息、高速的传递信息；从事各种商业、金融活动；发布各式各样电子公告等。

Internet 的前身是美国国防部高级研究计划署建立的 ARPAnet，它最早时只有 4 个节点，通过几年时间的迅速发展，到 20 世纪 70 年代后期，该网络节点超过 60 个，主机 100 多台，地理范围跨越了美洲大陆，连通了美国东部和西部的许多大学和研究机构，而且通过通信卫星与夏威夷和欧洲地区的计算机网络相互联通。

1983 年，在 Internet 成功地运行了 TCP/IP 协议后，TCP/IP 成为事实标准。1985 年美国国家科学基金会(NSF)发现 Internet 在科学研究上的重大价值，投资主持 Internet 和 TCP/IP 的发展，将美国五大超级计算机中心连接起来，组成 NSFnet，推动了 Internet 的发展。在 20 世纪 80 年代，由于 Internet 的迅速发展和巨大成功，世界先进工业国家纷纷接入 Internet，使之成为全球性的互联网络。在 20 世纪 90 年代随着因特网的发展，其应用领域也由教育、科研扩大到文化、政治、经济、商业等领域。

我国互联网起步较晚。1994 年 1 月 4 日，NCFC 工程通过美国 Sprint 公司连入 Internet 的国际专线开通，实现与 Internet 的全功能连通，标志着我国正式成为拥有 Internet 的国家。从 1994 年起，分别由国家计委、邮电部、国家教委和中科院主持，建立了我国的四大互联网，即中国金桥信息网(CHINAGBN)、中国公用计算机互联网(CHINANET)、中国教育科研网(CRENET)和中国科技网(CSTNET)，其中前两个是向社会提供 Internet 服务，以经营为目的；而后两个网络是面向教育科研机构，不以经营为目的。1996 年以后，我国互联网的发展进入应用平台建设和增值服务业务开发阶段。中国互联网进入了空前活跃的高速发展时期。一大批中文网站相继出现，提供新闻报道、技术咨询、软件下载、休闲娱乐等服务。同时各种增值服务也逐步展开，如电子商务、IP 电话、视频点播、无线上网等。

在因特网中为人们提供接入技术支持和物理通讯链路租用服务的公司叫做网络服务提供商 ISP。用户向 ISP 支付服务费用，就可以租用电话线、光纤、卫星等接入因特网。我国的 ISP 有电信、网通、铁通等公司。在因特网上进行信息收集、加工并向其用户或访问者发布的公司被称为网络内容提供商 ICP。在网络世界里，ICP 为用户提供免费电子邮件、新闻、聊天、信息查询、在线游戏等服务内容。以最简单的方式将因特网的好处展示给使用者。我国 ICP 的代表有搜狐、网易、百度等。

因特网之所以受到大量用户的青睐，正是因为它提供丰富的服务，其服务主要包括：

(1)远程登陆(Telnet)：远程登录可以将网络用户的计算机登录到远程计算机中，使用远程计算机中所有开放的资源。在进行远程登录时，用户首先要键入远程计算机的主机名或 IP 地址，然后根据对方的提示键入登录用户名和登录密码。Internet 中的许多信息服务机构都提供了开放式的远程登录服务，这种服务允许用户不需要预先取得用户名和登录密码，就可以使用公用的用户名和密码进入远程计算机中。

(2) 文件传输(FTP):文件传输功能是用户获得 Internet 上的资源的一个重要的方法。它可以允许网络用户将一台计算机上的文件传输到另外一台计算机上,而且不限文件类型,如二进制文件、文本文件、图像文件、声音文件、视频文件、压缩文件等,都可以进行传送。

(3)电子邮件(E-mail):电子邮件又称为 E－Mail 或“伊妹儿”。是由 Internet 提供的使用最普遍的服务之一。它为计算机网络用户提供了方便、快速、廉价的现代化通讯手段。使用电子邮件首先要向 Internet 的服务商申请一个电子邮箱,每个电子邮箱都拥有一个全球唯一的电子邮件地址。

(4) 信息检索功能(WWW):Internet 上的信息资源十分丰富,而且还在不断增长;为网络用户获得需要的信息增加了困难。各种的信息检索系统被推出,其中应用最广泛的就是全球信息浏览系统 WWW(World Wide Web),意思是环球网或万维网,简写为 Web。它以超文本(Hypertext)方式提供了全球范围内的多媒体信息的服务。

此外,因特网还提供如:电子公告板(BBS)、聊天室(IRC)、网络电话、电子商务、视频点播、在线游戏等多种服务。

7.2.2 TCP/IP 协议

TCP/IP 协议来源于计算机网络的鼻祖 ARPANET,它是以 TCP/IP 为基础的一个协议集,现在已成为因特网的一个事实上的标准通信协议。

TCP/IP 协议是一个协议集,不同协议完成不同的通信任务。按照网络分层体系,不同功能的协议分布在不同的协议层。TCP/IP 协议分为四层,即网络接口层、网际层、传输层、应用层。其中网际层的 IP 协议和传输层的 TCP 协议是最重要的两个核心协议。

网络接口层是 TCP/IP 协议的最低层,负责接收来自 IP 层的 IP 数据报,并将数据报通过低层物理网络发送出去,或者从低层物理网络上接收物理帧,抽出 IP 数据报交给 IP 层。即在传输过程中保证数据无差错。

网际层的作用是将 IP 数据报传输到正确的地方。网际层的协议是 IP 协议,IP 协议的功能之一是将不同格式的物理地址转换成统一的 IP 地址,将不同格式的帧转换成 IP 数据报,向 TCP 协议所在的传输层提供 IP 数据报,实现无连接数据报传送。另一功能是数据报的路由选择,即找到数据由一个端点到另一个端点的最佳传输路径。

传输层的作用是在用户计算机和目标计算机之间建立端到端的数据传输服务。传输层的协议是 TCP 协议和 UDP 协议。TCP 协议提供可靠、面向连接的服务。确保网上所发送的数据报可以完整的接收,一旦数据报丢失或破坏,则由 TCP 负责将丢失或破坏的数据报重新传输一次,实现数据的可靠传输。UDP 协议提供不可靠、无连接的服务。广泛应用于对速度要求很高,对可靠性要求不高的应用,如语音或视频的传输服务。

应用层包括所有的高层协议,主要有远程登陆协议 Telnet、文件传输协议 FTP、电子邮件协议 SMTP、域名服务协议 DNS 和超文本传输协议 HTTP 等。

7.2.3 IP 地址和域名

1. IP 地址

从前面的学习中可以知道,因特网是一个通过路由器将世界各地,规模不一、类型不同的各种计算机网络互相连接起来的网络。为了使信息能够准确的送到网络中指定计算机,像每一部电话具有一个唯一的电话号码一样，网络中的各计算机和路由器都有一个可唯一标识的地址，称做IP地址。因特网上不会有相同的IP地址。

IP地址都是32位(4字节)二进制表示。在书写时，通常每个字节用十进制来表示，即4个十进制整数，每个十进制整数的范围是0～255，中间用原点号隔开。例如128.5.1.0或35.1.7.48都是IP地址。

由于因特网是由许多不同类型的计算机网络组成，所以32位的IP地址又分为网络号和主机号两部分。IP地址分为五类：A类、B类、C类、D类、E类。其中A，B，C三类是常用地址。D类、E类为特殊用途。五类IP地址的示意图如图7-3所示。

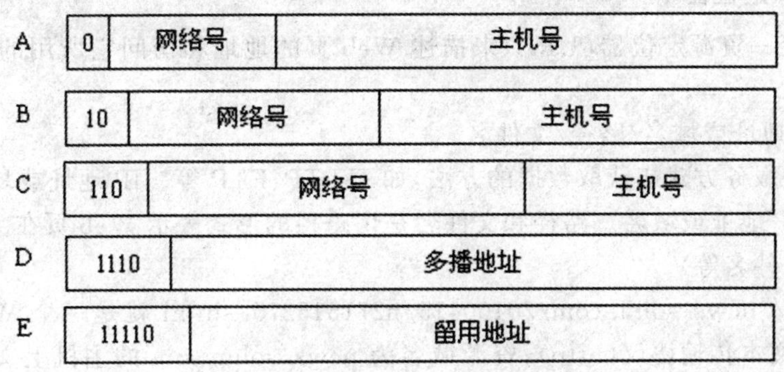

图7-3　IP地址

A类地址中第一个字节表示网络地址，而后三个字节表示网络内计算机的地址。A类地址允许126个网络，每个网络1 600万台主机；可见是拥有非常巨大的计算机数量的网络。

B类地址中的前两个字节表示网络地址，后两个字节表示网络内计算机的地址。B类地址次于A类地址，允许有16 384个网络，每个网络6万4千台主机。

C类地址中的前三个字节表示网络地址，后一个字节表示网络内计算机的地址。C类地址用于小网络，有200万个网络，每个网络254台主机。

通常可以通过IP地址的第一个字节来判断属于哪类地址。0～127为A类，128～191为B类，192～223为C类，如192.168.5.5属于C类地址，128.5.1.50属于B类地址，35.1.7.48属于A类地址。

2. DNS域名

使用IP地址可以唯一标识因特网络中的计算机，实现因特网络中准确的数据传输，但是用数字的IP地址表示各主机使用起来很不方便。如google网站主页的IP地址是66.249.89.99、百度网站的IP地址是202.108.22.5，广大用户需要记住大量毫无意义的数字才能使用因特网中的资源。广大用户希望用名字来标识主机，有意义的名字可以标识主机号、工作性质、所属地域或组织，以便于记忆和使用。因特网的域名系统DNS就是为了这个需要开发的。域名系统可以将域名转换成IP地址，使得使用域名和使用IP地址等效。

DNS是一种分层命名系统，名字由若干标号组成，标号之间用圆点分隔。最右面的标号是主域名，最左面的标号是主机名。中间标号是各级子域名，从左到右按由小到大的顺序排列。例如：lib.lzu.edu.cn是一个域名。其中lib是主机名，表示图书馆；lzu是子域名，表示兰州大学;edu 是第二级主域名,表示教育系统;cn 是第一级主域名(也叫国家域名),代表中国。

由于因特网诞生于美国,所以在美国第一级主域名采用组织机构域名,美国以外的其他国家都用主机所在国家或地区的国家域名作为第一级主域名。国家域名由两位字母组成,例如:CN 是中国,JP 是日本,KR 是韩国,UK 是英国,BE 是比利时,GR 是希腊。第二级主域名分为类别域名和地区域名,在我国类别域名有六个,分别是 AC(科研院及科技管理部门)、GOV(国家政府部门)、ORG(社会团体和民间非营利组织)、NET(互联网络服务机构)、COM(工商和金融企业)、EDU(教育机构)。地区域名有 34 个,如 BJ 是北京,SH 是上海,TJ 是天津,JS 是江苏,FJ 是福建,HA 是河南。

3. 统一资源定位器

WWW 用统一资源定位器(URL)来描述 Web 页的地址和访问它所用的协议。URL 的格式如下:

协议://IP 地址或域名/路径/文件名

其中协议是服务方式或获取数据的方法,如 HTTP、FTP 等。IP 地址或域名是指存放该资源的主机的 IP 地址或域名。路径和文件名是用路径的形式表示 Web 页在主机中的具体位置(如文件夹、文件名等)。

比如,http://news. sohu. com/20100415/n271515275. shtml 就是一个 Web 页的 URL。它表示:使用超文本传输协议(http);资源域名为 news. sohu. com 的主机上文件夹 20100415 下的一个 HTML 语言文件 n271515275. shtml。

7.2.4 接入 Internet 的方式

接入因特网的方式通常有电话拨号、专线接入、局域网接入、无线连接等方式。其中电话拨号是一种传统的接入方式,其优点是经济、简单,缺点是不能兼顾上网和通话并且传输速率较低。随着因特网的发展,更多的服务包含大量图像、音频、视频信息,使得用户需要高速的因特网接入方式(即宽带),老的 ISDN 接入方式已经被淘汰,目前大多数家庭采用 DSL 方式接入 Internet,多数大型社区和单位使用更快的光钎到楼宇,采用局域网接入,目前 3G 无线上网正受到越来越多移动办公族和年轻人的青睐。

7.3 Internet Explorer 的设置和使用

7.3.1 IE 界面介绍

安装了 IE 浏览器后,在 Windows 桌面上和任务栏中就都有了一个 IE 浏览器的图标,只要双击该图标即可启动 IE0。启动 IE 后,屏幕会出现浏览器窗口,如图 7-4 所示。

IE 浏览器窗口主要包括以下部分:

(1)标题栏:标题栏位于浏览器窗口顶部第一行,用于显示标题。在标题栏的最左面是控制菜单图标,用鼠标单击它可以打开控制菜单,利用其中的命令可以改变窗口大小,移动和关闭窗口。中间是网页标题。右侧是窗口最小化、最大化(还原)、关闭三个按钮。

(2)菜单栏:在窗口标题栏的下面是菜单栏。IE 包括文件、编辑、查看、收藏、工具和帮助六组菜单,每一组均有若干命令项。用鼠标单击某个菜单名即可打开相应的下拉菜单。浏览器的全部功能都可用菜单命令来实现。

(3)工具栏:菜单栏下面是工具栏。它提供了使用IE浏览器各种功能的工具按钮,尽管这些按钮的功能与相应的菜单命令相同,但使用更加方便快捷。工具栏中包括后退、前进、停止、刷新、主页、搜索、收藏夹、媒体、历史、邮件、打印、编辑、讨论等工具按钮。当鼠标指针移到某一按钮上时,单击某个按钮,即可执行相应的操作。

(4)地址栏:工具栏的下面是地址栏,它显示当前或将要打开网页的URL地址。可在地址栏中输入URL地址。例如,百度搜索引擎的WWW服务器地址为:www.baidu.com,键入后按Enter键,将直接进入该地址指向的网页。

(5)IE窗口中最大的部分是页面浏览区,显示当前网页的信息。浏览器的右边有垂直滚动条,当网页内容一屏显示不完时,可以通过拖动滚动块或单击向上、向下箭头来向上、向下滚动屏幕。页面浏览区支持鼠标右键操作。对不同对象单击鼠标右键,都会弹出不同的快捷菜单。

(6)状态栏:IE窗口最下面的部分是状态栏。其中第一个区域是当前浏览器的工作状态。如:“正在连接站点…”。第二个区域用来显示打开网页的进度。第三个区域说明当前浏览器是否处于“脱机浏览”状态。

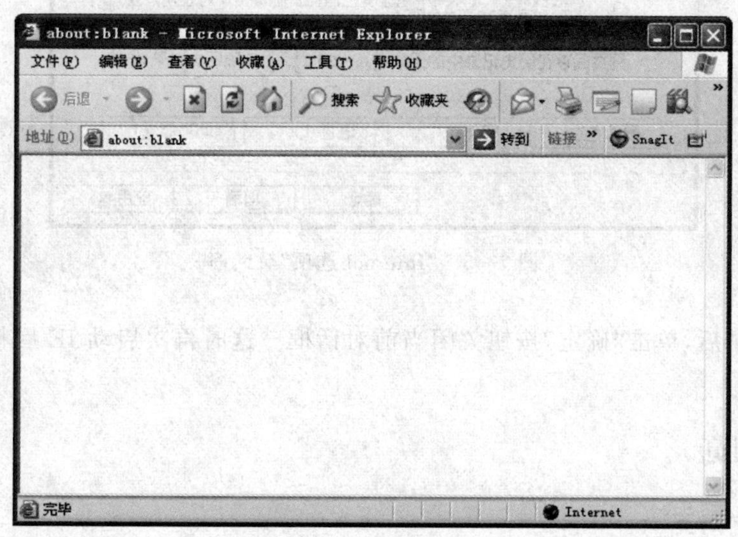

图7-4　IE浏览器窗口

7.3.2　IE选项设置

在IE窗口中在菜单栏中依次选择“工具”→“Internet选项”命令,可打开“Internet选项”对话框,它包括“常规”、“安全”、“隐私”、“内容”、“连接”、“程序”、“高级”7个标签,可分别用来设置不同类型的工作环境,其中大部分设置可以使用缺省值。

主页设置:可以将经常使用的网页设置为主页,设置后每次启动IE将首先显示该主页内容,不用再在地址栏内输入内容。如将百度搜索引擎的网页设置为主页,其具体操作步骤如下:

(1)启动IE浏览器。

(2)在菜单栏中依次选择“工具”→“Internet 选项”命令，打开“Internet 选项”对话框。

(3)在该对话框中单击“常规”标签，打开“常规”选项卡。

(4)在该选项卡的“主页”选项组中，将百度搜索引擎的网址“http://www.baidu.com”输入“地址”文本框，如图 7-5 所示。

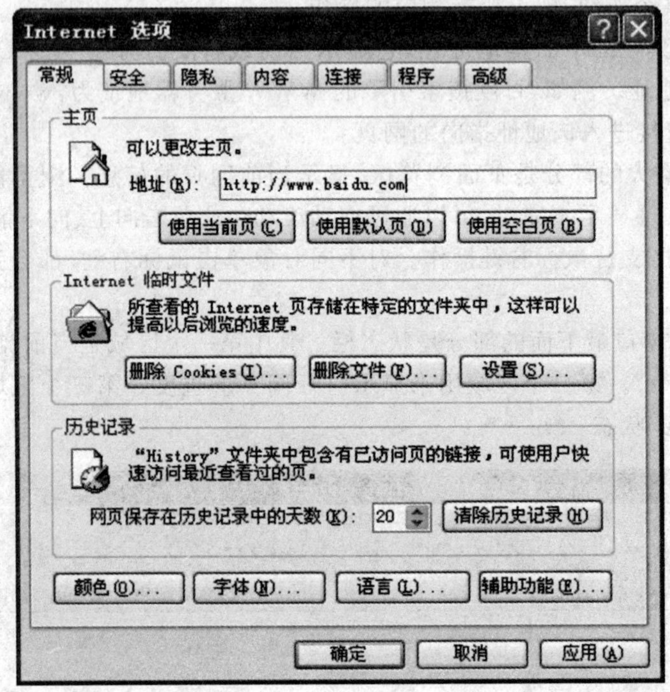

图 7-5 “Internet 选项”对话框

(5)输入完毕后，单击“确定”按钮关闭当前对话框。这时再次启动 IE 后将首先在浏览区显示百度的主页。

7.3.3 浏览

1. 进入指定网页

在 IE 窗口的地址栏中输入指定网页的 URL，然后按 Enter 键即可进入该网页。IE 的自动补齐功能可以简化 URL 地址的输入。如可以在浏览器地址栏中输入 baidu，浏览器会自动补齐前面省略的 http://www. 和后面的 .com，打开百度搜索引擎网页。

2. 通过链接来浏览其他网页

网页中通常包含转到其他网页及其他网站的超级链接，通过超级链接可以进入新网页，其具体操作方法如下：

(1)将鼠标指针移到某个超级链接上，这时鼠标箭头变成一个手掌形状，该超级链接所指向的 URL 同时出现在屏幕底部的状态栏中，如图 7-6 所示。

(2)单击鼠标，便进入该链接所指向的另一个页面或进入一个新的网站。

在因特网中，有一些网站专门为用户提供常用网址，如“好 123”www.hao123.com；“网址大全"www.v111.com 等,对初识因特网的用户帮助很大。

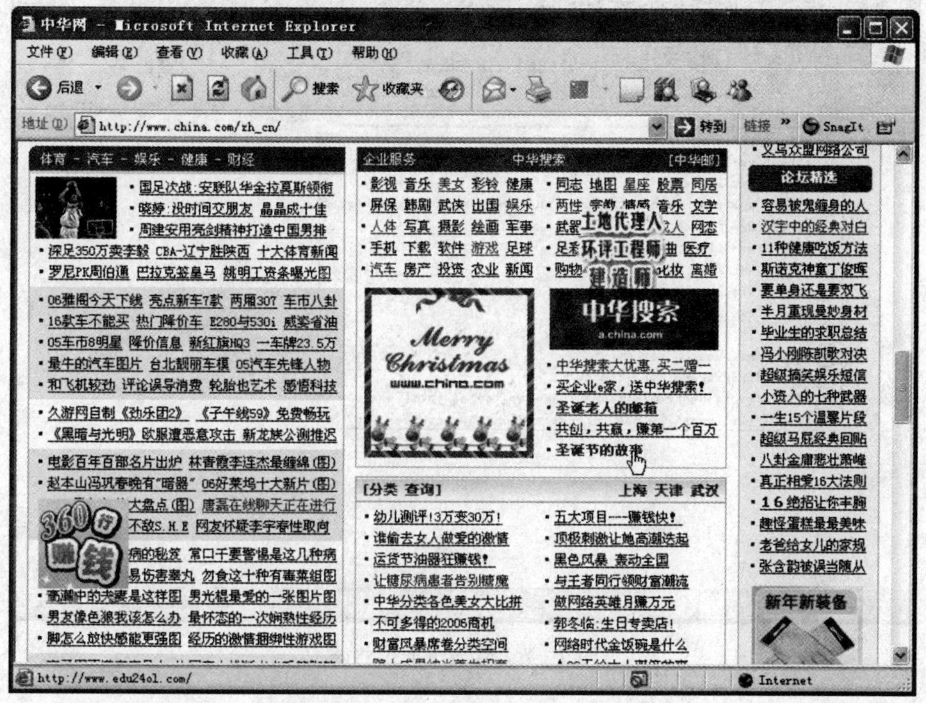

图 7-6　上网浏览网页

3. 重新浏览网页

在浏览中如果要返回已查看过的网页,只需按照如下步骤进行操作即可:

(1)用鼠标单击【地址】文本框右面的下拉式按钮,打开下拉列表。

(2)在该下拉式列表中包含有用户最近查阅过的部分网页标题,选中并单击即可进入,如图 7-7 所示。

7.3.4 使用收藏夹和保存 Web 页

使用收藏夹和保存 Web 页的具体操作方法如下:

1. 添加网页到收藏夹

当某一网页感兴趣时,可以将其添加到 IE 收藏夹中,其具体操作步骤如下:

(1)在显示区域内右击,打开快捷菜单。

(2)从该快捷菜单中选择"添加到收藏夹"命令项,或在菜单栏中依次选择"收藏"→"添加到收藏夹"命令,打开"添加到收藏夹"对话框。

(3)在该对话框内的"名称"文本框中显示了当前查看的网页的标题。用户可以将该标题作为收藏夹中该网页的快捷方式名称,也可以在该文本框中输入新的名称。

(4)设置完毕后,单击"确定"按钮,即可在"收藏夹"中创建该页的快捷方式,如图 7-8 所示,可以将教育科研网加入收藏夹,方便以后访问。

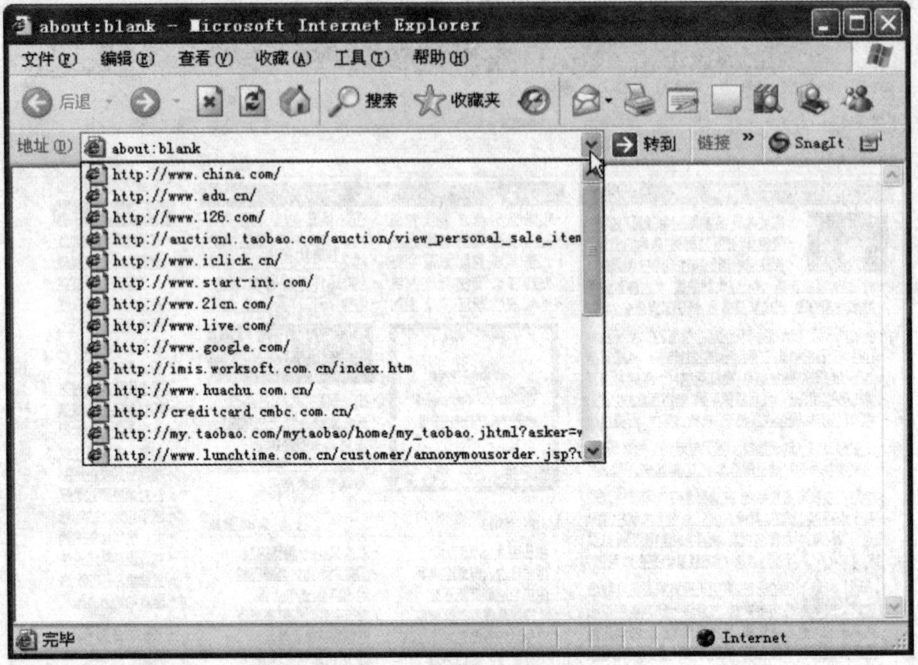

图 7－7　地址栏下拉列表

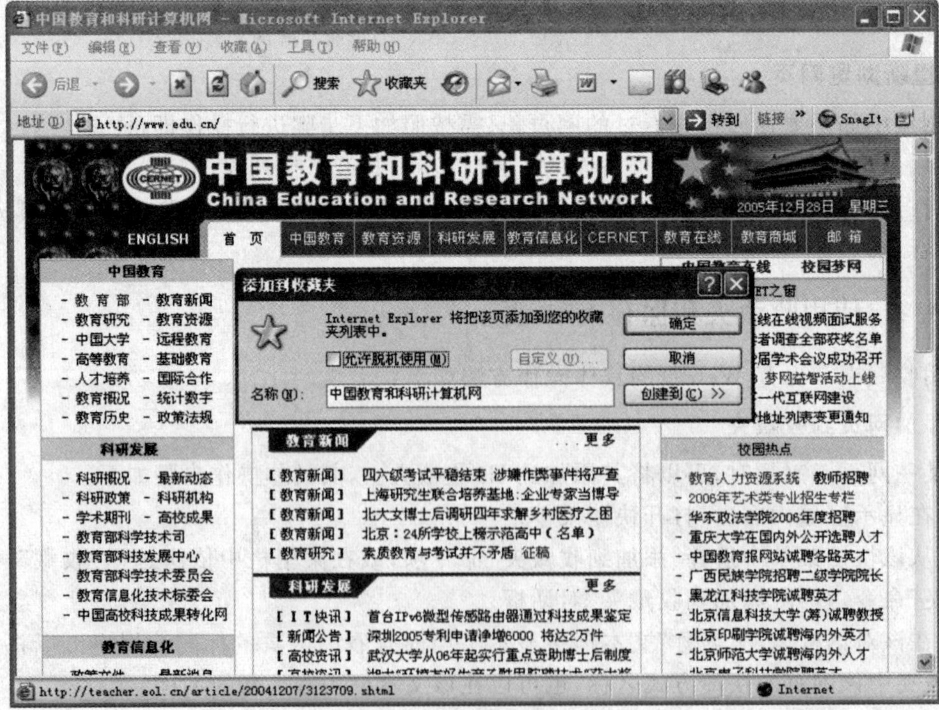

图 7－8　使用收藏夹和保存 Web 页

(5)当将网址收藏到“收藏夹”中后，需要时可以在IE菜单栏中单击“收藏”菜单项，打开“收藏”菜单列表，从中选择要访问的网页，单击即可进入该页浏览。

2. 整理收藏夹

保存在收藏夹中的网页的快捷方式可谓种类繁多，用户在打开收藏夹时，难免会有无所适从的感觉，因此可在收藏夹中创建子文件夹，分类保存网页，如图7-9所示。

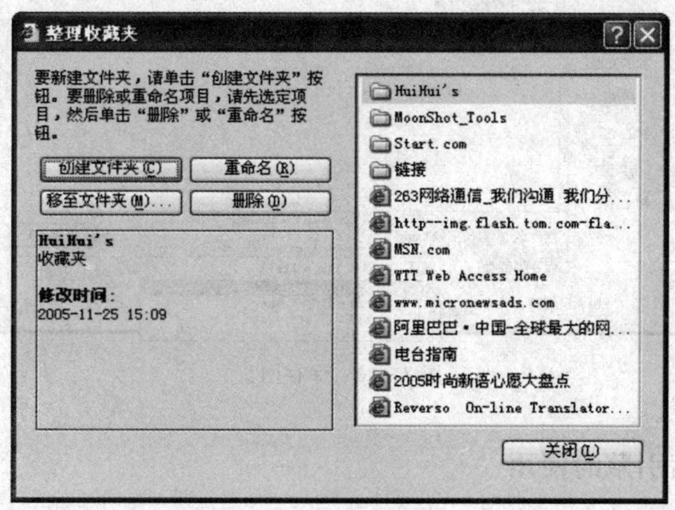

图7-9 整理收藏夹

具体操作如下：

(1)在IE窗口中在菜单栏中依次选择“收藏”→“整理收藏夹”命令，打开“整理收藏夹”对话框。

(2)在该对话框中单击“创建文件夹”按钮，在文件夹列表中就会出现“新文件夹”图标。

(3)输入文件夹名称后单击“关闭”按钮，即可完成新文件夹的创建。

3. 保存Web页

对于含有重要信息的Web页，在菜单栏中依次选择“文件”→“另存为”命令，即可打开“另存为”对话框，如图7-10所示。

在该对话框的“保存类型”框中，选择文件类型，这里有4种类型可以选择：

(1)“网页，全部”：会保存显示该网页时所需的全部文件，包括图像、框架 和样式表，单击“网页，全部”。该选项将按原始格式保存所有文件。

(2)“Web档案，单一文件”：如果想把显示该网页所需的全部信息保存在一个MIME编码的文件中，单击“Web档案，单一文件”。该选项将保存当前网页的可视信息。只有安装了微软的Outlook Express 5或更高版本后才能使用该选项。

(3)“网页，仅HTML”：如果只保存当前HTML页，可选择此项。该选项保存网页信息，但它不保存图像、声音或其他文件。

(4)“文本文件”：如果只保存当前网页的文本，可选择此项。该选项将以纯文本格式保存网页信息。

选择目的文件夹后单击“保存”按钮，即可将Web页保存在当前计算机中。

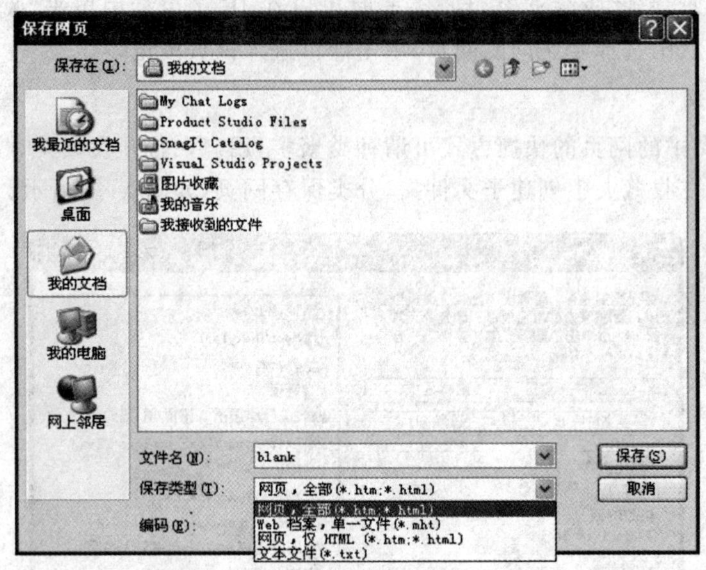

图 7－10　保存网页

7.3.5　搜索引擎的使用

为了更好的方便因特网用户搜索网络上的信息，一些网站专门提供信息搜索服务，如Yahoo、Google、百度、搜狐等。下面以百度搜索引擎为例，介绍其具体的使用方法。

(1)打开 IE 浏览器后，在地址栏内输入 www. baidu. com，进入百度主页。

(2)在百度主页中的搜索文本框内输入“免费邮箱”，如图 7－11 所示。

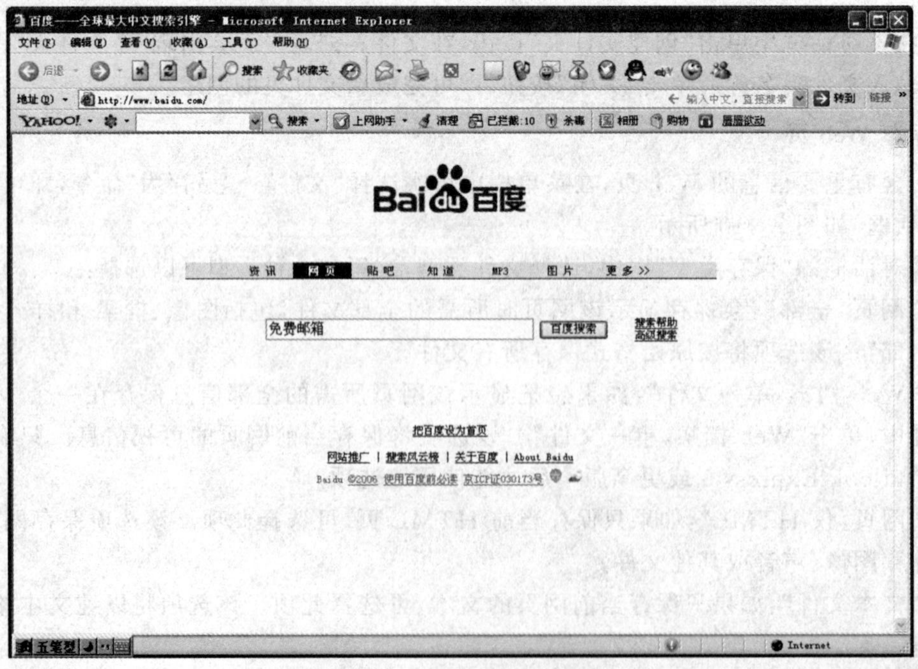

图 7－11　百度搜索引擎使用

(3)单击“百度搜索”按钮,搜索引擎就会在因特网进行搜索,最后将搜索结果以网页形式显示出来,如图7-12所示。在搜索结果中有很多提供免费邮箱的网站,可以单击这些超级链接打开这些网站,申请免费邮箱。

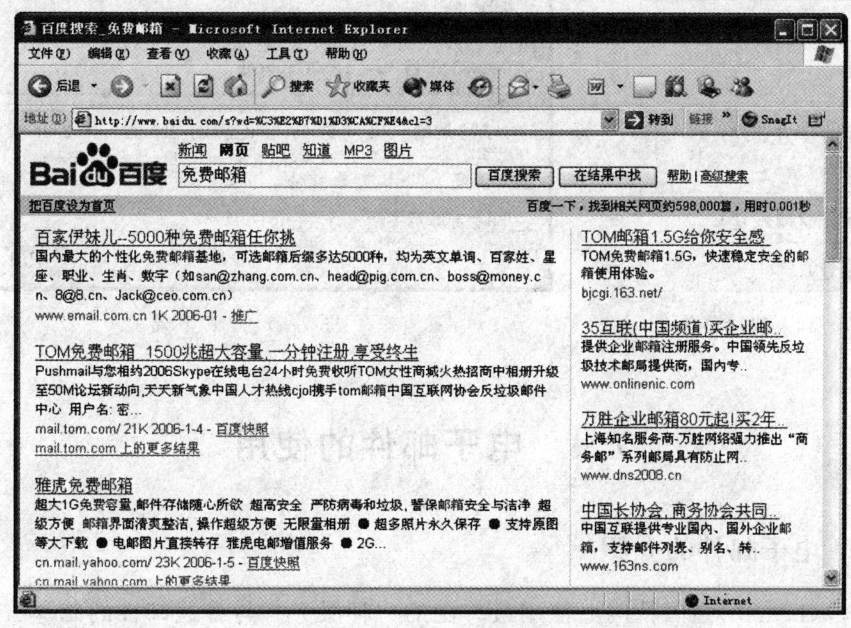

图7-12 百度搜索

7.3.6 文件下载

因特网不仅是一个信息的海洋,还是一个资源的宝藏。在因特网上有种类繁多的文字、声音、图像、影视资源。当在因特网上搜索到需要的资源时,就需要把资源文件下载到本地计算机上,这里介绍在因特网上常用的资源下载的方法。

1. 使用IE自带的下载功能下载文件

使用IE自带的下载功能下载文件的具体操作步骤如下:

(1)在网页中用鼠标指向资源对应的超级链接。

(2)右击该超级链接,弹出快捷菜单如图7-13所示。

(3)在该快捷菜单中单击“目标另存为”命令,打开“另存为”对话框。选择存放文件的目的文件夹后,单击“保存”按钮。然后会出现显示下载进度的对话框,如图7-14所示。

(4)当下载完成后单击“关闭”按钮,即完成了文件资源的下载。

2. 利用下载软件下载文件

为了使下载文件变得更加简单、快捷,因特网上出现了一大批下载软件。其中常用的有网际快车(FlashGet)、网络蚂蚁(NetAnts)、迅雷(Thunder)等。

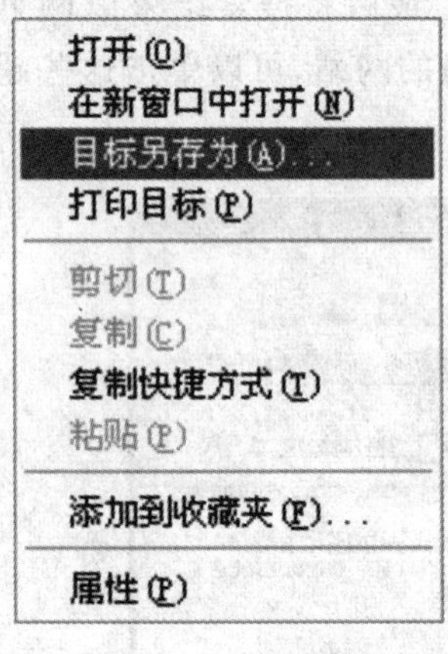

图 7－13　快捷菜单

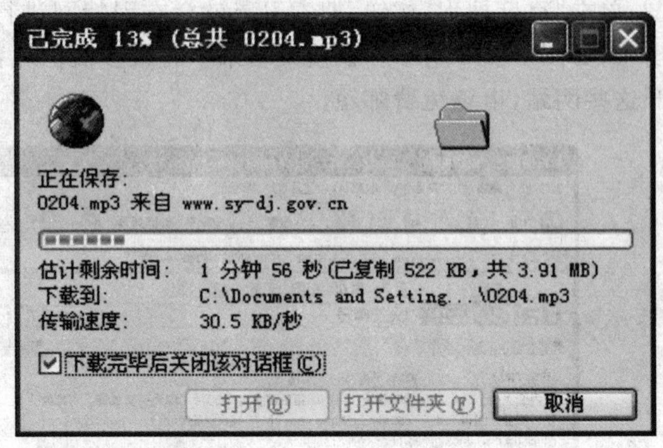

图 7－14　IE 下载

7.4　电子邮件的使用

7.4.1　电子邮件的介绍

电子邮件(E-mail)是因特网上使用最广泛的一种服务。与普通邮件的邮递方式相类似，电子邮件采用存储转发方式传递，根据电子邮件地址，由网上多个主机合作实现存储转发，从发信源节点出发，经过路径上若干个网络节点的存储和转发，最终使电子邮件传送到目的信箱。由于电子邮件通过网络传送，具有方便、快速、不受地域和时间限制、费用低廉等优点，很受广大用户欢迎。

1. 电子邮件地址

电子邮件地址类似于普通的地址，每一个电子邮件系统的用户首先要有一个电子邮箱，每一个电子邮箱对应一个唯一可识别的电子邮箱地址。任何人可以将电子邮件投递到电子信箱中，而只有信箱的主人才有权打开邮箱，阅读和处理邮箱里的邮件。电子邮件地址的格式是：

username@hostname

其中，username 指用户的电子邮件账户名，该名称在同一个 ISP 处具有唯一性。字符@读做“at”，是一个连接符。hostname 指 ISP 服务器主机的域名。

例如，maoxiaoming@126.com 就是一个电子邮箱地址。

2. 电子邮件的格式

电子邮件都由两个基本部分组成：信头和信体。其中，信头相当于信封，通常包括收件人、主题、抄送；信体相当于信件内容，包括正文和附件。

7.4.2　免费电子邮件的申请和使用

很多学生没有自己固定的计算机，通常在机房或网吧上网。如果也想使用电子邮箱服务，最好的方法是使用免费电子邮箱。在因特网中有很多网站提供免费邮箱网络服务，如搜狐，雅虎，网易等。这里以“网易 126 免费邮”网站为例介绍因特网中免费邮箱的申请和使用。

1. 申请免费邮箱

申请免费电子邮箱的步骤如下：

(1)打开 IE 浏览器，在地址栏输入 126 网站地址“www.126.com”，进入 126 主页，如图 7-15 所示。

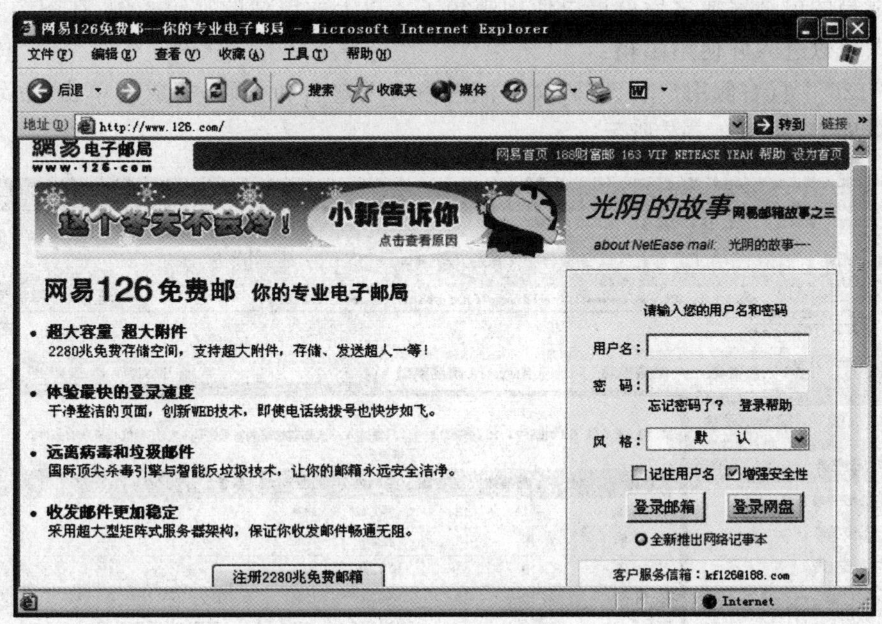

图 7-15 申请免费邮箱

(2)在网页中找到“注册 XX 兆免费邮箱”按钮，单击该按钮进入用户注册页面，如图 7-16 所示。

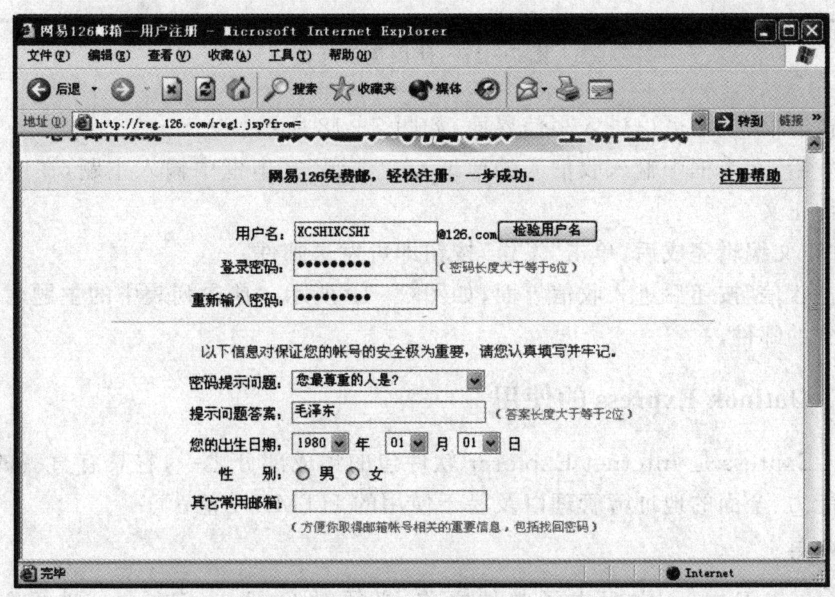

图 7-16 用户注册页面

(3)根据页面提示输入注册信息。注意,用户名输入后,单击“检验用户名”按钮,避免出现重名。

(4)全部输入完成后,单击“完成”按钮,完成邮箱的申请。

2. 免费邮箱的使用

免费邮箱的申请完成之后就可以使用邮箱了。以上面申请的邮箱为例,在图 7-15 中,按照如下步骤可以进入并使用邮箱:

(1)在 126 主页右侧用户名、密码文本框内输入用户名和密码,完成后单击“登录邮箱”按钮进入邮箱界面,如图 7-17 所示。

图 7-17 使用免费邮箱

(2)单击“写信”按钮可以进入写信界面,如图 7-18 所示。

(3)在“发给”文本框中输入收信人的地址,在“主题”文本框中输入主题,在中间的大文本框内输入信件正文。

(4)信件正文编辑完成后,单击“发送”按钮即可发送邮件。

(5)单击“收信”按钮后进入收信界面,如图 7-19 所示。单击列表中的主题名称就可以打开并阅读收到的邮件。

7.4.3 Outlook Express 的使用

Outlook Express 是 Internet Explorer 软件包的集成部分之一,它具有直观的界面、处理多个账号的能力、全面的地址簿管理以及易于使用的 HTML 功能。

1. 设置账号

使用 Outlook Express 收发电子邮件之前,必须对 Outlook Express 进行账号设置,把

ISP 提供的电子邮箱地址、服务器地址、账号、密码等信息填入并保存在 Outlook Express 中。设置账号的具体步骤如下：

(1)启动 Outlook Express 后，单击 Outlook Express 的“工具”→“帐户”命令，打开“Internet 账户”对话框。单击“邮件”标签，得到图 7-20 所示对话框。

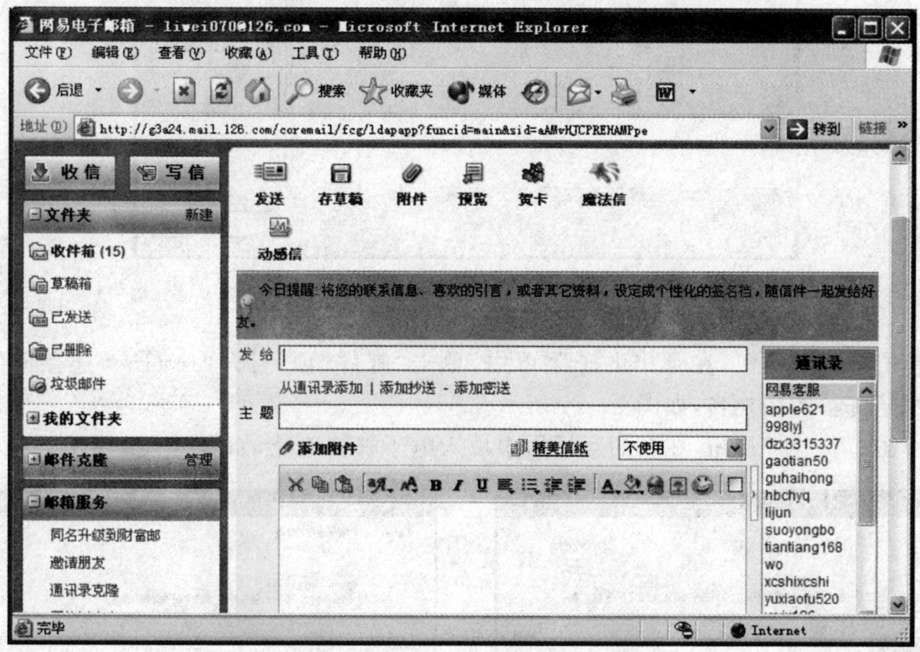

图 7-18 发送邮件

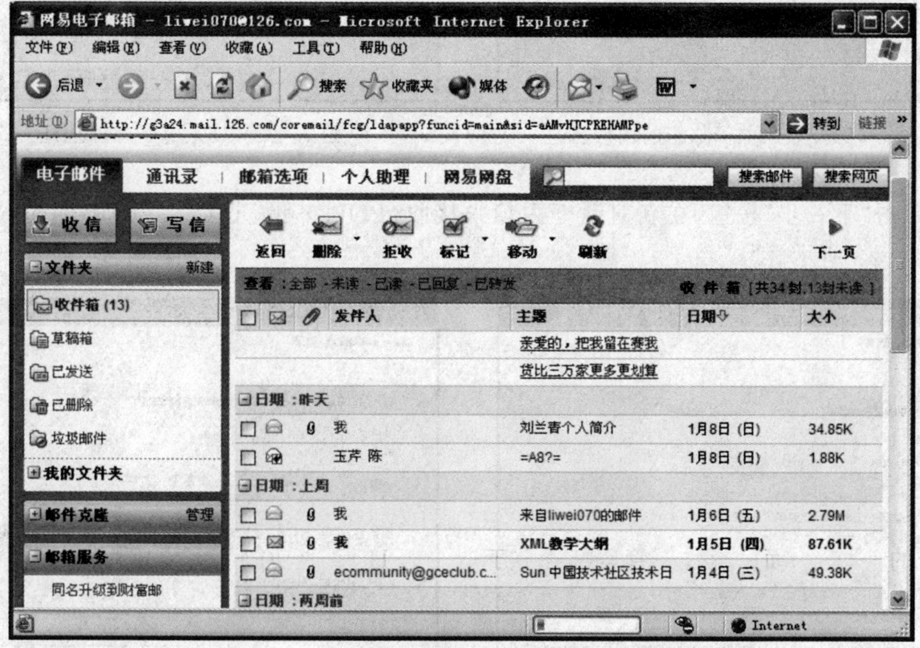

图 7-19 收信

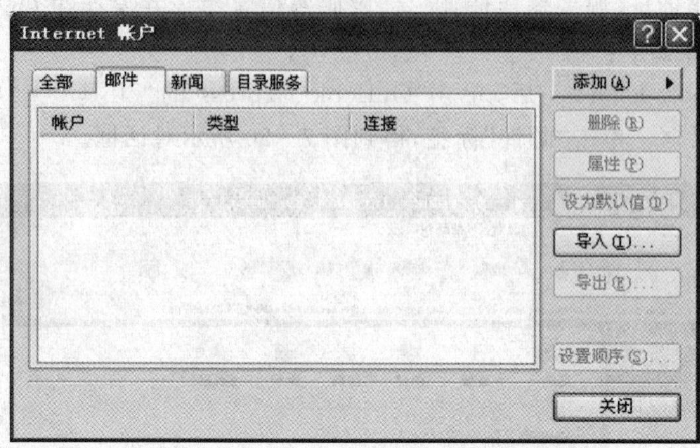

图 7－20 “Internet 账户”对话框

(2)单击“添加”按钮，在弹出的子菜单中，单击“邮件”项，打开“Internet 连接向导”对话框，填入电子邮箱的用户名，如图 7－21 所示。

(3)单击“下一步”按钮，在新的对话框中填入电子邮箱地址，如图 7－22 所示。

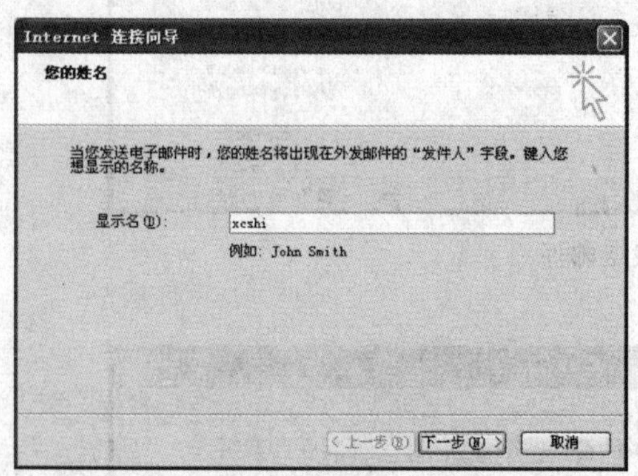

图 7－21 填入电子邮箱的用户名

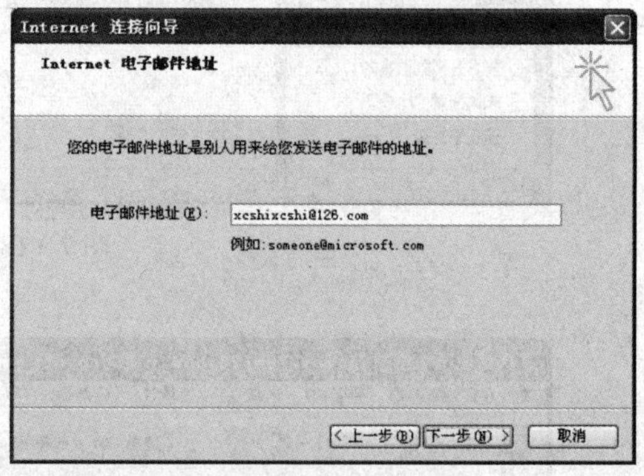

图 7－22 填入电子邮件地址

(4)单击“下一步”按钮，在新对话框内填入接收(POP3)和发送(SMTP)邮件的服务器地址，如图 7－23 所示。

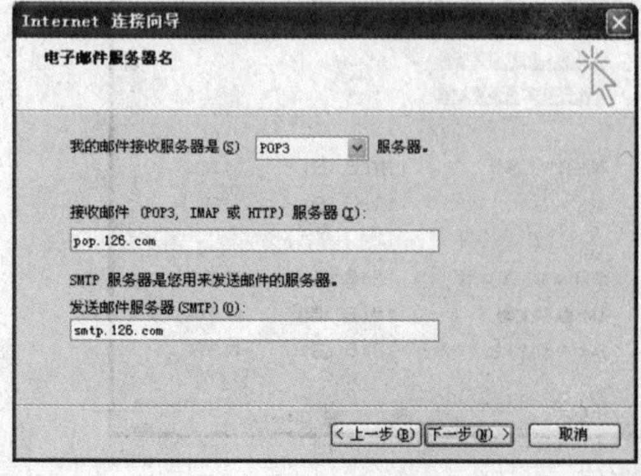

图 7－23 填入邮件服务器

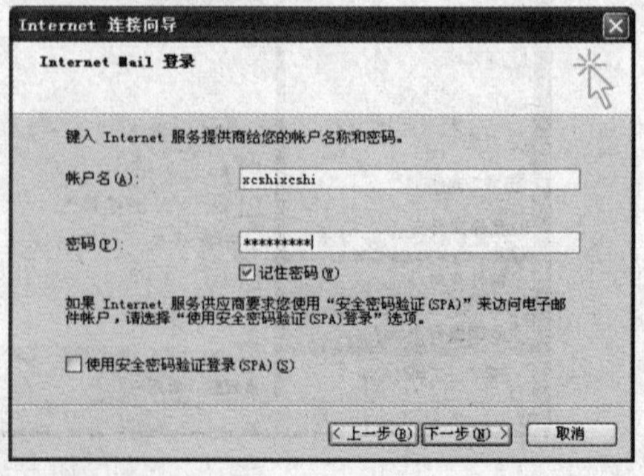

图 7－24 填入账号和密码

(5)单击“下一步”按钮，填入已申请邮箱的账号和密码，如图 7－24 所示。

(6)单击“下一步”按钮，出现“祝贺你”对话框，单击“完成”按钮完成设置。

2. 撰写和发送邮件

设置好账号之后就可以收发邮件了，可以先给自己发封邮件试验一下。

(1)单击如图 7－25 所示工具栏上最左侧的“创建邮件”按钮。

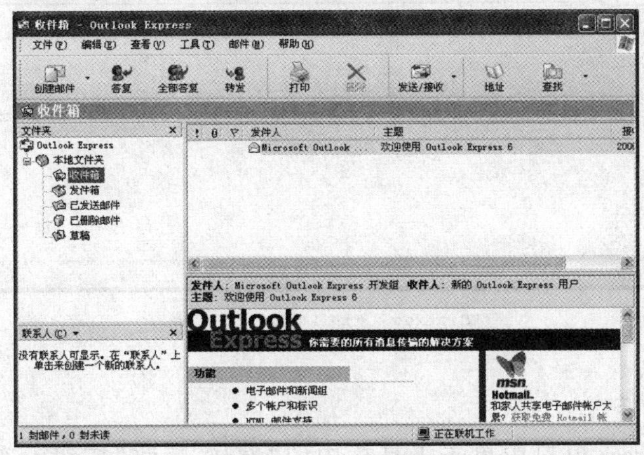

图 7－25　创建邮件

(2)这时将打开“新邮件”窗口，如图 7－26 所示。在该窗口的“收件人”文本框中输入收件人的 E-mail 地址。如果需要同时给多个收件人发邮件，则地址用分号隔开(“收件人”文本框必填)。如果同时要把此信发送给别人，则可把其 E-mail 地址输入“抄送”文本框中。

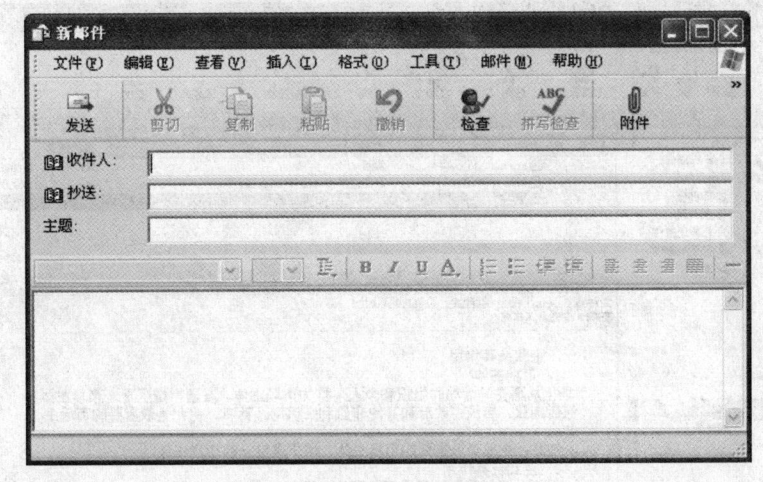

图 7－26　写邮件

(3)此外还应该将信件的主题填入“主题”文本框中，这里填入“欢迎使用电子邮件”。在窗口下面的空白中，输入信件的正文。

(4)输入完成后单击工具栏中的“发送”按钮，即可完成邮件的发送。

(5)在撰写的文件中还可以插入文本文件、图片或附件，其方法是利用“插入”菜单的各种命令，选择需要插入的对象(文件中的文本、图片或文件附件)，在打开的“插入附件”对话框中完成相应的插入操作,如图 7-27 所示。

图 7-27 “插入附件”对话框

3. 接收和阅读邮件

在 Outlook Express 窗口中单击工具栏中的“发送/接收”按钮。连接成功后,Outlook Express 将检查电子邮箱里是否有新邮件,如果有则在“收件箱”显示新邮件。

在“收件箱”窗口上半部分显示收件箱内所包含的邮件列表,每项包含收件人、主题、接收时间等信息。单击选中邮件后,在窗口下半部分显示邮件的内容,如图 7-28 所示。双击该邮件,则可在另一个窗口中打开该邮件。

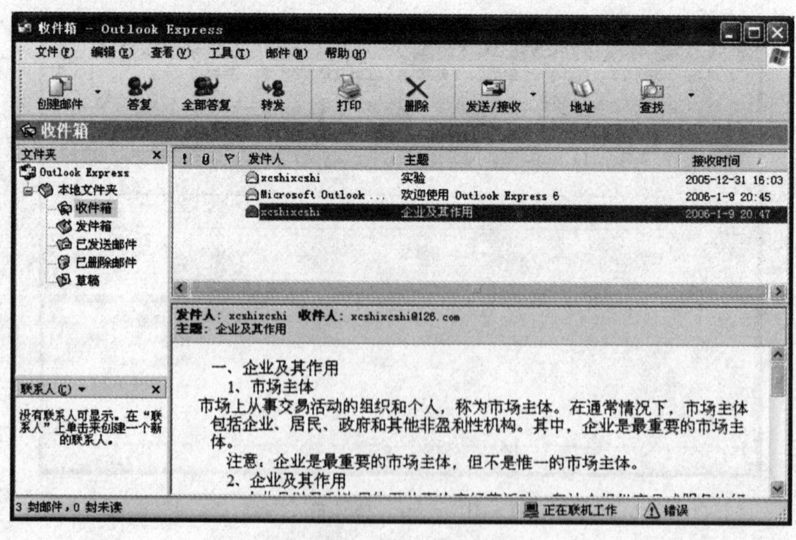

图 7-28 接收邮件

4. 回复和转发邮件

(1)回复邮件。当需要回复邮件时,可以按照如下步骤进行操作:

①在“收件箱”窗口的邮件列表中选定要回复的邮件。

②单击工具栏上的“答复收件人”按钮，原发件人就变成了收件人，其E-mail地址也被自动填入在“收件人”文本框，原信件的主题自动加上了“回复:”或“RE:”字样后填入“主题”文本框。

③在“正文”中输入信件内容，单击“发送”按钮，即可完成信件回复。

(2)转发邮件。转发邮件的操作也非常简单，其具体步骤如下：

①在“收件箱”窗口的邮件列表中选定要转发的邮件。

②单击工具栏上的“转发”按钮，原信件的主题自动加“转发:”或“FW:”字样后填入“主题”文本框，原信件内容在“正文”区以“Original Message”加以标注。

③在“收件人”文本框中填入E-mail地址，单击“发送”按钮，即可将此信转发出去。

5. 通讯簿的使用

通讯簿是Outlook Express中十分有用的工具之一，利用它不但可以像普通通讯簿那样保存联系人的E-mail地址、邮编、通讯地址、电话和传真号码等信息，还可以完成自动填写电子邮件地址、电话拨号等功能。下面介绍通讯簿的创建和使用。

通讯簿的建立步骤如下：

(1)在Outlook Express菜单栏中依次选择“工具”→“通讯簿”命令，打开“通讯簿”窗口，如图7－29所示。

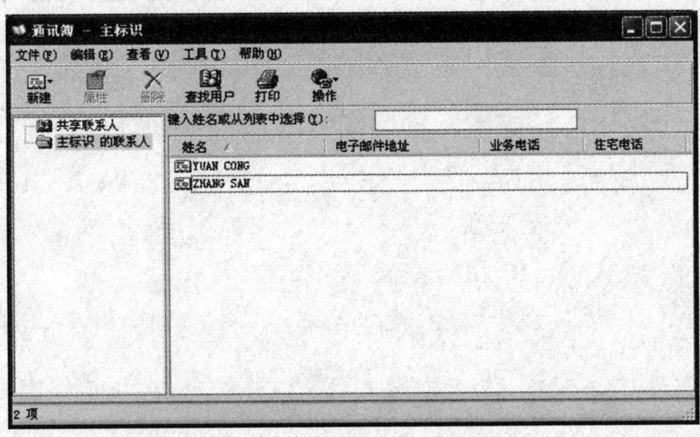

图7－29　“通讯簿”窗口

(2)单击“通讯簿”窗口工具栏上的“新建”→“新建联系人”命令，打开“属性”对话框，如图7－30所示。对话框共包含有：姓名、住宅、业务、个人、其他、NetMeeting和数字标识7个标签。

(3)将联系人的各项信息键入相应文本框内，单击“确定”按钮，即可将联系人信息建立在通讯簿中。

使用通讯簿可以自动填写电子邮件地址，使发送电子邮件地址变得更加轻松，其具体操作步骤如下：

(1)在“通讯簿”中选定具体的收件人地址。

(2)在工具栏上依次选择“操作”→“发送邮件”命令，打开“新邮件”窗口。

(3)在该窗口中就可以创建新邮件了，如图7－31所示。

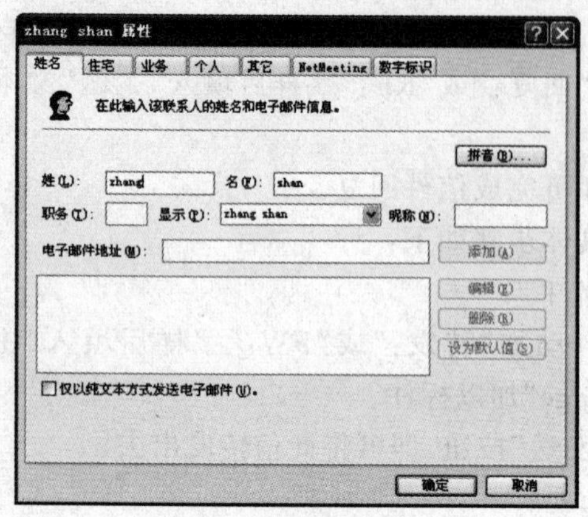

图 7-30 新建联系人

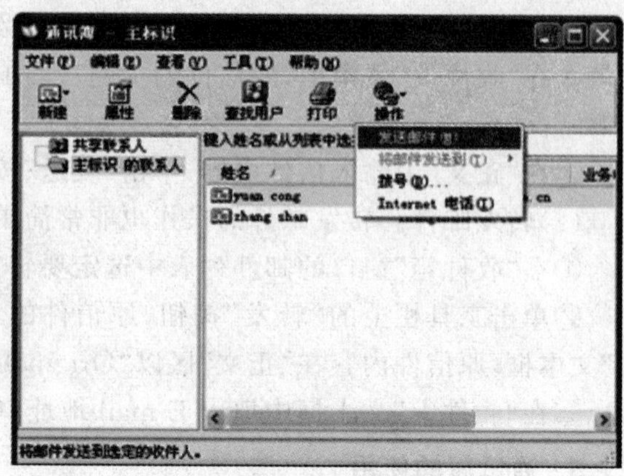

图 7-31 发送邮件

本章小结

本章简要讲授了计算机网络的概念、组成、分类和其应用领域；介绍了因特网的发展、TCP/IP 协议、IP 地址和域名；详细讲授了 Internet Explorer 的设置和使用，网上信息的搜索和文件下载；最后又介绍了网上免费电子邮箱的申请和使用以及 Outlook Express 的使用。

第8章　实验指导

实验一　指法练习和文字录入

一、实验目的

(1)熟悉微机系统的基本组成部件,了解计算机外设的连接方式。

(2)掌握微机的正确启动和关闭过程。

(3)熟悉键盘、鼠标的使用方法,了解计算机的工作方式。

(4)熟悉键盘操作时手指的击键分工,使用打字软件金山打字通并进行指法练习。

(5)掌握一种汉字输入法:全拼输入法、智能 ABC(标准)输入法、五笔输入法、和码输入法等等。

二、实验内容及步骤

1. 熟悉组成部件

(1)通过观察熟悉计算机的外观——主机、显示器、键盘、鼠标。

(2)观察微机的外观和面板布置,注意电源指示灯、硬盘读写指示灯、复位按钮电源开关、USB 接口、音频接口,对微机的外面和面板布置做到心中有数。认真观察微机主机后面的拉插座,注意观察打印机接口(并行口)、键盘接口、鼠标接口、串行口、网卡接口、声卡接口、显示器电源接口、主机电源接口,了解它们的作用。

(3)观察熟悉计算机各部件的外部连接关系。①主机的电源连接;②显示器电源与数据的连接;③键盘、鼠标的连接;④网络的连接。

(4)启动计算机。先打开显示器,再打开主机电源,观察启动时自检的提示信息。

2. 熟悉键盘操作与基本指法

(1)认识键盘。目前常用的键盘有两种基本格式:PC/XT 格式键盘和 AT 格式键盘。在计算机键盘上,每个键完成一种或几种功能,其功能标识在键的上面。根据不同键字使用的频率和方便操作的原则,键盘划分为 4 个功能区:主键盘区、功能键区、控制键区和小键盘区,如图 8-1 所示。

其中常用键的使用方法如下:

字母键:在键盘的中央部分,上面标有“A,B,C,D,…”等 26 个英文字母。在打开计算机以后,按字母键输入的是小写字母,输入大写字母需要同时按 Shift 键。

换挡键:即 Shift 键,两个 Shift 键功能相同。在 AT 格式的键盘上标有一个空心箭头和 Shift 标记,在 XT 格式的键盘上则只标有空心箭头,同时按下 Shift 键和具有上下档字符的键，输入的是上档字符。

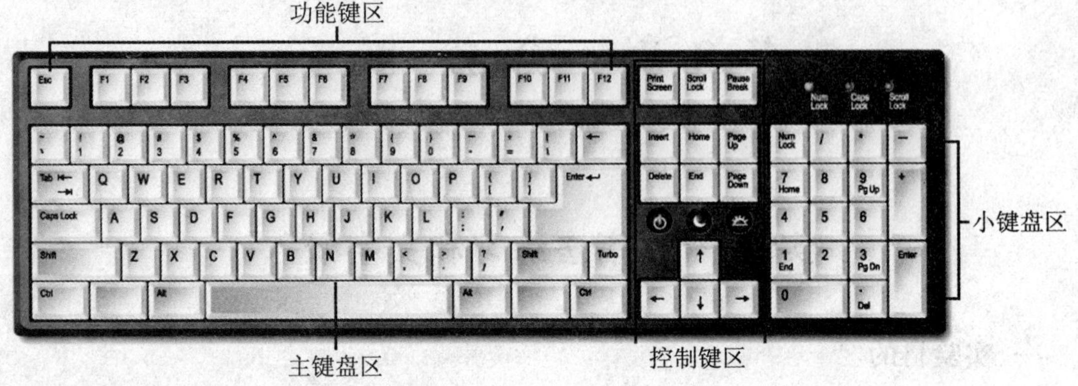

图 8-1 104 键 AT 键盘示意图

字母锁定键：Caps Lock 键。用来转换字母大小写，是一种反复键。按一下 Caps Lock 键以后，再按字母键输入的都是大写字母，再次按一下 Caps Lock 键转换成小写形式。

退格键：上面标有向左的箭头，在 AT 格式的键盘上，除标有箭头外还标有英文词 Backspace，这个键的作用是删除刚刚输入的字符。

空格键：位于键盘下部的一个长条键，作用是输入空格。

功能键：标有"F1，F2，F3，…，F11，F12"的 12 个键，不同的软件中它们的功能不同。

光标键：键盘上四个标有箭头的键，箭头的方向分别是上、下、左、右。"光标"是计算机的一个术语，在计算机屏幕上常常有一道横线或者一道竖线，并且不断地闪烁，这就是光标，光标是指示现在的输入或进行操作的位置。

制表定位键：在键盘左边标有两个不同方向箭头或者标有 Tab 字样的键。按一下这个键，光标跳到下一个位置，通常情况下两个位置之间相隔 8 个字符。

控制键：一些键的统称。这些键中使用最多的是 Enter 键，即回车键。Enter 键位于字母键的右方，标有带拐弯的箭头和单词 Enter，它的作用是表示一行、一段字符或一个命令输入完毕。

键盘上有两个 Ctrl 键和两个 Alt 键，它们常常和其他的键一起组合使用。

键盘的右侧称为小键盘或副键盘，主要是由数字键等组成，数字键集中在一起，需要输入大量数字时，用小键盘是非常方便的。在小键盘的上方，有一个 Num Lock 键，这是数字锁定键。当 Num Lock 指示灯亮的时候，数字键起作用，可以输入数字。按一下 Num Lock 键，指示灯灭，小键盘中的数字键功能被关闭，但数字下方标识的按键起作用。

键盘上的另外一些键，在后面的各章里具体介绍软件时再介绍它们的功能。

(2)打字的姿势：

①身体保持端正，两脚平放。椅子的高度以双手可平放在桌面上为准，电脑桌与椅子之间的距离以手指能轻放基本键为准。

②两臂自然下垂轻贴于腋边，手腕平直，身体与桌面距离 20～30 厘米。指、腕都不要压到键盘上，手指微曲，轻轻按在与各手指相关的基本键位(ASDF 及 JKL；)上；下臂和腕略微向上倾斜，使与键盘保持相同的斜度。双脚自然平放在地上，可稍呈前后参差状，切勿悬空。

③显示器宜放在键盘的正后方，与眼睛相距不少于 50 cm。

④在放置输入原稿前，先将键盘右移 5cm，再把打字文稿放在键盘的左边，或用专用夹夹在显示器旁。力求“盲打”，打字时尽量不要看键盘，视线专注于文稿或屏幕。看文稿时心中默念，不要出声。

(3)打字的基本指法。“十指分工，包键到指”这对于保证击键的准确和速度的提高至关重要。操作时，开始击键之前将左手小指、无名指、中指、食指分别置于 ASDF 键帽上，左拇指自然向掌心弯曲；将右手食指、中指、无名指、小指分别置于 JKL；键帽上，右拇指轻置于空格键上。各手指的分工如图 8－2 所示。其中 F 键和 J 键各有一个小小的凸起，操作者进行盲打就是通过触摸这两键来确定基准位。

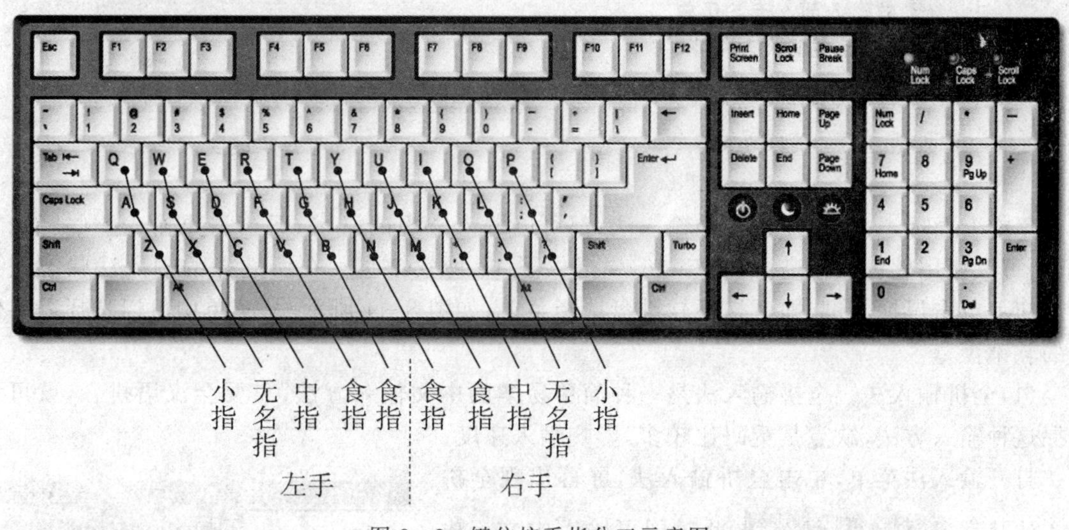

图 8－2　键位按手指分工示意图

温馨提示：

①手指尽可能放在基本键位(或称原点键位；就是位于主键盘的第三排的 ASDF 及 JKL;)上。左食指还要管 G 键，右食指还要管 H 键。同时，左手右手还要管基本键的上一排与下一排，每个手指到其他排“执行任务”后，拇指以外的 8 个手指，只要时间允许都应立即退回基本键位。实践证明，从基本键位到其他键位的路径简单好记，容易实现盲打，减少击键错误。再则，从基本键位到各键位平均距离短，也有利于提高速度。

②不要使用单指打字术(用一个手指击键)或视觉打字术(用双目帮助才能找到键位)，这两种打字方法的效率比盲打要慢得多。

(4)指法练习。具体的指法练习可以采用 CAI 软件—金山打字通 2011 等来进行，利用 CAI 软件可以使指法得到充分的训练，以达到快速、准确地输入英文字母的目的。

3. 键盘汉字输入

键盘汉字输入是指汉字通过计算机的标准键盘，根据一定的编码规则来输入汉字的一种方法，这是最常用、最简便易行的汉字输入方法。要想输入中文，首先要选择一种汉字输入方法，如图 8－3 为选择输入法图标。

可以看到有很多输入法可以选择，而且也有更多、更新的输入法不断涌现，每种输入法都有各自的特点。比较常用的中文输入法有全拼输入法、智能 ABC、微软拼音、五笔字型、和码等。单击某种输入法，转换为该种中文输入法状态，屏幕出现这种输入法状态窗口，此时可以输入中文。

没有输入法菜单时，可以按 Ctrl＋Space 键进行中英文输入的转换，也可以按 Ctrl＋Shift 键在不同的输入法之间进行切换。

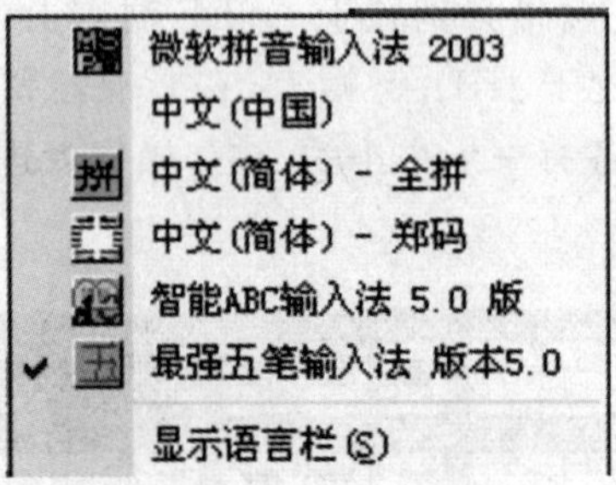

图 8－3　选择输入法

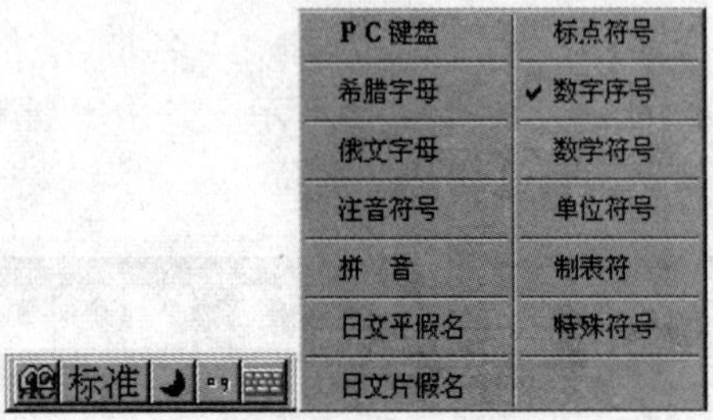

图 8－4　选择软键盘

正如上面所述，使用任何一种输入法，都可以输入常规的汉字，但当需要输入一些特殊字符时，可以使用软键盘来进行。Windows 提供了 13 种软键盘。在所选择的输入法状态条上的按钮上单击鼠标右键，即可打开软键盘选择菜单，如图 8－4 所示，从菜单中可以选择需要使用的软键盘。

(1)全拼输入法。全拼输入法是一种简单易学的中文输入方法，只要会汉语拼音，就可以掌握这种输入方法，缺点是重码比较多，影响输入速度。

打开输入法菜单，单击全拼输入法，屏幕出现全拼输入法状态条，此时即可输入中文。输入汉语拼音以后，屏幕上出现的输入法窗口显示出 10 个同音字，例如我们要输入“兔”字，在输入“兔”字的汉语拼音“tu”(注意：是小写字母)以后，屏幕显示如图 8－5 所示。

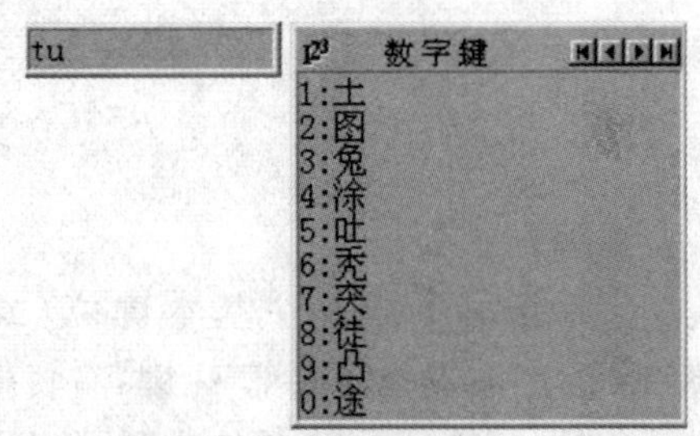

图 8－5　全拼输入示例

输入所选汉字前的数字，这个汉字就出现在屏幕上，例如输入 3，屏幕上出现“兔”字，输入 1 或者按空格键，输入的是“土”字。在输入法窗口中，十个汉字或词组称为一页，使用键盘上的加号键“＋”或单击输入法窗口的图标，往后翻一页，使用键盘上的减号“－”键或单击输入法窗口的图标，往前翻一页。在输入汉字以后，有时输入法窗口接着显示与这个字有关的词组以供挑选，如果没有可需要的词组，直接输入下一个字的拼音即可。全拼输入法可以直接输入词组，例如输入“信息”可直接输入拼音“xinxi”。

单击输入法状态窗口左边的图标“”，可以进行汉字和英文字母的输入转换，单击标点符号图标，可以进行中、英文标点符号的输入转换。

(2)智能 ABC 输入法。智能 ABC 输入法(又称标准输入法)是中文 Windows 自带的一种汉字输入方法，它是一种以拼音为基础、以词组输入为主的普及型汉字输入方法，它最明显的特点是简单易学，允许输入长词或短句，具有对输入的词自动记忆等功能，尤其适合初学打字的人。

智能 ABC 输入法有两种输入方式:标准输入方式和双打输入方式,默认的是“标准”输入方式,只要单击**标准**按钮,就会转换为双打输入方式。

①单字全拼输入:在“标准”输入方式下,按规范的汉语拼音输入,输入过程和书写汉语拼音的过程完全一致,使用其完整的拼音。具体方法是:输入小写字母组成的拼音码,用空格键表示输入码结束,并可通过按“[”和“]”键(或用+和-键)进行上下翻屏查找重码字或词,再选择相应单字或词前面的数字完成输入。需要说明的是,ü(发音“鱼”,u 上方有两点)的代替键为 V,如:“女”的拼音 nü=nv。

②单字双拼输入:用全拼输入汉字,击键次数较多,采用“双打”输入方式输入一个汉字,只需要击键两次:奇次为声母,偶次为韵母。声母直接输入,复合声母和韵母按表 8-1、表 8-2 中的约定进行输入。需要说明的是,有些汉字没有声母只有韵母,这时奇次输入“o”字母(o 被定义为零声母),偶次键入韵母。虽然击键为两次,但是在屏幕上显示的仍然是一个汉字的拼音,如:爱 ol。

③单字以词定字输入:采用全拼输入的时候,会有很多重码。用以词定字法输入单字,可以减少重码。方法是输入词的完整拼音,用“[”取第一个字、“]”取最后一个字。例如:输入“xuexi”,即“学习”的全拼输入码:

标准 xuexi

这时,若按空格键则得到“学习”;若按“[”则得到“学”,按“]”则得到“习”。

表 8-1 双打复合声母和零声母定义表

键位	E	V	A	O(')
声母	ch	sh	Zh	零声母

表 8-2 双打韵母定义表

键位	Q	W	E	R	T	Y	U	I	O	P
声母	ei	ian	e	iu						
er	uang									
iang	ing	U	I	ou						
o	uan									
üan										
键位	A	S	D	F	G	H	J	K	L	;
声母	a	ong								
iong	ua									
ia	en	eng	ang	an	ao	ai				
键位	Z	X	C	V (ü)	B	N	M			
声母	iao	ie		in						
uai		un (ün)	üe(ue)							
ui										

④词语全拼输入：输入方法同单字的全拼输入方式，即输入词语的完整拼音即可。例如：计算机(jisuanji)，多媒体(duomeiti)，学生(xuesheng)。此时，可以使用隔音符号“’”(单引号)，它有助于进行音节划分，以避免二义性，如：xi’an(西安)与 xian(先)。

⑤词语简拼输入：对于汉语拼音拼写不是很准确的用户，或者想减少击键的次数，可以使用简拼输入方式。依次取组成词组的各个单字的第一个字母组成简拼码，对于包含 zh、ch、sh 的单字，可以取前两个字母。例如：北京(bj)，姓名(xm)，计算机(jsj)，事实(ss，shsh，shs，ssh)。三音节以上的词语尤其适合使用简拼输入，重码率低，输入速度快。例如：惹是生非(rssf)，高等学校(gdxx)，奥林匹克运动会(alpkydh)。

⑥词语混拼输入：在输入词语时，如果对词语中某个字的拼音拿不准，只能确定它的声母时，建议采用混拼输入法。所谓混拼输入法，就是指输入两个音节以上的词语时，有的音节可以用全拼编码，有的音节则用简拼编码。例如：图片(tpian)，风景(fengj)，劳动(ldong)，知识(z’sh，z’s)。

⑦句子输入。由于句子是由词组成的，因此只需逐词输入，词与词之间用空格隔开，并可以一直写下去。例如：网络是我们生活中不可缺少的一部分

编码：wangluo shi women shenghuo zhong buke queshao de yibufen(全拼)

或 wangl s wom shengh zh buk qshao d ybuf (混拼)

⑧自动分词和构词。依照语法规则，把一次输入的拼音字串划分成若干个简单语段，并分别转换成汉字词语的过程，称为自动分词。把这若干个词和词素组合成一个新词条的过程，称为构词。

例如：在“标准”方式下，要输入“多媒体技术”一词，首先输入该词的拼音：

标准 duomtijsh

按空格键，出现的结果如图 8-6(a)所示；因为系统中没有“多媒体技术”一词，所以先分出一个“多面体”并等待选择纠正，由于“多媒体”一词在候选窗中，所以键入“多媒体”所对应的数字“2”，此时如图 8-6(b)所示，可以看到系统又分出一词“技术”并等待选择纠正，由于“技术”刚好在第一个位置，不用选择，直接按空格键，则分词、构词过程完成。如果再键入“duomtijsh”，“多媒体技术”一词就会直接出现，不用再重复以上的构词过程。本例中输入时采用的是混拼方式，实际上用简拼、全拼等其他方式同样可以得到所需的结果。

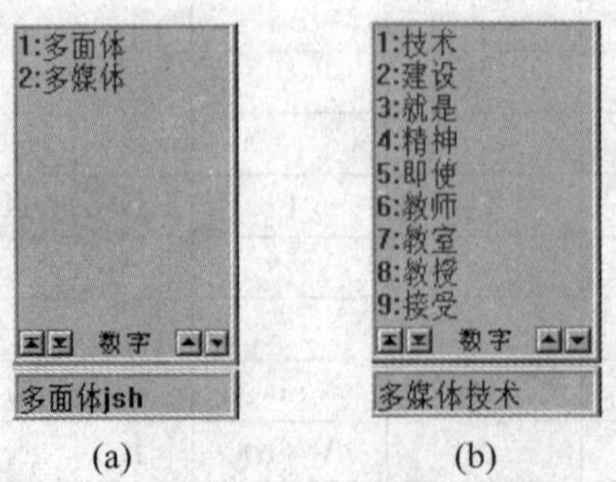

图 8-6　智能 ABC 自动分词示例

尽管系统具有分词的功能，但有时自动分词的结果并不理想，这就需要使用“BackSpace”键进行修改。如要输入“实验项目”一词，首先输入该词的简拼“syxm”，然后按空格键，此时结

果如图 8-7(a)所示,可以看见,系统先对“syx”进行分词,这时所出现的词不是最终想要的,按一下“BackSpace”键,试着对前两个字符“sy”进行分词,出现结果如图 8-7(b)所示,这时出现了“实验”一词,键入相应的数字“6”,便将“sy”所对应的词分出,此时,结果如图 8-7(c))所示,按空格键,就会将“实验项目”一词输入。

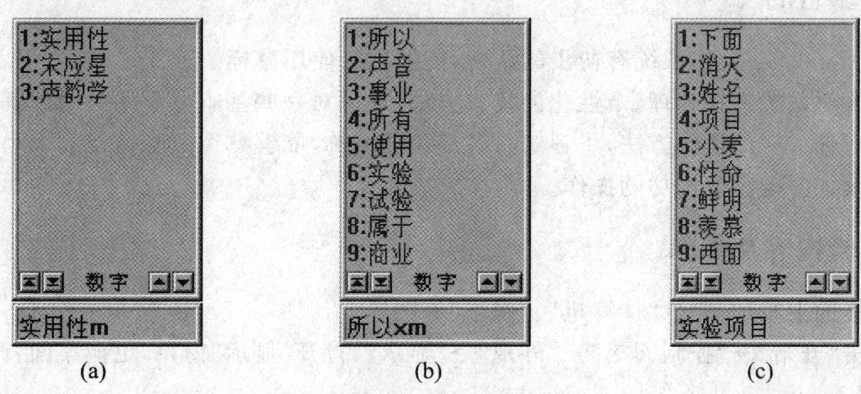

(a) (b) (c)

图 8-7 智能 ABC 自动分词示例 2

下次再输入该词时,同样直接键入“syxm”就可以了。由例子中也可以看出,系统具有自动记忆的功能。

⑨智能 ABC 的特殊功能。中文数量词的简化输入:智能 ABC 提供阿拉伯数字和中文大小写数字的转换能力,对一些常用量词也可简化输入。“i”为输入小写中文数字的前导字符。“I”为输入大写中文数字的前导字符。

例如:输入“i8”就可以得到“八”,输入“I8”就会得到“捌”。输入“i2011”就会得到“二〇一一”。

图形符号输入:如果要输入图形符号,可在标准状态下,只要输入“v1”~“v9”就可以输入 GB—2312 字符集 01~09 区各种符号。例如:要输入“≌”,只需要在中文状态输入框中键入“v1”,再按若干下“]”翻几页就可以看见“≌”了。

中文输入过程中的英文输入:在输入汉字的过程中输入英文,可以不必切换到英文状态。只需键入“v”作为标志符,后面再跟随要输入的英文,最后按空格键即可。例如:在输入汉字的过程中,如果需要输入英文“sister”,只需输入“vsister ”再按空格键即可。

(3)五笔输入法。可借助具体的 CAI 软件进行练习。

(4)和码输入法。

4. 退出练习,关机

(1)点击窗口右上角关闭图标,退出正在运行的程序。

(2)鼠标选取【开始】—>【关闭计算机】,选中对话框中的【关闭】,关闭机器。

(3)关闭显示器。

实验二　Windows 桌面、窗口和菜单的操作

一、实验目的

(1)对 Windows 操作系统有初步的认识,能够熟练使用鼠标。

(2)掌握对系统进行合理、个性化的设置方法,加深对一些基本专业术语的理解。

(3)掌握任务栏的操作方法,了解窗口各部位的名称,能够熟练改变窗口的大小和位置。

(4)继续加强键盘基本功的操作。

二、实验内容及步骤

(1)在桌面上添加/删除“计算机”、“网络”等图标。

(2)单击“开始”→“控制面板”→“外观”→“显示”,打开“显示”窗口,更换桌面背景、设置屏幕保护程序。

(3)先后打开“计算机”、“记事本”和“写字板”3 个应用程序,并完成以下操作:

①用拖动窗口边界和单击最大化、最小化按钮的方法分别调整窗口大小。

②在任务栏中依次单击“计算机”、“记事本”和“写字板”图标,观察屏幕上当前窗口的变化情况。

③单击任务栏右下角的“显示桌面”按钮,观察屏幕变化。

④将任务栏中的所有窗口一一还原,然后右键单击任务栏的空白处,在快捷菜单中分别选择“层叠窗口”、“堆叠显示窗口”和“并排显示窗口”,观察窗口的排列方式。

⑤分别用 3 种不同的方法关闭这 3 个窗口。

(4)打开“计算机”,在工具栏中单击“查看”,练习使用工具栏。

(5)单击“开始”→“帮助和支持”,打开“Windows 帮助和支持”窗口,在“搜索”框内输入关键字“打印机”,然后单击搜索按钮,选择相应的帮助主题并查看帮助信息。

(6)查看计算机中安装的输入法并在各种输入法之间进行切换。

(7)在 E 盘根目录下新建一个文件夹,并以自己的学号和姓名为文件夹命名。在此文件夹中,建立 2～3 个子文件夹,自行为其命名。

(8)单击“开始”→“控制面板”→“硬件和声音”→“设备和打印机”,选择其中的“鼠标”,打开“鼠标属性”对话框,练习鼠标属性的设置,如按钮设置、双击速度、鼠标指针和移动速度等。

(9) 单击“开始”→“控制面板”→“时钟、区域和语言”,选择其中的“区域和语言”,打开“区域和语言”对话框,在其中找到并打开设置输入法的对话框。

①设置“微软拼音 - 简捷 2010”为默认的输入法。

②启动“记事本”程序,观察“微软拼音”是否自动打开。

③重新打开设置输入法的窗口,将默认的输入法还原为“中文(简体) - 美式键盘”,然后设置“微软拼音 - 简捷 2010”的快捷键为“左手 Alt＋Shift＋1”。

④运行“写字板”程序,微软拼音是否自动打开? 如果未自动打开,试试“左手 Alt＋Shift＋1”这组快捷键是否起作用。

(10)将系统日期修改为 2013 年 2 月 22 日,然后在“D:”盘所创建的文件夹中新建一个文

本文件，查看文件的创建日期。再将系统日期改回到正确的日期，再新建一个文本文件并查看其创建日期。

(11)单击“开始”→“所有程序”→“附件”→“系统工具”→“系统还原”，练习创建还原点及系统还原。

实验三　文件和文件夹的操作

一、实验目的

(1)掌握资源管理器的启动方法，认识资源管理器窗口的组成。

(2)掌握文件夹与文件的创建、命名、查找、复制、移动、删除以及属性的修改等操作。

二、实验内容及步骤

(1)打开“资源管理器”，浏览系统文件和文件夹。

(2)将“资源管理器”中的图标以“详细信息”方式显示，并按“类型”排序。

(3)在“资源管理器”中选择“工具”→“文件夹选项…”，此时弹出“文件夹选项”对话框，练习设置文件夹和文件的查看和搜索方式。

(4)在D盘根目录下建立新文件夹，结构如图8-8所示。

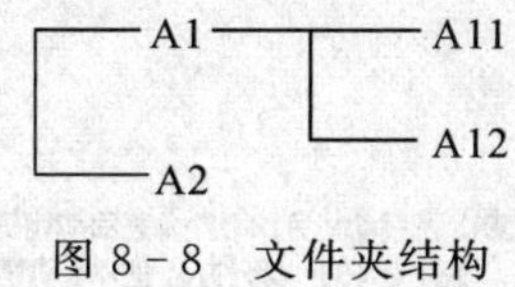

图8-8　文件夹结构

(5)将C盘Windows文件夹下的“Notepad.exe”文件复制到A11文件夹下。

(6)在E盘所建文件夹A1中，使用“记事本”建立一个文本文件“myfile.txt”。

(7)将该文件复制到文件夹A2中，并将复制后的文件改名为“JSHB”。

(8)将文件“myfile.txt”文件属性设置为“只读”

(9)按“Delete”键将“JSHB”文件删除到回收站。

(10)从回收站中将上述所删除的文件还原

(11)查找C盘中的计算器文件“CALC.EXE”。

(12)将“CALC.EXE”文件复制到A2文件夹下。

(13)在桌面上创建名为“计算器”的快捷方式。

(14)将“计算器”的快捷方式移到A2文件夹下。

(15)以自己的名字为卷标快速格式化U盘。

(16)将D盘下的A1和A2两个文件夹复制到E盘根目录下。

(17)删除D盘根目录下的A1和A2文件夹(放入回收站)。

(18)利用回收站先将A2文件夹还原，然后将回收站清空。

(19)彻底删除D盘中的A2文件夹(不放入回收站)。

(20)选择“开始”→“控制面板”→“用户账户和家庭安全”→“添加或删除用户”，以自己的姓名新建一个标准用户账户。

实验四　Word 基本操作及排版操作

一、实验目的

(1)掌握建立文档和录入文本的基本方法;掌握文档的建立、保存、打开和关闭方法。

(2)掌握文字的查找、替换等基本编辑方法。

(3)了解字符格式、段落格式、页面格式各自包含的设置内容。

(4)熟练掌握字符格式中字体、字号、修饰的设置方法。

(5)掌握段落格式中对齐、缩进等的设置方法。

(6)了解页面格式的设置方法。

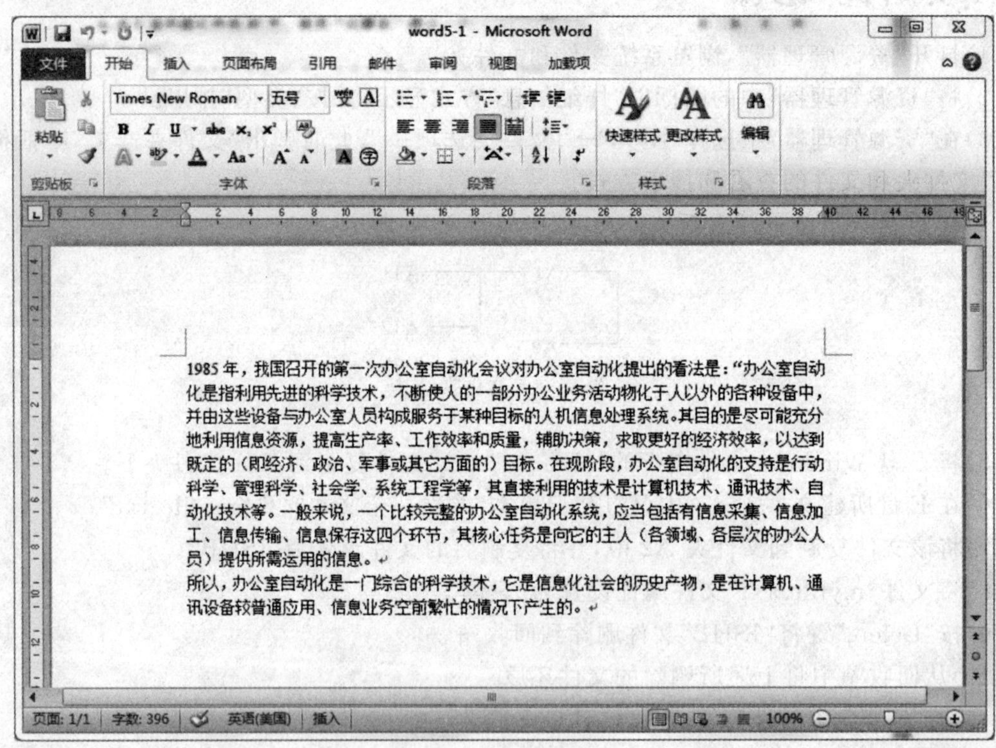

图 8-9　编辑文本内容

二、实验内容及步骤

(1)建立 Word 文档,在编辑窗口输入如图 8-9 所示内容。

(2)增加标题"办公室自动化规划纪要",要求:标题居中,加下划线,设置字体:黑体,字形:粗斜体,大小:一号,颜色:蓝色,字符间距加宽 5 磅;底纹:40%,加边框,框线为蓝色 1.5 磅双线,将标题的段前段后设置为 12 磅和 24 磅。

(3)将第一段进行以下排版:首字"1"下沉 3 行,设置首字字体:"仿宋",字型:"斜体",段前、段后间距均设置为 12 磅，行间距为 1.3 倍行距、字间距为加宽 1.4 磅。

(4)将第一段中所有"办公室自动化"改为"OA"，字号：四号，字体颜色：红色。

(5)在第一段中，从"一般来说，……"处另起一段。

(6)将新第一段分成两栏(栏宽相等)，并插入一幅图片，大小调整为 3×3 厘米，大致在分栏文档的中间位置，艺术效果设为铅笔灰度，衬于文字下方。(具体上机时可采用任意一张图片代替)。

(7)将除第一段外，所有段采用首行缩进的特殊格式，缩进大约两个汉字。

(8)将新的第二段左右都缩进 2 厘米，并给该段添加黄色底纹。

(9)将正文最后一段与倒数第二段文字互换。

(10)删除第一段中的文字"(即经济、政治、军事或其它方面的)"。

(11)将最后两段的行距改为固定值 18 磅。

(12)将正文最后一个字加框加底纹。

(13)将编辑后的文档另存为：ed1edit，文件类型为：docx 格式。编辑后效果如图 8－10 所示。

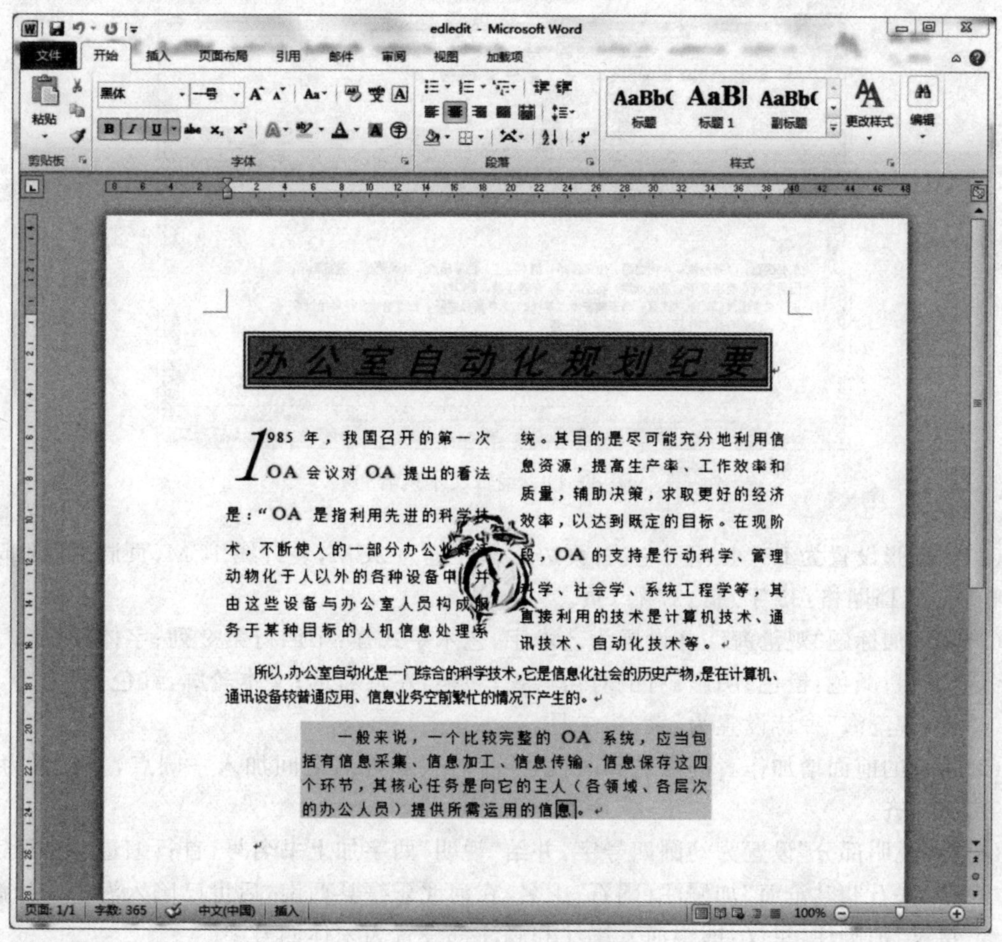

edledit - Microsoft Word

办公室自动化规划纪要

1985 年，我国召开的第一次 OA 会议对 OA 提出的看法是："OA 是指利用先进的科学技术，不断使人的一部分办公业务物化于人以外的各种设备中，并由这些设备与办公室人员构成服务于某种目标的人机信息处理系统。其目的是尽可能充分地利用信息资源，提高生产率、工作效率和质量，辅助决策，求取更好的经济效率，以达到既定的目标。在现阶段，OA 的支持是行动科学、管理科学、社会学、系统工程学等，其直接利用的技术是计算机技术、通讯技术、自动化技术等。

所以,办公室自动化是一门综合的科学技术,它是信息化社会的历史产物,是在计算机、通讯设备较普通应用、信息业务空前繁忙的情况下产生的。

一般来说，一个比较完整的 OA 系统，应当包括有信息采集、信息加工、信息传输、信息保存这四个环节，其核心任务是向它的主人（各领域、各层次的办公人员）提供所需运用的信息。

图 8－10　编辑后的文档效果

实验五　Word 表格和图片的设置方法

一、实验目的

(1)掌握 Word 表格的建立和编辑方法。

(2)掌握表格数据的统计运算方法。

(3)掌握表格单元格的合并与拆分方法。

(4)掌握插入图片及设置图形的格式。

二、实验内容及步骤

1. 图片设置

(1)建立 Word 文档,在编辑窗口输入如图 8－11 所示内容。

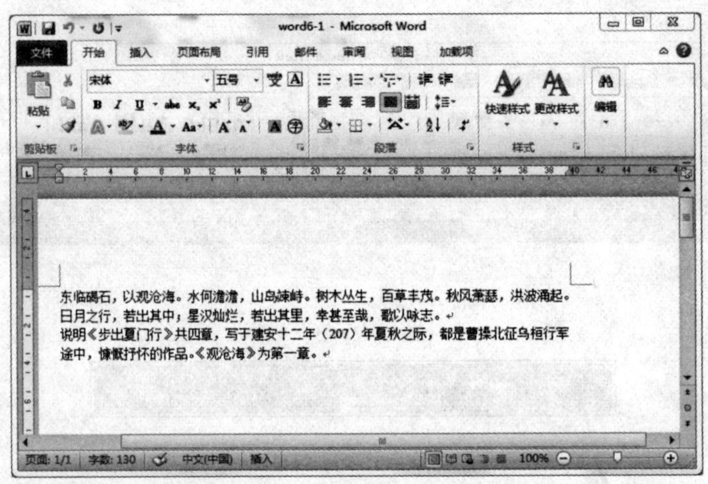

图 8－11　编辑文本内容

(2)将纸张设置为 B5,上、下、左、右页边距都设置为 2CM,装订线 1CM,页眉、页脚都设置为 1.5CM,文档网格:35 字/行,37 行/页。

(3)文章加标题“观沧海”,并设置为艺术字,艺术字式样:第四行第 2 列;字体:楷体;字号:60;字形:加粗;颜色:橙色;阴影:右上对角透视;转换:左近右远;文本轮廓:红色;居中。

(4)将“观沧海”一诗设置为:隶书、二号。

(5)将诗的前面增加作者的姓名和时代,并将时代和姓名之间加入一圆点,并设置为黑体三号字,右对齐。

(6)将“说明部分”设置为幼圆四号字,并给“说明”两字加上书名号,首行缩进 2 个汉字。

(7)给“碣石”和“沧海”加尾注(碣石:山名,在河北乐亭县西南,后世已陷入海中。沧海:大海。)给“星汉”加脚注:星汉:即银河。尾注和脚注都设置为宋体四号字。

(8)在“说明”文字的右边以文绕图的方式插入一幅 5×5 厘米的图片,图片文件名为:Sea.jpg(具体上机时可采用任意一张图片代替)。

(9)设置页眉和页脚,页眉文字为"步出夏门行"楷体小三号字,居中,下划线设置为波浪线,页脚是第一页 共一页,宋体小五号字,居中。

(10)设置整个页面的边框为阴影 2.25 磅。

(11)将编辑后的文档另存为:RE6EDIT.DOCX,并设置打开密码为 001。编辑后效果如图 8-12 所示。

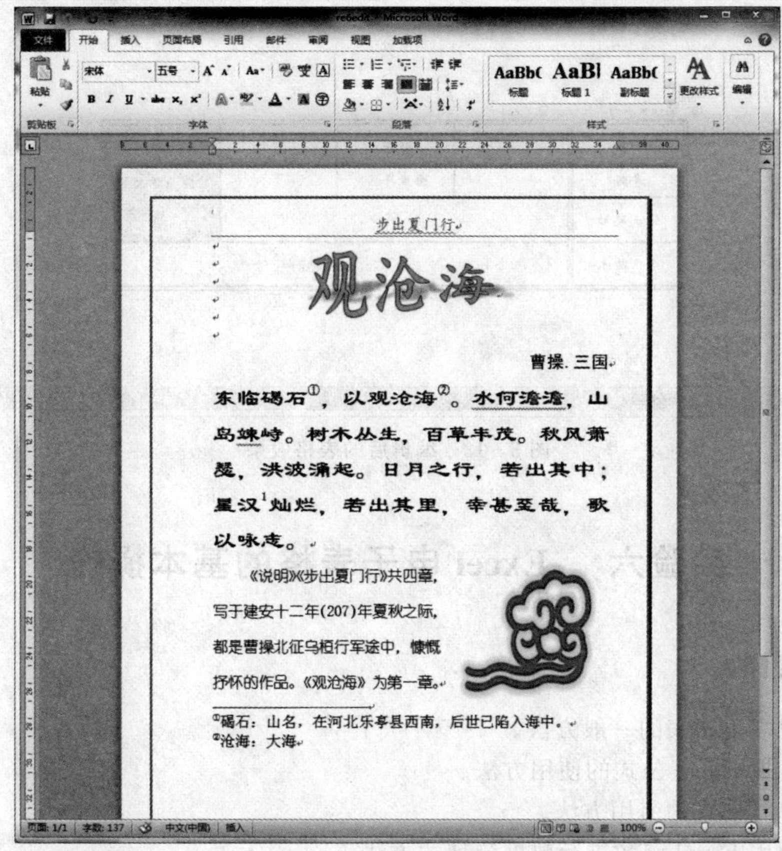

图 8-12 编辑后的文档效果

2. 表格设置

(1)在 Word 中绘制如图 8-13 所示的表格,要求表格中所有文字的格式设置为华文新魏、小四号字,在单元格中部居中。

(2)将表格外框线设置为 1.5 磅双实线,内框线改为 1.5 磅单实线。

(3)将第一列右边线设置为 1.5 磅双实线,红色。

(4)将第一行,第二行行高设为 1 厘米。

(5)将文字内容为贴照片处的单元格设置 30%底纹,在如样表所在处插入任一张图片,并设置艺术效果为发光散射。

(6)将编辑后的文档另存为:ed7EDIT.Docx。编辑后效果如图 8-13 所示。

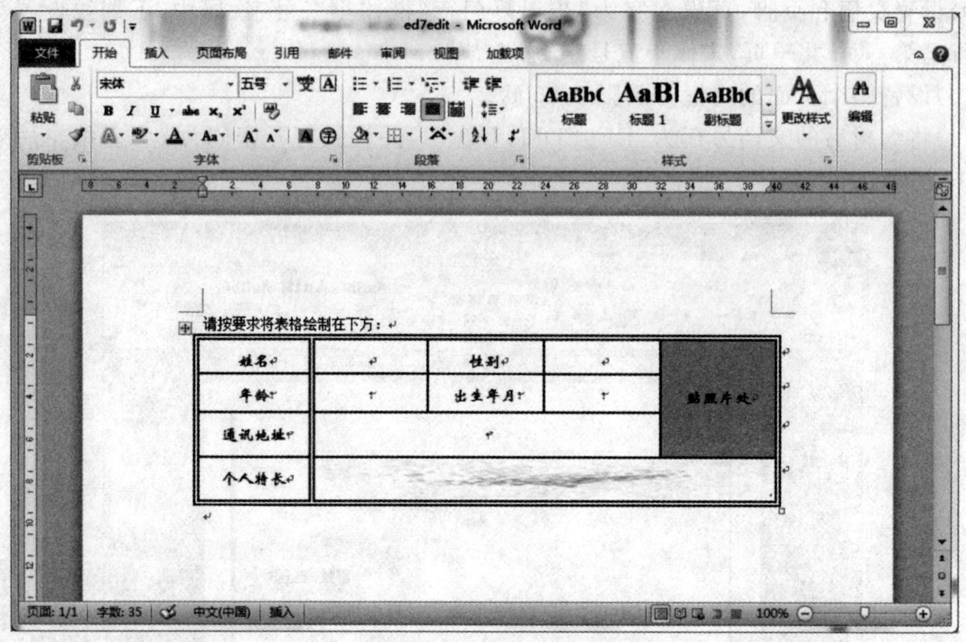

图 8－13　编辑后的表格效果

实验六　Excel 电子表格的基本操作

一、实验目的

(1)掌握建立工作表的一般方法。

(2)熟练掌握 Excel 公式的使用方法。

(3)掌握单元格式的引用方法。

(4)掌握利用 Excel 函数进行数据统计的方法。

二、实验内容及步骤

(1)建立 Excel 工作薄，在编辑窗口输入如图 8－14 所示内容，并将工作薄以 tv. xlsx 保存在 D 盘中。

(2)将工作表 Sheet1 中的数据复制到工作表 Sheet2 中相同位置，将工作表 Sheet1 删除及将 Sheet2 工作表改名为“销售情况表”；在“销售情况表”前插入一张新工作表，再将其移动到所有工作表的最后；复制“销售情况表”，并将新工作表更名为“销售统计表”；应用“套用表格格式”中的“表样式浅色 9”对“销售情况表”进行快速格式化。

(3)在“销售统计表”中做如下编辑，如图 8－15 所示：

①将表格中各行行高设置为 30，各列列宽设置为 12；各列标题字体设置成蓝色、粗体、字体大小为 12、垂直和水平都居中对齐、黄色底纹。

②表格中的其他内容对齐方式为水平靠右、垂直居中，字体大小为 12、加粗。

③设置表格边框线。外框为最粗的蓝色单线，内框为最细的单线；设置表格各列标题的下

框线为红色的双线。

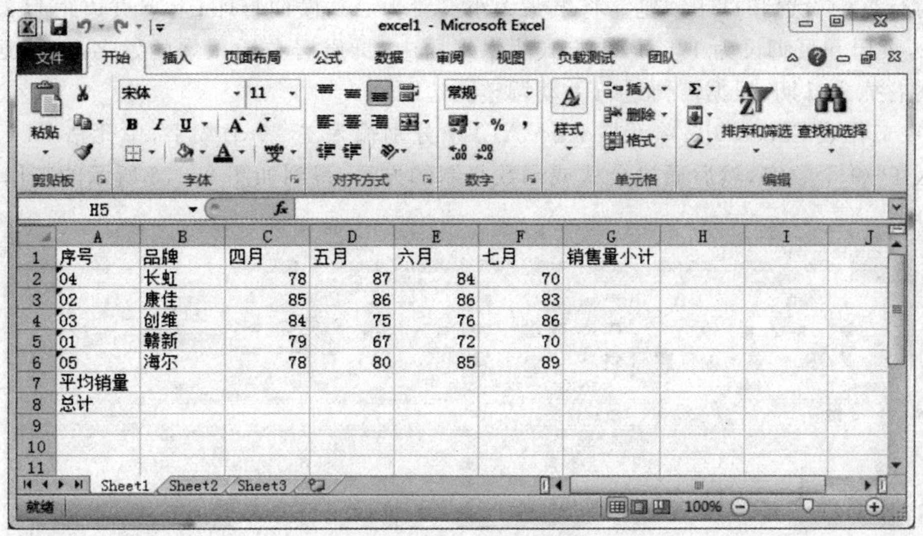

	A	B	C	D	E	F	G
1	序号	品牌	四月	五月	六月	七月	销售量小计
2	04	长虹	78	87	84	70	
3	02	康佳	85	86	86	83	
4	03	创维	84	75	76	86	
5	01	赣新	79	67	72	70	
6	05	海尔	78	80	85	89	
7	平均销量						
8	总计						

图 8-14　编辑内容

第二季度电视机销售统计表

序号	品牌	四月	五月	六月	销售量小计
01	赣新	79	67	72	218
02	康佳	85	86	86	257
03	创维	84	75	76	235
04	长虹	78	87	84	249
05	海尔	78	80	85	243
平均销量		80.8	79	80.6	240.4
总计		404	395	403	1202
					34.66987165

图 8-15　销售统计表编辑后效果

④在工作表的第一行前插入一行，并设置行高为 40，输入标题“第二季度电视机销售统计表”，设置成蓝色、粗楷体、16 磅、加双下划线并采用合并及居中、垂直居中的对齐方式；将第 3 行和第 6 行交换位置及将 F 列删除。

⑤将表中的“平均销量”、“总计”和“销售量小计”栏中分别计算每月份的平均销量，每月的总销量，及各品牌彩电的季度销量小计。其中“平均销量”一栏保留一位小数位数。

⑥将表中的 F10 单元格中计算该季度的所有销量总数的平方根，并将该 F10 单元格命名

为“总销量的平方根”。

⑦时行页面设置和打印预览。将纸张大小设置为 A4,横向打印;上下页边距为 3,左右页边距为 2,页眉和页脚设为 1.5;居中方式为水平居中;页眉居右插入您的姓名,页脚居中插入页码及居右插入日期;根据需要进行手动调整页边距。

(4)在工作表 Sheet3 中,单元格 A2～A10 中分别输入 1～9 个数字,单元格 B1～J1 中也分别输入 1～9 个数字,然后通过公式或函数复制的方法,得到如图 8－16 所示的工作表。

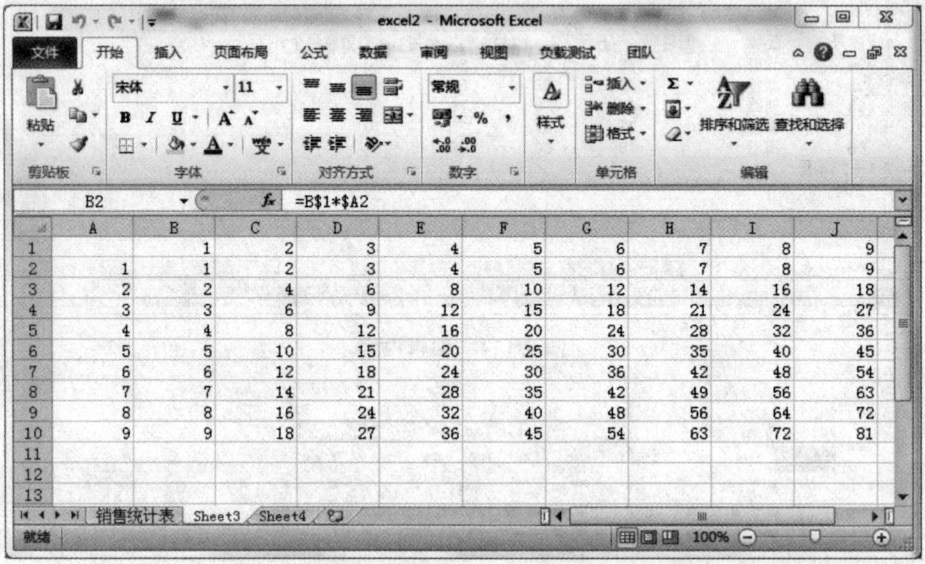

图 8－16　Sheet3 工作表编辑效果

实验七　Excel 电子表格的数据图表化及数据管理

一、实验目的

(1)了解图表的作用及图表中的术语。

(2)掌握图表的创建和编辑。

(3)掌握图表的格式化。

(4)了解数据库、字段、记录的概念。

(5)掌握数据的排序、筛选、分类汇总的方法。

二、实验内容及步骤

(1)建立 Excel 工作薄,在编辑窗口输入如图 8－17 所示内容,并将工作薄以 student. xlsx 保存在 D 盘中。

(2)为上面的数据创建一个嵌入的簇状柱形图图表,图表标题为“学生成绩表”编辑后效果如图 8－18 所示。

(3)将原数据系列产生在“行”改为产生在“列”上;交换高等数学数据系列和计算机数据系

列的次序，使计算机系列在最前面，而高等数学系列在最后；修改数值的最大值为100，主要刻度单位为10。

H7

	A	B	C	D	E	F	G
1	姓名	高等数学	大学英语	计算机基础			
2	王伟	78	81	96			
3	李亚洁	89	86	79			
4	何海霞	79	88	89			
5	张军	62	68	74			
6	黄海飞	65	67	72			
7							
8							
9							
10							

Sheet1 Sheet2 Sheet3 Sheet4

图 8-17 编辑内容

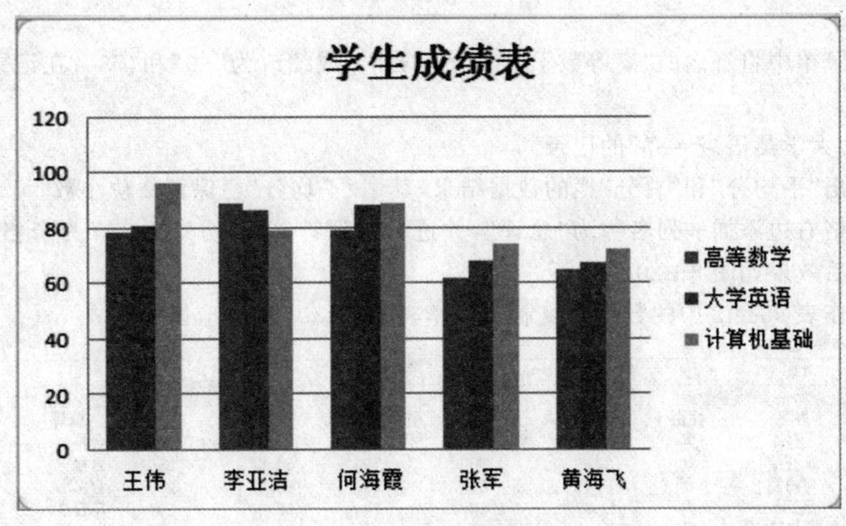

图 8-18 图表生成图

(4)创建一个嵌入的饼图，“填充效果”设为“麦浪滚滚”，并选择“中心辐射”来填充图表；设置图表区的字体格式为宋体、加粗、12磅、蓝色；标题改为“高等数学成绩对比图”并加上数据标志，编辑后效果如图8-19所示。

(5)将工作表Sheet1中的数据表复制到工作表Sheet2中的相应区域中，进行数据修改。在“姓名”右边插入“性别”一列，在表格右边添加二列名称分为为“平均分”及“总分”。把各列标题格式设为字体大小为12、加粗、居中对齐；其他内容字体大小为12居中对齐；把各列列宽设为11，行高设为15。

(6)在“Sheet2”中做如下编辑：

①在记录单中从前至后为五条记录分别添加性别数据“男，女，女，男，男”；添加四条记录，数据分别是“肖萍萍、女、69、74、87”、“胡凯、男、80、65、78”、“舒谕、女、71、82、81”和“刘泰、男、76、65、85”。

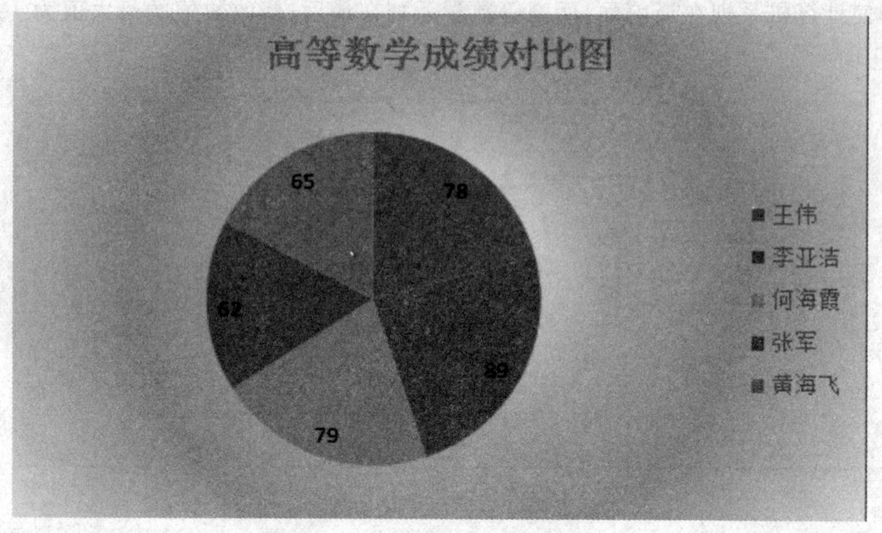

图 8-19　图表修改编辑图

②在记录单中将舒谕的“高等数学”和“大学英语”成绩改为“69”和“73”；在记录单中将刘泰记录删除。

③检索“大学英语＞＝85”的记录。

④计算出“平均分”和“总分”栏的数据结果，其中“平均分”栏保留 2 位小数。

⑤在表格右边添加一列名称为“总评”，并进行总评计算：总分＞＝230 为合格，否则为不合格。编辑后效果如图 8-20 所示。

⑥将工作表 sheet2 中的数据表复制到工作表 sheet3 中的相应区域中。

H2　=IF(G2>=230,"合格","不合格")

	A	B	C	D	E	F	G	H
1	姓名	性别	高等数学	大学英语	计算机基础	平均分	总分	总评
2	王伟	男	78	81	96	85.00	255	合格
3	李亚洁	女	89	86	79	84.67	254	合格
4	何海霞	女	79	88	89	85.33	256	合格
5	张军	男	62	68	74	68.00	204	不合格
6	黄海飞	男	65	67	72	68.00	204	不合格
7	肖萍萍	女	69	74	87	76.67	230	合格
8	胡凯	男	80	65	78	74.33	223	不合格
9	舒谕	女	69	73	81	74.33	223	不合格
10								

Sheet1　Sheet2　Sheet3　Sheet4

图 8-20　Sheet2 工作表编辑后效果

⑦将表中数据按性别升序排列，性别相同的按总分降序（递减）排列，总分相同的按计算机基础成绩降序排列。

⑧将表中的数据筛选出总分小于 230 或大于等于 255 的女生记录，并将筛选结果放在以 A15 开始的单元格中。

⑨使用高级筛选在表中筛选出高等数学大于 75，计算机基础大于 85 的记录，筛选结果放在以 A20 开始的单元格中。如图 8-21 所示。

(7)在工作表 Sheet3 中进行分类汇总，统计男女生的英语平均成绩及人数。如图 8-22 所示。

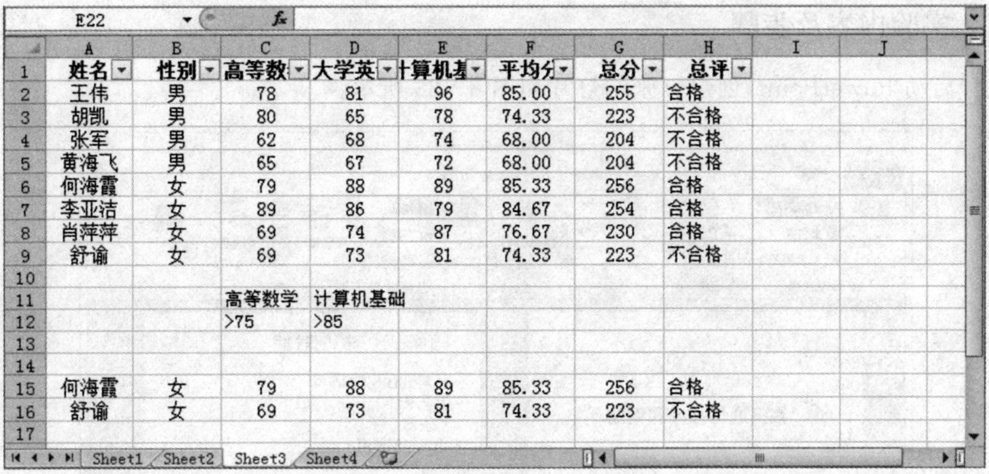

E22

	A	B	C	D	E	F	G	H	I	J
1	姓名	性别	高等数	大学英	计算机基	平均分	总分	总评		
2	王伟	男	78	81	96	85.00	255	合格		
3	胡凯	男	80	65	78	74.33	223	不合格		
4	张军	男	62	68	74	68.00	204	不合格		
5	黄海飞	男	65	67	72	68.00	204	不合格		
6	何海霞	女	79	88	89	85.33	256	合格		
7	李亚洁	女	89	86	79	84.67	254	合格		
8	肖萍萍	女	69	74	87	76.67	230	合格		
9	舒谕	女	69	73	81	74.33	223	不合格		
10										
11			高等数学	计算机基础						
12			>75	>85						
13										
14										
15	何海霞	女	79	88	89	85.33	256	合格		
16	舒谕	女	69	73	81	74.33	223	不合格		
17										

Sheet1 Sheet2 Sheet3 Sheet4

图 8-21 Sheet2 高级筛选后效果

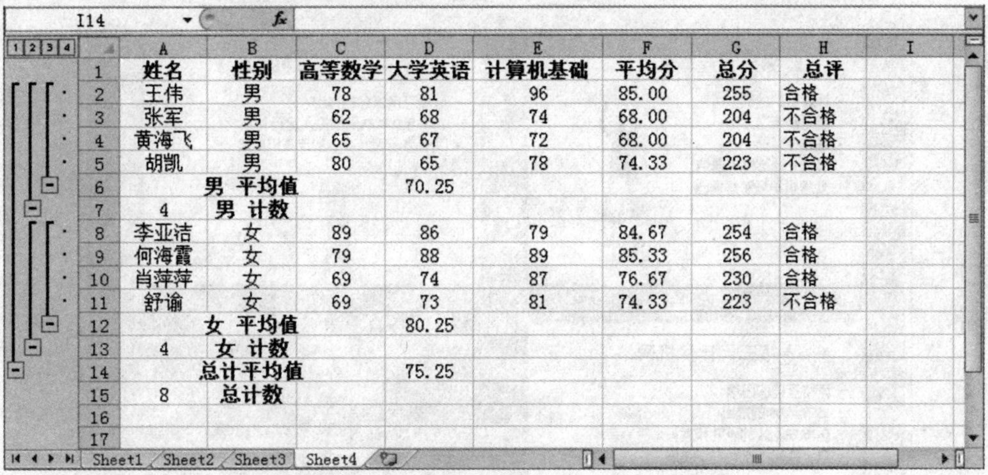

I14

	A	B	C	D	E	F	G	H	I
1	姓名	性别	高等数学	大学英语	计算机基础	平均分	总分	总评	
2	王伟	男	78	81	96	85.00	255	合格	
3	张军	男	62	68	74	68.00	204	不合格	
4	黄海飞	男	65	67	72	68.00	204	不合格	
5	胡凯	男	80	65	78	74.33	223	不合格	
6		男 平均值		70.25					
7	4	男 计数							
8	李亚洁	女	89	86	79	84.67	254	合格	
9	何海霞	女	79	88	89	85.33	256	合格	
10	肖萍萍	女	69	74	87	76.67	230	合格	
11	舒谕	女	69	73	81	74.33	223	不合格	
12		女 平均值		80.25					
13	4	女 计数							
14		总计平均值		75.25					
15	8	总计数							
16									
17									

Sheet1 Sheet2 Sheet3 Sheet4

图 8-22 Sheet3 工作表编辑后效果

实验八 PowerPoint 的基本操作

一、实验目的

(1)掌握 PowerPoint 的启动与退出。

(2)掌握 PowerPoint 中创建文稿的方法。

(3)掌握演示文稿建立的基本过程。

(4)了解演示文稿格式设置的方法。

(5)掌握演示文稿中的超级链接、动作设置的方法。

(6)掌握幻灯片的切换及演示文稿放映的设置方法。

二、实验内容及步骤

(1)启动 PowerPoint,创建五张幻灯片如图 8-23 所示。

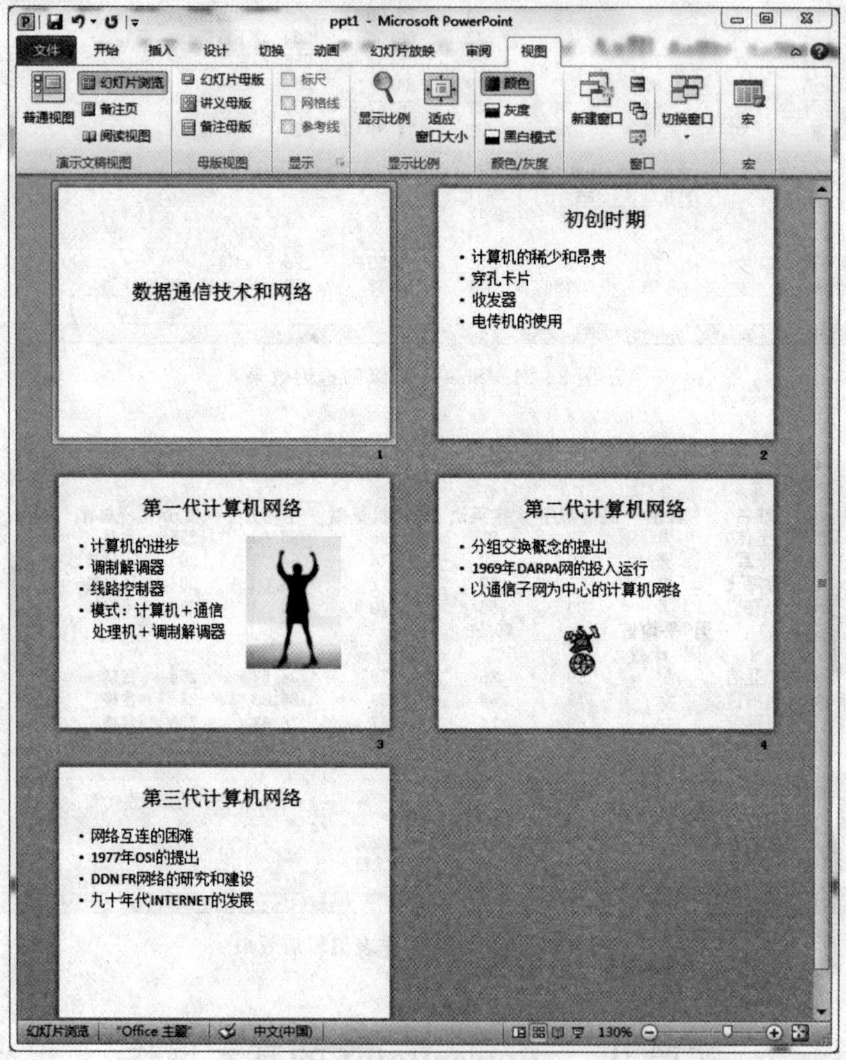

图 8-23　新建 5 张幻灯片

(2)将演示文稿的主题设置为“暗香扑面”。

(3)将第 1 张幻灯片的版式设置为“标题幻灯片”,在标题区输入“数据通信技术和网络”,字体为“隶书”,字号默认。

(4)将第 2 张幻灯片的版式设置为“标题和竖排文字”,背景设置为“新闻纸”纹理效果。

(5)将第 3 张幻灯片的版式设置为“标题和内容”。为其中的剪贴画建立超链接,链接到“上一张幻灯片”。

(6)将第 3 张幻灯片的切换效果设置为“随机垂直线条”。

(7)为第 4 张幻灯片的“1969”文字建立超链接,链接到 http://jju.edu.cn。

(8)为第 4 张幻灯片中的剪贴画设置“进入”动画方式为“自顶部”“飞入”。

(9)将第 4 张幻灯片标题文字设置为居中对齐,80 号,将标题文本框的背景设置为图案填充效果“草皮”。

(10)将第 5 张幻灯片切换方式设置为“水平百叶窗”,持续时间为 1.5 秒,换页方式为“每隔 2 秒”自动切换。

(11)为第 5 张幻灯片的标题设置“进入”动画方式为“缩放”,消失点为“对象中心”,声音效果为“风铃”。

(12)将演示文稿的日期和时间设置为自动更新,并全部应用。

(13)设置页脚,使除标题版式幻灯片外,所有幻灯片(即第 2 至第 5 张)的页脚文字为“计算机网络发展”(不包括引号)。

实验九　Internet 网络基础实验

一、实验目的

(1)掌握 IE 浏览器的基本设置和基本使用方法。

(2)掌握网上信息资源的搜索和下载。

(3)掌握电子邮件的使用。

二、实验内容及步骤

1. IE 浏览器的基本使用和基本设置

(1)双击桌面上 IE 浏览器的快捷方式图标,查看 IE 浏览器界面上的菜单栏、标准按钮栏、地址栏等。

(2) 通过域名或 IP 地址访问网站:

① 在地址栏内输入域名 www.baidu.com 进入百度搜索页面。

② 在地址栏内输入 IP 地址 220.181.27.5,进入百度搜索页面。

(3) 收藏夹的使用:把 www.jju.edu.cn 保存到收藏夹中。

①打开要收藏的网站 www.jju.edu.cn。

②打开“收藏”菜单,选择“添加到收藏夹”命令,如图 8-24 所示。

③在“名称”框中为当前网址起一个收藏名称,例如“九江学院”。

④在“创建到”列表框中选择 Favorite,单击右边的“新建文件夹”,如图 8-25 所示。

⑤在此对话框中输入新建的文件夹名称“我的学校”,单击“确定”按钮。

(4)使用收藏夹中收藏的地址:

① 打开“收藏”菜单,在下面找到“我的学校”并打开它的子菜单,找到“九江学院”并单击它。如图 8-26 所示。

② 单击 IE 浏览器标准按钮中的“收藏夹”命令,在左边打开的列表中选择“我的学校”,在打开的子菜单中选择“九江学院”。如图 8-27 所示。

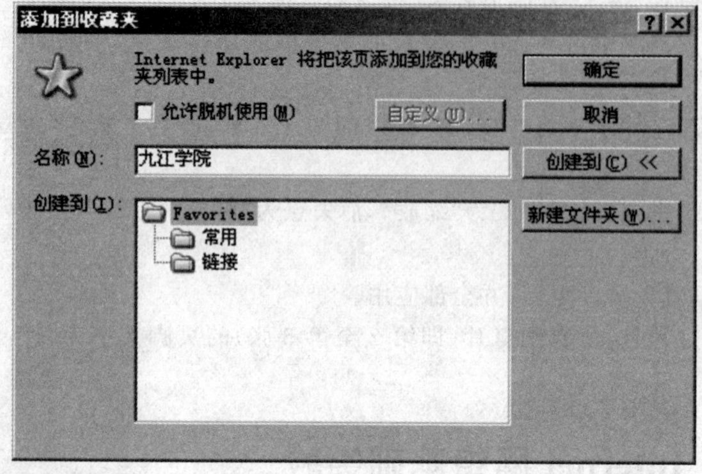

图 8-24 添加收藏

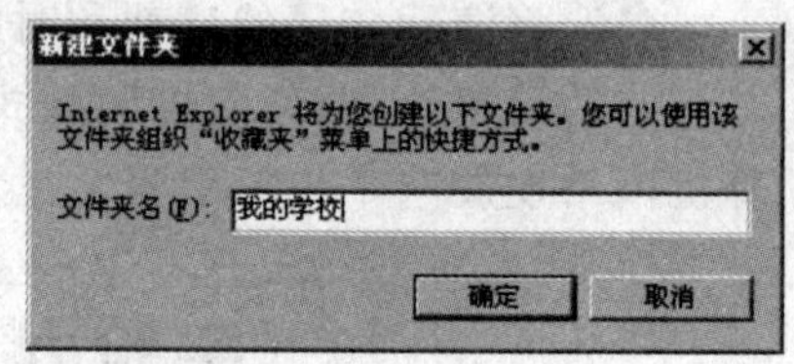

图 8-25 新建文件夹

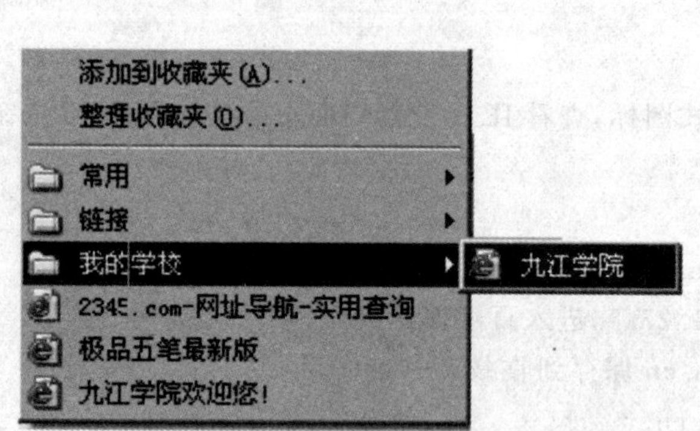

图 8-26 用菜单打开收藏的网站

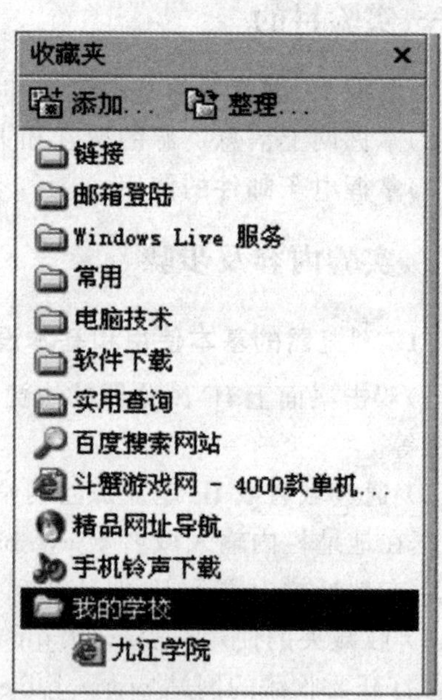

图8-27 用命令按钮打开收藏的网站

(5)备份和共享收藏夹。打开"文件"菜单,找到"导入和导出…"命令,即可启动导入和导出向导,如图 8-28 所示,完成更新(导入)和备份(导出)收藏夹。

(6)查看历史记录:单击 IE 浏览器中的标准按钮"历史"命令,在打开的列表中可以查看在某天的网站浏览的历史记录。

(7)IE 浏览器的基本设置:① 打开"工具"菜单下的"Internet 选项"命令,选择常规标签,如图 8-29 所示。

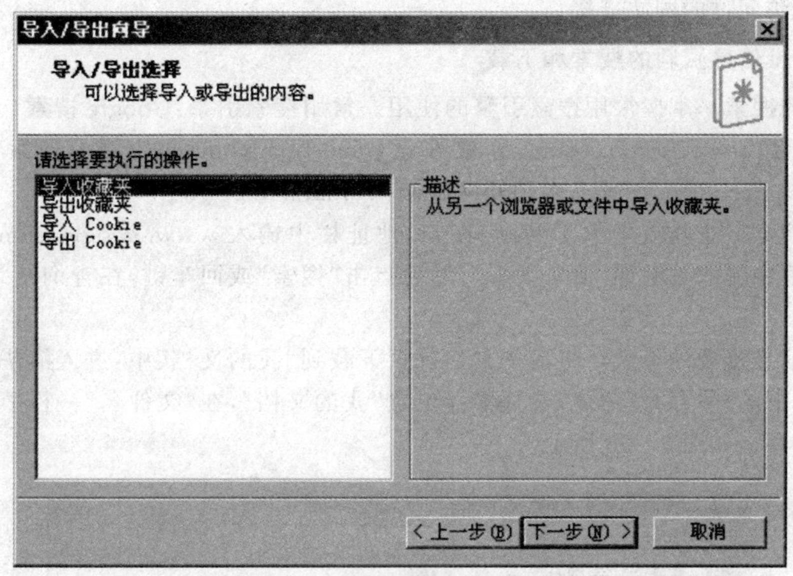

图 8-28　打开“导入/导出”向导

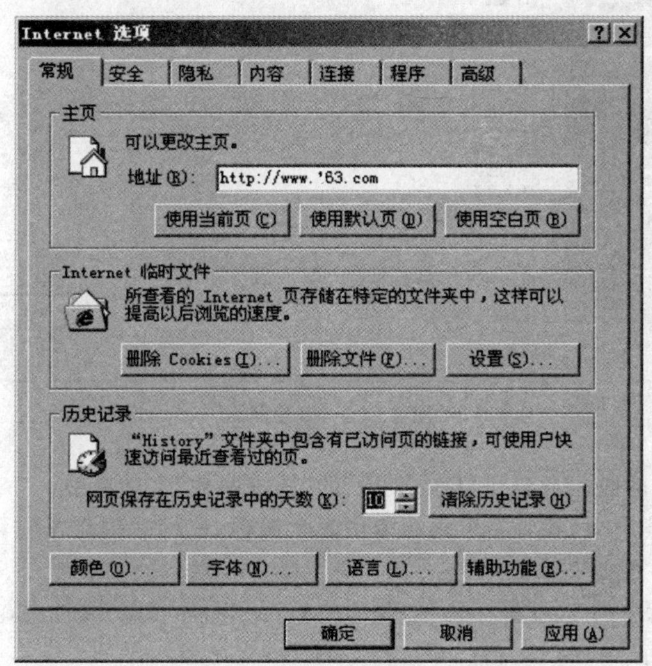

图 8-29　打开“常规”选项卡

②在“主页”栏的“地址”文本框中填入自己喜欢的网站为 IE 起始主页，例如 www.163.com。

③在“Internet 临时文件”栏中，选择“设置”命令中的“查看文件”来查看 Internet 临时文件，选择“删除文件”来删除 Internet 临时文件。

④在“历史记录”栏中设置网页保存在历史记录中的天数为 10 天，选择“清楚历史记录”命

令可以删除已访问过的网站链接。

2. 掌握网上信息资料的搜索和下载

(1)信息的搜索。掌握常用搜索引擎的使用。常用搜索引擎:Google搜索(www.google.com),百度搜索(www.baidu.com),新浪搜索(cha.sina.com.cn),网易搜索(search.163.com),21CN(search.21cn.com),中国知网(www.cnki.net.cn)等。

(2)简单搜索。查找清华大学网站:在IE地址栏中输入www.google.com进入Google搜索,在文本框中输入关键词“清华大学”,然后点击“搜索”或回车键,在查询结果中找到清华大学的网站。

(3)网上信息资源的下载。将清华大学首页下载到“我的文档”中:进入清华大学网站,打开“文件”菜单下的“另存为”命令,选择保存位置“我的文档”,在“文件名”一栏填入“清华大学首页”,单击保存。如图8-30所示。

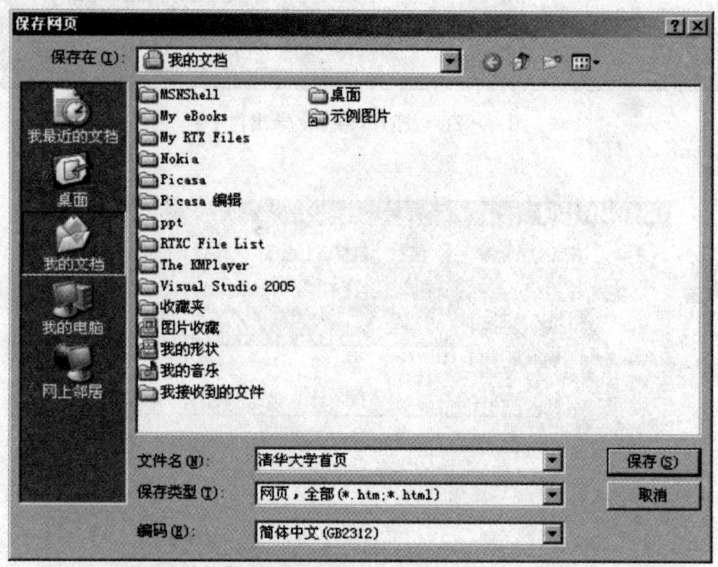

图8-30　保存网页

(4)将清华大学的徽标下载到“我的文档”的“图片收藏”文件夹中:

①进入清华大学首页,找到左上角的清华大学徽标,鼠标右键点击它,在右键菜单中选择“图片另存为”命令,如图8-31所示。

②在弹出的对话框中选择保存位置“我的文档”的“图片收藏”文件夹,文本名中输入“清华大学徽标”,单击保存。

(5)下载一首自己喜欢的歌曲,例如“我的中国心”:

① 打开百度搜索引擎,选中MP3并在文本框中输入“我的中国心”,如图8-32所示。

② 单击“百度一下”,在查询结果中单击一个链接,在弹出窗口中单击右键选中歌曲链接,在右键菜单中选择“目标另存为”命令。如图8-33所示。

(6)搜索工具软件Winrar,并下载到D:\下。

(7)搜索今年的全国计算机等级考试一级考试大纲,并下载到D:\下。

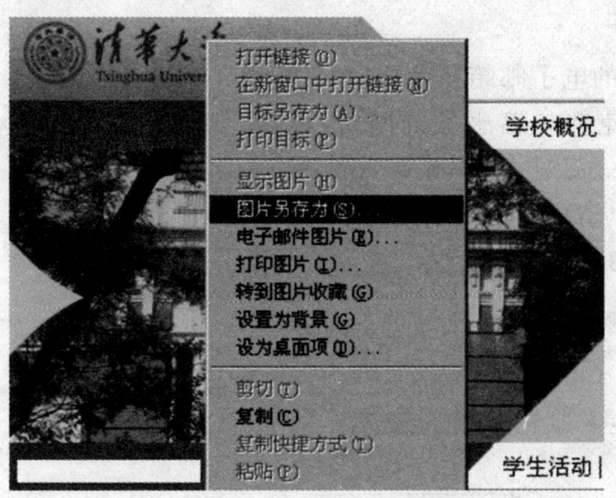

图 8－31　保存图片

图 8－32　下载歌曲

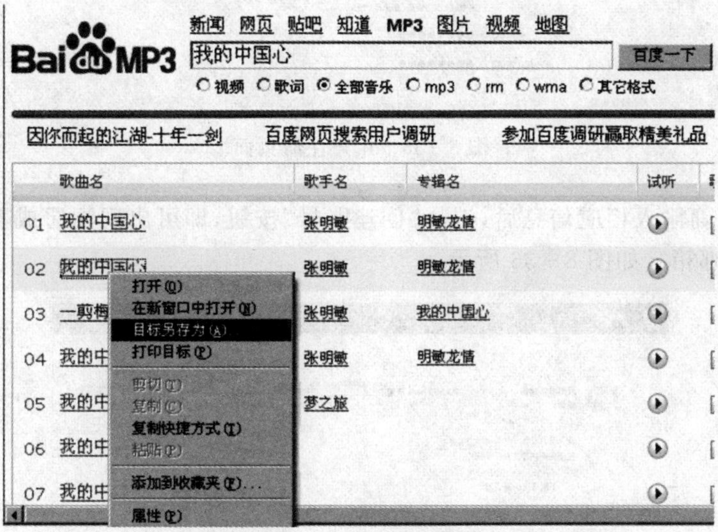

图 8－33　保存歌曲

3. 电子邮箱的使用

(1) 申请一个免费的电子邮箱：

① 进入一个提供免费邮箱服务的网站，例如 www. 163. com；www. sohu. com；www. tom. com；www. 21cn. com；www. yahoo. com；www. hotmail. com。

② 找到免费邮箱申请页面进入申请过程，例如输入“http://mail. 163. com”，进入网易免费邮箱申请页面，如图 8－34 所示。

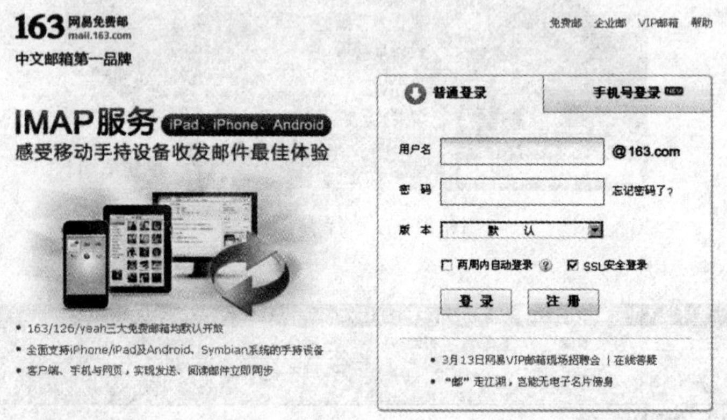

图 8－34　进入网易免费邮箱

③ 在右边的登录框中选择“注册”按钮，进入注册用户页面。如图 8－35 所示。

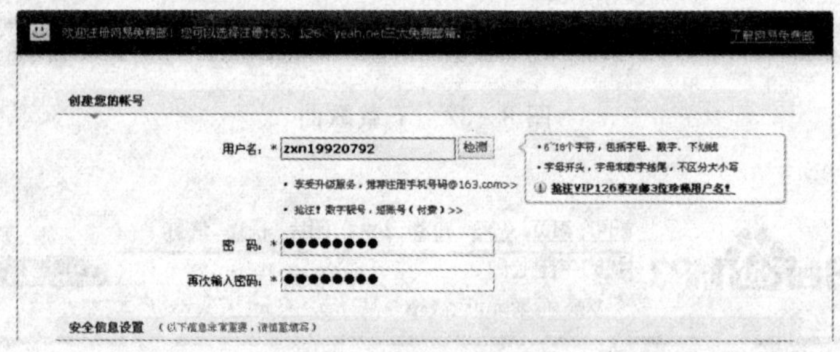

图 8－35　用户注册页面

④ 在其中正确输入相应信息后，选择“创建账号”按钮，即可出现注册成功页面，可以由此进入申请的免费邮箱。如图 8－36 所示。

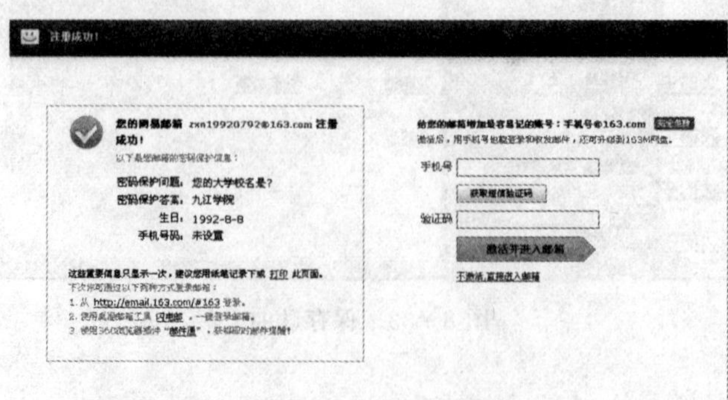

图 8－36　注册成功页面

(2)收发邮件。

收邮件:进入邮箱,打开“收件箱”,点击相关信件主题查看收到的邮件。如图 8-37 所示。

图 8-37 收邮件

发邮件:进入邮箱,给同学或亲友发送信件,同时可以把一些信息资料以附件方式发送给对方,例如在网上查找某年全国计算机等级考试一级笔试试题,并以附件形式发送给老师。

① 在网上找到某年全国计算机等级考试一级笔试试题,下载下来保存到 D:\中备用。进入自己的邮箱,在左边窗口中选择写信。如图 8-38 所示。

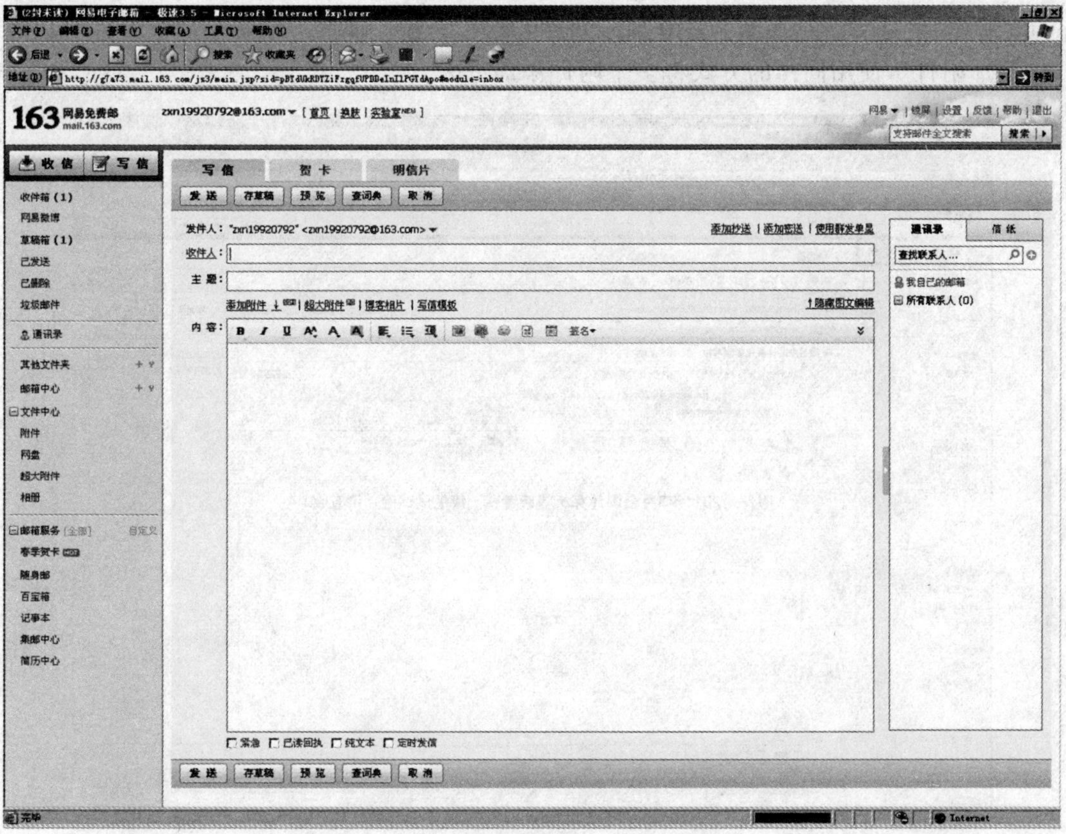

图 8-38 写信

② 在“收件人”文本框中输入接收方邮箱地址，在“主题”栏中输入邮件主题“全国计算机等级考试一级笔试试题”，选择“添加附件”，在弹出的对话框中选择要添加的文件，单击“打开”按钮。如图 8－39 所示。

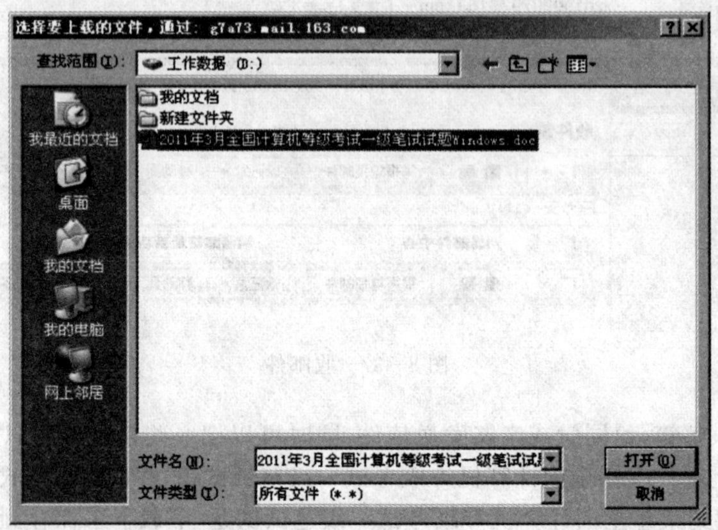

图 8－39　添加附件

③ 单击“发送”按钮，如图 8－40 所示，便可成功发送该邮件。如果有多个附件可以继续单击“添加附件”，使用同样的方式将多个附件添加进去。

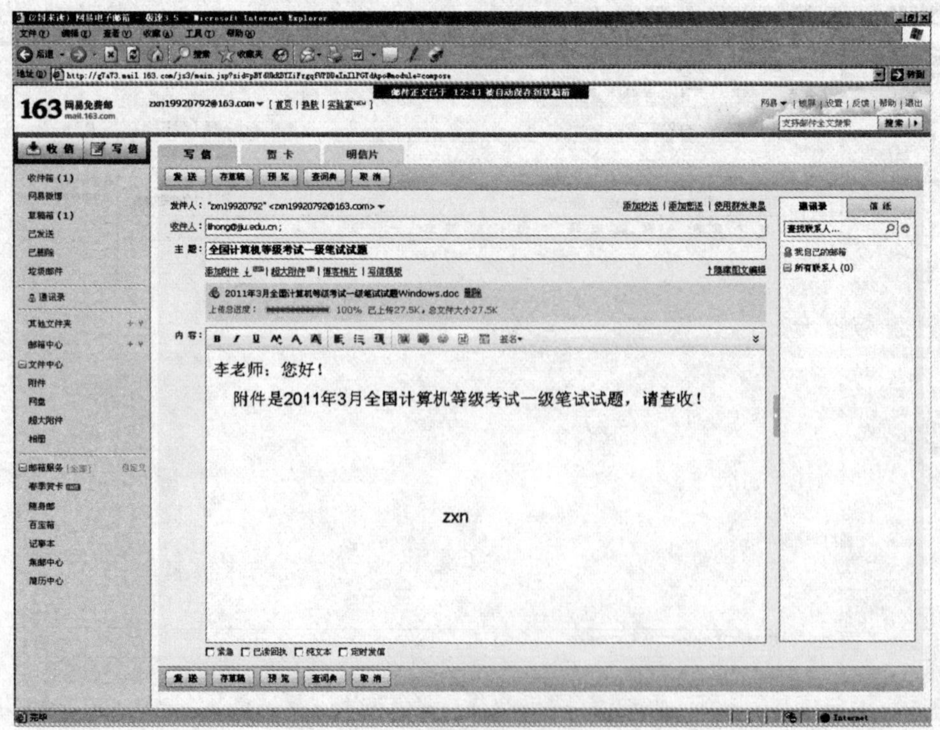

图 8－40　发送邮件

4. 常用网址

(1)常用搜索引擎:Google 搜索 www. google. com
百度搜索 www. baidu. com
网易搜索 search. 163. com
21CN search. 21cn. com

(2)软件下载:华军软件园 www. onlinedown. net
天空软件站 www. skycn. com
太平洋电脑网 www. pconline. com. cn

(3)其他:中国知网 www. cnki. net. cn
网址大全 www. hao123. com
www. 265. com
电子商务网站 www. dangdang. com
www. eday. com. cn
www. taobao. com
铁路交通信息查询 train. hepost. com
www. gaocan. com

第9章 习 题

习题一 绪 论

一、选择题

1. 人们习惯上尊称________为现代电子计算机之父。

A. 巴贝奇　B. 图灵　C. 冯·诺依曼　D. 比尔·盖茨

2. 世界上公认的第一台计算机是在________诞生的。

A. 1846 年　B. 1864 年　C. 1946 年　D. 1964 年

3. 下列关于世界上第一台电子计算机 ENIAC 的叙述中，________是不正确的。

A. ENIAC 是 1946 年在美国诞生的

B. 它主要采用电子管和继电器

C. 它首次采用存储程序和程序控制使计算机自动工作

D. 它主要用于弹道计算机

4. 第四代计算机主要采用________作为逻辑开关元件。

A. 电子管　B. 晶体管

C. 中小规模集成电路　D. 大规模、超大规模集成电路

5. 计算机之所以能按人们的意志自动进行工作，最直接的原因是因为采用________。

A. 二进制数制　B. 调整电子元件

C. 存储程序控制　D. 程序设计语言

6. 按计算机应用分类，目前各部门广泛使用的人事档案管理属于________。

A. 实时控制　B. 科学计算　C. 计算机辅助工程　D. 数据处理

7. 计算机辅助制造的英文缩写是________。

A. CAT　B. CAM　C. CAE　D. CAD

8. 2008 年 9 月 25 日晚 9 时 10 分许，中国自行研制的第三艘载人飞船神舟七号，在酒泉卫星发射中心载人航天发射场由“长征二号 F”运载火箭发射升空。飞船的整个发射过程由计算机监控，计算机在其中的作用是________。

A. 科学计算　B. 数据处理　C. 人工智能　D. 过程控制

9. 在计算机内部，数据是以________形式加工、处理和传送的。

A. 二进制码　B. 八进制码　C. 十进制码　D. 十六进制码

10. 十进制数转换成二进制数的方法是________。

A. 乘 2 取整法　B. 除 2 取整法　C. 乘 2 取余法　D. 除 2 取余法

11. 十进制数 269 转换成十六进制数是________。

A. 10B　　B. 10C　　C. 10D　　D. 10E

12. 下列一组数中，最小的数是________。

A. $(2B)_{16}$　　B. $(44)_{10}$　　C. $(52)_{8}$　　D. $(101001)_{2}$

13. 如果在一个非零无符号的二进制整数之后添加一个0，则此数的值为原来的________。

A. 4倍　　B. 2倍　　C. 0.5倍　　D. 0.25倍

14. 一个字长为8位的无符号二进制整数能表示的十进制数值范围是________。

A. 0～256　　B. 0～255　　C. 1～256　　D. 1～255

15. 在计算机中，字节的英文名称是________。

A. bit　　B. byte　　C. bou　　D. baud

16. 计算机中用来表示存储器容量大小的最基本单位是________。

A. 位　　B. 字　　C. 字节　　D. 兆

17. KB是度量存储容量大小的常用单位之一，1KB实际等于________。

A. 1000个字节　　B. 1024个字节　　C. 1000个二进制位　　D. 1024个字

18. 在计算机中表示存储器容量时，下列描述正确的是________。

A. 1KB＝1024bit　　B. 1MB＝1024KB

C. 1KB＝1000B　　D. 1MB＝1024B

19. 在计算机中，应用最普遍的字符编码是________。

A. BCD码　　B. 汉字编码　　C. 计算机码　　D. ASCII码

20. 下列字符中，ASCII码值最小的是________。

A. A　　B. a　　C. k　　D. M

21. 显示或打印汉字时，系统使用的是汉字的________。

A. 机内码　　B. 字形码　　C. 输入码　　D. 国标交换码

22. 汉字交换码又称________。

A. 输入码　　B. 机内码　　C. 国标码　　D. 输出码

23. 汉字在计算机内的表示方法一定是________。

A. 国标码　　B. 机内码

C. 最左位置为1的2字节代码　　D. ASCII码

24. 一个汉字的交换码和一个汉字的内码所占用的字节数均是________。

A. 1　　B. 8　　C. 32　　D. 2

25. 一个汉字的内码占________字节。

A. 1　　B. 2　　C. 32　　D. 不能确定

26. 汉字国标码在两个字节中各占用________位二进制编码。

A. 6　　B. 7　　C. 8　　D. 9

27. 一般情况下，1KB内存最多能存储________个ASCII码字符，或________个汉字内码。

A. 1024，1024　　B. 1024，512　　C. 512，512　　D. 512，1024

28. 一个GB2321－80编码字符集的汉字的机内码长度是________。

A. 32位　　B. 24位　　C. 16位　　D. 8位

29. 国标GB2312－80将常用汉字进行分级，分为________。

A. 一级汉字和二级汉字　　B. 简体字和繁体字
C. 常用字、次常用字和罕见字　　D. 一级、二级和三级汉字

30. 根据国标 GB2321—80 的规定，总计有各类符号和一、二级汉字编码________。
A. 7145 个　　B. 7445 个　　C. 3008 个　　D. 3755 个

31. 根据汉字国标码 GB2312－80 的规定，把汉字分为常用汉字和次常用汉字两级，次常用汉字的排列次序是按________。
A. 偏旁部首　　B. 汉语拼音字母　　C. 笔画多少　　D. 使用频率多少

32. 国标 GB2312—80 将常用汉字分为两级，一级汉字有________个。
A. 5832　　B. 3723　　C. 3755　　D. 2831

33. 国标 GB2312－80 将常用汉字分为两级，二级汉字有________个。
A. 3755　　B. 3008　　C. 3080　　D. 3800

34. 根据汉字国标码 GB2312—80 的规定，一级汉字的排列次序是按________。
A. 偏旁部首　　B. 汉字拼音字母　　C. 笔画多少　　D. 使用频率多少

35. 存储 400 个 24×24 点阵汉字字形所需的存储容量是________。
A. 255KB　　B. 75KB　　C. 37.5KB　　D. 28.125KB

36. 一个用 48×48 点阵表示一个汉字的字形，所占的字节数是一个用 24×24 点阵汉字字形所需的存储容量的________倍。
A. 1　　B. 2　　C. 4　　D. 8

37. 五笔字形码输入法属于________。
A. 音码输入法　　B. 形码输入法
C. 音形结合的输入法　　D. 输出码

38. 切换汉字输入法常用的键盘命令是________。
A. Shift＋空格　　B. Ctrl＋Shift　　C. Ctrl＋空格　　D. Enter＋Shift

39. “全角”和“半角”的主要区别是________。
A. 全角方式下输入的英文字母与汉字输出时同样大小，半角方式下为汉字的一半大
B. 全角方式下不能输入英文字母，半角方式下不能输入汉字
C. 全角方式下只能输入的汉字，半角方式下只能输入英文字母
D. 半角方式下输入的汉字是全角方式下输入汉字的一半大

40. 键盘上的 Ctrl 键，通常它________其他键配合使用。
A. 总是与　　B. 不需要　　C. 有时与　　D. 和 Alt 键一起使用

41. Pause 键是________。
A. 屏幕打印键　　B. 插入键　　C. 暂停键　　D. 换档键

42. ________是大写字母锁定键，主要用于连续输入若干个大写字母。
A. Tab　　B. Ctrl　　C. Alt　　D. Capslock

43. 键盘上的 F1，F2 键是________。
A. 热键　　B. 打字键　　C. 功能键　　D. 数字键

44. ________键一般用于表示一条命令或参数输入的结束。
A. End　　B. Numlock　　C. Enter　　D. Esc

45. 微型计算机键盘上的“Shift”键盘称为________。

A. 回车换行键　　B. 退格键　　C. 换档键　　D. 空格键

二、简述题

1. 谈谈你对冯·诺依曼"存储程序和程序控制"原理的理解。
2. 简述计算机的发展趋势。

习题二 计算机系统

一、选择题

1. 一台完整的微型计算机系统是由________、存储器、输入和输出设备等部件组成。
A. 硬盘　　B. 软件　　C. 键盘　　D. 运算及控制单元
2. 微机的处理器简称为________。
A. 显示器　　B. 外存　　C. CPU　　D. 键盘
3. 以 24×24 点阵表示一个汉字的字形，共需要________字节。
A. 24×24　　B. 24×1　　C. 24×2　　D. 24×3
4. RAM 的含义是________。
A. 只读存储器　　B. 外存储器　　C. 内存储器　　D. 随机存储器
5. 通常说的 I/O 设备是指________。
A. 通信设备　　B. 输入输出设备　　C. 网络设备　　D. 控制设备
6. 一个汉字的内码占________字节。
A. 1　　B. 32　　C. 2　　D. 不确定
7. ROM 是________。
A. 软盘存储器　　B. 硬盘存储器　　C. 随机存储器　　D. 只读存储器
8. 下面哪种存储器在关机后，它的存储内容会丢失？
A. RAM　　B. ROM　　C. EPROM　　D. PROM
9. CPU 包括________。
A. 控制器、运算器和存储器　　B. 控制器和运算器
C. 内存储器和控制器　　D. 内存储器和运算器
10. 下列指标中不能用来衡量计算机性能的是？
A. 字长　　B. 主频　　C. 存储容量　　D. 操作系统性能
11. 计算机向使用者传递计算处理结果的设备称为________。
A. 输入设备　　B. 输出设备　　C. 存储器　　D. 运算器
12. 微型计算机发展的特征是________。
A. 主机　　B. 处理器　　C. 控制器　　D. 操作系统
13. 应用软件是指________。
A. 所有能够使用的软件
B. 能够被各个应用单位共同使用的某种软件
C. 所以微机上都应使用的基本软件

D. 专门为某一应用目标变编写的软件

14. 下列软件属于操作系统的是________。

A. CAD　　B. EXCEL　　C. UNIX　　D. WORD

15. 一个完整的计算机系统包括________。

A. 主机、键盘和显示器　　B. 主机和外围设备

C. 硬件系统和软件系统　　D. 主板、CPU 和硬盘

16. 目前常用的打印机有针式打印机、________和激光打印机。

A. 击打式打印机　　B. 复印式打印机

C. 喷墨打印机　　D. 彩色打印机

17. CPU 的中文意义是________。

A. 计算机系统　　B. 不间断电源

C. 控制逻辑单元　　D. 中央处理单元

18. 显示器的点距有 0.35，0.33，0.28，0.25 等规格，最好的是________。

A. 0.35　　B. 0.33　　C. 0.28　　D. 0.25

19. 可编程随机读写存储器的英文缩写为________。

A. PRAM　　B. ROM　　C. EPROM　　D. RAM

20. 内存中每个基本单元都被赋予一个唯一的序号，称为________。

A. 容量　　B. 地址　　C. 字节　　D. 编号

21. 下列设备属于输入设备的是________。

A. 显示器　　B. 打印机　　C. 鼠标　　D. 绘图仪

22. 从磁盘上把数据传回计算机，称为________。

A. 输入　　B. 输出　　C. 读盘　　D. 写盘

23. 一般情况下，外存储器中存储的数据在断电后________丢失。

A. 不会　　B. 少量　　C. 完全　　D. 不确定

24. 汇编程序实质上是符号化的________。

A. 高级语言　　B. 低级语言　　C. 机器语言　　D. 第三代语言

25. CPU 可以直接访问的存储器是________。

A. 硬盘　　B. 内存　　C. 光盘　　D. 软盘

26. 为解决某一特定问题而设计的指令序列称为________。

A. 文档　　B. 语言　　C. 系统　　D. 程序

27. 通常所说的 64 位机，指的是这种计算机的 CPU ________。

A. 是由 64 个运算器组成　　B. 能够同时处理 64 位二进制数

C. 包括 64 个寄存器　　D. 这种计算机 cpu 的主频是 64MB

28. 计算机能直接识别的语言是________。

A. 机器语言　　B. 汇编语言　　C. 高级语言　　D. C 语言

29. 下列有关存储器读写速度的排列，正确的是________。

A. RAM＞Cache＞硬盘＞闪存　　B. Cache＞RAM＞硬盘＞闪存

C. Cache＞硬盘＞RAM＞闪存　　D. RAM＞硬盘＞Cache＞闪存

30. 下列不属于高级语言的是________。

A. Visual foxpro　　B. Java　　C. C 语言　　D. 汇编语言

31. 配置高速缓冲存储器(cache)是为了解决________。

A. 内存与辅助存储器之间速度不匹配问题

B. CPU 与辅助存储器之间速度不匹配问题

C. CPU 与内存储器之间速度不匹配问题

D. 主机与外设之间速度不匹配问题

32. 目前通常称的 486,Pentium Ⅱ,PentjumⅢ等计算机,它们是针对该机的________而言的。

A. CPU 的速度　　B. 内存容量　　C. CPU 的型号　　D. 总线标准类型

33. 我国自行研制的曙光计算机属于________。

A. 大型计算机　　B. 小型计算机　　C. 巨型计算机　　D. 微型计算机

34. 办公自动化是计算机的——项应用,按计算机应用的分类,它属于________。

A. 科学计算　　B. 实时控制　　C. 数据处理　　D. 辅助设计

35. 微型计算机中内存储器比外存储器________。

A. 读写速度快　　B. 存储容虽大　　C. 运算速度慢　　D. 以上三种都可以

36. 微型计算机使用的键盘上的"Ctrl"键称为________。

A. 控制键　　B. 上档键　　C. 退格键　　D. 交替换档键

37. 微型计算机使用的键盘上的 Shift 键称为________。

A. 控制键　　B. 上档键　　C. 退格键　　D. 交替换档键

38. 在多媒体计算机系统中,不能用以存储多媒体信息的是________。

A. 磁带　　B. 光缆　　C. 磁盘　　D. 光盘

39. 下列叙述中,错误的是________。

A. 把数据从内存传输到硬盘叫写盘

B. 把源程序转换为目标程序的过程叫编译

C. 应用软件对操作系统没有任何要求

D. 计算机内部对数据的传输、存储和处理都使用二进制

40. 裸机是指计算机________。

A. 无产品质量保证书　　B. 只有软件没有硬件

C. 没有包装　　D. 只有硬件没有软件

41. 目前广泛使用的数据库管理系统,如 SQL server 等,按照计算机软件分类应属于________。

A. 系统软件　　B. 应用软件　　C. 操作系统　　D. 高级语言

42. 微机上操作系统的作用是________。

A. 解释执行源程序　　B. 编译源程序

C. 进行编码转换　　D. 控制和管理系统资源

43. 下面关于显示器的说法中正确的是________。

A. 分辨率越高,显示的图形越清晰

B. 分辨率越高,显示的图形色彩越丰富

C. 分辨率越高,显示器的点距越大

D. 分辨牟越高,显示器的图像抖动情况越小

44. I/O 设备指的是________。

A. 输入/输出设备　　B. 通信设备

C. 网络设备　　D. 控制设备

45. 存储器中，存取速度最快的是________。

A. CD—ROM　　B. 内存储器　　C. 软盘　　D. 硬盘

46. ________是计算机内存储器的一部分，CPU 对其只取不存。

A. RAM　　B. Cache　　C. ROM　　D. 磁盘

47. 操作系统是________的接口。

A. 软件和硬件　　B. 计算机和外设

C. 用户和计算机　　D. 高级语言和机器语言

48. 在当前使用的打印机中，印刷质量最好，分辨率最高的是________。

A. 行式打印机　　B. 点阵打印机　　C. 喷墨打印机　　D. 激光打印机

49. 下列诸多因素中，对微型计算机工作影响最小的是________。

A. 尘土　　B. 噪声　　C. 温度　　D. 湿度

50. 下列 4 种软件中属于应用软件的是________。

A. BASIC 解释程序　　B. ucDos 系统

C. 财务管理系统　　D. PASCAL 编译程序

二、填空题

1. 计算机一次能处理的二进制位数称为____________。

2. Cache 也称为____________。

3. 高级语言的翻译有两种方式：____________和____________。

4. 一条计算机指令至少包括____________和____________两部分。

5. 计算机软件分为____________和____________。

6. cpu 只能从____________中读取数据。

7. 一台主机由____________和____________组成。

8. MIPS 是用来衡量计算机________部件性能的，其意思是________。

9. 计算机的工作原理是____________。

10. 存储 400 个 16×16 点阵汉字字形所需的存储容量是____________KB。

三、简述题

1. 简述计算机的 5 大部件有哪些，并说出各部件的功能和作用？

2. 衡量微型计算机性能的指标通常有哪些？

习题三　操作系统及其使用

一、选择题

1. 操作系统是________的接口。

A. 用户与软件　　B. 系统软件与应用软件

C. 主机与外设　　D. 用户与计算机

2. 操作系统的主要功能是管理计算机的所有资源。一般认为操作系统对以下________方面进行管理。

A. 处理器、存储器、控制器、输入输出

B. 处理器、存储器、输入输出和数据

C. 处理器、存储器、输入输出和过程

D. 处理器、存储器、输入输出和计算机文件

3. Windows 操作时应________。

A. 先选择操作对象,再选择操作项　　B. 先选择操作项,再选择操作对象

C. 同时选择操作项和操作对象　　D. 需将操作项拖到操作对象上

4. Windows 7 中采用________结构来组织和管理文件。

A. 线型　　B. 星型　　C. 树型　　D. 网型

5. 设有文本文件 readme 存放在 C 盘 file 文件夹下,则它的带路径文件名为________。

A. C:\ readme/file. exe　　B. C:/file/ readme score. txt

C. C:\ readme\file. exe　　D. C:\file\ readme. txt

6. Windows 7 中用来进行"复制"的快捷键是________。

A. Ctrl＋A　　B. Ctrl＋C　　C. Ctrl＋V　　D. Ctrl＋X

7. Windows 7 中用来进行"粘贴"的快捷键是________。

A. Ctrl＋A　　B. Ctrl＋C　　C. Ctrl＋V　　D. Ctrl＋X

8. 在以下 4 个字符中,________不能作为一个文件的文件名的组成部分。

A. A　　B. *　　C. $　　D. 8

9. Windows 7 是一种________软件。

A. 信息管理　　B. 实时控制　　C. 文字处理　　D. 系统

10. Windows 7 是一个可同时运行多个程序的操作系统,当多个程序被依次启动运行时,屏幕上显示的是________。

A. 最初一个程序窗口　　B. 最后一个程序窗口

C. 系统的当前窗口　　D. 多窗口叠加

11. 在 Windows 7 中,"桌面"指的是________。

A. 整个屏幕　　B. 全部窗口　　C. 某个窗口　　D. 活动窗口

12. 在 Windows 7 的"开始"菜单中,如果菜单项后面有"▶"符号,则表示________。

A. 该菜单不能操作　　B. 选用该菜单会出现对话框

C. 该菜单有级联菜单　　D. 可用组合键来执行此菜单命令

13. 以下有关 Windows 7 的说法中正确的是________。

A. 双击任务栏上的日期/时间显示区,可调整机器默认的日期或时间

B. 如果鼠标坏了,将无法正常退出 Windows

C. 如果鼠标坏了,就无法选中桌面上的图标

D. 任务栏只能位于屏幕的底部

14. 以下有关 Windows 7 的说法中正确的是________。

A. 正确的关机顺序是：退出应用程序，回到 Windows 桌面，直接关闭电源。

B. 系统默认情况下，右击 Windows 桌面上的图标，即可运行某个应用程序。

C. 若要重新排列图标，应首先双击鼠标左键

D. 选中图标，再单击其下的文字，可修改其内容

15. 在 Windows 7 中，关于开始菜单叙述不正确的一条是________。

A. 单击开始按钮可以启动开始菜单

B. 在任务栏和开始菜单属性窗口中可以选择开始菜单的样式

C. 可以在开始菜单中增加菜单项，但不能删除菜单项

D. 用户想做的任何事情都可以从开始菜单开始

16. 在 Windows 7 的资源管理器中，不能对文件或文件夹进行更名操作的是________。

A. 单击“文件”菜单中的“重命名”命令

B. 右键单击要更名的文件或文件夹，选择快捷菜单中的“重命名”命令

C. 快速双击要更名的文件或文件夹

D. 第一次单击选中文件，再在文件名处单击，键入新名字

17. 不属于 Windows 7 的任务栏组成部分的是________。

A. 开始按钮　　B. 应用程序任务按钮

C. 通知区域　　D. 最大化窗口按钮

18. 如果一个窗口被最小化，则该窗口________。

A. 被暂停执行　　B. 被转入后台执行

C. 仍在前台执行　　D. 不能执行

19. 在 Windows 7 的“开始”菜单里的项目及其所包含的子项________。

A. 是固定的　　B. 是不能删减的

C. 只能在安装系统时产生　　D. 某些项目中的内容可以由用户自定义

20. 操作窗口内的滚动条可以________。

A. 滚动显示窗口内菜单项　　B. 滚动显示窗口内信息

C. 滚动显示窗口的状态栏信息　　D. 改变窗口在桌面上的位置

21. 不合法的 Windows 7 文件夹名是________。

A. x+y　　B. x－y　　C. x * y　　D. x÷y

22. 通常鼠标只需要用两个键就能完成对 Windows 7 的基本操作，这两个键分别是________。

A. 左键和中键　　B. 左键和右键　　C. 右键和中键　　D. 滑动轮和左键

23. 对于右手习惯的人要选取一个对象，鼠标的基本动作是________。

A. 右单击　　B. 左单击　　C. 左双击　　D. 以上皆不正确

24. Windows 7 中，“开始”菜单一般位于屏幕的________。

A. 右下角　　B. 左下角　　C. 左上角　　D. 右上角

25. 控制面板可以在________中找到。

A. 计算机　　B. “开始”菜单　　C. 网络　　D. 帮助和支持

26. 用户若要打开在桌面和开始菜单中找不到的程序，可以在________中查找。

A. 帮助　　B. 关机　　C. 文档　　D. 搜索程序和文件

27. 在窗口中标题栏位于窗口的________。

A. 顶端　　B. 底端　　C. 两侧　　D. 中间

28. 在资源管理器窗口中菜单栏位于窗口的________。

A. 标题栏上方　　B. 标题栏下方　　C. 工具栏下方　　D. 状态栏下方

29. 在资源管理器窗口中工具栏位于窗口的________。

A. 菜单栏下方　　B. 菜单栏上方　　C. 状态栏下方　　D. 标题栏上方

30. 在资源管理器窗口中状态栏位于窗口的________。

A. 顶端　　B. 底端　　C. 两侧　　D. 中间

31. 滚动条可分为________滚动条。

A. 横，竖　　B. 垂直，水平　　C. 上，下　　D. 左，右

32. ________不是 Windows 对话框中常见的元素。

A. 选项卡　　B. 编辑框　　C. 单选按钮　　D. 复选卡

33. 在 Windows 7 中，为了重新排列桌面上的图标，首先应进行的操作是________。

A. 用鼠标右键单击桌面空白处

B. 用鼠标右键单击"任务栏"空白处

C. 用鼠标右键单击已打开窗口的空白处

D. 用鼠标右键单击"开始"按钮

34. 在 Windows 7 中记事本生成的文本文件，默认的扩展名是________。

A. TXT　　B. DOC　　C. XSL　　D. WPS

35. 在资源管理器中，选定多个连续文件的方法是________。

A. 单击第一个文件，然后鼠标指向最后一个文件名，按住 Shift 键同时单击

B. 单击第一个文件，然后鼠标指向最后一个文件名，按住 Ctrl 键同时单击

C. 单击第一个文件，然后鼠标指向最后一个文件名，按住 Tab 键同时单击

D. 单击第一个文件，然后鼠标指向最后一个文件名，按住 Alt 键同时单击

36. 在资源管理器中文件夹左侧带"▶"表示________。

A. 这个文件夹已经展开了　　B. 这个文件夹受密码保护

C. 这个文件夹是隐含文件夹　　D. 这个文件夹下还有子文件夹且未展开

37. 切换中英文输入法的快捷键是________。

A. Ctrl ＋ SPACE　　B. Alt ＋ SPACE

C. Shift ＋ SPACE　　D. Tab ＋SPACE

38. 在资源管理器中要执行全部选定命令可以利用组合键________。

A. Ctrl ＋S　　B. Ctrl ＋V　　C. Ctrl ＋A　　D. Ctrl ＋C

39. 在 Windows 7 中，打开"资源管理器"窗口后，要改变文件或文件夹的显示方式，应选用________。

A. "文件"菜单　　B. "编辑"菜单　　C. "工具"菜单　　D. "帮助"菜单

40. 控制面板的作用是________。

A. 控制所有程序的执行　　B. 设置开始菜单

C. 对系统进行有关的设置　　D. 设置硬件接口

41. 在资源管理器中，只查看当前目录下的所有文本文件时，为了查看方便可选择

________命令把同类型的文件集中在一起显示出来。

A. 按名称排序　　B. 按类型排序　　C. 按大小排序　　D. 按修改日期排序

42. 在 windows 7 的“资源管理器”窗口中，如果单击左窗口中的文件夹图标，则________。

A. 在左窗口中扩展该文件夹

B. 在右窗口中显示文件夹中的子文件夹和文件

C. 在左窗口中显示文件夹中的子文件夹和文件

D. 在右窗口中显示该文件夹中的文件

43. 在 windows 7 的“资源管理器”窗口中，其左边窗口中默认显示的是________。

A. 当前打开的文件夹的内容

B. 系统的文件夹树

C. 当前打开的文件夹名称及其内容

D. 当前打开的文件夹名称

44. 下列说法中错误的是________。

A. 在文件夹窗口中，按住鼠标左键拖动鼠标，可以出现一个虚线框，松开鼠标后将选中虚线框中的所有的文件

B. 按住 Ctrl 键，单击一个选中的项目即可取消选定

C. 单击第一项，按住 Ctrl 键，然后单击最后一个要选定的项，即可以选中多个连续的文件

D. 选择“编辑”菜单中的“反向选择”命令，将选定文件夹中未选定的文件

45. 在 Windows 环境中，指定活动窗口的最佳方法是________。

A. 用鼠标单击该窗口内任意位置

B. 反复按 Ctrl＋Tab 键

C. 把其他窗口都关闭，只留下一个窗口

D. 把其他窗口都最小化，只留下一个窗口

46. 当桌面上有多个窗口时，这些窗口________。

A. 只能重叠　　B. 只能平铺

C. 既能重叠，也能平铺

D. 系统自动设置其平铺或重叠，用户无法改变

47. 在 Windows 中一般打开一个文档就能同时打开相应的应用程序，因为________。

A. 文档就是应用程序

B. 必须通过这个方法来打开应用程序

C. 文档与应用程序进行了关联

D. 文档是应用程序的附属

48. 要在不同驱动器间移动文件夹，须在鼠标选中并拖拽至目标位置的同时要按下________键。

A. Ctrl　　B. Alt　　C. Shift　　D. Caps Lock

49. 要删除文件夹，在鼠标选定后可以按________键。

A. Ctrl　　B. Delete　　C. Insert　　D. Home

50. 要永久删除一个文件可以按________键。

A. Ctrl +End　　B. Ctrl +Delete　　C. Shift +Delete　　D. Alt +Delete

51. 如果要搜索 salary1. txt,salary2. doc 和 salary. xls 三个文件,可使用带通配符的文件名为________。

A. salary?. *　　B. salary?　　C. * salary　　D. salary *. ?

52. 在 Windows 7 提供的搜索功能中不包含________搜索功能。

A. 按文件名　　B. 按文件类型　　C. 按文件大小　　D. 按修改时间

53. 在附件中不能找到________。

A. 画图　　B. 写字板　　C. 记事本　　D. 控制面板

54. Windows 操作系统的特点包括________。

A. 图形界面　　B. 多任务　　C. 即插即用　　D. 以上都对

55. 在 Windows 7 中,按 PrintScreen 键,则使整个桌面显示的内容________。

A. 打印到打印纸上　　B. 打印到指定文件

C. 复制到指定文件　　D. 复制到剪贴板

56. 对快捷方式理解正确的是________。

A. 删除快捷方式等于删除文件

B. 建立快捷方式可以减少打开文件夹、找文件夹的麻烦

C. 快捷方式不能被删除

D. 打印机不可建立快捷方式

57. 要隐藏任务栏可以在________进行相关设置。

A. 任务栏　　B. 资源管理器　　C. 控制面板　　D. 计算机

58. 要设置桌面墙纸,我们可以在控制面板的________中进行设置。

A. 系统和安全　　B. 硬件和声音　　C. 程序　　D. 外观

59. 在 Windows 7 窗口中,选中末尾带有省略号(…)的菜单则________。

A. 将弹出下一级菜单　　B. 将执行该菜单命令

C. 表明该菜单项已被选中　　D. 将弹出一个对话框

60. 要删除一个文件或文件夹,下列操作中错误的是________。

A. 选定要删除的文件或文件夹,选择“组织”→“删除”命令

B. 选定要删除的文件或文件夹,单击鼠标左键弹出快捷菜单,选择其中的“删除”命令。

C. 选定要删除的文件或文件夹,直接按键盘上的 Del 键

D. 直接将文件或文件夹拖至回收站里

61. 按组合键________能弹出 Windows 任务管理器。

A. 按 Ctrl +Alt　　B. 按 Alt +Del　　C. 按 Ctrl +Del　　D. 按 Ctrl +Alt +Del

62. 只有________才能激活来宾账户。

A. 管理员　　B. 受限用户　　C. 高级用户　　D. 来宾

63. 在 Windows 7 默认环境下,不能实现文件搜索的操作是________。

A. 打开“计算机”,在窗口右上方的搜索栏中搜索

B. 在“资源管理器”窗口的搜索栏中搜索

C. 用鼠标单击开始按钮,在最下方的搜索栏中搜索

D. 用鼠标右键单击桌面,然后在弹出的菜单中选择“搜索”命令

64. 在 Windows 7 中，如果进行了多次剪切或复制操作，则剪贴板中的内容是________。

A. 第一次剪切或复制的内容　　B. 最后一次剪切或复制的内容

C. 所有剪切或复制的内容　　D. 什么都没有

65. 能正常退出 Windows 7 的操作是________。

A. 在任何时刻直接关掉计算机的电源

B. 单击"开始"菜单中的"关机"按钮，并进行人机对话

C. 在没有运行任何应用程序的情况下关掉计算机的电源

D. 在没有运行任何应用程序的情况下按 Ctrl＋Alt＋Del 组合键

66. 在 Windows 7 中，窗口的最上方为"标题栏"，将鼠标光标指向该处，在窗口不是最大化情况下，"拖放"标题栏，则可以________。

A. 变动窗口上缘，从而改变窗口大小　　B. 移动该窗口

C. 放大窗口　　D. 缩小该窗口

67. 在 Windows 7 中，剪切板是用来传递信息的临时存储区，此存储区是________。

A. 回收站的一部分　B. 硬盘的一部分　C. 内存的一部分　D. 软盘的一部分

68. 资源管理器的管理对象是________。

A. 文件和文件夹　B. 目录和系统　C. 目录和磁盘　D. 系统文件

69. 下面关于快捷菜单的描述中，________是不正确的。

A. 快捷菜单可以显示与某一对象相关的命令菜单

B. 选定需要操作的对象，单击左键，屏幕上就会弹出快捷菜单

C. 选定需要操作的对象，单击右键，屏幕上就会弹出快捷菜单

D. 按 ESC 键或单击桌面或窗口上的任一空白区域，都可以退出快捷菜单

70. Windows 7 中可对文件和文件夹的进行管理的工具是________。

A. 资源管理器　B. 网络　C. Internet Explorer　D. 回收站

71. 下列操作不能关闭窗口的是________。

A. 用鼠标左键双击控制菜单按钮

B. 按键盘上的〈ESC〉键

C. 用鼠标左键单击窗口右上角的标有叉形的按钮

D. 选择控制菜单中的"关闭"选项

72. 在 Windows 7 环境下，通常将整个显示屏称为________。

A. 窗口　B. 桌面　C. 对话框　D. 资源管理器

73. 当一个窗口已经最大化时，下列叙述中错误的是________。

A. 该窗口可以被关闭　　B. 该窗口可以移动

C. 该窗口可以最小化　　D. 该窗口可以还原

74. 将运行中的应用程序窗口最小化以后，则应用程序________。

A. 还在继续运行　B. 停止运行　C. 被删除掉了　D. 出错

75. 为了实现全角与半角之间的切换，应按的键是________。

A. 〈Shift〉＋空格　B. 〈Ctrl〉＋空格　C. 〈Shift〉＋〈Ctrl〉　D. 〈Ctrl〉＋F13

76. Windows 7 默认环境中，不能运行应用程序的操作是________。

A. 用鼠标左键双击应用程序的快捷方式

B. 用鼠标左键双击应用程序的图标

C. 用鼠标右键单击应用程序的图标，在弹出的快捷菜单中选择“打开”命令

D. 用鼠标右键单击应用程序的图标，然后按 Enter 键

77. 对话框外形和窗口差不多，________。

A. 也有菜单栏　　B. 也有标题栏

C. 也有最大化和最小化按钮　　D. 也允许用户改变其大小

78 在资源管理器中，选定多个不连续文件的方法是________。

A. 单击第一个文件，然后按住 Shift 键同时单击要选的其他文件

B. 单击第一个文件，然后按住 Ctrl 键同时单击要选的其他文件

C. 单击第一个文件，然后按住 Tab 键同时单击要选的其他文件

D. 单击第一个文件，然后按住 Alt 键同时单击要选的其他文件

79. 在“资源管理器”窗口右部，若已单击了第一个文件，再按住〈Ctrl〉键，并单击第五个文件，则________。

A. 有 0 个文件被选中　　B. 有 5 个文件被选中

C. 有 1 个文件被选中　　D. 有 2 个文件被选中

80. 下列文件名中，合法的是________。

A. My. PROG　　B. A\B\C　　C. TEXT＊. TXT　　D. A/S. DOC

81 要卸载一种中文输入法，可在________中进行。

A. 控制面板　　B. 资源管理器　　C. 文字处理程序　　D. 计算机

82. 在 Windows 环境下，若要把整个桌面的图像复制到剪贴板，可用________。

A. ＜ Print Screen ＞键　　B. ＜ Alt ＞ ＋ ＜ Print Screen ＞键

C. ＜ Ctrl＞ ＋ ＜ Print Screen ＞键　　D. ＜ Shift ＞ ＋ ＜ Print Screen ＞键

83. 在资源管理器的左窗格中，单击某个文件夹图标左边的加号▶后，则________。

A. 左窗格显示的该文件夹的下级文件夹消失

B. 该文件夹的下级文件夹显示在右窗格

C. 该文件夹的下级文件夹显示在左窗格

D. 右窗格显示的该文件夹的下级文件夹消失

84. 在 Windows 7 下，由汉字输入状态快速进入英文输入状态，可以用________。

A. Shift 键＋空格键　　B. Enter 键＋空格键

C. Alt 键＋空格键　　D. Ctrl 键＋空格键

85. 在 Windows 环境下，要在计算机中已安装的各种输入法之间快速切换，可以按________。

A. Shift 键＋空格键　　B. Enter 键＋空格键

C. Alt 键＋空格键　　D. Ctrl 键＋ Shift 键

86. 在 Windows 7 的“回收站”中存放的________。

A. 只能是硬盘上被删除的文件或文件夹

B. 只能是软盘上被删除的文件或文件夹

C. 可以是硬盘或软盘上被删除的文件或文件夹

D. 可以是所有外存储器中被删除的文件或文件夹

87. 在计算机系统中，通常用文件的扩展名来表示________。

A. 文件的内容　B. 文件的版本　C. 文件的类型　D. 文件的建立时间

88. 下列________不属于 Windows 系统的实用程序。

A. 画图　B. 计算器　C. RealPlayer 播放器　D. 写字板

89. 当某个应用程序不能正常关闭时，可以________，在出现的窗口中选择“任务管理器”，以结束不响应的应用程序。

A. 切断计算机主机电源　B. 按 Alt+Ctrl+Del

C. 按 Alt+F4　D. 按下 Reset 键

90. 剪贴板的操作不包括________。

A. 删除　B. 剪贴　C. 复制　D. 粘贴

91. 关于快捷方式，不正确的描述为________。

A. 删除快捷方式后，它所启动的程序或文件也被删除

B. 可以在桌面上建立

C. 可以在文件夹中建立

D. 可以在“开始”菜单中建立

92. 选定硬盘上的文件或文件夹后，不将文件或文件夹放到“回收站”中，而直接彻底删除的操作是________。

A. 按〈DEL〉键

B. 用鼠标直接将文件或文件夹拖放到“回收站”中

C. 按〈Shift〉+〈Del〉键

D. 在资源管理器窗口中选定要删除的文件或文件夹，选择“组织”→“删除”命令

93. 以下________英文单词代表来宾账户。

A. User1　B. Guest　C. Administrator　D. VIP

94. 如果想将某编辑系统中的图形或文字（比如记事本、画图等）放到剪贴板中，可________。

A. 用复制和剪切功能

B. 先选定这些图形和文字，再用复制或剪切功能

C. 用粘贴功能

D. 选定图形和文字后用粘贴功能

95. 如果想将整个屏幕画面放到画图程序中去编辑，可使用的操作为________。

A. 先选定屏幕，用复制命令把屏幕移入剪贴板，再打开画图程序，把光标移动到插入处，选择粘贴命令

B. 先选定屏幕，用剪切命令把屏幕移入剪贴板，再打开画图程序，把光标移动到插入处，选择粘贴命令

C. 先按下 Print Screen 键，将屏幕上的图形移入剪贴板，再打开画图程序，把光标移动到插入处，选择粘贴命令

D. 以上三项都不是。

96. 在 Windows 7 中，如果想对图形进行裁减和修改，可在________应用程序中进行。

A. 记事本　B. Word　C. 画图　D. 剪贴板

97. 在 windows 7 中，使用________命令，可循环切换输入方式。

A. Ctrl＋Shift　　B. Ctrl＋空格　　C. Shift＋空格　　D. Ctrl＋回车

98. 要卸除一种中文输入法，可在下列________中进行。

A. 控制面板　　B. 资源管理器　　C. 文字处理程序　　D. 计算机

99. 全角和半角状态的转换命令是按 键。

A. Caps Lock　　B. Shift＋键位　　C. Ctrl＋空格　　D. Shift＋空格

100. 要使文件不被修改和删除，可以把文件设置成________

A. 存档文件　　B. 隐含文件　　C. 只读文件　　D. 系统文件

二、简述题

1. 举例说明鼠标的几种基本操作。

2. Windows 7 窗口的基本组成是怎样的？

3. 在 Windows 7 中打开和关闭窗口各有哪几种方法？

4. 回收站的功能是什么？

5. 简述 Windows 7 中菜单的类型。

6. 简述 Windows 7“对话框”的功能和特点。

7. 简述 Windows 7 任务栏的组成及功能。

8. 在资源管理器中删除的文件可以恢复吗？如果能，如何恢复？如果不能，说明为什么。

9. 在 Windows 系统中，文件扩展名的作用是什么？

10. 在文件管理和文件搜索中，“*”和“?”有什么特殊作用？请举例说明如何使用这两个特殊符号。

11. 如果需要保存文件名和扩展名完全相同的两个文件，怎样操作才能满足要求？

12. “在桌面上不能创建文件夹和文件”的说法对吗？为什么？

13. 在 Windows 7“资源管理器”窗口中，如何选择连续的和不连续的文件？

14. 什么是 Windows“剪贴板”？举例说明在哪些操作中使用剪贴板？

15. 文件(夹)的复制和移动有什么区别？简述复制文件(夹)和移动文件(夹)的几种方法。说明一种或几种需要复制或移动文件(夹)的理由。

16. 快捷方式的特点是什么？试以名为“常用文件”的文件夹为例，说明如何在桌面上建立其快捷方式？如果将桌面上“常用文件”的快捷方式删除，那么“常用文件”文件夹及其中的文件会如何？反之，如果删除的是“常用文件”文件夹，那么它的快捷方式又会如何？

17. Windows 7 中有哪几种帐户类型？各有什么运行权限？

18. 在 Windows 7 操作系统中，“命令行提示符”的功能和作用是什么？如何进入命令行方式？

19. 简述在 Windows 7 中格式化磁盘的方法。

20. 简述 Windows 7“磁盘碎片整理程序”的基本功能。

习题四 Word

1. 办公自动化是计算机的一项应用，按计算机应用的分类，它属于________。

A. 科学计算　B. 辅助设计　C. 实时控制　D. 信息处理

2. 下列________是在 Word2010 不支持的。

A. 把文档设置为只读　B. 添加数字签名

C. 对文档进行保护　D. 将文档内的文字设置为密文

3. Word 文档默认的模板名是________。

A. Nomal. dotm　B. Nom. doc　C. Word. dot　D. Common. doc

4. 在保存新建立的 Word 文档时，系统默认保存在________文件夹中。

A. 用户自行设置的　B. C:\

C. C:\MSOFFICE　D. C:\Windows

5. ________不能关闭 Word。

A. 双击标题栏左边的"W"　B. 单击标题栏右边的"×"

C. 单击"文件"面板中的"关闭"　D. 单击"文件"面板中的"退出"

6. 在 Word 中，"文件"面板中"关闭"命令的意思是________。

A. 关闭 Word 窗口连同其中所有的文档窗口，并退出 Windows

B. 关闭 Word 窗口连同其中所有的文档窗口，并退回到 Windows

C. 关闭 Word 窗口连同其中所有的文档窗口，并退回到 Dos

D. 关闭当前文档窗口，但仍在 Word 应用程序中

7. 打开 Word 文档一般是指________。

A. 把文档的内容从内存中读入并显示出来

B. 为指定的文件开设一个新的、空的文档窗口

C. 把文档的内容从磁盘调入内存并显示出来

D. 显示并打印出指定文档的内容

8. 当输入一个 Word 文档到右边界时，插入点会自动移到下一行最左边，这是 Word 的________功能。

A. 自动更正　B. 自动回车　C. 自动格式　D. 自动换行

9. 在 Word 编辑状态，当前正编辑一个新建文档"文档 1"，当执行"文件"面板中的"保存"命令后，________。

A. 该文档 1 被存盘　B. 弹出"另存为"对话框，供进一步操作

C. 自动以"文档 1"存盘　D. 不能以"文档 1"存盘

10. 在 Word 编辑状态下，按先后顺序打开 D1. docx、D2. docx、D3. docx、D4. docx 四个文档，当前活动窗口是________。

A. D1. docx　B. D2. docx　C. D3. docx　D. D4. docx

11. Word2010 设置了自动保存功能，欲使自动保存时间间隔为 10 分钟，进行设置的一组操作是________。

A. 选择"文件"选项卡中的"选项"按钮　B. 选定图形所在页按 Ctrl+s 键

C. 选择“文件”选项卡中的“保存”按钮　D. 选择“审阅”选项卡中的“限制编辑”按钮

12. Word 的录入原则是________。

A. 可任意加回车键、空格键　B. 可任意加空格键，不可任意加回车键

C. 可任意加回车键，不可任意加空格键　D. 不可任意加回车键、空格键

13. 在 Word 中，对话框中“确定”按钮的作用是________。

A. 确定输入的信息　B. 确认各个选项并开始执行

C. 退出对话框　D. 关闭对话框不做任何动作

14. 在________时，剪贴板中的内容会发生变化。

A. 关闭了文档窗口　B. 又进行了一次粘贴操作

C. 又进行了新的复制操作　D. 又打开了新的文档。

15. 在________ 选项卡的“样式”任务组里，可以设置文档的样式。

A. 插入　B. 开始　C. 视图　D. 页面布局

16. 在 Word 中，________显示方式可查看与打印效果一致的各种文档。

A. 大纲视图　B. 页面视图　C. 阅读版式视图　D. web 版式视图

17. 如果文档很长，可采用 Word 提供的________ 技术，同时在同一文档中滚动查看不同部分。

A. 滚动条　B. 拆分窗口　C. 排列窗口　D. 帮助

18. 段落标记是在按________后产生的。

A. Esc　B. Ins　C. Enter　D. Shift

19. 在 Word 中，每个段落的标记在________。

A. 段落中无法看到　B. 段落的结尾处　C. 段落的中部　D. 段落的开始处

20. 在 Word 中，下面关于页眉和页脚的叙述错误的是________。

A. 一般情况下，页眉和页脚适用于整个文档

B. 奇数和偶数页可以有不同的页眉和页脚

C. 在页眉和页脚中可以设置页码

D. 可以同时设置页眉和页脚

21. 将当前编辑的 Word 文档转存为其他格式的文件时，应使用“文件”面板中的________命令。

A. 保存　B. 页面设置　C. 另存为　D. 发送

22. 欲在当前 Word 文档中插入一个特殊符号，应在________选项卡中去寻找。

A. 插入　B. 引用　C. 视图　D. 开始

23. 在 Word 编辑状态下，执行“开始”选项卡的“复制”命令后，________。

A. 被选择的内容被复制到插入点　B. 被选择的内容被复制到剪贴板

C. 插入点内容被复制到剪贴板　D. 光标所在段落内容被复制到剪贴板

24. 选定整个文档，使用组合键________。

A. Ctrl＋A　B. Ctrl＋Shift＋A　C. Shift＋A　D. Alt＋A

25. 将选定的文本从文档的一个位置复制到另一个位置，可按住________键再用鼠标拖动。

A. Ctrl　B. Alt　C. Shift　D. Enter.

26. 在 Word 中，按________键与工具栏上的复制按钮功能相同。

A. Ctrl+C　B. Ctrl+V　C. Ctrl+A　D. Ctrl+S

27. 按快捷键<Ctrl>+<S>的功能是________。

A. 删除文字　B. 粘贴文字　C. 保存文件　D. 复制文字

28. 在文本编辑时，可用________键和方向键选择多个字符。

A. Ctrl　B. Tab　C. Shift　D. Alt

29. 下列说法错误的是________。

A. Ctrl+C 是执行剪贴板的复制操作　B. Ctrl+V 是执行剪贴板的粘贴操作

C. Ctrl+x 是执行剪贴板的剪切操作　D. Ctrl+S 是执行全选操作

30. 下列________是 Word2010 增加的新的特性。

A. 可以按照图形、表、脚注和注释来查找内容

B. 数据库管理功能

C. 多进程文档管理

D. 支持开源系统

31. 在 Word 编辑状态下，下列四种组合键中________可以从汉字输入状态切换到英文状态。

A. Ctrl+空格键　B. Ctrl+Alt

C. Shift+空格键　D. Alt+空格键

32. 使用________可以进行快速格式复制操作。

A. 编辑菜单　B. 段落命令　C. 格式刷　D. 格式菜单

33. 要创建一个公式，可以________。

A. 执行【开始】→【字体】命令

B. 执行【插入】→【公式】命令

C. 单击【表格和边框】工具栏上的“求和”按钮

D. 使用【绘图】工具栏上的绘图工具

34. Word 双击文档前的文本选择区，则可选择________。

A. 插入点所在行　B. 插入点所在列

C. 整篇文档　D. 什么都不选

35. 在 Word 编辑状态下进行“替换”操作，应使用________选项卡命令。

A. 审阅　B. 插入　C. 视图　D. 开始

36. 使用________选项卡中的“标尺”命令，可以显示或隐藏标尺。

A. 开始　B. 格式　C. 邮件　D. 视图

37. 在 Word 中，利用最长的空间来显示文档，可选择“视图”选项卡的________命令。

A. 页面视图　B. 大纲视图　C. 阅读版式视图　D. 普通视图

38. 在 Word 中，将部分文本内容复制到其它地方，首先进行的操作是________。

A. 剪切　B. 粘贴　C. 复制　D. 选择

39. 在对 Word 文档编辑时，文字下面有红色波浪或绿色波浪下画线表示________。

A. 已修改过的文档　B. 对输入的确认

C. 拼写可能错误　D. 语法可能错误

40. 在 Word 中,要把插入点光标从第 1 页移到第 20 页,较好的方法是________。

A. 定位到页

B. 选择“插入”菜单中的“页码”命令选项

C. 拖动垂直滚动条

D. 选择“插入”菜单中的“分隔符”命令选项

41. Word 中“插入/图片”命令不可插入的是________。

A. 剪贴画　　B. 公式　　C. 艺术字　　D. 形状

42. 在一个文档中,为使页面的页码不同可以使用插入分隔符的________分节符来完成。

A. 分页符　　B. 分栏符　　C. 下一页　　D. 连续

43. 对 Word 工作环境更改可通过点击“文件”面板中的________来完成

A. 选项　　B. 信息检索　　C. 语言　　D. 统计

44. 在 Word 中,将“段落”对话框中“分页和换行”选项卡中“孤行控制“选中,可以防止________。

A. 在页面顶端打印出分节符　　B. 在页面底端打印段落末行

C. 在页面底端打印段落首行　　D. 在页面顶端打印段落首行

45. 在 Word2003 文档中,插入声音文件,应选择“插入”选项卡中的________命令。

A. 对象　　B. 图片　　C. 图文框　　D. 文本框

46. Word 进行强制分页的方法是________。

A. Ctrl+Shift　　B. Ctrl+Enter　　C. Ctrl+Space　　D. Ctrl+Alt

47. 在 Word 中,一般 SmartArt 图形是为文本设计的,而图表是为数字设计的,下列________操作是利用了图表。

A. 创建气泡图或雷达图　　B. 创建矩阵图

C. 创建棱锥图　　D. 创建组织结构图

48. 在 Word 中,能插入“页码”的命令是________。

A. “插入”选项卡中的“页码”命令选项:

B. “页面布局”选项卡中的“页眉和页脚”命令选项

C. “视图”选项卡中的“页眉和页脚”命令选项

D. “开始”选项卡中的“页居和页脚”命令选项

49. 在 Word 中,可以进行分栏排版的方式为________。

A. 选择“页面布局”选项卡中的“分栏”命令选项

B. 选择“插入”选项卡中的“分隔符”命令选项

C. 选择“视图”选项卡中的“拆分”命令选项

D. 选择“其他格式”工具栏下的“分栏”命令按钮

50. 当选择 Word 的“开始”选项卡中的“字体”命令选项时,出现“字体”对话框,该对话框中有 2 个标签,其中 1 个标签为________。

A. 段落　　B. 文字效果　　C. 字体　　D. 字符间距

51. 在 Word 中,可以将段落设置为左对齐、右对齐等多种对齐方式,但没有下列________选项。

A. 居中对齐　　B. 悬挂对齐　　C. 分散对齐　　D. 两端对齐

52. 在 Word 中，系统默认的中/英文字体的字号是________。

A. 二　　B. 三　　C. 四　　D. 五

53. 要为某个段落添加下双划线，可以________。

A. 执行【开始】→【字体】命令，在【字体】对话框中进行设置

B. 执行【开始】→【段落】命令，在【段落】对话框中进行设置

C. 使用【表格和边框】工具栏上的按钮

D. 使用【绘图】工具栏绘制

54. 在 Word 中，如果使用了项目符号或编号，则项目符号或编号在________时会自动出现。

A. 每次按回车键　　B. 一行文字输入完毕并回车

C. 按 Tab 键　　D. 文字输入超过右边界

55. 在 Word 中，欲进行自动编号，可单击下述________按钮。

A.　　B.　　C.　　D.

56. 在 Word 编辑状态，当前编辑文档中的字体全是宋体字，选择一段文字使之反显，先设置楷体，又设置仿宋题，则________。

A. 文档全文是楷体　　B. 被选择的内容是宋体

C. 被选择的内容变为仿宋体　　D. 文档的全部文字的字体不变

57. 在 Word 中，文档可以多栏并存，以下________视图可以看到分栏效果。

A. 普通　　B. 页面　　C. 大纲　　D. 主控文档

58. 批注是审阅者对文档添加的注释信息，通过该操作，________。

A. 可以在批注框中添加图表批注　　B. 可以在批注框中添加视频批注

C. 不能改变文档的样式　　D. 不能改变文档的内容

59. 如果文档中的页码发生了变化，目录就需要更新。更新目录页的方法是：右键单击目录区域，并选择"更新域"，在弹出的对话框中选择________。

A. 只更新页码　　B. 增加新页码

C. 删除原页码　　D. 更新整个目录

60. 在 Word2003 中，单击"开始"选项卡中的________命令按钮，可以对文字或数字进行字形修饰。

A. 上画线　　B. 下画线　　C. 倾斜　　D. 旋转 90 度

61. 在 Word 编辑状态下，若设置一个文字格式为下标形式，应使用"开始"选项卡中________组的"下标"命令。

A. 字体　　0B. 段落　　C. 文字方向　　D. 组和字符

62. 在 Word 2003 编辑状态下，若设置文字间的距离可使用"开始"选项卡中的________。

A. 字体　　B. 段落　　C. 文字方向　　D. 组和字符

63. 在 Word 文档中，默认的格式是________。

A. 居中　　B. 两端对齐　　C. 左对齐　　D. 右对齐。

64. Word 中可通过页面设置进行________操作。

A. 设置行间距　　B. 设置纸张大小　　C. 设置段落格式　　D. 设置分栏

65. 在 Word 中，打印文档时，正确的操作命令是________。

A. 选择“开始”面板中的“打印”命令选项

B. 按组合键 Alt+S

C. 选择“页面布局”选项卡的“打印”命令按钮

D. 按组合键 Ctrl+S

66. 如果发现 Word 文档不能进行修订操作，并出现“不允许修改，因为所选内容已被锁定”提示信息，可以________。

A. 选择“插入与删除”　　B. 关闭文档保护

C. 单击“修订”按钮　　D. 勾选“设置格式”

67. 在 Word 中，编辑区显示的“坐标线”在打印时________出现在纸上。

A. 不会　　B. 全部　　C. 一部分　　D. 大部分

68. 在文档中每一面都要出现的基本相同的内容都应放在________中。

A. 页眉页脚　　B. 文本　　C. 文本框　　D. 表格

69. 设定打印纸张大小时，应当使用的命令是________。

A. “开始”中的“打印预览”命令　　B. “页面布局”中的“页面设置”命令

C. “开始”中的“段落”命令　　D. “视图”中的“页面”命令

70. 在 Word 的“打印”设置中，“页数”可以用如下方法设定________。

A. 1、3、5－12　　B. 1;3:5－12　　C. 1,3,5－12　　D. 1,3,5+12

71. 在 Word 表格中，如果单元格的高度不够，可利用________进行调整。

A. 水平标尺　　B. 垂直标尺

C. 滚动条　　D. 表格自动套用格式

72. 在 Word 中，有关格式中的文本格式化的说法中不正确的是________。

A. 表格中的文本可以用“开始”选项卡的“字体”和“字号”来修饰

B. 表格中文字的左右居中，可以通过选择“开始”选项卡的“居中”命令按钮来实现

C. 表格中文字的上下对齐，可以通过选择“开始”选项卡的“中部居中”命令按钮来实现

D. 表格中文字的上下对齐，可以通过选择“表格工具”上的“中部居中”命令按钮来实现

73. 在 Word 表格中，如果同列单元格的宽度不合适，可以利用________进行调整。

A. 水平标尺　　B. 滚动条

C. 垂直标尺　　D. 表格自动套用格式

74. 在 Word 表格中，对当前单元格左边的所有单元格中的数值求和，应使用________公式。

A. = SUM(RIGHT)　　B. = SUM(BELOW)

C. = SUM(LEFT)　　D. = SUM(ABOVE)

75. 在 Word 2010 的表格中填入的信息________。

A. 只限于文字形式　　B. 只限于数字形式

C. 限于文字和数字形式　　D. 是文字、数字和图形对象等

76. 在 Word 2010 的编辑状态中，对已进行的添加批注操作，如果发现在屏幕上无法看到包含有审阅者名称及批注的相关批注框，可以使用________来恢复显示出来。

A. “审阅”选项卡/修订/显示标记　　B. “审阅”选项卡/新建批注

C. “审阅”选项卡/接受/接受修订　　D. “视图”选项卡/阅读版式视图

77. 在 Word 2010 中,编制目录的依据是文档中的________。

A. 段落　　B. 项目　　C. 章节　　D. 各级标题

78. 在 Word 中,下列说法正确的是________。

A. 文档的符号只能从键盘输入

B. 文档中的符号只能从“插入”选项卡中的符号表中找到并插入

C. GBK 输入法中包含了约两万多汉字

D. 在插入的表格中不可自动进行数值计算

79. 在 Word 表格中,编辑或修改表格时不可完成的功能有________。

A. 复制或移动表格项

B. 无论表格的横向或纵向合并,其标题文字方向只有一种表示形式

C. 拆分或合并表格单元

D. 改变表格的行高与列宽

80. 在 Word 的“表格工具”中默认的对齐方式有________命令按钮。

A. 靠上两端对齐　　B. 顶端对齐

C. 中部居中　　D. 靠下右对齐

81. 当前文档中有一个表格,选定表格后,按 Del 键后________。

A. 表格中的内容全部被删除,但表格还存在

B. 表格和内容全部被删除

C. 表格被删除,但表格中的内容末被删除

D. 表格中插入点所在的行被删除

82. 当前文档中有一个表格,选定表格中的一行后,单击“表格工具”中“拆分表格”命令后,表格被拆分成上、下两个表格,已选择的行________。

A. 在上边的表格中　　B. 在下边的表格中

C. 不在这两个表格中　　D. 被删除

83. 当前文档中有一个表格,经过拆分表格操作后,表格被拆分成上、下两个表格,两个表格中间有一个回车符,当删除该回车符后,________。

A. 上、下两个表格被合并成一个表格

B. 两表格不变,插入点被移到下边的表格中

C. 两表格不变,插入点被移到上边的表格中

D. 两个表格被删除

84. 当前文档中有一个表格,当鼠标在表格的某一个单元格内变成向右箭头,双击鼠标后________。

A. 整个表格被选择　　B. 鼠标所在的一行被选择

C. 鼠标所在的一个单元格被选择　　D. 表格内没有被选择的部分

85. Word 文档中有一个表格,当鼠标在表格的某一个单元格内变成向右箭头,连续三次单击鼠标后,________。

A. 整个表格被选择　　B. 标所在的一行被选择

C. 标所在的一个单元格被选择　　D. 格内没有被选择的部分

86. Word 文档中有一个表格,选定表格内的部分数据后,单击“开始”选项卡中的“居中对

齐”按钮后，________。

A. 表中的数据全部按居中对齐格式编排

B. 表格中被选择的数据按居中对齐格式编排

C. 表格中的数据没按居中对齐格式编排

D. 表格中未被选择的数据按居中对齐格式编排

87. 在 Word 表格中，对表格的内容进行排序，下列不能作为排序类型的有________。

A. 笔划　　B. 拼音　　C. 偏旁部首　　D. 数字

88. 在 Word 中要对某一单元格进行拆分，应执行________操作。

A. 选择“插入”选项卡中的“拆分单元格”命令

B. 选择“开始”选项卡中的“拆分单元格”命令

C. 选择“引用”选项卡中的“拆分单元格”命令

D. 选择“表格工具”中的“拆分单元格”命令

89. 在 Word 中，如果在有文字的区域绘制图形，则在文字与图形的重叠部分________。

A. 文字不可能被覆盖　　B. 文字可能被覆盖

C. 文字小部分被覆盖　　D. 文字部分大部分被覆盖

90. 在图形编辑中，如果单击绘图工具中的直线图标按钮，此时鼠标光标在文本区内变为________图形。

A. ↖　　B. |　　C. ↗　　D. +

91. 在 Word 中，要使文字和图片叠加，应在插入的图片格式中选择________方式。

A. 四周环绕　　B. 紧密环绕　　C. 无环绕　　D. 上下环绕

92. 在 Word 中，可以在文档中插入多种格式的图形文件，并且可以任意________。

A. 改变纵、横向的比例　　B. 放大、缩小比例

C. 修改图片和在文档中直接绘图　　D. 以上都可以实现

93. 在 Word 中要使文字能够环绕图形编辑，应选择的环绕方式是________。

A. 紧密型　　B. 四周型　　C. 无　　D. 穿越型

94. 下列功能中不是 Word 的基本功能的是________。

A. 文字编辑和校对功能　　B. 格式编排和文档打印功能

C. 编辑图片　　D. 图文混排

95. 在 Word 的编辑状态中，绘制图形时，文档应处于________。

A. 普通视图　　B. 主控文档　　C. 页面视图　　D. 大纲视图

96. 在 Word 中，图像可以以多种环绕形式与文本混排，________不是它提供的环绕形式

A. 四周型　　B. 穿越型　　C. 上下型　　D. 左右型

97. 在编写论文时，经常要采用自动生成目录，一般常在第一页插入一空白页，专门用来放置目录，插入空白页最快捷的方法是________。

A. 选择“视图”选项卡中的“新建窗口”命令

B. 选择“文件”选项卡中的“新建/空白文档”命令

C. 选择“插入”选项卡中的“空白页”命令

D. 在编辑状态下不断输入 Enter 键

98. 在“字数统计”中用户不能得到的信息是________。

A. 文件的长度　　　　　　　　　　B. 文档的页数
C. 文档的段落数　　　　　　　　　D. 文档的行数

99. Word 中的宏是________。

A. 一种病毒　　　B. 一种固定格式　C. 一段文字　　　　D. 一段应用程序

100. 在 Word 中，节是一个重要的概念，下列关于节的叙述不正确的是________。

A. 在 Word 中，默认整篇文档为一个节
B. 可以对一篇文档设定多个节
C. 可以对不同的节设定不同的页码
D. 删除节的页码用 End 键

习题五　Excel

1. Excel 广泛应用于________。

A. 工业设计、机械制造、建筑工程　　B. 美术设计、装潢、图片制作
C. 统计分析、财务管理分析、经济管理　D. 多媒体制作

2. 新建工作簿默认包含________个工作表。

A. 256　　　　B. 1　　　　C. 2　　　　D. 3

3. 在 Excel，一张工作表最多可有________。

A. 26 列　　　　B. 256 列　　　　C. 65536 列　　　　D. 16384 列

4. 在 Excel，一张工作表最多可有________。

A. 65536 行　　　B. 256 行　　　C. 1048576 行　　　D. 16384 行

5. Excel 工作簿文件的缺省类型是________。

A. txt　　　　B. wks　　　　C. xlsx　　　　D. docx

6. 下列说法中正确的是________。

A. Excel 文件的扩展名是.docx　　　B. Excel 可以在 DOS 环境下运行
C. Excel 是一种电子表格软件　　　　D. Excel 属于操作系统系列软件

7. 下列________是 Excel 的基本存储单位。

A. 幻灯片　　　B. 单元格　　　C. 工作表　　　D. 工作簿

8. 在 Excel 中，第 7 行第 5 列的单元格表示为________。

A. F7　　　　B. E7　　　　C. R7C5　　　　D. R5C7

9. 在 Excel 中，下列________是 C7，E7，D6：D8 所表示的单元格。

A. D7　　　　B. D6　　　　C. C7　　　　D. C7，D7，E7，D6，D8

10. 在 Excel 工作表中，每个单元格都有唯一的编号叫地址，地址的使用方法是________。

A. 字母＋数字　　B. 列标＋行号　　C. 数字＋字母　　D. 行号＋列标

11. 下列关于 Excel 的说法，不正确的是________。

A. Excel 具有绘图、文档处理等功能
B. Excel 具有以数据库管理方式管理表格数据功能
C. Excel 能生成立体统计图形
D. Excel 是电子表格软件

12. 在 Excel 中，下列关于工作表的说法中，选项________是正确的。
A. 工作表标签位于工作簿文档窗口底部和垂直滚动条右侧
B. 工作表不能删除
C. 工作表可以重命名
D. 工作表内容不能移动
13. 在 Excel 中，当给某一个单元格设置了数字格式，则关于该单元格错误的是________。
A. 不改变其中的数据，只改变显示形式　B. 只能输入数字
C. 可以输入数字也可以输入字符　D. 把输入的数据格式改变了
14. Excel 工作表中可以进行智能填充时鼠标的形状为________。
A. 空心粗十字　B. 向左上方箭头　C. 向右上方箭头　D. 实心细十字
15. Excel 编辑栏中的"×"表示________。
A. 公式栏中的编辑有效，且接收　B. 公式栏中的编辑无效，不接收
C. 不允许接收数学公式　D. 删除编辑栏的数据
16. Excel 编辑栏中的"＝"表示________。
A. 公式栏中的编辑有效，且接收　B. 公式栏中的编辑无效，不接收
C. 不允许接收数学公式　D. 允许接收数学公式
17. 用户新建一个工作薄时，有三个默认的工作表，当前的工作表为________。
A. Book　B. Book1　C. Sheet　D. Sheet1
18. 在 Excel 工作薄中有关移动和复制工作表的说法正确的是________。
A. 工作表可以移动到其它工作薄内，也可以复制到其它工作薄内
B. 工作表可以移动到其它工作薄内，不能复制到其它工作薄内
C. 工作表只能在所在工作薄内移动，不能复制
D. 工作表只能在所在工作薄内复制，不能移动
19. 在 Excel 中，在选定的一行位置上插入一行，可以通过________。
A. 选择"插入"选项卡中的"行"命令
B. 选择"数据"选项卡中的"行"命令
C. 选择"开始"选项卡中的"插入"命令
D. 选择"数据"选项卡中的"插入"命令
20. 在 Excel 中，选择一活动单元格，输入一个数字，按住 Ctrl 键，向________方向拖动填充柄，所拖过的单元格被填入的是按步长值为 1 的递增等差数列。
A. 下　B. 左　C. 上　D. 以上答案均对
21. 在 Excel 中，编辑栏中的名称框显示的是________。
A. 单元格的地址　B. 当前单元格的地址
C. 当前单元格的内容　D. 单元格的内容
22. 在 Excel 中，单击鼠标右键弹出的快捷菜单中所包含的命令是________。
A. 任意　B. 最常用的鼠标对象号
C. 随鼠标指针位置的变化决定　D. 固定的几个
23. 关于 Excel 工作表，错误的是________。
A. 可以重命名　B. 可以复制　C. 不可以移动　D. 可以删除

24. 在 Excel 工作表中，单元格区域 B2:C6 所包含的单元格个数是________。

A. 5　　B. 6　　C. 7　　D. 8

25. 在 Excel 中，设置单元格区域的数字格式可通过________进行。

A. "数据"选项卡　　B. "视图"选项卡

C. "开始"选项卡　　D. "常用"工具栏

26. 在 Excel 中，填充单元格区域中的底纹可通过________进行。

A. "页面布局"选项卡　　B. "文件"选项卡

C. "插入"选项卡　　D. "开始"选项卡

27. 在 Excel 中，添加单元格区域的边框线可通过________进行。

A. "插入"选项卡　　B. "编辑"选项卡

C. "数据"选项卡　　D. "开始"选项卡

28. 在 Excel 中，若填入一列等差数列(单元格内容为常数)，使用的方法是________。

A. 使用填充柄　　B. 使用"数据"选项卡命令

C. 使用"插入"选项卡命令　　D. 使用"格式"选项卡命令

29. 在 Excel 中下列________观点正确。

A. 只能打开一个工作簿　　B. 工作簿窗口只有一个工作表

C. 可以同时打开多个工作簿　　D. 工作簿窗口有多个活动工作表

30. 在 Excel 中，调整单元格区域中的文本对齐方式可通过________进行。

A. "数据"选项卡中的"对齐方式"　　B. "开始"选项卡中的"对齐方式"

C. "编辑"选项卡中的"对齐方式"　　D. "常用"工具栏

31. 在 Excel 中，使用填充柄不可在单元格区域中填充________。

A. 相同数据　　B. 没有关系的数据

C. 已定义的序列数据　　D. 递增或递减的数据序列

32. 在 Excel 中，在单元格区域输入相同的数据可使用________。

A. 直接输入　　B. 键盘　　C. 填充柄　　D. 插入菜单

33. 在 Excel 中，填充柄处于单元格的________。

A. 右下角　　B. 左上角　　C. 左下角　　D. 右上角

34. 在 Excel 中，可通过单元格的________设计各种形式的报表。

A. 添加边框线　　B. 文本内容　　C. 合并　　D. 拆分

35. 在 Excel 中，单元格中的文本自动换行可通过________选项卡进行。

A. 开始　　B. 视图　　C. 数据　　D. 页面布局

36. 在 Excel 中，表格边框线________。

A. 红色可以改为蓝色　　B. 实线可以改为虚线

C. 粗细可以改变　　D. 以上操作均可

37. 在 Excel 中，表格边框线的线型可以是________。

A. 点画线　　B. 细实线　　C. 虚线　　D. 都可以

38. 在 Excel 中，可以在单元格________设置边框线。

A. 下　　B. 内部　　C. 上　　D. 都可以

39. 在 Excel 中，下列________是 D1:E3 代表的单元格。

A. E1,E2,E3　　B. D1,D2,D3,E1,E2,E3

C. D1,D2,D3　　D. A1,E3

40. 在 Excel 中,编辑单元格批注的方法是,先选中单元格,然后点击______选项卡中的"新建批注"。

A. 审阅　　B. 插入　　C. 数据　　D. 视图

41. 在 Excel 中,单元格的合并通过______不可以完成。

A. "开始"选项卡中的"合并及居中"按钮

B. "开始"选项卡中的"对齐方式"

C. "数据"选项卡

D. 右键弹出快捷菜单完成

42. 在 Excel 中,单元格可以接收______的数据。

A. 时间　　B. 文本　　C. 日期　　D. 以上都可以

43. 在 Excel 中,______输入不能得到负数。

A. "−9"　　B. (9)　　C. −9　　D. −9·

44. 在默认情况下,Excel 单元格中的数据______表示文本。

A. 沿单元格靠左对齐　　B. 沿单元格靠右对齐

C. 水平居中　　D. 垂直居中

45. 在 Excel 中,选中多个连续的单元格的方法是用______键配合鼠标操作。

A. Alt　　B. Shift　　C. Ctrl　　D. Del

46. 在单元格中输入数据后,按______键,能实现在当前活动单元格内换行。

A. Ctl+Enter　　B. Alt+Enter　　C. Del+Enter　　D. Shift+Enter

47. 在 Excel 公式栏中输入数据后,按______键,能实现在当前所有活动单元格内填充相同内容。

A. Shift+Enter　　B. Del+Enter　　C. Alt+Enter　　D. Ctrl+Enter

48. 在 Excel 中,______单元格可拆分。

A. 任意单元格　　B. 跨列居中过的单元格

C. 合并过的　　D. 单元格不能拆分

49. 在 Excel 中,工作表中的单元格不可以存储______。

A. 文本　　B. 数值　　C. 公式　　D. 工作表

50. 在 Excel 中,要精确调整单元格的行高可通过______。

A. "数据"选项卡　　B. "插入"选项卡

C. 拖动行号上面的分隔线　　D. 拖动行号下面的分隔线

51. 下列正确的 Excel 公式形式是______。

A. =A5 * Sheet2! B3　　B. =A5 * Sheet2 $ B3

C. =A5 * Sheet2:B3　　D. =A5 * Sheet2%B3

52. 默认情况下,在 Excel 单元格中靠左对齐的数据为______。

A. 文本　　B. 数值　　C. 日期　　D. 时间

53. 在 Excel 中,"开始"选项卡中的"对齐方式"命令可以设置______。

A. 字体　　B. 边框　　C. 行高　　D. 列宽

54. 在 Excel 中,不可设置表格边框线的________。

A. 粗细　　B. 颜色　　C. 虚实线形　　D. 曲线线形

55. 以下不可以调整行高的方法是________。

A. 使用"开始"选项卡中的"格式"命令

B. 拖动单元格所在的行号下边的分隔线

C. 直接在单元格中按 Enter 键

D. 按住 Alt 键再按 Enter 键

56. 若在单元格中输入数值 1/2,应________。

A. 直接输入 1/2　　B. 输入'1/2

C. 输入 0 和空格后输入 1/2　　D. 输入空格和 0 后输入 1/2

57. 在 Excel 中要删除一行,应选择________。

A. "数据"选项卡中的"筛选"　　B. "页面布局"选项卡的"删除"

C. "开始"选项卡的"剪切"　　D. "开始"选项卡的"删除"

58. Excel 工作薄的窗口冻结的形式包括________。

A. 水平冻结　　B. 垂直冻结

C. 水平、垂直同时冻结　　D. 以是全

59. 在 Excel 的编辑栏中,显示的公式或内容是________。

A. 上一单元格的　　B. 当前行的

C. 当前列的　　D. 当前单元格的

60. 在 Excel 中,对单元格地址绝对引用,正确的方法是________。

A. 在单元格地址前加"$"

B. 在单元格地址后加"$"

C. 在构成单元格地址的字母和数字前分别加"$"

D. 在构成单元地址的字母和数字间加"$"

61. 在 Excel 中,在进行公式复制时哪个地址会发生改变?________。

A. 相对地址中的地址偏移量　　B. 相对地址中所引用的单元格

C. 绝对地址中的地址表达式　　D. 绝对地址中所引用的单元格

62. 在 Excel 输入公式时,如出现"#REF!"提示,表示________。

A. 运算符号有错　　B. 没有可用的数值

C. 某个数字出错　　D. 引用了无效的单元格

63. 在 Excel 中,以下属于单元格相对引用的是________。

A. $A$1　　B. A1　　C. $Al　　D. A$1

64. 使用公式或函数的自动填充功能,若想填充公式或函数中引用的单元格地址随着单元格的填充发生行列地址的相应变化,应该使用________。

A. 绝对引用　　B. 相对引用　　C. 混合引用　　D. 不能引用

65. 在 Excel 中,下列说法中不正确的是________。

A. 数据可以在单元格内用组合键换行　　B. 可以通过"插入"菜单为单元格加批注

C. 单元格区域不可以重命名　　D. 公式="6"+"4"的运算结果是数值 10

66. 在 Excel 中,下列说法中不正确的是________。

A. 公式要以“＝”开头

B. 常用函数的种类并不会因使用者使用其他函数而改变

C. 相邻两个参数之间用“－”号隔开

D. 函数也可以没有参数，但函数名后的圆括号是必须的

67. 在 Excel 中，不是引用运算符包括________。

A. ：　　B. ，　　C. 空格　　D. %

68. 在 Excel 中，已知 B3 和 B4 单元格中的内容分别为“祖国”和“你好”，要在 B1 中显示，“祖国你好”可在 B1 中输入公式________。

A. ＝B3＋B4　　B. B3－B4　　C. B3&B4　　D. B3 $ B4

69. 在 Excel 中，公式以________开头。

A. 字母　　B. ＝　　C. 数字　　D. 日期

70. 在 Excel 中，创建公式的操作步骤有：①在编辑栏键入“＝”；②键入公式；③按 ENTER 键；④选择需要建立分式的单元格；其正确的顺序是________。

A. ①②③④　　B. ④①③②　　C. ④①②③　　D. ④③①②

71. 关于 Excel 单元格中的公式的说法，不正确的是________。

A. 只能显示公式的值，不能显示公式

B. 能自动计算公式的值

C. 公式值随所引用的单元格的值的变化而变化

D. 公式中可以引用其他工作簿中的单元格

72. 在 Excel 中，要求 A1、A2、A3 单元格中数据的平均值，并在在 B1 单元格式中显示出来，下列公式错误的是________。

A. ＝(A1＋A2＋A3)/3　　B. ＝SUM(A1:A3)/3

C. ＝AVERAGE(A1:A3)　　D. ＝AVERAGE(A1:A2:A3)

73. 在 Excel 中，关于函数的说法，不正确的是________。

A. 参数可以代表数值或单元格区域

B. 函数名和左括号之间允许有空格

C. 相邻两个参数之间用逗号隔开

D. 在函数名中，英文大小写字母的效果不相同

74. 在 Excel 中，________是函数 MIN(4,8,FALSE)的执行结果。

A. O　　B. 4　　C. 8　　D. －1

75. 在 Excel 中，________是函数 AVERAGE (1,“”,A)的返回值。

A. 不予计算　　B. A2　　C. 11　　D. 5

76. 在 Excel 中，下列函数的返回值为 8 的是________。

A. SUM(“4”,3,TRUE)　　B. MAX(9,8,TRUE)

C. AVERAGE(8,TRUE,18,6)　　D. MIN(FALSE,8,－9)

77. 在 Excel 的数据操作中，统计个数的函数是________。

A. COUNT　　B. SUM　　C. AVERAGE　　D. TOTAL

78. 在 Excel 中，在 A1 单元格中输入＝SUM(8,7,8,7)，则其值为________。

A. 15　　B. 30　　C. 7　　D. 8

79. 在 Excel 的单元格中，其公式：=SUM(B3:E8)含义是________。

A. 3 行 B 列至 8 行 E 列范围内的 24 个单元格内容相加

B. 单元格 B3 与单元格 E8 的内容相加

C. B 行 3 列至 E 行 8 列范围内的 24 个单元格内容相加

D. 3 行 B 列与 8 行 E 列的单元格内容相加

80. 在 Excel 中进行排序操作时，最多选择的排序关键字的个数为________。

A. 1　　B. 2　　C. 3　　D. 4

81. 下列说法中正确的是________。

A. 图表既可以嵌入在工作表，也可以单独占据一个工作表

B. 当工作表数据改变时，图表不能自动更新

C. 当图表表数据改变时，工作表数据不能自动更新

D. 图表标题不能编辑

82. 在 Excel 中，图表建立好以后，可以通过鼠标________。

A. 填加图表向导以外的内容　　B. 改变图表的类型

C. 调整图表的大小和位置　　D. 改变行标题和列标题

83. 在 Excel 中，下列说法中正确的是________。

A. 图表大小不能缩放　　B. 图表中图例的位置只能位于图的底部

C. 图例可以不显示　　D. 图表的位置不可以移动

84. 在 Excel 中，能够进行条件格式设置的区域________。

A. 只能是一行　　B. 只能是一列

C. 只能是一个单元格　　D. 可以是任何选定区域

85. 在 Excel 中，为了更好地反映折线迷你图中数据的趋势，可以通过选中________使所有数据以节点形式突出显示。

A. 低点　　B. 高点　　C. 负点　　D. 标记

86. 在 excel 中，最适合反映某个数据在所有数据构成的总和中所占的比例的一种图表类型是________。

A. 散点图　　B. 折线图　　C. 柱形图　　D. 饼图

87. 在 Excel 中，能够选择和编辑图表中任何对象的是使用________。

A. 绘图工具栏　　B. 图表工具栏

C. 常用工具栏　　D. 格式工具栏

88. 迷你图是将数据形象化呈现的制图小工具，下列________不是迷你图的图表类型。

A. 折线图　　B. 散点图　　C. 柱形图　　D. 盈亏图

89. 在 Excel 中，创建图表时，在弹出的“选择数据源”对话框中选择图表的数据区域后，如果图表数据区域发生变化，则相应的图表________。

A. 自动发生变化　　B. 不会发生变化

C. 提示出错　　D. 需手动操作后才发生变化

90. 在 Excel 中，下列说法中不正确的是________。

A. 当需要利用复杂的条件筛选数据清单时可以使用“高级筛选”

B. 执行“高级筛选”之前必须为之指定一个条件区域

C. 筛选的条件可以自定义

D. 在筛选命令执行之后，筛选结果一定和原数据清单一起显示在屏幕上

91. 在 Excel 中，对表格中的数据进行排序可通过________。

A. “文件”选项卡　　B. “开始”选项卡

C. “数据”选项卡　　D. “公式”选项卡

92. 在 Excel 中，不可以按照________对数据进行排序。

A. 主要关键字　　B. 次要关键字　　C. 第三关键字　　D. 图表

93. 在 Excel 中，对数据进行分类汇总的统计操作不可以是________。

A. 求乘积　　B. 求标准偏差　　C. 求最小值　　D. 筛选

94. 在 Excel 中，进行分类汇总时，不可以对________项进行统计。

A. 逻辑　　B. 日期　　C. 数据　　D. 文本

95. 在 Excel 中，排序关键字的类型可以是________类型。

A. 日期　　B. 文字　　C. 数值　　D. 以上都可以

96. 在 Excel 中，对排序问题的下列说法中不正确的是________。

A. 可以使用工具栏中的“升序”或“降序”按钮

B. 排序时关键字有时不止一个

C. 在排序对话框中勾选“数据包含标题栏”筛选框，表示标题行不参加排序。

D. 只能对列排序，不能对行实现排序。

97. 在 Excel 中，下列关于分类汇总的叙述错误的是________。

A. 分类汇总的关键字只能是一个字段

B. 分类汇总前数据必须按关键字字段排序

C. 分类汇总不能删除

D. 汇总方式只有求和

98. 在 Excel 中，单击排序对话框中的“选项...”按钮，在弹出的排序选项对话框中可以________。

A. 选择按列排序　　B. 不能选择字母排序

C. 不能选择笔画排序　　D. 不能选择区分大小写

99. 在 Excel 中，下列关于分类汇总的说法中不正确的是________。

A. 进行分类汇总之前，必须先对表格中需进行分类汇总的列排序

B. Excel 只对分类的数据具有求乘积汇总功能

C. Excel 可以对数据列表中的字符型数据项统计个数

D. 在进行分类汇总时，在工作表窗口左边会出现分级显示区

100. 在 Excel 中，下面是选定区域中的数据，________单元格不能被 COUNT(Al:A4)统计出来。

A. A3 单元格数据为 0　　B. A1 单元格的数据为文字“计算”

C. A2 单元格为时间格式 10:30　　D. A4 单元格数据为逻辑值 FALSE

习题六 PowerPoint

1. PowerPoint 演示文稿的默认扩展名是________。

A. PWP B. FPT C. PPTX D. PRG

2. PowerPoint 的应用特点是________。

A. 制作屏幕演示文稿 B. 制作讲义 C. 制作网页 D. 制作文本

3. 利用“文件”选项卡中的“保存并发送”命令，可以将当前演示文稿________。

A. 复制到软盘上

B. 作为电子邮件的正文内容发送出去

C. 作为电子邮件的附件发送出去

D. 作为传真的内容发送出去

4. 普通视图包含 3 种窗格：大纲窗格、________和备注窗格。

A. 标题窗格 B. 幻灯片窗格 C. 讲义窗格 D. 组织结构窗格

5. 对新文稿存盘的方法不正确的是：________。

A. 选择“文件”选项卡的“保存”命令 B. 选择“文件”选项卡的“另存为”命令

C. 按快捷键 Ctrl+S 键 D. 按快捷键 Ctrl+W 键

6. 在 PowerPoint 下编辑文件的保存类型不可以是________。

A. 网页文件 B. Word 文档 C. 演示文稿 D. 演示文稿模板

7. ________方法不能启动 PowerPoint。

A. 用鼠标左键双击桌面上的 PowerPoint 图标

B. 用鼠标左键双击 PowerPoint 文件图标

C. 用鼠标右键双击 PowerPoint 快捷方式图标

D. 选择“开始”、“程序”、“Microsoft PowerPoint”命令

8. 演示文稿中的每一张演示的单页称为________，它是演示文稿的核心。

A. 版式 B. 模板 C. 母版 D. 幻灯片

9. 在 PowerPoint 的大纲视图中，可以看到每个层次标题，标题最多可以包含________级。

A. 二 B. 三 C. 四 D. 五

10. 以下不属于 PowerPoint 视图方式的是________。

A. 幻灯片浏览 B. 大纲 C. 普通 D. 讲义

11. 如果要将幻灯片的方向改变为纵向，可通过________命令实现。

A. 页面设置 B. 打印 C. 幻灯片版式 D. 应用设计模板

12. 以下不属于页面设置的内容是________。

A. 幻灯片大小 B. 幻灯片方向 C. 页边距 D. 幻灯片编号起始值

13. 在演示文稿中新增幻灯片的正确方法是________。

A. 选择“文件”选项卡中的“新建”命令

B. 选择“开始”选项卡中的“新建幻灯片”命令

C. 在幻灯片编辑区单击鼠标右键，选择“插入幻灯片”命令

D. 选择“编辑”选项卡中的“新建幻灯片”命令

14. 选择全部演示文稿，可用快捷键________。

A. Shift＋A　　B. Ctrl＋Shift　　C. Ctrl＋A　　D. Ctrl＋Shift＋A

15. 下述有关在幻灯片浏览视图下的操作，不正确的有________。

A. 采用 Shift＋鼠标左键的方式选中多张幻灯片

B. 采用鼠标拖动幻灯片可改变幻灯片在演示文稿中的位置

C. 在幻灯片浏览视图下可隐藏幻灯片

D. 在幻灯片浏览视图—下可删除幻灯片中的某一对象

16. 在 PowerPoint 编辑状态下可以进行幻灯片间移动和复制操作的视图方式为________。

A. 幻灯片　　B. 幻灯片浏览　　C. 幻灯片放映　　D. 备注页

17. 可删除幻灯片的操作是________。

A. 在幻灯片放映视图中选择幻灯片，再按 Del 键

B. 在幻灯片放映视图中选择幻灯片，再按 Esc 键

C. 在幻灯片浏览视图中选中幻灯片，再按 Del 键

D. 在幻灯片浏览视图中选中幻灯片，再按 Esc 键

18. PowerPoint 中的图片不可以来自________。

A. 剪辑库　　B. 自选图形　　C. 指定文件　　D. 应用程序

19. 在 PowerPoint 中，不属于文本占位符的是________。

A. 标题　　B. 副标题　　C. 图表　　D. 普通文本

20. 在________视图方式下，显示的是幻灯片的缩图，适用于对幻灯片进行组织和排序、添加切换功能和设置放映时间。

A. 幻灯片　　B. 大纲　　C. 幻灯片浏览　　D. 备注页

21. 选中幻灯片中的对象，________不可实现对象的复制操作。

A. 单击右键选择快捷菜单中的“复制”和“粘贴”按钮

B. 选择“开始”选项卡中的“复制”与“粘贴”命令

C. 用鼠标左键拖动对象到目的位置

D. 使用快捷键“Ctrl＋C”和“Ctrl＋V”

22. 在 PowerPoint2010 中，下列说法错误的是________。

A. 在文档中可以插入音乐

B. 在文档中可以插入影片

C. 在文档中插入多媒体内容后，放映时只能自动放映，不能手动放映

D. 在文档中可以插入声音

23. ________不是幻灯片能设置的母版的格式。

A. 大纲母版　　B. 备注母版　　C. 幻灯片母版　　D. 讲义母版

24. 有关幻灯片中文本框的描述正确的是________。

A. “横排文本框”的含义是文本框高的尺寸比宽的尺寸小

B. 选定一个版式后，其内的文本框的位置不可以改变

C. 复制文本框时，内部添加的文本一同被复制

D. 文本框的大小只可以通过鼠标非精确调整

25. 添加与编辑幻灯片“页眉与页脚”操作的命令位于________ 选项卡中。

A. 开始　　B. 视图　　C. 插入　　D. 设计

26. 在 PowerPoint 中，幻灯片________是一张特殊的幻灯片，包含已设定格式的占位符，这些占位符是为标题、主要文本和所有幻灯片中出现的背景项目而设置的。

A. 模板　B. 母版　C. 版式　D. 样式

27. 为幻灯片中文本设置项目符号，可使用________。

A. “文件”选项卡　B. “插入”选项卡　C. “开始”选项卡　D. “审阅”选项卡

28. 幻灯片的“背景”不可以是________。

A. 单一颜色　B. 双色渐变　C. 纹理填充　D. 动画

29. 有关幻灯片页面版式的描述，不正确的是________。

A. 幻灯片应用模板可以改变

B. 幻灯片的大小(尺寸)不能够调整

C. 同一演示文稿中只允许使用一种母版格式

D. 同一演示文稿中不同幻灯片的配色方案可以不同

30. 选中文本后，下述________操作不能设置文本中的“字号”格式。

A. 选中文本后，在文本相关联的工具栏中设置“字号”

B. 单击“开始”选项卡中的“字体”命令

C. 单击鼠标右键，再选择“字体”命令

D. 单击鼠标左键，再选择“字体”命令

31. 以下不属于“开始”选项卡的命令为________。

A. 字体　B. 背景　C. 段落　D. 幻灯片版式

32. 在 PowerPoint 中，可以设置幻灯片布局的命令为________。

A. 背景　B. 幻灯片版式　C. 幻灯片配色方案　D. 设置放映方式

33. 设置幻灯片背景的填充效果应使用________选项卡。

A. 视图　B. 开始　C. 设计　D. 插入

34. 设置幻灯片背景时，不属于自定义颜色基色的是________。

A. 红色　B. 绿色　C. 黄色　D. 蓝色

35. 关于 PowerPoint 的配色方案正确的描述是________。

A. 配色方案的颜色用户不能更改

B. 配色方案只能应用到某张幻灯片上

C. 配色方案不能删除

D. 应用新配色方案，不会改变进行了单独设置颜色的幻灯片颜色

36. 如果要想使某个幻灯片与其母版的格式不同，可以________。

A. 更改幻灯片版面设置　B. 设置该幻灯片不使用母版

C. 直接修改该幻灯片　D. 修改母版

37. 为幻灯片添加编号，应使用________选项卡。

A. 设计　B. 审阅　C. 开始　D. 插入

38. 幻灯片中的对象在动画播放后，不可以________。

A. 不变暗　B. 变为其他颜色　C. 被隐藏　D. 被删除

39. PowerPoint 2010 中自带很多的图片文件，若将它们加入演示文稿中，应使用插入________操作。

A. 自选图形　B. 剪贴画　C. 对象　D. 符号

40. 在幻灯片放映时,从一张幻灯片过渡到下一张幻灯片,称为________。

A. 动作设置　　B. 预设动画　　C. 幻灯片切换　　D. 自定义动画

41. 如果要从最后 1 张幻灯片返回第 1 张幻灯片,应使用菜单“幻灯片放映”中的________。

A. 动作设置　　B. 预设动画　　C. 幻灯片切换　　D. 自定义动画

42. 若将幻灯片中的对象设置动画,可选取________。

A. “格式”选项卡中的“自定义动画”命令

B. “工具”选项卡中的“预设动画”命令

C. “幻灯片放映”选项卡中的“添加动画”命令

D. “动画”选项卡中的“添加动画”命令

43. 如果要从一个幻灯片“溶解”到下一个幻灯片,应使用“切换”选项卡中的________。

A. 换片方式　　B. 预设动画　　C. 切换到此幻灯片　　D. 自定义动画

44. 若在计算机屏幕上放映演示文稿,正确的操作是执行________。

A. “开始”选项卡中的“观看放映”命令

B. 按 F5 键

C. “编辑”选项卡中的“幻灯片放映”命令

D. “视图”选项卡中的“幻灯片浏览”命令

45. 在 PowerPoint 中,若为幻灯片中的对象设置“飞入”,应在________选项卡中设置。

A. 动画　　B. 设计　　C. 视图　　D. 幻灯片放映

46. 为了使所有幻灯片有统一的外观风格,可以通过设置________实现。

A. 配色方案　　B. 母版　　C. 幻灯片版式　　D. 幻灯片切换

47. 以下选项中,不属于 PowerPoint 提供的 3 种不同的放映幻灯片的方式的是________。

A. 演讲者放映　　B. 观众自行浏览　　C. 在展台浏览　　D. 幻灯片浏览

48. ________操作可以退出 PowerPoint 的全屏放映模式。

A. 选择“文件”菜单中的“退出”命令　　B. 按 Ctrl＋X 键

C. 按 Ctrl＋F4 键　　D. 按 Esc 键

49. 在 PowerPoint 中,Esc 键的作用是________。

A. 关闭打开的文件　　B. 退出 PowerPoint

C. 停止正在放映的幻灯片　　D. 相当于 Ctrl＋F4

50. 要使幻灯片在放映时能够自动播放,需要为其设置________。

A. 超级链接　　B. 动作按钮　　C. 排练计时　　D. 录制旁白

习题七　计算机网络基础知识

一、选择题

1. 关于计算机软件的使用,正确的认识应该是________。

A. 计算机软件不需要维护

B. 计算机软件只要复制得到就不必购买

C. 受法律保护的计算机软件不能随意复制

D. 计算机软件不必备份

2. 域名 www.tsinghua.edu.cn 一般来说，它是在________。

A. 中国教育界　B. 中国工商界　C. 工商界　D. 网络机构

3. 因特网的地址系统表示方法有________种。

A. 1　B. 2　C. 3　D. 4

4. 计算机网络的构成可分为________、网络软件、网络拓扑结构和传输控制协议。

A. 体系结构　B. 传输介质　C. 通信设备　D. 网络硬件

5. 计算机网络技术包含的两个主要技术是计算机技术和________。

A. 微电子技术　B. 通信技术　C. 数据处理技术　D. 自动化技术

6. 收发电子邮件，首先必须拥有________。

A. 电子邮箱　B. 上网账号　C. 中文菜单　D. 个人主页

7. IP 地址是由一组________位的二进制数组成。

A. 8　B. 16　C. 32　D. 128

8. 计算机网络的突出优点是________。

A. 资源共享　B. 存储容量大　C. 运算速度快　D. 运算精度高

9. 开放系统互联参考(OSI)模型的基本结构分为________层。

A. 5　B. 6　C. 7　D. 8

10. 下列不属于网络拓扑结构形式的是________。

A. 分支　B. 环形　C. 总线　D. 星形

11. 统一资源定位器的英文缩写是________。

A. HTTP　B. FTP　C. TELNET　D. URL

12. 下列传输介质中，抗干扰能力最强的是________。

A. 微波　B. 光纤　C. 双绞线　D. 同轴电缆

13. 每台联网的计算机都必须遵守一些事先约定的规则，这些规则称为________。

A. 标准　B. 协议　C. 公约　D. 地址

14. 局域网的网络硬件主要包括服务器、工作站、网卡和________。

A. 网络拓扑结构　B. 微型机　C. 传输介质　D. 网络协议

15. ________多用于同类局域网之间的互联。

A. 中继器　B. 网桥　C. 路由器　D. 网关

16. Internet 上各种网络和各种不同类型的计算机相互通信的基础是________协议。

A. TCP/IP　B. SPX/IPX　C. CSM/CD　D. CGBENT

17. 中国教育和科研计算机网络是________。

A. CHINANET　B. CSTENT　C. CERNET　D. CGBNET

18. 从 www.jxdd.gov.cn 可以看出，它是中国________的一个站点。

A. 军事部门　B. 政府部门　C. 教育部门　D. 工商部门

19. 局域网的网络软件主要包括________。

A. 网络传输协议和网络应用软件

B. 工作站软件和网络数据库管理系统

C. 网络操作系统、网络数据库管理系统和网络应用软件

D. 服务器操作系统、网络数据库管理系统和网络应用软件

20. 下列关于 IP 的说法错误的是________。

A. IP 地址在 Internet 上是唯一的。

B. IP 地址由 32 位十进制数组成。

C. IP 地址是 Internet 上主机的数字标识。

D. IP 地址指出了该计算机连接到哪个网络上。

21. 计算机网络的主要目标是________。

A. 分布处理　B. 将多台计算机连接起来

C. 提高计算机可靠性　D. 共享软件、硬件和数据资源

22. 浏览 Web 网站必须使用浏览器,目前常用的浏览器是________。

A. Hotmail　B. Outlook Express　C. Inter Exchange　D. Internet Explorer

23. ________是一个局域网与另一个局域网之间建立连接的桥梁。

A. 中继器　B. 网关　C. 集成器　D. 网桥

24. 一台家用微机要上 Internet 必须安装________协议。

A. TCP/IP　B. IEEE802.2　C. X.25　D. IPX/SPX

25. 通常一台计算机要接入互联网应安装的设备是________。

A. 网络操作系统　B. 调制解调器或网卡

C. 网络查询工具　D. 游戏卡

26. www.googel.com 是一个________网站。

A. 新闻　B. 搜索　C. 综合　D. 游戏

27. ChinaNet 是________的简称。

A. 中国科技网　B. 中国公用计算机互联网

C. 中国教育和科研网　D. 中国公众多媒体通信网

28. Internet 上的服务都是基于某一种协议,Web 服务是基于________协议。

A. SNMP　B. SMTP　C. HTTP　D. TELNET

29. 根据________,病毒可以划分为网络病毒、文件病毒和引导型病毒。

A. 病毒存在的媒体　B. 病毒传染的方法

C. 病毒破坏的能力　D. 病毒的算法

30. 超文本的含义是________。

A. 该文本有链接到其他文本的链接点　B. 该文本包含有图像

C. 该文本包含有声音　D. 该文本包含有二进制字符

31. IP 的中文含义是________。

A. 程序资源　B. 信息协议　C. 软件资源　D. 文件资源

32. 已知接入 Internet 的计算机用户名为 KSB,而连接的邮件服务器域名为 jxu.edu.cn,则相应的 E-mail 地址应为________。

A. KSB@jxu.edu.cn　B. OKSB.jxu.edu.cn

C. KSB.jxu.edu.cn　D. jxu.edu.cn.KSB

33. Internet 采用域名地址是因为________。

A. 一台主机必须用域名地址标识　B. IP 地址不便记忆

C. IP 地址不能唯一标识一台主机　D. 一台主机必须用 IP 地址和域名地址共同标识

34. WWW 的超链接中定位信息的位置使用的是________。

A. 超文本(hypertext)技术　B. 统一资源定位器(URL)

C. 超媒体(hypermedia)技术　D. 超文本标识语言 HTML

35. 一般情况下,校园网属于________。

A. LAN　B. WAN　C. MAN　D. GAN

36. IE 是目前流行的浏览器软件,其主要功能之一是浏览________。

A. 文本文件　B. 图像文件　C. 多媒体文件　D. 网页文件

37. 要在 Internet 上实现电子邮件,所有用户都必须连接到________,它们之间再通过 Internet 相连。

A. 本地电信局　B. E-mail 服务器

C. 本地主机　D. 全国 E-mail 服务中心

38. 电子邮件地址格式为:username@hostname,其中 hostname 为________。

A. 用户地址名　B. ISP 某台主机的域名　C. 某公司名　D. 某国家名

39. 以下不属于计算机病毒的特点的是________。

A. 破坏性　B. 传染性　C. 周期性　D. 潜伏性

40. CERNET 是________的简称。

A. 中国科技网　B. 中国公用计算机互联网

C. 中国教育和科研网　D. 中国公众多媒体通信网

41. 计算机网络按其覆盖的范围,可划分为________。

A. 以太网和移动通信网　B. 电路交换网和分组交换网

C. 局域网、城域网和广域网　D. 星形结构、环形结构和总线结构

42. 下列域名中,表示教育机构的是________。

A. ftp. bta. net. cn　B. ftp. cnc. ac. cn

C. www. ioa. ac. cn　D. www. buaa. edu. cn

43. 统一资源定位器 URL 的格式是________。

A. 协议://IP 地址或域名/路径/文件名　B. 协议://路径/文件名

C. TCP/IP 协议　D. http 协议

44. 下列各项中,非法的 IP 地址是________。

A. 126. 96. 2. 6　B. 190. 256. 38. 8

C. 203. 113. 7. 15　D. 203. 226. 1. 68

45. Internet 在中国被称为因特网或________。

A. 网中网　B. 国际互联网　C. 国际联网　D. 计算机网络系统

46. 电子邮件是 Internet 应用最广泛的服务项目,通常采用的传输协议是________。

A. SMTP　B. TCP/IP　C. CSMA/CD　D. IPX/SPX

47. ________是指连入网络的不同档次、不同型号的微机,它是网络中实际为用户操作的工作平台,它通过插在微机上的网卡和连接电缆与网络服务器相连。

A. 网络工作站　B. 网络服务器　C. 传输介质　D. 网络操作系统

48. 当个人计算机以拨号方式接入 1nternet 网时,必须使用的设备是________。

A. 网卡　B. 调制解调器(Modem)

C. 电话机　　　　　　　　　　　D. 浏览器软件

49. 通过 Internet 发送或接收电子邮件(E-mail)的首要条件是应该有一个电子邮件(E-mail)地址,它的正确形式是________。

A. 用户名@域名　　B. 用户名#域名　　C. 用户名/域名　　D. 用户名.域名

50. 目前网络传输介质中传输速率最高的是________。

A. 双绞线　　B. 同轴电缆　　C. 光缆　　D. 电话线

51. 在下列四项中,不属于 OSI(开放系统互连)参考模型七个层次的是________。

A. 会话层　　B. 数据链路层　　C. 应用层　　D. 用户层

52. ________是网络的心脏,它提供了网络最基本的核心功能,如网络文件系统、存储器的管理和调度等。

A. 服务器　　B. 工作站　　C. 服务器操作系统　　D. 通信协议

53. 计算机网络大体上由两部分组成,它们是通信子网和________。

A. 局域网　　B. 计算机　　C. 资源子网　　D. 数据传输介质

54. 传输速率的单位是 bps,表示________。

A. 帧/秒　　B. 文件/秒　　C. 位/秒　　D. 米/秒

55. 在 INTERNET 主机域名结构中,下面子域________代表商业组织结构。

A. COM　　B. EDU　　C. GOV　　D. ORG

56. 一个局域网,其网络硬件主要包括服务器、工作站、网卡和________等。

A. 计算机　　B. 网络协议　　C. 网络操作系统　　D. 传输介质

57. 关于电子邮件,下列说法中错误的是________。

A. 发送电子邮件需要 E-mail 软件支持　　B. 发件人必须有自己的 E-mail 账号

C. 收件人必须有自己的邮政编码　　D. 必须知道收件人的 E-mail 地址

58. 邮件中插入的"链接",下列说法中正确的是________。

A. 链接指将约定的设备用线路连通　　B. 链接将指定的文件与当前文件合并

C. 点击链接就会转向链接指向的地方　　D. 链接为发送电子邮件做好准备

59. 下列各项中,不能作为域名的是________。

A. www,bit. edu. cn　　B. ftp. buaa. edu. cn

C. www. aaa. edu. cn　　D. www. lnu. edu. cn

60. OSI(开放系统互联)参考模型的最低层是________。

A. 传输层　　B. 物理层　　C. 网络层　　D. 应用层

61. 下列属于微机网络所特有的设备是________。

A. 显示器　　B. UPS 电源　　C. 服务器　　D. 鼠标器

62. 与 Internet 相连的计算机,不管是大型的还是小型的,都称为________。

A. 工作站　　B. 主机　　C. 服务器　　D. 客户机

63. 计算机网络不具备________功能。

A. 传送语音　　B. 发送邮件　　C. 传送物品　　D. 共享信息

64. 在计算机网络中,通常把提供并管理共享资源的计算机称为________。

A. 服务器　　B. 工作站　　C. 网关　　D. 网桥

65. 下列四项内容中,不属于 Internet(因特网)基本功能是________。

A. 电子邮件　　B. 文件传输　　C. 远程登录　　D. 实时监测控制

66. 域名是 Internet 服务提供商(ISP)的计算机名，域名中的后缀.gov 表示机构所属类型为________。

A. 军事机构　　B. 政府机构　　C. 教育机构　　D. 商业公司

67. OSI(开放系统互联)参考模型的最高层是________。

A. 表示层　　B. 网络层　　C. 应用层　　D. 会话层

68. 接入 Internet 并且支持 FTP 协议的两台计算机，对于它们之间的文件传输，下列说法正确的是________。

A. 只能传输文本文件　　B. 不能传输图形文件

C. 所有文件均能传输　　D. 只能传输几种类型的文件

69. OSI 参考模型有七个层次。下列四个层次中最高的是________。

A. 表示层　　B. 网络层　　C. 会话层　　D. 物理层

70. 网卡的主要功能不包括________。

A. 将计算机连接到通信介质上　　B. 进行电信号匹配

C. 实现数据传输　　D. 网络互联

71. ________将网络划分为广域网(WAN)、城域网(MAN)和局域网(LAN)。

A. 接入的计算机多少　　B. 接入的计算机类型

C. 拓扑类型　　D. 地理范围

72. 目前世界上最大的计算机互联网络是________。

A. ARPA 网　　B. IBM 网　　C. Internet　　D. Intranet

73. 在 OSI 参考模型的分层结构中"会话层"属第________层。

A. 1　　B. 3　　C. 5　　D. 7

74. 下列四项中，合法的 IP 地址是________。

A. 210.45.233　　B. 202.38.64.4

C. 101.3.305.77　　D. 115,123,20,245

75. 下列四项中，合法的电子邮件地址是________。

A. Zhou－em.hxing.com.cn　　B. Em.hxing.com，cn－zhou

C. Em.hxing.com.cn@zhou　　D. zhou@em.hxing.com.cn

76. 以下单词代表远程登录的是________。

A. WWW　　B. FTP　　C. Gopher　　D. Telnet

77. 用户要想在网上查询 WWW 信息，须安装并运行的软件是________。

A. HTTD　　B. Yahoo　　C. 浏览器　　D. 万维网

78. 下列四项中，不属于互联网的是________。

A. CHINANET　　B. Novell 网　　C. CERNET　　D. Internet

79. 衡量网络上数据传输速率的单位是 bps，其含义是________。

A. 信号每秒传输多少公里　　B. 信号每秒传输多少字节

C. 每秒传送多少个二进制位　　D. 每秒传送多少个数据

80. 目前，局域网的传输介质(媒体)主要是同轴电缆，双绞线和________。

A. 通信卫星　　B. 公共数据网　　C. 电话线　　D. 光纤

81. 计算机网络术语中，WAN 的中文意义是________。

A. 以太网　　B. 广域网　　C. 互联网　　D. 局域网

82. TCP/IP 是一组________。

A. 局域网技术

B. 广域网技术

C. 支持同一种计算机(网络)互联的通信协议支持异种计算机(网络)

D. 支持异种计算机(网络)互联的通信协议

83. 因特网上主机的域名由________部分组成。

A. 3　　B. 4　　C. 5　　D. 若干(不限)

84. 下列四项里，________不是因特网的最高层域名

A. Edu　　B. www　　C. Gov　　D. Cn

85. 目前在 Internet 网上提供的主要应用功能有电子信函(电子邮件)、WWW 浏览，远程登录和________。

A. 文件传输　　B. 协议转换　　C. 光盘检索　　D. 电子图书馆

86. OSI 的中文含义是________。

A. 网络通信协议　　B. 国家住处基础设施

C. 开放系统互联参考模型　　D. 公共数据通信网

87. 局域网常用的基本拓扑结构有________，环型和星型。

A. 层次型　　B. 总线型　　C. 交换型　　D. 分组型

88. OSI 的七层模型中，最底下的________层主要通过硬件来实现。

A. 1　　B. 2　　C. 3　　D. 4

89. 网上"黑客"是指________的人。

A. 总在晚上上网　　B. 匿名上网

C. 不花钱上网　　D. 在网上私闯他人计算机系统

90. 衡量网络上数据传输速率的单位是每秒传送多少个二进制位，记为________。

A. bps　　B. OSI　　C. Modem　　D. TCP/IP

91. 一座办公楼内各个办公室中的微机进行联网，这个网络属于________。

A. WAN　　B. LAN　　C. MAN　　D. GAN

92. 因特网中的 IP 地址由四个字节组成，每个字节之间用________符号分开。

A. 、　　B. ，　　C. ；　　D. .

93. 两台计算机利用电话线路传输数据信号时必备的设备是________。

A. 网卡　　B. MODEM　　C. 中继器　　D. 同轴电缆

94. 能实现不同的网络层协议转换功能的互联设备是________。

A. 集线器　　B. 换机　　C. 路由器　　D. 网桥

95. WWW 是 Internet 上的一种 ________。

A. 浏览器　　B. 协议　　C. 协议集　　D. 服务

96. 在 OSI 七层结构模型中，处于数据链路层与传输层之间的是 ________。

A. 物理层　　B. 网络层　　C. 会话层　　D. 表示层

97. 计算机病毒是指 ________。

A. 带细菌的磁盘　　B. 已损坏的磁盘
C. 具有破坏性的特制程序　　D. 被破坏了的程序

98. 以下关于病毒的描述中，不正确的说法是________。
A. 对于病毒，最好的方法是采取“预防为主”的方针
B. 杀毒软件可以抵御或清除所有病毒
C. 恶意传播计算机病毒可能会是犯罪
D. 计算机病毒都是人为制造的

99. 下列属于计算机病毒特征的是________。
A. 模糊性　　B. 高速性　　C. 传染性　　D. 危急性

100. 目前使用的杀毒软件，能够________。
A. 检查计算机是否感染了某些病毒，如有感染，可以清除其中一些病毒
B. 检查计算机是否感染了任何病毒，如有感染，可以清除其中一些病毒
C. 检查计算机是否感染了病毒，如有感染，可以清除所有的病毒
D. 防止任何病毒再对计算机进行侵害

习题八　多媒体技术基础

一、简述题

1. 什么是多媒体？多媒体的关键技术包括哪些？
2. 简述超文本与超媒体的概念。
3. 多媒体技术的产生和发展过程怎么样？
4. 多媒体有哪些应用领域？列举一些多媒应用的例子。
5. 在多媒体音频技术中所使用的采样和量化分别表示什么？
6. 多媒体声音文件的主要格式有哪几种？各有什么特点？
7. 列举出 4 种以上的静态图像文件格式和动态图像文件格式，简述其适用范围。
8. 为什么要进行数据压缩？数据压缩有哪几种基本类型？
9. 简述多媒体创作工具的功能种类。
10. 简述如何选择多媒体创作工具？

习题九　数据库技术基础知识

一、选择题

1. 数据库数据具有永久存储、有组织和________三个基本特点。
A. 独立性高　　B. 结构化　　C. 可共享　　D. 冗余低

2. ________是位于用户与操作系统之间的一层数据管理软件。
A. 数据库管理系统　　B. 数据库　　C. 数据库系统　　D. 应用系统

3. 数据库系统是由硬件、软件、________和用户四部分构成整体。。

A. 数据　B. 数据库　C. DBMS　D. 数据库管理系统

4. 数据管理经历了________个发展阶段

A. 2　B. 3　C. 4　D. 5

5. 数据库系统阶段的重压特点之一是数据由________统一管理和控制。

A. DB　B. DBS　C. DBA　D. DBMS

6. 常用的数据模型有三种,层次模型、网状模型和________。

A. 关系模型　B. 对象模型　C. 面向对象模型　D. 其他

7. 关系模型是把存放在数据库中的数据和它们之间的联系看作是一张张________。

A .图　B. 二维表　C. 三维表　D. N 维表

8. 数据库系统通常采用________级模式结构。

A. 二　B. 三　C. 四　D. 五

9. 数据库系统的三级模式结构是指数据库系统是由外模式、________、内模式这三级模式构成的。

A. 用户模式　B. 子模式　C. 存储模式　D. 模式

10. 模式也称________。

A. 逻辑模式　B. 存储模式　C. 用户模式　D. 子模式

11. 内模式也称________。

A. 逻辑模式　B. 存储模式　C. 用户模式　D. 子模式

12. 外模式/模式映像保证了数据库数据的________。

A. 物理独立性　B. 逻辑独立性　C. 两者都是　D. 两者都不是

13. 决定数据库中的信息内容和结构是________的任务。

A. 数据库设计人员　B. 系统分析员　C. 数据库管理员　D. 程序员

14. 数据库系统的发展经历了________个阶段。

A. 2　B. 3　C. 4　D. 5

15. 第一代数据库系统采用的数据模型是________模型。

A. 层次和网状　B. 关系　C. 对象　D. 面向对象

16. 第二代数据库系统采用的数据模型是________模型。

A. 层次和网状　B. 关系　C. 对象　D. 面向对象

17. 第三代数据库系统采用的数据模型是________模型。

A. 层次和网状　B. 关系　C. 对象　D. 面向对象

18. 当前推动数据库发展最主要的驱动力是________。

A. 自然科学　B. 相关技术的成熟　C. Internet　D. 其他

习题十　计算机维护与常用工具软件

一、选择题

1. 一般来说,硬盘分区遵循________的次序原则,而删除分区则相反。

A. 逻辑分区扩展分区主分区　B. 扩展分区主分区逻辑分区

C. 扩展分区逻辑分区主分区　　　D. 主分区扩展分区逻辑分区

2. 暴风影音属于________常用工具软件。

A. 系统类　　B. 多媒体类　　C. 网络类　　D. 图像类

3. 主板上有一组跳线叫 RESET SW，其含义是________。

A. 速度指示灯　　B. 复位键开关　　C. 电源开关　　D. 电源指示灯

4. 为了避免人体静电损坏微机部件，在维修时可采用________来释放静电。

A. 电笔　　B. 防静电手套　　C. 钳子　　D. 螺丝刀

5. 计算机的理想环境温度是________。

A. －5～20℃　　B. 0～42℃　　C. 10～35℃　　D. －10～35℃

6. 下列功能中，哪一项是 ACDSee 所不具备的________。

A. 图片浏览　　B. 图片裁剪　　C. 图片转换　　D. 动画制作

7. 以下软件中，属于压缩软件的是________。

A. WinRAR　　B. Realplayer　　C. BitComet　　D. AcdSee

8. 以下对压缩软件的描述，不正确的是________。

A. 通过数据压缩，便于文件的传输。

B. 数据压缩为文件的传输节省了时间。

C. 通过数据压缩，可以节约存储成本。

D. 计算机中的程序压缩都采用有损压缩方式进行压缩。

9. 下列对 Partition Magic 的描述，不正确的是________。

A. Partition Magic 又称硬盘分区魔术师。

B. Partition Magic 不能识别 NTFS 文件系统。

C. 使用 Partition Magic 可在不删除原有文件的情况下调整分区容量。

D. 使用 Partition Magic 可对分区进行合并。

10. 下列不属于图像处理软件 ACDSee 在处理图片时的主要功能是________

A. 去除红眼　　B. 剪切图像　　C. 曝光调整　　D. 制作动态效果

11. 为了防止重要的文件被轻易窃取，WinRAR 通过________操作来保护文件。

A. 快速压缩　　B. 设置密码　　C. 分卷压缩　　D. 解压到指定文件夹

12. Ghost 是一款________

A. 杀毒软件　　B. 音频软件　　C. 图像处理软件　　D. 备份软件

13. PartitionMagic 是一款________工具。

A. 杀毒软件　　B. 硬盘分区　　C. 播放器　　D. 浏览器

14. 下列不属于图像处理软件 ACDSee 主要的功能是________

A. 编辑图片　　B. 浏览图片　　C. 管理图片　　D. 创建图片

15. PartitionMagic 提供了丰富的分区任务，下列________不属于它的主要任务。

A. 创建新分区　　B. 调整分区大小　　C. 合并分区　　D. 分区分类

16. 在应用 PartitionMagic 进行任何硬盘操作前，请先将涉及操作过程的部分进行________，否则数据资料很可能会被破坏。

A. 资料备份　　B. 数据排序　　C. 分区碎片整理　　D. 磁盘检查

17. 除了.rar 和.zip 格式的文件外，WinRar 还可为其他格式的文件解压缩，还可以创建

____

A. 文本　　B. BMP　　C. 自解压可执行文件　　D. DOC

18. Ghost 镜像文件的扩展名是________

A. . exe　　B. . doc　　C. . gho　　D. . mpeg

19. 下列软件中不属于系统类工具的是________

A. SSreader　　B. Partition Magic　　C. GHOST　　D. Easyrecovery

20. 基于 P2P 技术的下载软件采用了多点对多点的传输原理,同时间________

A. 下载的人数越少,下载的速度越快

B. 下载的人数越多,下载的速度越快

C. 下载的人数越多,下载的速度越慢

D. 下载的人数与速度没有关系

21. 下列杀毒软件中哪一个是国外的________

A. 瑞星　　B. 江民　　C. 卡巴斯基　　D. 微点

22. 下列软件属于文件下载的是________

A. WinRar　　B. 迅雷　　C. GHOST　　D. CAJViewer

23. 下列文件格式中属于视频文件的是________

A. MP3　　B. PDF　　C. RMVB　　D. GHO

24. 下列哪一个是具有播放、转换、歌词等众多功能的音乐播放软件________

A. SSreader　　B. Google　　C. 千千静听　　D. BitComet

25. 计算机开机时的顺序,一般应该________

A. 先开外部设备,再开主机　　B. 先开主机,再开外部设备

C. 没有顺序　　D. 先开主机,再开显示器

二、连线题

PPTV　　音频播放

ACDSee　　浏览网页

Acrobat Reader　　电子文档阅读

InternetExplorer　　图片管理

千千静听　　视频播放

三、简述题

1. 简述计算机硬件的组装过程。

2. 简述驱动程序的作用。

3. 和使用 Fdisk 命令相比,使用 PQMagic 进行合并分区有什么优点?

4. 分析网络下载工具迅雷、BitComet 和 eMule 的异同。

参考答案

习题一 绪论

01—05:CCCDC 06—10:DBDAD 11—15:CDBBB 16—20:CBBDA 21—25:BCBDB
26—30:BBCAB 31—35:ACBBD 36—40:CBBAA 41—45:CDCCC

习题二 计算机系统

一、选择题

01—05:DCDDB 06—10:CDABD 11—15:BBDCC 16—20:CDDAB
21—25:CCACB 26—30:DBABD 31—35:CCCCA 36—40:ABBCD
41—45:ADAAB 46—50:CCDBC

二、填空题

1.字长 2.高速缓冲存储器 3.编译、解释 4.操作码、操作数 5.系统软件、应用软件 6.内存 7.CPU、内存 8.处理器或 CPU、百万条指令/秒 9.存储程序和程序控制 10.12.5

习题三 操作系统及其使用

01—05:DDACD 06—10:BCBDB 11—15:ACADC 16—20:CDBDB
21—25:CBBBB 26—30:DABAB 31—35:BBAA 36—40:DACCC
41—45:BBBCA 46—50:CCABC 51—55:ACDDD 56—60:BCDDB
61—65:DADAB 66—70:BBCBA 71—75:BBBAA 76—80:DBBDD
81—85:ABCDD 86—90:DCCBA 91—95:ACBAC 96—100:CAADB

习题四 Word

01—05:ADAAC 06—10:DCDBD 11—15:ADACB 16—20:BBCBD
21—25:CABAA 26—30:ACADA 31—35:ACBDD 36—40:DCDCA
41—45:BCACA 46—50:BAAAA 51—55:BDAAC 56—60:CBDAC
61—65:AABBA 66—70:BAABC 71—75:BCACD 76—80:ADCBA
81—85:ABABA 86—90:BCDBD 91—95:CDBCC 96—100 DCADD

习题五 Excel

01—05:CDDCC 06—10:CBBDA 11—15:ACBDB 16—20:DDACD
21—25:BCCDC 26—30:DDACB 31—35:BCAAA 36—40:DDDBA
41—45:CDAAB 46—50:BDDDB 51—55:AABDC 56—60:CDDDC
61—65:BDBBC 66—70:CDCBC 71—75:ADDAA 76—80:AADAC
81—85:ACCDD 86—90:DBBAD 91—95:CDDDD 96—100 DCABB

习题六 PowerPoint

01—05:CAABD 06—10:BCDDD 11—15:ACBCD 16—20:BCDCC
21—25:CAACC 26—30:CCDBD 31—35:BBBCD 36—40:CDDBC
41—45:ADCBA 46—50:BDDCC

习题七 计算机网络基础知识

01—05:CACDB 06—10:ACACA 11—15:DBBCB 16—20:ACBCB
21—25:DDDAB 26—30: BBCAA 31—35: BABBA 36—40: DABCC
41—45:CDABB 46—50: AABAC 51—55: DCCCA 56—60: DCCAB
61—65: CACAD 66—70: BCCAD 71—75: DCCBD 76—80: DCBCD
81—85: BDBBA 86—90: CBCDA 91—95: BDBCD 96—100:BCBCA

习题八 多媒体技术基础(略)

习题九 数据库技术基础知识

01—05:CABBD 06—10:ABBDA 11—15:BBCBA 16—18: BDC

习题十 计算机维护与常用工具软件

01—05:DBBBC 06—10:DADBD 11—15:BDBDD 16—20:ACCAB
21—25:CBCCA